Erasmus Langer

Programmieren in Fortran

Springer-Verlag Wien New York

Dipl.-Ing. Dr. Erasmus Langer
Institut für Mikroelektronik
Technische Universität Wien

Gedruckt auf säurefreiem Papier

ISBN-13: 978-3-211-82446-7   e-ISBN-13: 978-3-7091-9284-9
DOI: 10.1007/978-3-7091-9284-9

Vorwort

Die weltweite Verbreitung der Programmiersprache FORTRAN auf dem technisch-wissenschaftlichen Sektor Ende der Fünfziger- und Anfang der Sechzigerjahre läßt sich dadurch begründen, daß auf diesem Gebiet ein hoher Bedarf an einem, betreffend numerische Operationen möglichst effizienten Programmiersystem bestanden hat, um die vorhandenen, aus heutiger Sicht bescheidenen Rechnerleistungen optimal auszunützen. Daß jedoch FORTRAN — im Gegensatz zu anderen, etwa in derselben Zeit entwickelten Programmiersprachen — über Jahrzehnte seine Bedeutung aufrecht erhalten konnte, ist wohl in erster Linie auf die kontinuierliche, internationale Weiterentwicklung dieser Sprache zurückzuführen, welche bis heute durch drei Standardisierungen reflektiert wird. Wie anhand anderer Programmiersprachen gezeigt werden kann, stellt die alleinige Entwicklung eines Standards allerdings noch nicht die Verbreitung, bzw. das Weiterbestehen sicher: dazu ist jedenfalls — wie bei den Standardisierungskomitees von FORTRAN — ein Konsens zwischen den Compiler- (und Hardware-) Herstellern einerseits und den Anwendern andererseits erforderlich, wodurch die Voraussetzungen geschaffen werden, daß der neue Standard in Form neuer Compiler in die Praxis umgesetzt und dann auch tatsächlich von den Anwendern benutzt wird.

Einen, dem Prinzip der Standardisierung anhaftenden Nachteil bildet oftmals die mangelnde Aktualität; so haben sich bei den beiden ersten FORTRAN-Standards schon bald nach deren praktischer Umsetzung gewisse Mängel gezeigt, welche durch herstellerspezifische Implementierungen von über den jeweiligen Standard hinausgehenden Sprachkonstruktionen beseitigt worden sind. Um die für den Erfolg eines Standards vorausgesetzte Kontinuität zu gewährleisten, ist jedes Standardisierungskomitee neben der Einführung neuer Sprachmerkmale, bzw. verbesserter Sprachkonstruktionen, auch vor die Aufgabe gestellt, bereits bestehende, über den aktuellen Standard hinausgehende Erweiterungen verschiedener Compiler-Hersteller zu vereinheitlichen.

Dieses Buch beschreibt die Programmiersprache FORTRAN nach dem neuesten Standard („Fortran 90"), wobei Vollständigkeit und Authentizität (unter Zugrundelegung des entsprechenden Standard-Dokumentes) sowie praxisnahe Verwendbarkeit für den Leser — durch umfangreiche Einbindung typischer Beispiele — die primären Zielsetzungen gewesen sind. Da einerseits Fortran 90 den vorhergehenden Standard („FORTRAN 77") vollständig beinhaltet und andererseits alle diesbezüglichen Neuerungen konsequent gekennzeichnet sind, ist das Werk auch für den zur Zeit noch fast ausschließlich im Einsatz befindlichen Standard 77 von Relevanz.

Infolge des hierarchischen Aufbaues ist das Buch sowohl als Einführung in die Programmiersprache FORTRAN als auch als Nachschlagewerk geeignet. Es soll einerseits Kennern von FORTRAN den Einstieg in den Standard 90 ermöglichen und andererseits FORTRAN–Neulingen, unter der Voraussetzung grundlegender Programmierkenntnisse, als Mittel zur Erlernung dieser Programmiersprache (Fortran 90 oder FORTRAN 77) dienen.

Meinen ganz besonderen Dank für die Motivation, ein derartiges Buch zu verfassen, sowie für die laufende Unterstützung während des Schreibens möchte ich Dipl.-Ing. Dr. Siegfried Selberherr, Vorstand des Institutes für Mikroelektronik an der Technischen Universität Wien, aussprechen, der nicht nur mein Vorgesetzter ist, sondern den als Freund zu bezeichnen ich die Freude und Ehre habe. Seine langjährige, tief in die Materie FORTRAN eindringende Erfahrung ist diesem Buch in vielen Details zugutegekommen, da er sich als ausdauernder und äußerst genauer Korrekturleser mit durchwegs konstruktiver Kritik erwiesen hat. Mein Dank gilt auch all jenen Kollegen am Institut für Mikroelektronik, die als Gesprächspartner die gegebene Thematik, zum Teil auch aus anderer Sicht, beleuchtet haben. Weiters gebührt mein Dank dem EDV–Zentrum der Technischen Universität Wien für die vorbildliche Betreuung der FORTRAN–Umgebungen auf allen bisher zur Verfügung stehenden Rechnersystemen, wodurch ich meine vorwiegend positiven Erfahrungen mit der Programmiersprache FORTRAN sammeln konnte. Besonders zu Dank verpflichtet bin ich Dipl.-Ing. Gerhard Schmitt, Mitarbeiter des EDV–Zentrums der Technischen Universität Wien sowie langjähriges Mitglied der internationalen FORTRAN–Arbeitsgruppe, für die freundliche Überlassung einer Kopie des Standard–Dokumentes Fortran 90 zu einem frühestmöglichen Zeitpunkt.

An die Adresse der Compiler-Entwickler möchte ich den Wunsch richten, den neuen Standard auf allen Plattformen rasch in die Praxis umzusetzen; dadurch wären alle Voraussetzungen gegeben, daß FORTRAN seine Stellung als die Programmiersprache zur Lösung technisch–wissenschaftlicher Probleme, auch über die Neunzigerjahre hinaus, beibehält.

Wien, im Jänner 1993   Erasmus Langer

Inhaltsverzeichnis

1

Einleitung

Geschichtlich betrachtet ist FORTRAN die erste höhere Programmiersprache, welche einerseits über lokale Anwendungen hinaus Bedeutung erlangt hat und andererseits konsequent — bis zum heutigen Tag — weiterentwickelt worden ist. Die Idee zur Entwicklung dieser Programmiersprache stammte von John Backus, unter dessen Leitung auch die erste Version des „Mathematical FORmula TRANslating Systems" („FORTRAN I") im Jahre 1954 entstanden ist [5]. Dieses Projekt war — gemäß Aussagen des Autors selbst [26] — vorwiegend ökonomisch motiviert, da schon zum damaligen Zeitpunkt die Kosten zur Erstellung von Computerprogrammen etwa den Kosten der Hardware die Waage hielten. Die neue Sprache sollte sowohl eine Zeitersparnis bei der Programmerstellung (gegenüber dem bisher üblichen Kodieren in Maschinensprache) bringen, indem mathematische Formeln fast wie in mathematischen Texten geschrieben werden konnten, als auch das Testen entwickelter Programme erheblich vereinfachen.

Da der erste FORTRAN-Übersetzer speziell in Hinblick auf die syntaktische Überprüfung des Quelltextes große Mängel zeigte, wurden von der Projektgruppe unter John Backus neue Spezifikationen erstellt, deren Realisierung durch FORTRAN II im Jahr 1958 erfolgte. Zeitlich parallel wurde von derselben Gruppe FORTRAN III entwickelt, das speziell auf die verwendete Hardware abgestimmt war und daher keine Verbreitung erfuhr.

Die anschließende Weiterentwicklung von FORTRAN war von zwei an sich widersprüchlichen Zielvorstellungen geprägt: der neue Übersetzer sollte einerseits möglichst kurze Übersetzungszeiten benötigen und andererseits einen hochoptimierten Objektcode erzeugen; das Ergebnis dieser Entwicklung, FORTRAN IV, stellte allerdings zwangsläufig einen Kompromiß zwischen diesen beiden Forderungen dar.

Der erste FORTRAN-Standard wurde vom amerikanischen Normierungsinstitut ASA (später das „American National Standard Institute, ANSI") im Jahre 1966 veröffentlicht; dieser, innerhalb von vier Jahren entwickelte Standard erhielt später den Namen „FORTRAN 66" (ANSI X3.9–1966). Das betreffende Dokument beschreibt das damals bestehende FORTRAN IV und das zu ersetzende FORTRAN II.

Der derzeit — noch — aktuelle Standard, bekannt unter dem Namen „FORTRAN 77", wurde im Jahre 1978 veröffentlicht (ANSI-Dokument

X3.9–1978 [1]), wobei dessen Entwicklung durch das Standardisierungskomitee X3J3 sieben Jahre benötigte. Die wesentlichsten Erweiterungen gegenüber dem Standard 66 betreffen Elemente der „Struktuierten Programmierung", Elemente für die Verarbeitung von Texten, die Erweiterung der maximalen Anzahl der Felddimensionen auf sieben, die Einführung sogenannter „generischer Funktionen" sowie die Einbeziehung von Direktzugriffsdateien.

Der Übergang von FORTRAN 66 auf FORTRAN 77 setzte erst etwa 1985 intensiv ein; diese lange Verzögerung war einerseits auf die schlechte Verfügbarkeit neuer Compiler zurückzuführen, andererseits aber auch auf Umstellungsprobleme mit Programmen, welche Compiler-spezifische Erweiterungen des alten Standards beinhalteten. Die Umstellung von Programmen, welche sich ausschließlich auf den Standard 66 beschränkten, war hingegen trivial.

Der sich derzeit in den Anfängen der Verbreitung befindliche Standard 90 (ANSI–Dokument X3.198–1991, zugleich ISO/IEC–Dokument 1539:1991, [2]) ist bis auf vier unbedeutende Ausnahmen (siehe Kapitel 2.3) voll aufwärtskompatibel (das heißt, daß FORTRAN 77 vollständig in Fortran 90 enthalten ist), sodaß schon alleine aus diesem Grund bei der Programmierung die Einhaltung des jeweiligen aktuellen Standards dringendst zu empfehlen ist, obgleich der Verzicht auf betriebssystemspezifische Erweiterungen für den Programmierer zweifellos oftmals unbequem ist.

Obwohl es bezüglich Fortran 90 auch kritische Stimmen gibt [6], ist das mehrheitliche Echo durchaus positiv [4], [11], [22] und es gibt bereits jetzt schon Aktivitäten zur Adaptierung bzw. Erweiterung von FORTRAN in Hinblick auf spezielle Rechnerarchitekturen [12], [14].

1.1   Kennzeichnungen

Die Basis der in diesem Buch durchgeführten Beschreibung der Programmiersprache FORTRAN bildet der neue Standard 90, wobei aber Neuerungen dieses Standards gegenüber FORTRAN 77 besonders hervorgehoben werden, sodaß das Buch auch jenen Lesern, die noch keinen FORTRAN–Compiler („Sprachprozessor", „Übersetzer") nach dem neuesten Standard zur Verfügung haben, als Grundlage beziehungsweise als Nachschlagewerk dienen kann. Darüberhinaus werden jene Sprachelemente, die im neuen Standard an sich überflüssig („*redundant*") und nur aus Kompatibilitätsgründen noch enthalten sind, eigens — wie weiter unten angegeben — gekennzeichnet. Solche „überflüssigen" Sprachelemente können entweder bereits im Standard 77 redundante und daher im Standard 90 *veraltete* Konstruktionen oder aber infolge neuer Sprachgebilde *redundant* gewordene Elemente des alten Standards sein.

Einschränkungen von Sprachkonstruktionen im Standard 77 werden entweder im Text mittels *Kursivschrift* gekennzeichnet oder in separaten, am rechten Rand markierten Absätzen beschrieben (wie dieser Absatz beispielhaft zeigt). ⁷⁷

Weiters wird folgende Nomenklatur zur Kennzeichnung besonderer Ausdrücke bzw. bestimmter Eigenschaften verwendet (die angegebenen Beispiele sind vorwiegend der Tabelle 3.3 auf Seite 20 entnommen):

- FORTRAN–Anweisungen sowie deren Parameter werden in Großbuchstaben geschrieben; die so bezeichneten Sprachelemente sind unverändert in einen Programmtext zu übernehmen (z.B. PROGRAM).

- Eckige Klammern schließen optional angebbare Ausdrücke ein; das heißt, daß die eckigen Klammern grundsätzlich nicht in ein Programm übernommen werden dürfen und deren Inhalt gegebenenfalls weggelassen werden kann (z.B. INTRINSIC *Name* [, *Name* [,...]]).

- Werden Ausdrücke in geschwungene Klammern gesetzt, so bedeutet dies, daß genau einer der Ausdrücke zu verwenden ist (z.B. {E|D}). Als Trennzeichen wird dabei entweder der senkrechte Strich „|" verwendet oder die einzelnen Ausdrücke sind untereinander aufgeführt (wie beispielsweise auf Seite 26).

- Bezeichnungen in *Kursivschrift* charakterisieren Begriffe, welche bei konkreter Verwendung durch einen entsprechenden Ausdruck zu ersetzen sind (z.B. SUBROUTINE *Name* ⇒ SUBROUTINE TEST_EINS).

- Die Schreibmaschinenschrift dient zur Kennzeichnung von Teilen eines FORTRAN–Programmes, das heißt also von Sequenzen, wie sie unverändert in einem Programm vorkommen können.

- Mittels kleiner Großbuchstaben (z.B. TYPDEKLARATION) werden Begriffe dargestellt, die eine FORTRAN–spezifische Bedeutung haben.

- Das Symbol ⑨⁰ bezeichnet im Standard 90 neu eingeführte Begriffe (das heißt solche, die in FORTRAN 77 noch nicht vorhanden sind).

- Das Symbol ⑦⁷ kennzeichnet im Standard 90 redundante aber im Standard 77 erforderliche Konstruktionen.

- Das Symbol Ⓥ dient zur Identifikation von veralteten Sprachmerkmalen in Fortran 90; diese Konstruktionen sind bereits im Standard 77 nicht mehr erforderlich.

2

Sprachentwicklung

Das Verfahren, nach welchem die Standardisierung arbeitet, sieht vor, daß veraltete Sprachmerkmale und syntaktische Konstruktionen zur Löschung im nächsten Standard empfohlen werden, während redundante Sprachelemente noch einen Standard (in Form veralteter Merkmale) überleben, um so eine kontinuierliche Anpassung bereits bestehender Programme zu ermöglichen. Es soll jedoch betont werden, daß im Dokument X3.198–1991 (Fortran 90) selbst keine Unterscheidung zwischen veralteten und redundanten Elementen von FORTRAN vorgesehen ist.

Bei der Neuerstellung von FORTRAN–Programmen sollte man jedenfalls darauf achten, daß keine veralteten Sprachelemente verwendet werden; darüberhinaus ist noch zu empfehlen, nach Möglichkeit — das heißt, wenn der entsprechende Compiler verfügbar ist — auch bereits redundante Sprachmerkmale zu meiden, um einem Programm eine möglichst lange Lebensdauer ohne Umstellungsarbeiten zu sichern.

Die Entwicklung von Fortran 90 dauerte 13 Jahre (das Komitee X3J3 hatte unmittelbar nach Abschluß des Standards 77 die Arbeit an einer abermaligen Erneuerung des Standards aufgenommen). Während dieser unerwartet langen Zeitspanne wurde die Bezeichnung des neuen Standards oftmals geändert, bis sich das Komitee auf den Arbeitstitel „Fortran 8x" festlegte [19]. Die Richtung der Entwicklung der Sprache war auch keineswegs von Anfang an eindeutig vorgegeben: Unbestritten war die Notwendigkeit, viele Neuerungen in den neuen Standard einzubringen; unklar war jedoch, ob tatsächlich eine volle Kompatibilität zum Standard 77 auf Kosten einer enormen Aufblähung des Sprachumfanges aufrecht erhalten werden sollte (böse Zungen empfahlen letztlich sogar, jeglichen Versuch der Erneuerung aufzugeben und die Programmiersprache FORTRAN dem Schicksal des „Aussterbens" zu überlassen [15]).

2.1 Neuerungen in Fortran 90

Die wesentlichsten Neuerungen in Fortran 90 gegenüber dem Standard 77 seien im folgenden kurz zusammengefaßt:

(a) Parametrisierung der intrinsischen Datentypen, wodurch standard-
    mäßig die Verwendung verschiedener Zahlendarstellungsbereiche und
    -genauigkeiten sowie umfangreicher Zeichensätze ermöglicht wird (Ka-
    pitel 4.1).

(b) Feldoperationen (Kapitel 6.2.5).

(c) Dynamische Speicherplatzbelegung (Kapitel 5.3).

(d) „Pointer" als neues Sprachelement (Kapitel 4.5).

(e) Abgeleitete Datentypen und Operatoren (Kapitel 4.3).

(f) Eine neue Programmeinheit („Modul") zur globalen Datendefinition,
    welche unter anderem eine sichere Methode zur Einbindung abgelei-
    teter Datentypen ermöglicht (Kapitel 10.3).

(g) Die Einführung sogenannter „interner Unterprogramme" sowie rekur-
    siver Prozeduren (Kapitel 10.1.3 und 10.5).

(h) Das neue Sprachelement „INTERFACE" zwecks Überprüfbarkeit der
    Konsistenz von Prozedurparameterlisten zwischen Definition und
    Aufruf (Kapitel 10.5.3).

(i) Die Einführung von Variablenattributen (Kapitel 5.1.2).

(j) Aufruf von Unterprogrammen mit optionalen und mit Schlüsselwort–
    Argumenten (Kapitel 10.5.5).

(k) Eine neue Form des Quelltextes, welche dem heutigen Programmier-
    standard angepaßt ist (Kapitel 3.2.1).

(l) Eine Vielzahl neuer intrinsischer Funktionen einschließlich speziel-
    ler „Abfragefunktionen" (*„Inquiry Functions"*) sowie längstersehnter
    Hilfsprozeduren (wie z.B. für Datum und Uhrzeit, Kapitel 11).

(m) Verbesserte Ein-/Ausgabemöglichkeiten einschließlich der partiellen
    Behandlung von Datensätzen (*„Records"*) und des neuen Konstruktes
    „NAMELIST" (Kapitel 8 und 5.2.13).

(n) Neue Konstrukte für den Befehlsablauf („SELECT CASE" und eine
    neue Form der „DO–Schleife", Kapitel 7.1).

Obwohl bei der Erstellung obiger Liste versucht worden ist, die wichtigeren
neuen Sprachelemente zuerst zu nennen, stellt die Reihung keinerlei Anspruch auf eine absolute Wertung. Die angeführten Neuerungen lassen sich
jedoch in verschiedene Kategorien einteilen:

- Essentielle, von FORTRAN–Benutzern lang erwartete Sprachelemente,
  welche die volle Konkurrenzfähigkeit von FORTRAN gegenüber anderen Programmiersprachen, speziell auch auf dem numerischen, technisch–wissenschaftlichen Sektor, wiederherstellt. Aufgrund der enormen Entwicklung der Rechnerleistungen wurde vielfach — vor allem

von jüngeren Programmierern — auf den auch schon im Standard 77 bestehenden Vorteil der besonderen Effektivität im Ablauf vorwiegend numerischer Programme verzichtet und anderen, „moderneren" Programmiersprachen (vor allem Pascal [27] und C [18]) der Vorzug gegeben.* Zu diesen Neuerungen zählen die Punkte (a), (b), (c), (d) und (e).

- Neue Konstrukte und Erweiterungen, welche die Sprache „sicherer" und flexibler gestalten. Hierzu seien die Punkte (f), (g), (h) und (i) genannt.

- Weiters gibt es eine Kategorie, welche jene Neuerungen beinhaltet, die vorwiegend auf eine erhöhte Benutzerfreundlichkeit abzielen — zum Beispiel (j), (k), (l) und (m) — oder aber eher kosmetischen Charakter haben, wie beispielsweise (n). Dieser Typ der Erneuerung trägt zu einer gewissen Sprachbereinigung bei, indem es dadurch möglich ist, FORTRAN–Programme praktisch ohne Verwendung von Anweisungsmarken (*„Labels"*) zu realisieren.

Die Tatsache, daß FORTRAN 77 vollständig in Fortran 90 enthalten ist, sollte jedoch nicht dazu verleiten, den neuen Standard einfach als Erweiterung von FORTRAN 77 zu betrachten, indem beispielsweise bestehende Programme einfach durch neue Konstrukte bereichert werden. Zum einen ist ein Vermischen innerhalb einer Programmeinheit durchaus nicht immer erlaubt (zum Beispiel das alte, spaltenorientierte und das neue, „freie" Quelltext–Format), und zum anderen sollten redundante Sprachkonstruktionen aus schon eingangs erwähnten Gründen möglichst vermieden werden. Der Sinn der vollständigen Kompatibilität des neuen Standards zum alten liegt vor allem darin, daß standard–konforme FORTRAN 77–Programme unter einem Fortran 90–System <u>ohne Änderungen</u> übersetzbar und ablaufbar sein müssen.

Der Sprachumfang von Fortran 90 läßt zur Zeit kaum Wünsche offen; eine an sich berechtigte aber zumeist nicht schwerwiegende Kritik sei jedoch der Vollständigkeit halber erwähnt: Bei aller Rigorosität in den Möglichkeiten der Definition der Zahlendarstellung bezüglich Bereich und Genauigkeit gibt es in Fortran 90 keine standardisierte Genauigkeit der intrinsischen mathematischen Funktionen.

---

* Zum Erlernen des Programmierens ist Pascal als prozedurale Programmiersprache zweifellos sehr gut geeignet. Viele Programmierer mit Pascal–Kenntnissen tendieren bei der Erweiterung ihres Horizontes eher zur Sprache C als zu dem, inzwischen zu Recht als „überholt" geltenden FORTRAN 77.

2.2 Veraltete Sprachelemente

Da der Sprachumfang von Fortran 90 jenen des Standards 77 vollständig beinhaltet, ergeben sich dadurch eine Reihe von redundanten, also an sich überflüssigen Sprachelementen, welche durch neue Konstrukte von Fortran 90 ersetzbar sind. Jene Sprachelemente, welche bereits in FORTRAN 77 Redundanzcharakter aufweisen, werden als *veraltet* bezeichnet (*„obsolescent feature"*). Diese überflüssigen Sprachgebilde werden für den nächsten Standard zur Löschung empfohlen, woran allerdings das nächste Standardisierungskomitee nicht gebunden ist. Die Voraussetzungen für das Löschen eines Sprachelementes sind dessen Redundanz im alten Standard sowie dessen vernachlässigbare praktische Verwendung.

Folgende Sprachelemente gelten gemäß ANSI–Dokument X3.198–1991 als veraltet:

(a) ARITHMETISCHES IF (zu ersetzen durch LOGISCHE IF–Anweisung oder BLOCK–IF, Kapitel 7).

(b) DO–Schleifenvariable vom Typ REAL oder DOUBLE PRECISION (zu ersetzen durch Typ INTEGER, Kapitel 7.1.3).

(c) Gemeinsame Beendigung mehrerer geschachtelter DO–Schleifen über <u>eine</u> Anweisungsmarke (für jede DO–Schleife ist eine eigene END DO– oder CONTINUE–Anweisung zu verwenden, Kapitel 7.1.3).

(d) Verzweigung zu einer END IF–Anweisung von außerhalb des IF– Blocks (es soll zu jener, dem END IF folgenden Anweisung verzweigt werden, Kapitel 7.1.1).

(e) Alternativer Rücksprung bei SUBROUTINE (kann beispielsweise durch einen CASE SELECT–Block in der rufenden Programmeinheit ersetzt werden, Kapitel 10.5.5 und 10.5.6).

(f) PAUSE–Anweisung (Kapitel 7.2.7).

(g) ASSIGN- und ASSIGNED GOTO–Anweisung (Kapitel 7.2.7).

(h) ASSIGNED FORMAT–Spezifikation (Kapitel 8.3.1).

(i) Hollerith- („nH"-) Formatelement (Kapitel 9.1.7).

Diese Liste beinhaltet noch keineswegs die infolge der Einführung neuer Gebilde redundant gewordenen Konstrukte aus dem Standard 77. Diese, in der Standardbeschreibung von Fortran 90 nicht explizit angeführten Sprachelemente bzw. -konstruktionen können aber gegebenenfalls im nächsten Standard von einer Löschung betroffen sein [20]:

(a) EQUIVALENCE–Anweisung (Kapitel 5.3.1).

(b) COMMON–Anweisung (COMMONBLÖCKE, Kapitel 5.3.2).

(c) BLOCK DATA-Programmeinheit (Kapitel 10.4).

(d) Offenlassen der höchsten Dimension eines Formalparameters (Felder „angenommener Größe", Kapitel 4.4.1).

(e) ENTRY-Anweisung (Kapitel 10.5.4).

(f) Spaltenorientiertes Quelltext-Format (Kapitel 3.2.2).

(g) DOUBLE PRECISION (als Anweisung und Datentyp, Kapitel 4.1.3).

(h) COMPUTED GO TO-Anweisung (Kapitel 7.2.3).

(i) Vereinbarung von Zeichenkettenlängen mittels „*len" (Kapitel 5.1.4).

(j) Freie Positionierung der DATA-Anweisung (innerhalb des ausführbaren Teiles einer Programmeinheit, Kapitel 10.1.1).

(k) Anweisungsfunktionen (Kapitel 10.5.7).

(l) Spezifische Namen intrinsischer Funktionen (Kapitel 11.3).

(m) Funktion vom Typ CHARACTER mit angenommener Länge (Kapitel 10.5.1).

2.3 Kompatibilität von Fortran 90 zu FORTRAN 77

Die Beschreibung des Standard 90 [2] befaßt sich fast ausschließlich mit der Festlegung der Regeln für ein standard-konformes FORTRAN-Programm und nur vereinzelt mit den Erfordernissen an den Compiler. Dieser muß jedenfalls einen standard-konformen Quelltext akzeptieren, darf allerdings auch darüberhinausgehende Erweiterungen verarbeiten, solange diese der standardisierten Syntax entsprechen. Im Gegensatz zu FORTRAN 77 sind einem zum Standard 90 konformen FORTRAN-Compiler gewisse Anforderungen in Bezug auf optional auszugebende Meldungen bei der Verwendung folgender Konstrukte auferlegt:

(a) Veraltete Sprachgebilde.

(b) Über den Standard hinausgehender Syntax.

(c) Typkennzahl[90], die vom Compiler nicht unterstützt wird (siehe Kapitel 4.1).

(d) Nicht-standard-konformer Quelltext oder Zeichensatz.

(e) Name, welcher bezüglich seines Gültigkeitsbereiches inkonsistent verwendet wird.

(f) Nicht-standard-konforme intrinsische Funktion.

Weiters muß der Compiler die Fähigkeit haben, gegebenenfalls die Ursache für die Ablehnung eines Programmes zu lokalisieren und zu melden.

Die folgenden vier Spracheigenschaften von FORTRAN 77 haben eine unterschiedliche Bedeutung im Standard 90:

(a) Bei der Initialisierung einer DOUBLE PRECISION-Variablen in einer DATA-Anweisung ist es dem FORTRAN 77-Compiler gestattet, bei einer zuzuweisenden REAL-Konstanten mehr angegebene signifikante Stellen zu berücksichtigen, als es dem Typ REAL entspricht. Im Standard 90 ist diese Option einem Compiler nicht erlaubt.

(b) Das Setzen des SAVE-Attributes einer Variablen außerhalb eines COMMONBLOCKS, welche mittels DATA initialisiert wird und nicht in einer SAVE-Anweisung angeführt ist, bleibt im Standard 77 dem Compiler vorbehalten. In Fortran 90 erhält eine solche Variable automatisch das SAVE-Attribut.

(c) In FORTRAN 77 ist es beim formatierten Lesen einer Zeichenkette erforderlich, daß die Anzahl der Zeichen im zu lesenden Datensatz größer oder gleich der Länge der entsprechenden Zeichenkettenvariablen der Eingabeliste ist. Der Standard 90 schreibt vor, daß der Eingabedatensatz logisch mit Leerzeichen („*Blanks*") aufgefüllt wird, wenn dieser nicht genügend Zeichen beinhaltet, soferne nicht die Option PAD='NO' in einer entsprechenden OPEN-Anweisung gegeben ist.

(d) Fortran 90 beinhaltet eine Vielzahl neuer intrinsischer Funktionen sowie einige neue intrinsische SUBROUTINE-Unterprogramme. Aus diesem Grund kann es zu Namenskonflikten bei der Verwendung eines zum Standard 77 konformen Programmes kommen, wenn dieses vom Benutzer definierte Funktionen beinhaltet, deren Namen mit den Namen neuer intrinsischer Funktionen ident sind. Dieser Inkompatibilität ist auf einfache Weise durch entsprechende Verwendung der EXTERNAL-Anweisung zu begegnen.

Mit Ausnahme des letzten Punktes, der durch die Erweiterung des Sprachumfanges unumgänglich ist, haben die Inkompatibilitäten im Sinne einer eindeutigen Interpretation ausschließlich bereinigenden Charakter.

3

Sprachelemente

Eine Programmiersprache weist in ihrem Aufbau grundsätzlich eine Reihe von Ähnlichkeiten zu einer natürlichen Sprache auf. Dies gilt insbesondere für FORTRAN, da diese Programmiersprache die Erstellung besonders gut lesbarer Programme zur Lösung technisch–wissenschaftlicher Probleme erlaubt.

Wie bei einer natürlichen Sprache bildet auch bei FORTRAN der Zeichenvorrat die Sprachgrundlage. Der gesamte Zeichensatz von Fortran 90 ist zwar vom jeweiligen Compiler abhängig (*„processor dependent“*), doch diese Abhängigkeit manifestiert sich nur in einem einzigen „Sonderzeichen“ sowie in den sogenannten „zusätzlichen Zeichen“, welche — wie später genauer erläutert werden wird — nur in speziellen Fällen zum Tragen kommen. Der von der jeweiligen FORTRAN–Implementierung unabhängige Teil des Zeichenvorrates wird in diesem Buch als „FORTRAN–Zeichensatz“ (im engeren Sinne) bezeichnet.

Die alphanumerischen Zeichen (einschließlich Unterstreichungszeichen) können nun zu sogenannten „Basiseinheiten“ (*„token“*) zusammengefaßt werden, welche sozusagen die Wörter der Sprache bilden. Diese solchermaßen gebildeten Zeichenfolgen sind entweder Schlüsselworte, Namen oder Konstante. Sonderzeichen dienen einerseits zur Trennung dieser Zeichenfolgen und können andererseits auch Operatoren repräsentieren. Sowohl Trennsequenzen als auch Operatoren zählen ebenfalls zu den Basiseinheiten der Sprache.

Leerstellen (*„Blanks“*) zwischen Basiseinheiten (*in FORTRAN 77 auch innerhalb von solchen*) sind <u>nicht signifikant</u> und können somit verwendet werden, um den Programm-Quelltext übersichtlich zu gestalten:

```
X=A*(B-C/D)**E
X = A * ( B - C/D )**E
```

3.1 FORTRAN–Zeichensatz

Der gesamte Zeichenvorrat besteht aus

(a) Buchstaben A..Z bzw. auch a..z[90] (Compiler-spezifisch)

(b) Ziffern 0..9

(c) Unterstreichungszeichen „_"[90]

(d) 21 (*FORTRAN 77: 13*) Sonderzeichen (siehe Tabelle 3.1)

(e) zusätzliche Zeichen

Zeichen	Bezeichnung	Zeichen	Bezeichnung
	Leerzeichen	:	Doppelpunkt
=	Gleichheitszeichen	!	Rufzeichen[90]
+	Pluszeichen	"	Anführungszeichen[90]
−	Minuszeichen	%	Prozentzeichen[90]
*	Stern–Zeichen	&	Et–Zeichen[90]
/	Schrägstrich	;	Strichpunkt[90]
(	linke runde Klammer	<	kleiner als[90]
)	rechte runde Klammer	>	größer als[90]
,	Beistrich (Komma)	?	Fragezeichen[90]
.	(Dezimal–) Punkt	$	Währungssymbol
'	Apostroph		

Tabelle 3.1: Sonderzeichen des FORTRAN-Zeichensatzes

Wenn im weiteren Verlauf von „alphanumerischen Zeichen" gesprochen wird, sind grundsätzlich die Punkte (a) bis (c), das heißt also einschließlich des Unterstreichungszeichens, gemeint. Wenn ein Compiler auch Kleinbuchstaben gestattet, entspricht jeder Kleinbuchstabe dem äquivalenten Großbuchstaben (ausgenommen der Kleinbuchstabe kommt im Zusammenhang mit Zeichenketten vor). Vor einem Mischen von Klein- und Großschreibung im Quelltext — von Zeichenketten abgesehen — kann sowohl aus Gründen der Portabilität als auch der geringeren Übersichtlichkeit wegen nur gewarnt werden.

Die Darstellungsart des Sonderzeichens „Währungssymbol" ist vom Compiler abhängig; dieses sowie das Fragezeichen haben innerhalb von FORTRAN keine spezielle Bedeutung (müssen aber beispielsweise innerhalb von Zeichenketten vom Compiler verarbeitbar sein).

Als Trennsequenzen, welche zur Separation anderer Basiseinheiten dienen, werden in Fortran 90 die Sonderzeichen bzw. -kombinationen

$$/ \quad (\quad) \quad (/ \quad /) \quad , \quad = \quad => \quad : \quad :: \quad ; \quad \%$$

verwendet, wobei vor oder/und nach einer Trennsequenz angegebene Leerstellen grundsätzlich nicht signifikant sind.

Zusätzliche Zeichen dürfen gemäß Standard 90 vom Compiler verarbeitbar sein, doch ist deren Vorkommen nur innerhalb von Zeichenkettenkonstanten, Zeichenketten–Formatelementen, Kommentaren sowie Ein-/Ausgabe–Datensätzen gestattet.

FORTRAN 77 erlaubt standardmäßig keine Kleinschreibung im Quelltext; soferne der Compiler Kleinbuchstaben verarbeiten kann, haben diese denselben Status wie die oben genannten zusätzlichen Zeichen. Als Sonderzeichen gelten

= + − ∗ / ( ) , . \$ ' :   sowie das Leerzeichen.

3.2 Aufbau des FORTRAN–Quelltextes

Eine FORTRAN–Programmeinheit (Hauptprogramm, externes Unterprogramm, Modul[90] oder BLOCK DATA–Programmeinheit, siehe Kapitel 10) besteht aus einer Folge von FORTRAN–Anweisungen, Kommentaren und INCLUDE–Zeilen[90]. Eine FORTRAN–Anweisung („*statement*") kann aus einem Teil[90] einer Zeile bestehen oder sich über eine oder mehrere Zeilen erstrecken. Eine Zeile ist gemäß dem Standard 90 eine Folge von null oder mehr Zeichen. Zeilen, welche nach der END–Anweisung einer Programmeinheit stehen, werden nicht zu dieser Programmeinheit gezählt.

Fortran 90 kennt zwei verschiedene Formen des Programm–Quelltextes („*source*"), und zwar die sogenannte freie Form und die fixe, spaltenorientierte Form; letztere läßt sich als Erweiterung der im Standard 77 definierten Quelltext-Form interpretieren. Es soll betont werden, daß die beiden Formen innerhalb einer Programmeinheit keinesfalls vermischt werden dürfen. Darüberhinaus ist die Art und Weise, wie dem Übersetzer mitgeteilt wird, um welche Quelltext-Form es sich handelt, nicht im Standard festgelegt (ist also von der Implementierung abhängig).

3.2.1 FREIES QUELLTEXT–FORMAT

Eine Programmzeile im freien Quelltext-Format (*in FORTRAN 77 nicht vorhanden*) kann null bis 132 Zeichen beinhalten, wobei es keinerlei Einschränkungen bezüglich der Positionierung einer Anweisung (bzw. eines Teiles einer Anweisung) gibt. Wenn allerdings eine Zeile ein Zeichen enthält, welches nicht dem intrinsischen Datentyp (siehe Kapitel 4.1) angehört, ist die maximale Zeilenlänge vom Compiler abhängig.

Leerzeichen dürfen nicht innerhalb lexikalischer Basiseinheiten (ausgenommen selbstverständlich innerhalb von Zeichenketten, die ja selbst eine Basiseinheit darstellen können) vorkommen; zwischen den Basiseinheiten (auch am Beginn jeder Programmzeile) kann über Leerzeichen beliebig verfügt werden, um beispielsweise die Lesbarkeit des Programmes zu erhöhen. Außerhalb von Zeichenketten wird eine Folge von Leerzeichen so behandelt, als ob es sich um ein einziges Leerzeichen handeln würde.

Ein oder mehrere Leerzeichen müssen zur Trennung von Namen, Konstanten oder Anweisungsmarken von angrenzenden Schlüsselworten, Namen, Konstanten oder Anweisungsmarken verwendet werden. Beispielsweise sind in den Zeilen

```
COMPLEX C
PRINT 20
50 DO J=1,4
```

Leerzeichen nach COMPLEX, PRINT, 50 und DO unbedingt erforderlich.

Wie aus der Tabelle 3.2 ersichtlich ist, müssen einige aufeinanderfolgende Schlüsselworte durch Leerzeichen voneinander getrennt werden, während zwischen anderen die Einfügung von Leerzeichen optional ist.

Leerzeichen optional	Leerzeichen obligat
BLOCK DATA	CASE DEFAULT
DOUBLE PRECISION	DO WHILE
ELSE IF	IMPLICIT *Typ*
END BLOCK DATA	IMPLICIT NONE
END DO	INTERFACE ASSIGNMENT
END FILE	INTERFACE OPERATOR
END FUNCTION	MODULE PROCEDURE
END IF	RECURSIVE FUNCTION
END INTERFACE	RECURSIVE SUBROUTINE
END MODULE	RECURSIVE *Typ*
END PROGRAM	*Typ* FUNCTION
END SELECT	*Typ* RECURSIVE
END SUBROUTINE	
END TYPE	
END WHERE	
GO TO	
IN OUT	
SELECT CASE	

Tabelle 3.2: Optionale und obligate Leerstellen bei Schlüsselworten

Das Rufzeichen („!") kennzeichnet einen **Kommentar**, soferne es nicht innerhalb einer Zeichenkette auftritt. Der Kommentar wird als solcher ab dem dem Rufzeichen folgenden Zeichen bis zum Ende der aktuellen Programmzeile als solcher interpretiert. Eine Zeile, bei der das erste von einer Leerstelle verschiedene Zeichen das Rufzeichen ist, wird als Kommentarzeile bezeichnet. Ebenso gelten Leerzeilen, das sind Zeilen, welche entweder gar kein Zeichen oder ausschließlich Leerstellen beinhalten, als Kommentarzeilen. Kommentare dürfen überall im Quelltext eines Programmes aufscheinen und auch der ersten Anweisung einer Programmeinheit vorangestellt werden. Kommentare beeinflussen selbstverständlich die Interpretation einer Programmeinheit nicht.

```
!  Dies ist eine Kommentarzeile
!  Die nächste Zeile zeigt einen "angehängten" Kommentar
C = SQRT(A**2 + B**2)   !   Hypothenuse
```

Der Strichpunkt („;") fungiert als Trennzeichen zwischen **mehreren Anweisungen** innerhalb einer Programmzeile. Es sollte jedoch der Übersichtlichkeit wegen von dieser Möglichkeit, mehrere Anweisungen in eine Zeile zu schreiben, nur bei kurzen Anweisungen Gebrauch gemacht werden, wie z.B.:

```
I = 0; J = 1; A = 1.0
```

Eine beliebige Aneinanderreihung von Leerstellen und Strichpunkten wird als ein einziger Strichpunkt interpretiert. Ein Strichpunkt als letztes Zeichen ungleich der Leerstelle in einer Zeile bzw. vor einem Kommentar wird ignoriert.

Anweisungen können sich über mehr als eine Zeile erstrecken; im Standard 90 sind maximal 39 sogenannte **Fortsetzungszeilen** erlaubt. Das Et-Zeichen („&") als letztes Zeichen ungleich der Leerstelle einer Zeile bzw. vor dem Beginn eines Kommentares gibt an, daß die Anweisung in der nächsten Zeile, die keine Kommentarzeile ist, fortgesetzt werden soll, wobei das Et-Zeichen selbst nicht zum Bestandteil der Anweisung wird. Kommentare können auch bei fortgesetzten Anweisungen wie zuvor beschrieben verwendet werden, und es dürfen auch beliebig viele Kommentarzeilen zwischen Fortsetzungszeilen auftreten, ohne die Maximalzahl von erlaubten Fortsetzungszeilen (39) einzuschränken. Eine Kommentarzeile kann grundsätzlich nicht fortgesetzt werden; ein innerhalb des Kommentares auftretendes Et-Zeichen bleibt ohne besondere Bedeutung (ist also Bestandteil des Kommentares). Es darf keine Zeile nur das Et-Zeichen als einziges Zeichen ungleich der Leerstelle enthalten, und das Et-Zeichen darf auch nicht das einzige Zeichen ungleich der Leerstelle vor einem Rufzeichen innerhalb einer Zeile sein.

```
!  Beispiel für die Fortsetzung von Zeilen
X = X*Y +     &    ! Kommentar optional
     !  eingestreute Kommentarzeile
    13.7 * Z &    ! wird abermals fortgesetzt
    - 3.27E-10    ! Ende der Anweisung
```

Das Et–Zeichen kann (muß aber im allgemeinen nicht) als erstes Zeichen ungleich Blank in einer Fortsetzungszeile aufscheinen; in diesem Fall wird die Anweisung mit dem dem Et–Zeichen <u>unmittelbar</u> folgenden Zeichen fortgesetzt. Im Gegensatz dazu erfolgt die Fortsetzung einer Anweisung mit dem ersten Zeichen einer Fortsetzungszeile, wenn deren erstes Zeichen ungleich Blank nicht das Et–Zeichen ist. Mittels der Verwendung des Et–Zeichens am Beginn (bzw. als erstes Zeichen ungleich der Leerstelle) einer Fortsetzungszeile ist es möglich, Anweisungen sowohl innerhalb von Basiseinheiten als auch Zeichenkettenkonstanten (bzw. –formatelementen) abzutrennen und fortzusetzen:

```
! Beispiel zur Trennung innerhalb einer Basiseinheit:
X = EINE_VARIABLE + EINE_KONSTANTE
X = EINE_VARI&              ! Fortsetzung nächste Zeile
      &ABLE + EINE_KONSTANTE
X = Y + 3.14&              ! Konstante wird fortgesetzt
      &159                 ! entspricht: X = Y + 3.14159
! Beispiel zur Trennung innerhalb einer Zeichenkette:
LANGE_ZEICHENKETTE = 'Diese Zeichenkett&
                      &enkonstante erstreckt sich &
                      &über mehrere Zeilen.'
```

Bei der Fortsetzung von Zeichenketten ist zu beachten, daß in diesem Fall <u>kein angehängter</u> Kommentar gestattet ist, da die Zeichenkette ja selbst die beiden Zeichen „&" und „!" beinhalten kann!

Anweisungsmarken („*Labels*") sind maximal fünfstellige positive ganze Zahlen (inklusive etwaiger führender Nullen) und können vor jeder Anweisung stehen, die nicht selbst Teil einer anderen Anweisung ist. Sie dienen entweder als Sprungziel (das heißt zur Kennzeichnung von ausführbaren Anweisungen, auf die gegebenenfalls verzweigt werden kann; siehe Kapitel 7.2) oder zur Identifikation von Ein-/Ausgabe–Formaten (FORMAT–Anweisung, Kapitel 9.1.1). Anweisungsmarken gelten grundsätzlich nur innerhalb einer Bereichseinheit (siehe Kapitel 10.1.2), sodaß ein bestimmter Label nur von jener Bereichseinheit angesprochen werden kann, in welcher er definiert ist. Anweisungsmarken müssen innerhalb einer Bereichseinheit eindeutig sein; so dürfen, zum Beispiel, die Anweisungen

```
113 CONTINUE
00113 FORMAT (A15)
```

nicht innerhalb einer Programmeinheit stehen, da deren Marken identisch sind (führende Nullen werden ignoriert). Die Einhaltung einer Reihenfolge wird vom Standard nicht verlangt, doch gebietet es das Prinzip der Übersichtlichkeit, daß Anweisungsmarken zweckmäßigerweise im Quelltext aufsteigend sortiert vergeben werden sollten.

3.2.2 FIXES QUELLTEXT–FORMAT

Das zweite Quelltext–Format von Fortran 90 (_redundant!_) ist durch eine fixe Spalteneinteilung charakterisiert, durch die die Positionierung von

- Kommentareinleitungszeichen („C" oder „*" in der Spalte 1)
- Anweisungsmarken (in den Spalten 1..5)
- Fortsetzungszeichen (in der Spalte 6)
- Anweisungsinhalt (in den Spalten 7..72)

genau vorgeschrieben wird. Die Basis dieses Formates stellt das Quelltext-Format von FORTRAN 77 dar, welches — vom heutigen Standpunkt aus betrachtet — nur im Zusammenhang mit der seinerzeitigen Verwendung von Lochkarten als Datenträger betrachtet und erklärt werden kann.

Enthält eine Zeile des Quelltextes ausschließlich Zeichen vom intrinsischen Datentyp (siehe Kapitel 4.1), so muß sie genau 72 Zeichen beinhalten; andernfalls ist die Maximalzahl der Zeichen vom Compiler abhängig. (Anmerkung: Lochkarten hatten typisch 80 Spalten, sodaß der Programmierer über die letzten acht Positionen frei verfügen konnte, um beispielsweise die Lochkarten zu numerieren.)

Über Leerstellen kann im fixen Quelltext-Format außerhalb von Zeichenketten grundsätzlich frei verfügt werden, da sie in keiner Weise signifikant sind (und auch nicht als Trennzeichen fungieren). Somit können Leerzeichen auch innerhalb von Anweisungsmarken und Basiseinheiten eingestreut werden, solange die starre Spalteneinteilung nicht verletzt wird. (Die Sinnhaftigkeit eines solchen Vorgehens sei allerdings dahingestellt.) Die folgenden Zeilen sind im Sinne des fixen Quelltext-Formates äquivalent:

```
Spaltennummer: 123456789...............................
               100   CONTINUE
               01 00     C O  N    T    I   N  U E
```

Kommentarzeilen werden als solche interpretiert, wenn in der ersten Spalte ein Stern („*") oder ein „C" steht. Ist das erste Zeichen ungleich Blank in einer Zeile das Rufzeichen und dieses steht nicht in der Spalte 6, so ist diese Zeile ebenfalls eine Kommentarzeile (*nicht in FORTRAN 77*). Weiters leitet das Rufzeichen („!") einen Kommentar ein (*nicht in FORTRAN 77*), soferne es nicht in der Spalte 6 auftritt und auch nicht Teil einer Zeichenkette ist. Der Kommentar gilt dann bis zum Ende der aktuellen Zeile.

```
Spalten-Nr.: 123456789..............................
                  X = A + B     ! angehängter Kommentar
            C  Kommentarzeile aufgrund "C" in Spalte 1
            *  Kommentarzeile aufgrund "*" in Spalte 1
             !  Kommentarzeile aufgrund Rufzeichen
            C** Achtung: "!" darf nicht in Spalte 6 stehen!
            *** Achtung: "!" gilt nicht in FORTRAN 77 !
```

Der Strichpunkt („;") kann wie beim freien Quelltext-Format zur *Separation* von Anweisungen <u>innerhalb</u> einer Zeile verwendet werden (*nicht in FORTRAN 77*).

Fortsetzungszeilen werden als solche interpretiert, wenn die Spalten 1..5 ausschließlich Leerstellen beinhalten <u>und</u> in der Spalte 6 ein Zeichen ungleich Blank oder „0" steht. In diesem Fall werden die Spalten 7..72 dieser Zeile als Fortsetzung der vorhergehenden, nicht als Kommentar aufzufassenden Zeile angenommen.

```
Spalten-Nr.: 123456789...............................
                  X =
            C     obige Anweisung wird fortgesetzt
                =   A + B     ! Zeichen in Spalte 6
```

Es ist zu beachten, daß beim fixen Format die <u>fortsetzende</u> Zeile (in der Spalte 6) „markiert" wird, während beim freien Format die <u>fortzusetzende</u> Zeile an derem Ende mittels „&" gekennzeichnet wird. Das Et-Zeichen hat im fixen Quelltext-Format keine spezielle Bedeutung (es kann also nicht in derselben Art wie beim freien Quelltext-Format zur Zeilenfortsetzung verwendet werden*). Kommentarzeilen können grundsätzlich auch in diesem Format nicht fortgesetzt werden, es ist aber (wie auch im freien Format) erlaubt, Kommentarzeilen zwischen fortgesetzten Zeilen einzustreuen.

---

* Wenn das Et-Zeichen in der Spalte 6 angegeben ist, kennzeichnet es allerdings — so wie jedes Zeichen ungleich 0 oder Blank — diese Zeile als Fortsetzungszeile.

Durch die gerade beschriebene Kennzeichnung einer Fortsetzungszeile ergibt sich die Bedingung für eine Zeile, die den **Beginn einer Anweisung** enthält, daß in ihrer Spalte 6 entweder ein Leerzeichen oder „0" stehen muß. Im Gegensatz zum freien Quelltext–Format sind im fixen Format nur 19 Fortsetzungszeilen erlaubt, wobei eingestreute Kommentarzeilen nicht mitzuzählen sind.

Anweisungsmarken müssen innerhalb der Spalten 1..5 in jener Zeile stehen, in der eine Anweisung beginnt. Daraus ergibt sich die Tatsache, daß mittels „;" separierte Anweisungen keinen Label haben können. Es soll noch einmal betont werden, daß Fortsetzungszeilen in den Spalten 1..5 nur Blanks aufweisen dürfen und ihnen daher ebenfalls keine Anweisungsmarke vergeben werden kann.

Die END–Anweisung einer Programmeinheit darf nicht fortgesetzt werden; eine Programmeinheit darf auch keine fortzusetzende Zeile aufweisen, welche wie eine END–Anweisung aussieht, wie z.B.

```
Spalten-Nr.: 123456789...........................
                 END_X1 = 57.3    ! ist erlaubt
                 END
             1      _X1 = 57.3  ! nicht erlaubt!
```

Das Quelltext–Format in FORTRAN 77 entspricht dem fixen Format im Standard 90 mit den beiden Einschränkungen, daß kein Anweisungs–Separator („;") existiert und daß das Rufzeichen („!") keinen Kommentarbezeichner darstellt, weshalb auch kein *„inline"*–Kommentar möglich ist.

3.2.3 EINBETTUNG VON QUELLTEXTEN

Während der Verarbeitung durch den Sprachprozessor kann mittels einer sogenannten INCLUDE–Zeile an nahezu beliebiger Stelle zusätzlicher Quelltext eingebunden werden, wobei ein so eingebetteter Text abermals eine INCLUDE–Zeile beinhalten kann, und so fort. Die maximale Tiefe verschachtelter INCLUDE–Zeilen ist allerdings vom Compiler abhängig. Eine INCLUDE–Zeile darf keinesfalls bewirken, daß ein- und derselbe zusätzliche Quelltext mehrmals (sozusagen „rekursiv") eingebunden wird.

INCLUDE *Zeichenkettenkonstante*

Die INCLUDE–Zeile ist <u>keine</u> FORTRAN–Anweisung; sie muß jedenfalls eine <u>eigene</u> Zeile bilden und darf an jeder Stelle stehen, wo auch eine FORTRAN–Anweisung erlaubt ist. Sie darf keine Anweisungsmarke haben; ein „angehängter" Kommentar (mittels „!") ist jedoch erlaubt. Ein mittels

INCLUDE eigebetteter Quelltext darf weder mit einer Fortsetzungszeile beginnen noch mit einer fortzusetzenden Zeile beendet werden.

Wie das Argument *Zeichenkettenkonstante* zu interpretieren ist, wird vom Standard nicht vorgegeben und ist daher von der jeweiligen Implementierung abhängig. Eine naheliegende Interpretation wäre beispielsweise, daß das Argument einen (selbstverständlich betriebssystemspezifischen) Namen einer Datei darstellt, deren Quelltext inkludiert werden soll.

Mit der Einführung der INCLUDE–Zeile im Standard 90 wurde einerseits dem allgemeinen Trend gefolgt, da die meisten heute verwendeten Programmiersprachen ein solches Konstrukt aufweisen; andererseits war man vermutlich bestrebt, die bei vielen FORTRAN 77–Compilern bereits bestehenden diesbezüglichen Erweiterungen sozusagen zu legitimieren. Genaugenommen ist die INCLUDE–Zeile — obwohl erst neu eingeführt — für die in der Praxis am häufigsten vorkommenden Anwendungen (beispielsweise die Einbettung ein- und derselben Spezifikationen in verschiedenen Programmeinheiten) redundant, da derselbe Effekt mittels der Vereinbarungsanweisung USE im Zusammenhang mit der Programmeinheit MODULE (siehe Kapitel 10.3) auf ausschließlich standardisiertem Niveau erreicht werden kann.

3.3 Namen in FORTRAN

FORTRAN–Namen bestehen aus maximal 31 alphanumerischen Zeichen einschließlich des Unterstreichungszeichens „_" (siehe Kapitel 3.1), wobei das erste Zeichen ein Buchstabe sein muß.

FORTRAN 77 erlaubt zur Namensbezeichnung maximal 6 alphanumerische Zeichen; es sei darauf hingewiesen, daß das Unterstreichungszeichen nicht zum Zeichensatz von FORTRAN 77 gehört.

FORTRAN–Namen dienen zur Benennung der in der Tabelle 3.3 angegebenen Begriffe und können darüberhinaus zur optionalen Bezeichnung von Blockstrukturen (siehe Kapitel 7.1) verwendet werden[90]. Im folgenden seien ein paar Beispiele für gültige FORTRAN–Namen und nicht erlaubte Namensbezeichnungen angeführt:

`HAUPT_PROGRAMM`	*nicht in FORTRAN 77!*
`NEWTON_SUB_1`	*nicht in FORTRAN 77!*
`I11_INDEX`	*nicht in FORTRAN 77!*
`Y7X_`	*nicht in FORTRAN 77!*
`A12XYZ`	
`J375`	

Bezeichnung	entsprechende Anweisung
Hauptprogramm	PROGRAM *Name*
gemeinsamer Speicherbereich	COMMON[77] /*Name*/ ...
SUBROUTINE–Unterprogramm	SUBROUTINE *Name* [(...)]
Funktions–Unterprogramm	*[Typ]* FUNCTION *Name* (...)
Externe Prozedur	EXTERNAL *Name* [,...]
Standardprozedur	INTRINSIC *Name* [,...]
Generische Prozedur	INTERFACE[90] *Name*
Anweisungsfunktion	*Name*(...) = ...
Einsprungadresse	ENTRY *Name* [(...)]
BLOCK DATA–Programmeinheit	BLOCK DATA[77] *Name*
Modul	MODULE[90] *Name*
Abgeleiteter Datentyp	TYPE[90] *Name*
Variable	TYPDEKLARATION
Feld („array")	DIMENSION[77] *Name* (...) [,...]
Symbolische Konstante	PARAMETER (*Name=Konst.*[,...])
NAMELIST–Gruppe	NAMELIST[90] /*Name*/ ...

Tabelle 3.3: Namensgebung für FORTRAN-Begriffe

```
1VAR                    nicht erlaubt (beginnt mit Ziffer)
A CON                   nicht erlaubt (beinhaltet ein Blank)
_ARRAY_1                nicht erlaubt (beginnt mit „_")
```

Mit Ausnahme der eingangs erwähnten Vorschriften bezüglich der Syntax gibt es für die Namensgebung keinerlei Einschränkungen, da es in FORTRAN <u>keine</u> **reservierten Wörter** gibt. So könnten beispielsweise auch FORTRAN–Schlüsselwörter als Namen verwendet werden *(FORTRAN 77: soferne die Zeichenanzahl $\leq$ 6)*, was aber aus Gründen der Übersichtlichkeit vermieden werden sollte:

```
WRITE = 5.0
WRITE(*,*) WRITE
```

Nicht erlaubt jedoch ist die doppelte Verwendung eines Namens (auch mit unterschiedlicher Bedeutung), wie z.B.:

```
PROGRAM XXX
XXX = 3.14        ! (Variablenname = Hauptprogrammname)
```

4

Datentypen

Fortran 90 kennt zwei verschiedene Arten von Datentypen, und zwar die sogenannten **intrinsischen** (vom Standard vordefinierten) und die vom Benutzer spezifizierbaren **abgeleiteten** Datentypen. (*Letztere sind in FORTRAN 77 nicht vorhanden.*)

Die intrinsischen Datentypen von FORTRAN sind INTEGER (ganze Zahl), REAL (Gleitkommazahl), COMPLEX (komplexe Gleitkommazahl), CHARACTER (Zeichenkette) und LOGICAL (logischer Wert). Abgeleitete Datentypen lassen sich — wie schon aus der Bezeichnung hervorgeht — auf intrinsische und/oder zuvor definierte abgeleitete Datentypen zurückführen.

Der in FORTRAN 77 mit DOUBLE PRECISION bezeichnete Datentyp (Gleitkommazahl mit „doppelter Genauigkeit") wird im Standard 90 DOUBLE PRECISION REAL genannt und als Datentyp REAL mit bestimmter Typkennzahl[90] (siehe Kapitel 4.1) aufgefaßt.

Grundsätzlich hat jeder Datentyp (gleichgültig ob intrinsisch oder abgeleitet) folgende Eigenschaften:

- Ein Datentyp hat einen eindeutigen Namen.
- Einem Datentyp ist ein Wertebereich zugeordnet.
- Es existiert eine Möglichkeit, dem Datentyp zugeordnete Werte (KONSTANTE) zu beschreiben.
- Es gibt zum Datentyp gehörige Operationen, mittels derer die Werte manipuliert werden können.

Der Wertebereich eines Datentyps kann entweder völlig vorbestimmt sein, wie beispielsweise beim Typ LOGICAL, wo nur die beiden Werte .TRUE. und .FALSE. zugelassen sind, oder aber vom Compiler abhängig sein, wie zum Beispiel bei INTEGER und REAL. Für abgeleitete Datentypen sowie für den Typ COMPLEX ergibt sich der gültige Wertebereich durch beliebige Kombinationen der erlaubten Werte für die Einzelkomponenten.

4.1 Intrinsische Datentypen

Die vordefinierten Datentypen lassen sich zwei Klassen einteilen und zwar in die numerischen Datentypen (INTEGER, REAL und COMPLEX) und die nichtnumerischen Datentypen (CHARACTER und LOGICAL).

Ein Compiler muß zumindest eine (bei den Typen REAL und COMPLEX[90] mindestens zwei), <u>darf aber auch mehrere</u>[90] Darstellungsmöglichkeiten der intrinsischen Datentypen implementiert haben, wobei die jeweilige Darstellungsart durch eine sogenannte Typkennzahl[90] („TYPE KIND PARAMETER") charakterisiert ist (eine vorzeichenlose ganze Zahl).

Die Typkennzahl einer bestimmten Variablen oder Konstanten läßt sich mittels der Abfragefunktion KIND[90] ermitteln. Um jene Typkennzahl zu erhalten, die den kleinstmöglichen, aber die geforderte Spezifikation jedenfalls erfüllenden Wertebereich repräsentiert, können die intrinsischen Funktionen SELECTED_INT_KIND[90] und SELECTED_REAL_KIND[90] verwendet werden. In diesem Zusammenhang sind noch die intrinsischen Funktionen RANGE[90] und PRECISION[90] zu erwähnen, die den Wertebereich bzw. die Darstellungsgenauigkeit einer bestimmten Variablen oder Konstanten liefern. (Die intrinsischen Prozeduren werden im Kapitel 11 ausführlich beschrieben.)

Durch diese rigorose Erweiterung der intrinsischen Datentypen ist es dem FORTRAN-Programmierer möglich, Mindestwertebereiche (bei INTEGER, REAL und COMPLEX) sowie Mindestdarstellungsgenauigkeiten (für die Datentypen REAL und COMPLEX) zu spezifizieren, wodurch FORTRAN-Programme noch leichter portierbar sind. Dies bedeutet jedoch keineswegs, daß jeder Compiler standardmäßig beliebige Wertebereiche bzw. Darstellungsgenauigkeiten zur Verfügung stellen muß; die beschriebene Erweiterung der Darstellungsarten gegenüber FORTRAN 77 stellt vielmehr eine Vorschrift für Fortran 90-Compiler dar, wie mehrere Darstellungsarten — wenn sie vorhanden sind — implementiert sein müssen. Die vom Standard 77 vorgegebenen intrinsischen Datentypen bedeuten eine derartige Einschränkung in der Zahlendarstellung, daß fast jeder FORTRAN 77-Compiler (zumindest jene mit einer Wortlänge von maximal 32 Bit und darunter) außerhalb des Standards mehrere Darstellungsarten der intrinsischen Datentypen vorsieht (siehe Kapitel 4.2). Somit ist die Erweiterung in den Möglichkeiten der Zahlendarstellung in Fortran 90 als Bereinigung einer bestehenden Situation und nicht als Zwang für die Entwickler von FORTRAN-Übersetzern, grundsätzlich mehrere Darstellungsarten zu implementieren, zu verstehen (außer beim Datentyp COMPLEX, siehe Kapitel 4.1.4).

Zu jedem intrinsischen Datentyp gehört <u>ein</u> vordefinierter Typ im engeren Sinne („*Default-Typ*"), dessen Darstellungsart vom jeweiligen Compiler abhängt. Jede Variable bzw. Konstante, die entweder nicht spezifiziert wird („implizite Typdeklaration") oder bei deren Spezifikation (siehe Kapitel 5.1) kein entsprechender KIND-Parameter angegeben wird, ist automatisch vom Typ DEFAULT, also DEFAULT INTEGER, DEFAULT REAL, DEFAULT COMPLEX, DEFAULT CHARACTER oder DEFAULT LOGICAL. Die auf **numerische Datentypen** anwendbaren, intrinsisch definierten numerischen Operationen sind die vier Grundrechnungsarten, die Potenzierung sowie die (unitäre) Vorzeichensetzung (siehe Kapitel 6.2.1):

- Addition („+")

- Subtraktion („−")

- Multiplikation („*")

- Division („/")

- Potenzierung („**")

- Negation („−" als Vorzeichen)

- Identität („+" als Vorzeichen)

Jeder numerische Typ beinhaltet null als vorzeichenlosen Wert.

4.1.1 FORTRAN–TYPKONVENTION

Im Gegensatz zu den meisten anderen Programmiersprachen müssen in FORTRAN nicht alle Variablen (bzw. symbolische Konstanten) typisiert werden, da bei fehlender Typdeklaration die sogenannte FORTRAN–Typkonvention zum Tragen kommt, derzufolge Variable, deren Namen mit den Buchstaben I... N beginnen, dem Datentyp DEFAULT INTEGER zugerechnet werden, während alle übrigen dem Typ DEFAULT REAL angehören. (Eine explizite Typvereinbarung „überschreibt" selbstverständlich diese Konvention.)

Über diese standardmäßig gültige „implizite Typdeklaration" sind die heutigen FORTRAN–Benutzer durchaus geteilter Meinung: Ein Personenkreis begrüßt vor allem die Bequemlichkeit, nicht jede sporadisch während des Kodierens eingeführte unscheinbare Indexvariable im Deklarationsteil einer Programmeinheit typisieren zu müssen. Ein auf der Hand liegender Nachteil liegt darin, daß durch ein einfaches Vertippen im Quelltext eine neue (im allgemeinen undefinierte) Variable kreiert werden kann, was aber möglicherweise zu keinem syntaktischen Fehler führt und vom Compiler daher auch nicht gemeldet wird. Dieser Nachteil wird vor allem von jenem Benutzerkreis hoch bewertet, der vor FORTRAN eine andere Programmiersprache mit strikter Typdeklarationspflicht verwendet hat.

In Fortran 90 wurde ein Kompromiß geschaffen, indem mittels der Anweisung IMPLICIT NONE[90] jegliche implizite Typdeklaration innerhalb der betreffenden Programmeinheit ausgeschaltet werden kann (in einer solchen Programmeinheit gilt dann weder die FORTRAN–Typkonvention noch darf eine weitere IMPLICIT–Anweisung angegeben werden). Einige FOR-TRAN 77–Compiler haben bereits diese über den Standard 77 hinausgehende Möglichkeit; allerdings wird sie zumeist unterschiedlich realisiert.

Aus Gründen der Übersichtlichkeit ist jedenfalls zu empfehlen, die FORTRAN-Typkonvention als Anregung für die Namensgebung aufzufassen und womöglich auch noch weitere Kennbuchstaben (z.B. „C" für COMPLEX, „CH" für CHARACTER, „D" für DOUBLE PRECISION[77] und „L" für LOGICAL) zu verwenden — unabhängig davon, ob man die implizite Typdeklaration verwenden will oder nicht. Durch eine solche Vorgangsweise werden (vor allem fremde) Programme leichter lesbar, indem der Variablen- bzw. Konstantenname bereits Aufschluß über den Datentyp gibt.

4.1.2   DATENTYP INTEGER

Der Wertebereich des Datentyps INTEGER stellt eine Teilmenge der ganzen Zahlen im mathematischen Sinne dar. Eine literale INTEGER–Konstante im Dezimalsystem hat folgende Form:

$$[\pm]d[d[\ldots]][\_Typ]$$

Dabei bedeuten d eine Dezimalziffer und Typ eine Typkennzahl[90], welche selbst eine vorzeichenlose Konstante vom Typ DEFAULT INTEGER ist. Typ kann sowohl eine Literalkonstante als auch eine symbolische („benannte") Konstante sein, wobei letztere mittels der Anweisung bzw. mittels des Schlüsselwortes PARAMETER (siehe Kapitel 5) definiert wird.

An dieser Stelle soll betont werden, daß im weiteren Verlauf dieses Buches die Bezeichnung „Konstante" sowohl eine „Literalkonstante" als auch eine „symbolische Konstante" bedeuten kann; nur dort, wo eine Unterscheidung erforderlich ist, wird der konkrete Begriff verwendet.

Wird die optionale Angabe „_Typ" weggelassen, so handelt es sich bei der Konstanten um den Typ DEFAULT INTEGER, deren zugehörige Typkennzahl man durch den Funktionsaufruf KIND(0)[90] (Kapitel 11.4.4) erhält.

FORTRAN 77 kennt den Zusatz _Typ nicht und läßt nur <u>einen</u> ganzzahligen Datentyp (INTEGER ohne Typkennzahl) zu.

Beispiele für dezimale Literalkonstante vom Typ INTEGER:

```
597
-3
+3490
34_3                    nicht in FORTRAN 77!
981234_EIN_KIND_PAR     nicht in FORTRAN 77!
```

In einer DATA–Anweisung (siehe Kapitel 5.2.12) dürfen Variablen vom Typ INTEGER auch binäre, oktale und hexadezimale Literalkonstanten zugewiesen werden (*nicht in FORTRAN 77*):

$$\text{B'}b[,b[,\ldots]]'\qquad b \in \{0,1\}$$
$$\text{O'}o[,o[,\ldots]]'\qquad o \in \{0,1,\ldots 7\}$$
$$\text{Z'}h[,h[,\ldots]]'\qquad h \in \{0,1,\ldots 9, A, B, C, D, E, F\}$$

An Stelle der Apostrophe dürfen in obiger Schreibweise auch Anführungszeichen stehen. Es soll hervorgehoben werden, daß außerhalb von DATA–Anweisungen nur die Verwendung dezimaler INTEGER–Konstanten erlaubt ist.

Die Spezifikation einer INTEGER–Variablen oder (symbolischer) –Konstanten erfolgt mittels der Vereinbarungsanweisung INTEGER (siehe Kapitel 5.1):

```
INTEGER I12, A23XY, IJ, LOG
PARAMETER (A23XY = 50, IX = 2)   ! IX: implizit INTEGER
! Die nächsten Deklarationen gelten nur in Fortran 90
INTEGER, PARAMETER :: TYP6 = SELECTED_INT_KIND (6)
INTEGER (TYP6) :: J22_5, EINE_GANZE_ZAHL
    :
EINE_GANZE_ZAHL = -1234_TYP6
```

Wie aus dem Beispiel ersichtlich ist, wird eine symbolische INTEGER–Konstante mittels der PARAMETER–Anweisung oder des PARAMETER–Attributes[90] definiert. TYP6 stellt eine Typkennzahl dar, welche im Zusammenhang mit INTEGER–Zahlen maximal 6 Stellen vorsieht und somit einen Mindestwertebereich von $\pm(10^7 - 1)$ garantiert (soferne der Compiler einen solchen Bereich zur Verfügung stellt).

Durchaus zweckmäßig ist eine Benennung von INTEGER–Variablen und –Konstanten unter Berücksichtigung der FORTRAN–Typkonvention (siehe Kapitel 4.1.1)

```
IMPLICIT NONE                         ! nur Fortran 90
INTEGER I21, JABC25, K, MO, NAB5      ! erstes Zeichen I-N
PARAMETER (JABC25 = 317, MO = -2598)
```

wobei beim Weglassen der Anweisung IMPLICIT NONE[90] auch die INTEGER–Anweisung überflüssig ist (da in diesem Beispiel alle Variablen vom Typ DEFAULT INTEGER sind).

4.1.3 DATENTYP REAL

Der Datentyp REAL dient zur Approximation von Zahlen aus der Menge
der reellen Zahlen im mathematischen Sinn. Jeder Compiler muß zumindest zwei Darstellungsarten vorsehen, und zwar reelle Zahlen in einfacher
Genauigkeit (Typ DEFAULT REAL mit der Typkennzahl KIND(0.0)) und
in doppelter Genauigkeit (Typ DOUBLE PRECISION REAL* mit der Typkennzahl KIND(0.0D0)). Die zugehörigen Vereinbarungsanweisungen lauten REAL und DOUBLE PRECISION⑦⑦ (siehe Kapitel 5.1), wobei in Fortran 90 die Deklaration eines Typs DOUBLE PRECISION REAL mittels einer
REAL–Anweisung unter Angabe des entsprechenden KIND–Parameters
möglich (und zweckmäßig) ist.

Der Begriff „doppelte Genauigkeit" ist insoferne verwirrend, als der
Standard nur unpräzise vorschreibt, daß die Darstellungsgenauigkeit beim
Typ DOUBLE PRECISION REAL größer sein muß als beim Typ DEFAULT
REAL. Im allgemeinen wird man jedoch von einem Compiler erwarten, daß
sich das Eigenschaftswort „doppelt" auch tatsächlich in der Genauigkeit
niederschlägt (im Anhang A werden verschiedene gebräuchliche Darstellungsarten für Gleitkommazahlen beschrieben).

Eine reelle Literalkonstante zeichnet sich dadurch aus, daß in ihr —
als Basiseinheit betrachtet — ein Dezimalpunkt und/oder einer der beiden
Buchstaben E oder D vorkommt:

$$[\pm]\ \mathit{Mantisse}[\_\mathit{Typ}]$$

$$[\pm]\ \mathit{Mantisse} \begin{Bmatrix} E \\ D \end{Bmatrix} [\pm]\ \mathit{Exponent}\ [\_\mathit{Typ}]$$

$$[\pm]\ n \begin{Bmatrix} E \\ D \end{Bmatrix} [\pm]\ \mathit{Exponent}\ [\_\mathit{Typ}]$$

Dabei kann *Mantisse* eine der drei Formen

$$n.\quad \text{oder}\quad n.n \quad \text{oder}\quad .n$$

annehmen, wobei n eine Folge von Dezimalziffern ist. *Exponent* ist eine
vorzeichenlose ganze Zahl und Typ⑨⓪ bedeutet eine optional anzugebende
Konstante, welche der gewünschten Typkennzahl entspricht.

FORTRAN 77 kennt genau zwei Darstellungsarten reeller Zahlen,   77
welche sich in den Datentypen REAL und DOUBLE PRECISION wider-
spiegeln. Den Begriff Typkennzahl gibt es in FORTRAN 77 nicht.   77

---

* Da in Fortran 90 auch der Datentyp COMPLEX in doppelter Genauigkeit zur Verfügung
steht, wird der Datentyp DOUBLE PRECISION von FORTRAN 77 im Standard 90 mit
„DOUBLE PRECISION REAL" bezeichnet.

Beispiele für gültige reelle Literalkonstanten sind:

```
-143.                    Wert:  -143.0
74.37
.0173                    Wert:  0.0173
63E+25                   Wert:  63.0 · 10²⁵
-.67D-18                 Wert:  -0.67 · 10⁻¹⁸
.234E10_MEIN_TYP         nicht in FORTRAN 77!
```

Beispiel für gültige Typdeklarationen:

```
REAL K77E3, Y13, XX
DOUBLE PRECISION YYD, X1DOUB
PARAMETER (XX = 1.5, ZZAB = 1E-3)     ! ZZAB implizit REAL
PARAMETER (YYD = 3.54D22)
! Die nächsten Deklarationen gelten nur in Fortran 90
REAL (KIND(0.0D0)) :: D_XX1, YY_DOUBLE
REAL, PARAMETER :: T17_99 = SELECTED_REAL_KIND (17, 99)
REAL (KIND = T17_99) :: SPEZIAL_VARIABLE
   ⋮
SPEZIAL_VARIABLE = -2345.4445556667733E+095_T17_99
```

Wie beim Typ INTEGER ist für die Definition einer symbolischen Konstanten der Typen REAL und DOUBLE PRECISION REAL entweder die PARAMETER–Anweisung oder das PARAMETER–Attribut[90] erforderlich. Die Typkennzahl, welche durch die Konstante T17_99 dargestellt wird, stellt eine Mindestanforderung sowohl an die Darstellungsgenauigkeit (17 Dezimalstellen) als auch an den Wertebereich ($\pm 10^{\pm 99}$).

Durchaus empfehlenswert ist in der Namensgebung die Berücksichtigung der FORTRAN–Typkonvention (siehe Kapitel 4.1.1):

```
IMPLICIT NONE                          ! nur in Fortran 90
REAL ABC, X27D13, FXD6, Z18X           ! erstes Zeichen A-H, O-Z
DOUBLE PRECISION D17, DFXD6            ! erstes Zeichen z.B. D
PARAMETER (X27D13 = 3.17E-5, D17 = 8D00)
```

Wird die Anweisung IMPLICIT NONE in obigem Beispiel weggelassen, erübrigt sich auch die REAL–Anweisung, da gemäß der FORTRAN–Typkonvention alle nicht typisierten Variablen und Konstanten, deren Namen mit A...H oder O...Z beginnen, dem Datentyp DEFAULT REAL zugeordnet werden.

4.1.4 DATENTYP COMPLEX

FORTRAN zeichnet sich gegenüber den meisten anderen Programmiersprachen durch das Vorhandensein des intrinsischen Datentyps COMPLEX aus, dessen Werte die mathematischen komplexen Zahlen approximieren. Daraus läßt sich unter anderem die Präferenz von FORTRAN zur Lösung technisch–wissenschaftlicher Probleme ableiten, wobei selbstverständlich die komplexe Arithmetik weniger im Vordergrund steht, die sich ja durch relativ einfache Benutzerfunktionen nachbilden ließe, sondern vor allem die Verwendungsmöglichkeit von komplexen Variablen im Zusammenhang mit den vielen intrinsischen mathematischen Funktionen die Vorteile dieses Datentyps ausmacht.

Der Datentyp COMPLEX war schon in den ersten Standards von FORTRAN beinhaltet; neu im Standard 90 ist jedoch, daß zu jeder implementierten Darstellungsart des Datentyps REAL auch eine gleichwertige Darstellungsart für den Datentyp COMPLEX existieren muß (das heißt, daß sowohl Realteil als auch Imaginärteil einer komplexen Variablen bzw. Konstanten dieselben Darstellungsgenauigkeiten aufweisen können müssen wie Variablen bzw. Konstanten vom Typ REAL).

FORTRAN 77 sieht grundsätzlich nur einen komplexen Datentyp ^{77} vor, dessen Real- und Imaginärteil der (einfachen) Genauigkeit vom | Typ REAL entspricht. ^{77}

Variable und Konstante vom Typ COMPLEX werden mit der COMPLEX–Anweisung spezifiziert (siehe Kapitel 5.1). Wird dabei kein KIND–Parameter angegeben, so handelt es sich um den Datentyp DEFAULT COMPLEX, dessen Real- und Imaginärteil jeweils vom Typ DEFAULT REAL ist. Um eine bestimmte Darstellungsart vom Datentyp COMPLEX zu spezifizieren, muß wie beim Typ REAL die entsprechende Typkennzahl[90], gegebenenfalls unter Verwendung der Funktion KIND[90], angegeben werden. So bedeutet beispielsweise die Angabe der Typkennzahl KIND(0.0D0), daß sowohl Real- als auch Imaginärteil in doppelter Genauigkeit darzustellen sind (es gibt jedoch <u>keine</u> DOUBLE PRECISION COMPLEX–Anweisung!).

Komplexe Literalkonstante werden in der Form

>   (*Realteil,Imaginärteil*)

angegeben, wobei *Realteil* und *Imaginärteil* ganzzahlige oder reelle Literalkonstante (auch unterschiedlichen Datentyps) sein können. Bei unterschiedlichem Datentyp von Real- und Imaginärteil gelten im wesentlichen die im Kapitel 6.2.1 beschriebenen Regeln der Typkonversion.

Beispiele für gültige komplexe Literalkonstanten:

```
(-34.65,7.123)       Typ: DEFAULT COMPLEX
```

```
(10,-23E-03)         Typ: DEFAULT COMPLEX
(23.5D4,-25.44)      Typ wird vom Realteil übernommen
(17.3,28.0_SPEZ)     Typ wird vom Imaginärteil übernommen
(-1.34E5_6,1.2_8)    Typ hängt von den Typkennzahlen ab
```

Aus den Beispielen ist ersichtlich, daß sich der Typ der komplexen Literalkonstante aus dem „höherwertigen" Teil ergibt. Im letzten Beispiel hängt der resultierende Typ von der Bedeutung der Typkennzahlen 6 und 8 ab: es wird jene Typkennzahl für die komplexe Konstante übernommen, die einer höheren Darstellungsgenauigkeit entspricht; ist diese für beide Typkennzahlen dieselbe (das heißt, daß diese nur einen unterschiedlichen Wertebereich repräsentieren), so ist die Auswahl des Typs vom Compiler abhängig (doch kann die Typkennzahl der komplexen Konstante im obigen Beispiel nur entweder 6 oder 8 sein).

Gültige Typdeklarationen für COMPLEX sind beispielsweise

```
COMPLEX CABC, COMP1, CZ12
PARAMETER (COMP1 = (1.35, -3E-18))
! Die nächsten Zeilen gelten nur in Fortran 90
COMPLEX, PARAMETER :: T10_30 = SELECTED_REAL_KIND (10, 30)
COMPLEX (KIND=KIND(0.0D0)) :: COMP_VAR_DOUBLE_PREC
COMPLEX (T10_30) :: COMP_VAR_SPEZIAL
   ⋮
COMP_VAR_SPEZIAL = (-23.4_T10_30 , 28.4)
COMP_VAR_DOUBLE_PREC = (0.17 , 493D-03)
```

Die Bedeutung der Typkennzahl für komplexe Variablen und Konstanten ist völlig analog zum Typ REAL, indem sowohl Real- als auch Imaginärteil der komplexen Zahl als reelle Zahl interpretiert wird. Daß im obigen Beispiel alle komplexen Größenbezeichnungen mit dem Buchstaben „C" beginnen, sei als Anregung für eine übersichtliche Namensgebung gedacht, indem bei einer konsequent durchgeführten Namensbezeichnung (in Anlehnung an die Typkonvention) der entsprechende Datentyp bereits aus dem Namen einer Variablen bzw. Konstanten hervorgehen kann.

4.1.5 DATENTYP CHARACTER

Die gültigen Werte des Datentyps CHARACTER werden durch Zeichenketten („*Strings*") dargestellt, welche selbst aus einer Folge von darstellbaren Zeichen bestehen, die von links nach rechts, mit eins beginnend, numeriert sind. Die Anzahl der Zeichen innerhalb einer Zeichenkette wird als deren <u>Länge</u> bezeichnet und ist ein Spezifizierungsparameter in der Vereinbarungsanweisung CHARACTER (siehe Kapitel 5.1).

In Fortran 90 sind mehrere Darstellungsarten des Typs CHARACTER erlaubt, welche mit der Typkennzahl[90] auswählbar sind; das heißt, daß im neuen Standard die Verwendung verschiedener Zeichensätze unterschiedlichsten Umfanges möglich ist. Wird bei der Spezifikation keine Typkennzahl angegeben, so wird diese mit KIND('A')[90] angenommen und es handelt sich um den Datentyp DEFAULT CHARACTER.

Eine Literalkonstante vom Typ CHARACTER hat grundsätzlich folgendes Aussehen:

[*Typ_*] '*Zeichenkette*'

[*Typ_*] "*Zeichenkette*"   *nicht in FORTRAN 77!*

Die begrenzenden Apostrophe bzw. Anführungszeichen[90] sind dabei nicht Bestandteil der Zeichenkettenkonstante. Zur Darstellung des jeweiligen Begrenzungszeichens (also Apostroph oder Anführungszeichen) als Zeichen innerhalb der Zeichenkette muß dieses verdoppelt werden (wird aber bei der Länge des Strings nur <u>einmal</u> gezählt):

```
'Bei dieser Konstante gibt''s ein Apostroph.'
"Er sagte ""Hallo!""" und ..."
```

Ein **Leerstring**[90] als literale Zeichenkettenkonstante wird durch zwei unmittelbar aufeinanderfolgende Apostrophe oder Anführungszeichen gekennzeichnet (die selbstverständlich nicht innerhalb einer anderen Zeichenkette stehen dürfen).

Die optionale Angabe von *Typ* bedeutet eine symbolische Konstante, welche die entsprechende Typkennzahl beinhaltet (die Angabe der Typkennzahl in Form einer Literalkonstanten ist nicht zulässig). Die Verwendung von

```
GRIECHISCH_'Ωμεγα'
```

als Zeichenkettenkonstante würde beispielsweise voraussetzen, daß die symbolische Konstante GRIECHISCH der Typkennzahl des griechischen Zeichensatzes entspricht und dieser vom entsprechenden Compiler unterstützt wird.

In FORTRAN 77 gilt als Begrenzungszeichen für Literalkonstante vom Typ CHARACTER ausschließlich das Apostroph und es existiert keine Darstellung einer leeren Zeichenkettenkonstanten. Weiters ist die Angabe von *Typ_* nicht zulässig, da es nur einen Datentyp für Zeichenketten gibt.

Im Zusammenhang mit dem Datentyp CHARACTER existiert als intrinsisch definierter Operator nur der sogenannte **Verkettungsoperator**, welcher erlaubt, Variable oder Konstante mit derselben Typkennzahl zusammenzuziehen. Dieser Operator wird durch zwei unmittelbar aufeinanderfolgende Schrägstriche („//") symbolisiert. Die Verwendung des Verkettungsoperators sowie sogenannter „Teilzeichenketten" („*substrings*") werden im Kapitel 6.2.2 beschrieben.

Für jeden implementierten Zeichensatz muß eine bestimmte Sortierreihenfolge definiert sein, welche einer umkehrbar eindeutigen Abbildung der Zeichen auf einen entsprechenden Teil der natürlichen Zahlen entspricht. Die intrinsischen Funktionen CHAR und ICHAR (siehe Kapitel 11.4.3) dienen zur Beschreibung dieser Abbildung in beiden Richtungen. Der Standard beschreibt nur die Sortierreihenfolge des Datentyps DEFAULT CHARACTER und auch hier nur betreffend Buchstaben, Ziffern und die Leerstelle:

- Die Großbuchstaben A...Z sind aufsteigend sortiert:
  $\Rightarrow$ ICHAR('A') < ICHAR('B') < ...< ICHAR('Z')

- Soferne der Compiler Kleinbuchstaben verarbeiten kann, sind diese ebenfalls aufsteigend sortiert:
  $\Rightarrow$ ICHAR('a') < ICHAR('b') < ...< ICHAR('z')

- Die Ziffern 0...9 sind aufsteigend sortiert.
  $\Rightarrow$ ICHAR('0') < ICHAR('1') < ...< ICHAR('9')

- Die Leerstelle ist jedenfalls vor Buchstaben und Ziffern gereiht:
  $\Rightarrow$ ICHAR(' ') < ICHAR('A') $\wedge$ ICHAR(' ') < ICHAR('0')

- Alle Großbuchstaben sind entweder vor 0 oder nach 9 gereiht.

- Soferne der Compiler Kleinbuchstaben zuläßt, sind diese entweder vor 0 oder nach 9 gereiht.

Der Standard schreibt weder die Positionen der Sonderzeichen noch jene der zusätzlichen Zeichen (siehe Kapitel 3.1) vor, ja es ist nicht einmal festgelegt, ob beispielsweise Kleinbuchstaben — soferne ein Compiler diese verarbeiten kann — vor den Großbuchstaben gereiht sind oder umgekehrt. Alle diese vom Standard nicht festgelegten Relationen werden erst vom jeweiligen Compiler definiert (da der Standard sehr wohl eine eindeutige Abbildungsvorschrift fordert).

In diesem Zusammenhang sei aber ausdrücklich auf die Möglichkeit verwiesen, beim Datentyp DEFAULT CHARACTER die Sortierreihenfolge ASCII (ANSI X3.4-1986, ISO 646:1983) zu verwenden, auf der die intrinsischen lexikalischen Vergleichsfunktionen LGT, LGE, LLE und LLT basieren. Die Abbildung zwischen den ASCII–Zeichen und deren Ordinalwert im ASCII–Zeichensatz kann in beiden Richtungen mittels der intrinsischen Funktionen

ACHAR[90] und IACHAR[90] (siehe Kapitel 11.4.3) durchgeführt werden. Ein
FORTRAN-Programm, welches lexikalische Vergleiche nur auf der Basis der
ASCII-Sortierreihenfolge vornimmt, ist dann in dieser Hinsicht tatsächlich portabel. Da die Portabilität eine der wesentlichen Eigenschaften von
FORTRAN-Programmen darstellt, kann vor einer Verwendung der mangelhaft standardisierten Sortierreihenfolge des Datentyps DEFAULT CHARACTER nur abgeraten werden.

Beispiele für gültige Typdeklarationen:

```
CHARACTER CH11, ABCH, XCH     ! Länge = 1 (default)
CHARACTER *10 ACH, BCH10, BCH15*15, BCH50*50, CHPAR*(*)
PARAMETER (CH11 = 'x', CHPAR = 'String beliebiger Länge')
!   Folgende Deklarationen gelten nur in Fortran 90
CHARACTER (LEN=20) :: TEXT_1, TEXT20, TEXT_25*25
CHARACTER (LEN=*), PARAMETER :: CH_PAR = ('beliebig&
                              & langer String')
INTEGER, PARAMETER :: GRIECHISCH = KIND('α')
CHARACTER (LEN=15, KIND=GRIECHISCH) :: &
                    VAR_VOM_GRIECH_ZEICHENSATZ
```

Das letzte Beispiel setzt voraus, daß das Zeichen „α" in den Quelltext
eingebbar ist und der griechische Zeichensatz von der FORTRAN-Implementierung (und daher auch vom Betriebssystem) unterstützt wird. Die intrinsische Abfragefunktion KIND[90] (siehe Kapitel 11.4.4) liefert die diesem
Zeichensatz zugeordnete Typkennzahl[90].

Es ist hervorzuheben, daß in beiden Formen der CHARACTER-Anweisung (CHARACTER*len[77] und CHARACTER (LEN=len)[90]) die angegebene Länge für alle definierten Variablen- bzw. Konstantennamen ohne
eigene Längenspezifikation gilt. Eine zusätzliche Längenangabe beim Variablennamen „überschreibt" jene beim Schlüsselwort CHARACTER. (Die
Verwendung dieser Möglichkeit ist allerdings im allgemeinen der Übersichtlichkeit nicht gerade förderlich.) Bei fehlender Längenangabe (also weder
beim Schlüsselwort CHARACTER noch beim Variablennamen) wird defaultmäßig die Länge 1 angenommen.

Das Offenlassen der Länge einer Zeichenkette mittels der Konstruktionen „*(*)"[77] bzw. „(LEN=*)"[90] ist einerseits für symbolische Konstanten
(deren Länge von der Länge der Literalkonstanten übernommen wird) und
andererseits bei der Deklaration eines Formalparameters vom Typ CHARACTER in einem Unterprogramm erlaubt (siehe Kapitel 5.1.4).

4.1.6 DATENTYP LOGICAL

Der logische Datentyp kennt nur die beiden Werte wahr oder falsch. Es können dennoch mehrere Darstellungsarten des Datentyps LOGICAL implementiert sein, welche durch eine Typkennzahl[90] unterscheidbar sind. Wird bei der Typdeklaration mittels der LOGICAL–Anweisung (Kapitel 5.1) keine Typkennzahl spezifiziert, so wird diese mit KIND(.FALSE.) angenommen und es handelt sich dann um den Datentyp DEFAULT LOGICAL.

Die Literalkonstanten des Datentyps LOGICAL lauten

.TRUE.[_*Typ*]   und

.FALSE.[_*Typ*]

wobei *Typ* eine INTEGER–Konstante bedeutet, welche eine implementierte Typkennzahl beinhaltet. Es soll betont werden, daß für die beiden logischen Werte .TRUE. und .FALSE. keine Abkürzungen bestehen.

In FORTRAN 77 ist die Angabe von _Typ nicht erlaubt, da es nur einen logischen Datentyp gibt.

Die intrinsischen logischen Operatoren sind (siehe Kapitel 6.2.4):

- logische Negation („.NOT.")
- logischer Durchschnitt („.AND.")
- logische Vereinigung („.OR.")
- logische Äquivalenz („.EQV.")
- logische Antivalenz („.NEQV.")

Es ist zu beachten, daß bei den Operatoren wie auch bei den beiden logischen Konstanten .TRUE. und .FALSE. die beiden Punkte Bestandteil des jeweiligen FORTRAN–Sprachelementes sind.

Es gibt weiters eine Reihe von intrinsischen Vergleichsoperatoren, welche den Inhalt verschiedener Datentypen vergleichen und als Ergebnis einen logischen Wert liefern (siehe Kapitel 6.2).

Gültige Deklarationen für den Datentyp LOGICAL sind z.B.

```
LOGICAL L17, LIND, LFLAG, LTEST
LOGICAL (KIND=4) :: LOG_VAR      ! nur in Fortran 90
PARAMETER (L17 = .FALSE., LTEST = .TRUE.)
```

In Anlehnung an die FORTRAN–Typkonvention (Kapitel 4.1.1) beginnen in dem Beispiel alle Variablen und symbolischen Konstanten mit dem Buchstaben „L" (was jedoch keineswegs vom Standard verlangt wird). Die LOGICAL–Anweisung mit dem KIND-Parameter[90] setzt voraus, daß der Compiler eine Darstellungsart des Datentyps LOGICAL mit der Typkennzahl 4 implementiert hat.

Die vom Standard 90 gebotene Möglichkeit, mehrere logische Datentypen (mit zwangsläufig demselben Wertebereich) implementieren zu können, ist wohl in erster Linie eine Konsequenz der konsistenten Definition aller fünf intrinsischen Datentypen. Darüberhinaus dient diese Möglichkeit auch der Sprachbereinigung, da es eine Reihe von FORTRAN 77–Übersetzern gibt, welche Erweiterungen betreffend den Datentyp LOGICAL bereits beinhalten.

4.2   Datentyperweiterungen von FORTRAN 77–Übersetzern

Wie schon im Kapitel 4.1 angeschnitten worden ist, reicht die aufgrund der Hardware gegebene Wortlänge* und damit die standardmäßige Zahlendarstellungsgenauigkeit bei den FORTRAN 77–Compilern vieler Hersteller für anspruchsvollere numerische Anwendungen des öfteren nicht aus. Zumeist ist auch ein höherer Darstellungsbereich für den Typ INTEGER erwünscht, als durch die gegebene Wortlänge direkt realisierbar ist.

Ein Beispiel zu den wenigen Ausnahmen, die keine Datentyperweiterungen vom Standard 77 vorsehen, weil die vorhandene Art der Zahlendarstellung ausreichend ist, ist der FORTRAN 77–Compiler [23] der Fa. Control Data Corporation unter dem Betriebssystem NOS/VE[1][7]. Mit einer Wortlänge von 8 Bytes (entspricht 64 Bit) umfaßt dabei eine INTEGER–Zahl den Wertebereich von $\pm 2^{63} - 1$. Eine Zahl vom Typ REAL wird mit einer relativen Genauigkeit von mindestens 14 Dezimalstellen bei einem möglichen Wertebereich des Exponenten $-1232..1234$ dargestellt. Eine DOUBLE PRECISION–Variable wird bei demselben Exponentenbereich auf mindestens 29 Dezimalstellen genau dargestellt.

An dieser Stelle ist zu erwähnen, daß der Darstellungs- und Genauigkeitsbereich reller Zahlen bei FORTRAN 77–Übersetzern unterschiedlicher Hersteller auch bei derselben Wortlänge im allgemeinen unterschiedlich ist, da die Aufteilung des Speicherplatzes zwischen Mantisse und Exponent herstellerspezifisch vorgenommen wird (eine geringfügig höhere Darstellungsgenauigkeit erzwingt bei gegebener Wortlänge einen drastisch geringeren Wertebereich). Unterschiedliche Darstellungsarten, darunter jene gemäß des Standards IEEE 754 [3], sind im Anhang A beschrieben.

---

* Das ist die in Bit oder Byte (1 Byte entspricht 8 Bits) angegebene Speichereinheit, welche vom Prozessor der Rechenanlage als „Gesamtheit" manipulierbar ist. Es gibt auch Computer, die gleichzeitig mehrere Wortlängen unterstützen.

[1] NOS/VE ist ein eingetragenes Warenzeichen der Fa. Control Data Corporation.

Bezüglich der Lösung des Problemes in der Schwäche der Zahlendarstellung bei Wortlängen von 32 Bit und darunter hat sich sozusagen ein „nicht veröffentlichter Standard" in der Datentypspezifikation ergeben, welcher beispielsweise von den FORTRAN 77–Compilern unter den Betriebssystemen HPUX[2] [13], DEC ULTRIX[3] [8], DEC OSF/1[3], VAX VMS[3] [9], AIX[4] [17], BS2000[5] [25] sowie unter dem Betriebssystem MS–DOS[6] von den Übersetzern MS–FORTRAN[6] [21] und RM/FORTRAN[7] [24] unterstützt wird. Es ist zu betonen, daß diese Liste keinesfalls einen Anspruch auch auf nur annähernde Vollständigkeit erheben kann.

Die Datentyperweiterungen erfolgen dabei in der Form

$$\text{INTEGER} * n \quad n \in \{ 1, 2, 4, 8 \}$$
$$\text{REAL} * n \quad n \in \{ 4, 8, 16 \}$$
$$\text{COMPLEX} * n \quad n \in \{ 8, 16, 32 \}$$
$$\text{LOGICAL} * n \quad n \in \{ 1, 2, 4 \}$$

wobei n die Anzahl der für die Darstellung des entsprechenden Datentyps zu verwendenden Bytes angibt. Es soll betont werden, daß die angegebenen Wertebereiche für n keineswegs für alle oben erwähnten FORTRAN 77– Übersetzer gelten.

Für die folgenden Betrachtungsweisen soll ein FORTRAN 77–Compiler vorausgesetzt sein, der auf einer Wortlänge von 4 Bytes basiert. In diesem Fall entsprechen die standardmäßigen Typdeklarationen INTEGER, REAL, COMPLEX und LOGICAL den erweiterten Deklarationen INTE-GER*4, REAL*4, COMPLEX*8 und LOGICAL*4 (es ist prinzipiell zu beachten, daß ein Datentyp COMPLEX doppelt so viel Speicherplatz benötigt wie ein Datentyp REAL, dessen Darstellung mit jener des Real- und Imaginärteiles der komplexen Variablen übereinstimmt).

Annähernd eine Verdopplung der Darstellungsgenauigkeit kann durch die Spezifikationen REAL*8 bzw. COMPLEX*16 erreicht werden, wobei REAL*8 der standardkonformen Datentypdeklaration DOUBLE PRECI-SION und COMPLEX*16 einem Typ DOUBLE PRECISION COMPLEX

---

[2] HPUX ist ein eingetragenes Warenzeichen der Fa. Hewlett Packard Corporation.

[3] DEC ULTRIX, DEC OSF/1 und VAX VMS sind eingetragene Warenzeichen der Fa. Digital Equipment Corporation.

[4] AIX ist ein eingetragenes Warenzeichen der Fa. International Business Machines Corporation.

[5] BS2000 ist ein eingetragenes Warenzeichen der Fa. Siemens Nixdorf Informationssysteme AG.

[6] MS–DOS und MS–FORTRAN sind eingetragene Warenzeichen der Fa. Microsoft Corporation.

[7] RM/FORTRAN ist ein eingetragenes Warenzeichen der Fa. Ryan–McFarland Corporation.

entspricht (den es in FORTRAN 77 nicht gibt). Eine Verdopplung ist deshalb nicht exakt gegeben, da es vom Compiler abhängt, in welcher Weise er den zuzüglichen Speicherplatz für Mantisse und Exponent aufteilt; bei den meisten FORTRAN 77–Übersetzern wird die Anzahl der signifikanten Dezimalstellen tatsächlich etwa verdoppelt, doch über den Exponentenbereich kann keine allgemeingültige Aussage getroffen werden.

Die Deklaration REAL∗16 stellt — nach wie vor eine Wortlänge von 4 Bytes vorausgesetzt — etwa eine Vervierfachung der Darstellungsgenauigkeit reeller Zahlen dar („QUAD PRECISION"), wobei diese Datentyperweiterung nicht alle aufgezählten FORTRAN 77–Übersetzer beherrschen. Besonders tückisch sind in diesem Zusammenhang Compiler, welche eine solche Deklaration zwar zulassen, diese aber intern wie eine REAL∗8–Darstellung behandeln. (Es ist zu beachten, daß REAL∗16 „nur" einer Darstellung entspricht, welche an einem Rechner mit einer Wortlänge von 64 Bit durch die standardkonforme Deklaration DOUBLE PRECISION zu erreichen ist.)

Der erweiterte Datentyp COMPLEX∗32, also „QUAD PRECISION COMPLEX", wird im allgemeinen nicht unterstützt, obwohl er eigentlich nur eine logische Konsequenz vom Typ QUAD PRECISION REAL darstellt, da es objektiv nicht zu begründen ist, daß komplexe Zahlen nicht in derselben Genauigkeit zur Verfügung stehen sollen wie reelle Zahlen (im Standard 90 wird dies auch explizit gefordert). Eine der diesbezüglichen seltenen Ausnahmen stellt der FORTRAN 77–Compiler unter BS2000 dar, indem er nicht nur QUAD PRECISION für reelle und komplexe Variablen vorsieht, sondern eine Übersetzungsoption anbietet, mittels derer es möglich ist, ein FORTRAN 77–Programm ohne Änderungen im Quelltext mit doppelter oder vierfacher Darstellungsgenauigkeit (bei reellen und komplexen Variablen) zu übersetzen.

Es ist darauf hinzuweisen, daß eine nachträgliche Änderung der Darstellungsgenauigkeit durch Verwendung der erweiterten Datentypen auch das Ersetzen einiger intrinsischer Funktionen erfordern kann, um den gewünschten Effekt zu erreichen. So sind beispielsweise die Funktionen REAL und AIMAG grundsätzlich vom Typ REAL, auch wenn sie im Zusammenhang mit Argumenten, die einem erweiterten Datentyp angehören, verwendet werden. Im allgemeinen ist allerdings eine dadurch bewirkte Konversion auf einfache Genauigkeit nicht erwünscht, sodaß derartige Funktionen, welche einem bestimmten Datentyp angehören, durch nicht standardgemäße Funktionen zu ersetzen sind. *

---

* Die zuvor erwähnte Compileroption unter BS2000 bewirkt auch eine adäquate Änderung in der Interpretation solcher intrinsischen Funktionen.

Wie schon zuvor erwähnt worden ist, bewirkt die Verwendung der erweiterten Datentypen in manchen Fällen keine oder nur eine geringfügige Änderung des Darstellungsbereiches von reellen oder komplexen Variablen. Gewisse FORTRAN 77–Compiler sehen zur Erweiterung des Wertebereiches des Exponenten eine Übersetzungsoption vor (beispielsweise die Option „G_FLOATING" unter VAX VMS), welche die Darstellung bestimmter, im Quelltext spezifizierter Datentypen global verändert.

Die Möglichkeit, mittels LOGICAL*n die Länge einer logischen Variablen zu definieren, dient selbstverständlich ausschließlich dazu, um Speicherplatz einzusparen: die standardkonforme Deklaration LOGICAL belegt im allgemeinen ein ganzes Wort, während zur Speicherung eines logischen Wertes nur ein Bit erforderlich wäre.

4.3 Abgeleitete Datentypen

Fortran 90 ermöglicht die Spezifikation sogenannter abgeleiteter Datentypen („Strukturen"), welche aus den intrinsischen Datentypen zusammensetzbar sind. *FORTRAN 77 kennt diesen Datentyp nicht!* Mittels einer Typ–Definition werden der Name des Datentyps und die Namen seiner Komponenten sowie gegebenenfalls gewisse Eigenschaften festgelegt. (Die Komponenten eines abgeleiteten Datentyps werden auch als **Strukturkomponenten** bezeichnet.) Die nicht mehr weiter zerlegbaren Komponenten sind entweder intrinsische Datentypen oder Pointer (siehe Kapitel 5.1). Der Datentyp, dem eine Komponente angehört, wird als Ursprung dieser Komponente bezeichnet.

Grundsätzlich ist jeder abgeleitete Datentyp, welcher im Vereinbarungsteil eines Moduls (Kapitel 10.3) definiert ist, in jeder Programmeinheit verfügbar, welche auf das Modul zugreift (USE–Anweisung). Die defaultmäßige Verfügbarkeit eines abgeleiteten Datentyps kann jedoch — unabhängig von der Zugriffsberechtigung für das gesamte Modul — mittels des Attributes PRIVATE eingeschränkt werden; darüberhinaus ist auch jene Zugriffsart realisierbar, welche zwar den Zugriff auf einen abgeleiteten Datentyp nicht aber auf dessen Komponenten ermöglicht.

4.3.1 DEFINITION ABGELEITETER DATENTYPEN

Die Definition eines abgeleiteten Datentyps erfolgt mit dem sogenannten TYPE–Konstrukt, welches — wie alle Deklarationen — innerhalb des Vereinbarungsteiles einer Bereichseinheit anzugeben ist:

TYPE [[, *Zugriffs-Spez*] ::] *Typname*
  [PRIVATE]
  [SEQUENCE]
  Typ-Spez [[, *Attribut-Liste*] ::] *Komp-Liste*
  [*Typ-Spez* ...]
  [⋮]
END TYPE [*Typname*]

In obiger Notation, die auch im weiteren Verlauf dieses Buches beibehalten wird, bedeutet der Ausdruck „*Liste*", daß mehrere, durch die vorangestellte Listenbezeichnung definierte Begriffe angegeben werden dürfen, welche mittels des Beistrichs („,") zu trennen sind. Zusätzliche, vor und/oder nach dem Beistrich eingefügte Leerstellen sind dabei nicht signifikant. Eine Liste muß zumindest aus einer Bezeichnung bestehen (soferne die Listenbezeichnung nicht in eckigen Klammern steht).

Die in der obigen formalen Beschreibung des TYPE–Konstruktes verwendeten Begriffe haben folgende Bedeutung:

- Für *Zugriffs-Spez* kann entweder PUBLIC oder PRIVATE eingesetzt werden, soferne die Datentypdefinition im Vereinbarungsteil eines Moduls erfolgt; andernfalls ist keine Angabe einer Zugriffs–Spezifikation erlaubt. Die Angabe von PRIVATE bedeutet, daß die Typdefinition nur innerhalb des Moduls gelten soll.

- *Typname* kennzeichnet den abgeleiteten Datentyp; diesem Datentyp zugehörige Variablen oder Konstanten können mit der TYPE–Anweisung deklariert werden (siehe auch Kapitel 5.1):

  TYPE (*Typname*) ...

- Die optionalen Anweisungen PRIVATE und SEQUENCE sind in ihrer Reihenfolge vertauschbar. Die Angabe von PRIVATE — sie ist nur erlaubt, wenn der abgeleitete Datentyp im Deklarationsteil eines Moduls definiert wird — bedeutet, daß die Komponenten des Datentyps nur innerhalb des Moduls zur Verfügung stehen. Der Datentyp selbst ist jedoch für alle Programmeinheiten, die auf das Modul zugreifen, definiert (soferne nicht die Zugriffs–Spezifikation selbst auf PRIVATE gesetzt worden ist).

  Beinhaltet ein abgeleiteter Datentyp auch nur eine Komponente mit dem Attribut PRIVATE, so ist jedenfalls entweder die PRIVATE–Anweisung in der Typdefinition anzugeben oder dem Datentyp die Zugriffs–Spezifikation PRIVATE zu geben.

  Die Anweisung SEQUENCE bedeutet, daß die einzelnen Komponenten des abgeleiteten Datentyps in der Reihenfolge ihrer Spezifikation abgespeichert werden (was defaultmäßig, das heißt ohne die Angabe von SEQUENCE, nicht der Fall ist); es handelt sich dann um einen sogenannten „gereihten" Datentyp. Die Angabe von SEQUENCE erfordert, daß alle weiteren, innerhalb der Typdefinition abgeleiteten Datentypen ebenfalls das Attribut SEQUENCE haben müssen.

- *Typ-Spez* bedeutet eine der im Kapitel 5.1 noch zu beschreibenden Typ–Spezifikationen (INTEGER, REAL, DOUBLE PRECISION, COMPLEX, CHARACTER, LOGICAL oder TYPE).

- Die optional anzugebende *Attribut-Liste* kann hier (im Gegensatz zur Typdeklaration, siehe Kapitel 5.1) nur die beiden Attribute POINTER und/oder DIMENSION umfassen.

- *Komp-Liste* bezeichnet namentlich jene Komponenten, welche zum abgeleiteten Datentyp gehören. Mittels dieser Namen kann auf die einzelnen Komponenten von Variablen und Konstanten eines abgeleiteten Datentyps zugegriffen werden.

- Wird in der END TYPE–Anweisung *Typname* angegeben, so muß es derselbe Name sein wie in der ersten Zeile des TYPE–Konstruktes.

Es soll darauf hingewiesen werden, daß der als Trennzeichen fungierende zweifache Doppelpunkt („::") angegeben werden muß, wenn eine *Attribut–Liste* bzw. eine *Zugriffs–Spezifikation* vorhanden ist; umgekehrt ist die Angabe dieses Trennzeichens vor der *Komponenten–Liste* grundsätzlich erlaubt, sodaß im Zweifelsfall die Verwendung von „::" zu empfehlen ist.

```
TYPE ADRESSE
    CHARACTER (LEN=50) NAME, INSTITUT, STRASSE, ORT
    INTEGER POSTLEITZAHL
END TYPE ADRESSE
```

Das angegebene TYPE–Konstrukt definiert den Datentyp ADRESSE, welcher aus insgesamt fünf Komponenten besteht. Wird nun beispielsweise eine Variable mittels der Anweisung

```
TYPE (ADRESSE) MEINE_ADRESSE
```

spezifiziert, kann auf die Komponenten der Variablen MEINE_ADRESSE zugegriffen werden, indem der Komponentenname mit dem Variablennamen kombiniert wird:

```
MEINE_ADRESSE % NAME = 'Langer'       ! Blanks sind optional
MEINE_ADRESSE % POSTLEITZAHL = 1040
```

Als Trennzeichen zwischen Variablen- (Konstanten-) Name und Name der Komponente gilt das Prozentzeichen („%").

In vielen Fällen wird die Verwendung ein- und desselben abgeleiteten Datentyps in verschiedenen Programmeinheiten erforderlich sein (beispielsweise dann, wenn ein Formalparameter eines Unterprogrammes einem abgeleiteten Datentyp zugeordnet ist). Die Gleichheit abgeleiteter Datentypen (im Sinne von FORTRAN) kann auf einfachste und sicherste Art durch die Verwendung eines Moduls, welches die Typdefinition beinhaltet, geschehen, indem das Modul beiden Programmeinheiten mittels der USE–Anweisung verfügbar gemacht wird. Der Vollständigkeit halber werden im folgenden die Kriterien für die Gleichheit abgeleiteter Datentypen angegeben, wenn die Typdefinitionen explizit in verschiedenen Programmeinheiten auftreten:

- Gleichheit der Datentyp–Namen

- SEQUENCE–Eigenschaft

- Übereinstimmung aller Komponenten bezüglich Reihenfolge, Namen und Attributen

4.3.2 WERTE UND OPERATOREN FÜR ABGELEITETE DATENTYPEN

Werte für abgeleitete Datentypen werden mittels des sogenannten **Strukturkonstruktors**

Typname (Wert,Wert,...)

angegeben, wobei jeder Typ von *Wert* dem jeweiligen Komponententyp entsprechen muß und auch die Anzahl der angegebenen *Werte* mit der Anzahl der Komponenten übereinzustimmen hat, z.B.:

```
MEINE_ADRESSE = ADRESSE ('Langer','Techn.Univ.',     &
                'Karlsplatz','Wien',1040)
```

Operationen mit abgeleiteten Datentypen (Kapitel 6.3) sowie nichtintrinsische Zuweisungen (Kapitel 6.5.3) müssen explizit mittels eines INTERFACE–Blocks einer Funktion oder Prozedur (siehe Kapitel 10.5.3) definiert werden.

4.3.3 BEISPIELE ZUR VERWENDUNG ABGELEITETER DATENTYPEN

Im folgenden soll die Verwendung abgeleiteter Datentypen anhand weiterer Beispiele näher beleuchtet werden.

```
TYPE LINIE
   REAL, DIMENSION(2,2) :: KOORDINATEN
   REAL                 :: BREITE
   INTEGER              :: MUSTER
END TYPE LINIE
```

Aufgrund des Attributes DIMENSION ist in der zweiten Zeile der zweifache Doppelpunkt zwingend, während das Trennzeichen in den beiden anderen Zeilen optional ist.

Beispiel für einen abgeleiteten Datentyp mit PRIVATE Komponenten:

```
MODULE DEFINITIONEN       ! siehe Kapitel Programmeinheiten
   TYPE PUNKT
      PRIVATE
      REAL :: X, Y
   END TYPE PUNKT
END MODULE DEFINITIONEN
```

Wird dieses Modul innerhalb des Vereinbarungsteiles einer Programmeinheit mittels der USE–Anweisung verfügbar gemacht, so ist dort zwar die Typdefinition bekannt, doch es kann nicht auf deren Komponenten X, Y zugegriffen werden (diese stehen nur innerhalb des Moduls DEFINITIONEN zur Verfügung).

Das folgende Beispiel beinhaltet einen abgeleiteten Typ innerhalb einer Typdefinition:

```
TYPE DREIECK
   TYPE (PUNKT) :: A, B, C
END TYPE DREIECK
```

Ein Beispiel für einen „gereihten" Datentyp wäre:

```
TYPE NUMERISCH_GEREIHT
   SEQUENCE
   INTEGER                   :: GANZE_ZAHL
   REAL                      :: REELLE_ZAHL
   REAL (KIND=KIND(0.0D0))   :: DOUBLE_ZAHL
   COMPLEX                   :: KOMPLEXE_ZAHL
   LOGICAL                   :: LOGISCHE_VARIABLE
END TYPE NUMERISCH_GEREIHT
```

Da dieser Datentyp ausschließlich Komponenten vom Typ DEFAULT INTEGER, DEFAULT REAL, DOUBLE PRECISION REAL, DEFAULT COMPLEX und DEFAULT LOGICAL und <u>keinen</u> Pointer enthält, wird er gemäß Standard 90 als GEREIHTER NUMERISCHER TYP („*numeric sequence type*") bezeichnet. Enthält ein gereihter Datentyp ausschließlich Komponenten vom Typ DEFAULT CHARACTER und <u>keinen</u> Pointer, so heißt er GEREIHTER CHARACTER TYP („*character sequence type*").

Beispiel einer „lokalen" Typdefinition (PRIVATE):

```
TYPE, PRIVATE :: TEST_LOKAL
   LOGICAL :: AKTIV
   CHARACTER (LEN=30) :: MELDUNG
END TYPE TEST_LOKAL
```

Ein solcher, mit dem PRIVATE–Attribut versehener abgeleiteter Datentyp darf nur in einem Modul (Kapitel 10.3) definiert werden; der Datentyp TEST_LOKAL ist in einer Programmeinheit, welche auf das entsprechende Modul mittels USE–Zuordnung (Kapitel 10.3.1) zugreift, grundsätzlich nicht verfügbar.

Beispiel für einen abgeleiteten Datentyp, bei dem eine Komponente als Pointer definiert ist:

```
TYPE BUCH_REFERENZ
   INTEGER                             :: BAND, JAHR, SEITE
   CHARACTER (LEN=50)                  :: TITEL, AUTOR
   CHARACTER, DIMENSION (:), POINTER :: INHALT
END TYPE BUCH_REFERENZ
```

In der vorletzten Zeile dieser Typdefinition ist ein Pointer namens INHALT spezifiziert, welcher auf ein Feld vom Typ CHARACTER zeigt. Die Dimensionierung eines Feld–Pointers heißt „aufgeschobene Formspezifikation" („*deferred form specification)*", da sie erst durch die Dimensionierung des erst zu definierenden Zieles zum Tragen kommt (siehe Seite 48). Die Größe des Ziel–Feldes wird durch die Länge des darin befindlichen Textes bestimmt. Der erforderliche Speicherplatz für das Ziel kann entweder mittels der ALLOCATE–Anweisung zugeteilt werden oder der Pointer kann mit dem Ziel mittels einer Pointer–Zuweisungsanweisung verknüpft werden.

Ein Zusammenhang zwischen Pointer und Ziel kann auch durch eine Zuweisung einer Konstanten erfolgen:

```
CHARACTER, DIMENSION (1:300), TARGET :: TEXT
TYPE (BUCH_REFERENZ) :: REFERENZ_1
   ⋮
REFERENZ_1 = BUCH_REFERENZ (1, 1992, 27, 'Titel eines &
                        &Beitrages', 'Langer', TEXT)
```

Der Wert für den abgeleiteten Datentyp BUCH_REFERENZ stellt eine
Verbindung zwischen der als Pointer definierten Komponente INHALT und
dem mit dem TARGET–Attribut versehenem CHARACTER–Feld TEXT her.

Ein Pointer innerhalb eines abgeleiteten Datentyps kann als Ziel ein
Objekt mit demselben Typ haben, von dem er selbst eine Komponente
darstellt:

```
TYPE KNOTEN
    INTEGER                     :: WERT
    TYPE (KNOTEN), POINTER    :: NAECHSTER_KNOTEN
END TYPE KNOTEN
```

Mit Hilfe einer solchen Typdefinition ist es möglich, sogenannte verkettete
Datenstrukturen („*linked lists*") von Objekten des Typs KNOTEN zu realisieren.

4.4 Felder

Felder („*arrays*") stellen in FORTRAN keine eigenen Datentypen dar; es handelt sich dabei vielmehr um eine Eigenschaft, welche für jeden intrinsischen
oder abgeleiteten Datentyp spezifizierbar ist. Obwohl die formale Spezifikation dieses Attributes noch später (Kapitel 5) behandelt wird, sollen
aufgrund der engen Verbindung zu den Datentypen noch in diesem Kapitel
die wesentlichsten Eigenschaften dieser „Datentyp–Erweiterung" besprochen werden.

Felder sind eine Sammlung von skalaren Daten, welche grundsätzlich
nur vom selben Typ (einschließlich Typkennzahl[90]) sein können. Ein Feld
kann sowohl eine Variable als auch eine symbolische Konstante[90] sein.

4.4.1 DEKLARATION VON FELDERN

Der Feldname und die Dimension sind entweder in einer Typdeklarations-,
oder in einer DIMENSION- oder in einer COMMON-Anweisung zu vereinbaren:

```
INTEGER IHILFE(3,4,5)
REAL  RX(-1:5,5,-3:-1), YY(40)
DOUBLE PRECISION  DXY, DZ1(4:10,3,4,5,-4:0)
LOGICAL  LNIX, LNIX1(20,-1:2)
DIMENSION  XY(0:7), ABC(3,-5:5)
COMMON /ALPHA/  NO(10), N1
```

Ein- und derselbe Variablenname darf sowohl in einer Typanweisung als auch in einer DIMENSION- sowie in einer COMMON–Anweisung vorkommen, wobei allerdings die Dimensionierung nur <u>einmal</u> (und zwar in der DIMENSION–Anweisung, wenn in einer solchen der Name spezifiziert ist) erfolgen darf:

```
REAL X
DIMENSION X(10)   } ≡ COMMON /ABC/ X(10)
COMMON /ABC/ X

INTEGER A
DIMENSION A(10,2) } ≡ INTEGER A(10,2)
```

In Fortran 90 existiert im Zusammenhang mit den Typdeklarationsanweisungen das DIMENSION-Attribut, welches für alle Objekte der Deklarationsliste gilt, die keine eigene Formspezifikation aufweisen:

```
COMPLEX (KIND(0.0D0)), DIMENSION (5,10) :: COM_1, CY, &
                                     CXX(2,-1:3)
```

Diese Anweisung deklariert Felder vom Rang 2 mit den Dimensionen 5 und 10 für den Datentyp DOUBLE PRECISION COMPLEX, wobei dar DIMENSION–Parameter beim Feld CXX durch eine eigene Feldspezifikation „überschrieben" wird.

An sich ist die DIMENSION–Anweisung redundant, da Felddeklarationen — wie die Beispiele zeigen — grundsätzlich in Typdeklarationen vorgenommen werden können. (Genaugenommen gilt dies auch für das im Standard 90 erst eingeführte DIMENSION–Attribut, da die Dimensionierung auch im neuen Anweisungsformat direkt bei den Objektnamen angegeben werden kann.) Da in Fortran 90 auch die COMMON–Anweisung redundant ist, sollten Spezifikationen von Feldern vorzugsweise in Typdeklarationsanweisungen vorgenommen werden.

Explizite Formspezifikation

Die bisherigen Beispiele zur Felddeklaration demonstrieren die sogenannte „explizite Formspezifikation" eines Feldes, deren Aussehen allgemein durch

$$[untere\text{-}Grenze\text{:}]obere\text{-}Grenze\ [,\ [untere\text{-}Grenze\text{:}]obere\text{-}Grenze[,\dots]]$$

gegeben ist. Eine Formspezifikation ist bei der entsprechenden Deklaration grundsätzlich in runde Klammern zu setzen. Die beiden durch einen Doppelpunkt („:") voneinander getrennten Grenzen sind dabei im allgemeinen Konstantenausdrücke (siehe Kapitel 6.4.1); von Variablen abhängige Index-Grenzen sind nur für Felder erlaubt, welche im Rahmen von Prozeduren entweder Formalparameter oder Funktionsergebnisse oder sogenannte „automatische Felder" darstellen (siehe Seite 46).

Der Defaultwert (das heißt der Wert bei fehlender Angabe) für die *untere-Grenze* ist 1. Es sind maximal sieben Dimensionen (Grenzwert–Paare) erlaubt; die Anzahl der Dimensionen wird in FORTRAN auch als Rang eines Feldes bezeichnet. Die Ausdehnung des Feldes in der jeweiligen Dimension ist durch alle ganzzahligen Werte zwischen den beiden Grenzen (einschließlich dieser) gegeben, wobei die Werte der Grenzen auch negativ sein können. Ist die obere Grenze kleiner als die untere (*nicht erlaubt in FORTRAN 77!*), so ist die Ausdehnung in dieser Dimension null und es handelt sich um ein **Feld der Größe null**[90] (unabhängig davon, wieviele Dimensionen es insgesamt aufweist). Ein solches Feld der Größe null gilt gemäß Standard 90 grundsätzlich „definiert", da es kein Element beinhaltet, dem ein Wert zugewiesen werden könnte. Diese auf den ersten Blick befremdend wirkende Eigenschaft ist vor allem dann vorteilhaft, wenn Feldoperationen (Kapitel 6.2.5) in Verbindung mit Feldzuweisungen (Kapitel 6.5) innerhalb einer DO–Schleife (Kapitel 7.1.3) vorgenommen werden sollen, indem allenfalls auftretende Teilfelder[90] der Größe null nicht gesondert behandelt werden müssen:

```
DO I=1,N
   X(I) = B(I) / A(I,I)
   B(I+1:N) = B(I+1:N) - A(I+1:N, I) * X(I)
END DO
```

Dieses *in FORTRAN 77 nicht gültige* Beispiel löst ein lineares Gleichungssystem $(A) \cdot \vec{x} = \vec{b}$ in unterer Dreiecksform. Obwohl sich für I=N in der zweiten Zuweisung innerhalb der DO–Schleife Teilfelder (siehe Kapitel 4.4.2) der Größe null ergeben, muß dieser Fall aufgrund der Eigenschaften solcher Felder nicht (etwa durch Einfügung einer Abfrage) ausgeklammert werden.*

Ein Beispiel für eine explizite Formspezifikation mit nicht konstanten Indexgrenzen stellt die sogenannte „**angepaßte Dimensionierung**" (*auch in FORTRAN 77*) dar:

```
SUBROUTINE TEST (X, M, N)
REAL X(M,N)                    ! angepaßte Dimension
   ⋮
END
```

---

* Es soll jedoch darauf hingewiesen werden, daß die für Feldoperationen und -zuweisungen erforderliche Bedingung der Konformität (siehe Seite 47) auch dann erfüllt sein muß, wenn die beteiligten Felder die Größe null aufweisen.

Hier wird selbstverständlich vorausgesetzt, daß das Feld X im rufenden Programm eine ausreichende Größe, also mindestens M×N Elemente, besitzt.

Zu den Feldern mit expliziter Formspezifikation zählen auch die **automatischen Felder**[90] („*automatic arrays*"), deren Größen sich von den Größen anderer Felder ableiten. Das folgende Beispiel soll dies veranschaulichen:

```
SUBROUTINE AUSTAUSCH (X, Y)
   REAL, DIMENSION(:)        :: X, Y   ! angenommene Form
   REAL, DIMENSION(SIZE(X)) :: HILFE  ! automatisches Feld
   HILFE = X
   X = Y
   Y = HILFE
END SUBROUTINE AUSTAUSCH
```

Diese Prozedur, welche den Austausch der Inhalte der beiden eindimensionalen Felder X und Y bewerkstelligt, benötigt ein Hilfsfeld, dessen Größe zweckmäßigerweise von der Dimensionierung der beiden Formalparameter abhängig sein soll. Dies kann mittels der automatischen Formspezifikation in Verbindung mit der intrinsischen Funktion SIZE (siehe Kapitel 11.4.8) erfolgen, wodurch sichergestellt ist, daß bei beliebiger Größe von X bzw. Y nur ein minimaler Hilfsspeicher (repräsentiert durch das Feld HILFE) benötigt wird. (Die in der zweiten Zeile des Beispiels durchgeführte „angenommene Formspezifikation" wird auf Seite 47 erläutert.)

Automatisch spezifizierte Felder zählen zur Klasse der sogenannten „**automatischen Objekte**"[90], welche allgemein dadurch charakterisiert sind, daß ihre Deklaration mittels nicht konstanter Ausdrücke erfolgt und sie selbst keine Formalparameter darstellen (was beispielsweise bei der angepaßten Dimensionierung der Fall ist). Der Vorteil automatischer Objekte ist, daß sie erst beim Aufruf derjenigen Prozedur, wo sie deklariert werden, den entsprechenden Speicherplatz belegen und dieser nach Verlassen der Prozedur wieder freigegeben wird. Ein weiterer zweiter wichtiger Repräsentant für ein automatisches Objekt ist die automatische Längendefinition[90] beim Typ CHARACTER:

```
SUBROUTINE AUTO_TEXT_BEISPIEL (TEXT_EINS)
   CHARACTER (LEN=*)            TEXT_EINS
   CHARACTER (LEN=LEN(TEXT_EINS))  TEXT_ZWEI
```

Hier wird die Länge einer <u>lokalen</u> CHARACTER–Variablen in Abhängigkeit von der Länge einer als Formalparameter übergebenen Variablen definiert, welche in diesem Beispiel mittels angenommener Größe („(LEN=*)", siehe Kapitel 5.1.4) spezifiziert wird.

Automatische Objekte unterliegen folgenden Einschränkungen:

- Sie dürfen kein SAVE–Attribut haben (siehe Kapitel 5.2.9).

- Sie dürfen nicht initialisiert werden (gleichgültig ob mittels DATA oder PARAMETER), da sie dadurch auch das SAVE–Attribut erhalten würden.

- Sie dürfen nicht in einer NAMELIST–Gruppe aufscheinen (siehe Kapitel 5.2.13).

Angenommene Formspezifikation

Felder mit der sogenannten „angenommenen Formspezifikation" [90] sind grundsätzlich Formalparameter („*dummy arguments*", siehe Kapitel 10.5), deren Gestalt (nicht nur die Größe!) vom aktuellen, beim Aufruf der entsprechenden Prozedur eingesetzten, Parameter übernommen wird. Die angenommene Formspezifikation darf nicht für Felder mit dem POINTER–Attribut verwendet werden.

In diesem Zusammenhang soll der erst in Fortran 90 wichtig gewordene Unterschied zwischen Form (Gestalt) und Größe von Feldern hervorgehoben werden: Zwei Felder gleicher Größe (das heißt mit derselben Anzahl von Elementen desselben Typs) können durchaus unterschiedliche Form aufweisen:

```
REAL, DIMENSION(100, 3)      :: X1    ! 300 Elemente
REAL, DIMENSION(-9:90,-1:1)  :: X2    ! konform zu X1
REAL, DIMENSION(50, 3, 2)    :: X3    ! nicht konform
```

Während die Felder X1 und X2 im Sinne von FORTRAN **konform** sind, da erstens die Anzahl der Dimensionen übereinstimmt und zweitens die Ausdehnungen in den einzelnen Dimensionen gleich groß sind, ist das Feld X3 zu den anderen trotz derselben Größe nicht konform.

Die angenommene Formspezifikation ist dadurch gekennzeichnet, daß keine *obere Grenze* angegeben werden darf:

> [*untere-Grenze*]:[,[*untere-Grenze*]:[,...]]

Wird die *untere-Grenze* weggelassen, so wird sie defaultmäßig mit 1 festgelegt (unabhängig von der in der rufenden Programmeinheit definierten unteren Grenze):

```
PROGRAM TEST
REAL X(10, 10), Y(-5:10, -1:1, 2)
   :
CALL SUB_TEST (X, Y)
```

```
      ⋮

END PROGRAM TEST                    ! nur in Fortran 90
SUBROUTINE SUB_TEST (A, B)
REAL, DIMENSION(:, 0:)     :: A    ! nur in Fortran 90
REAL, DIMENSION(:, :, :)   :: B    ! nur in Fortran 90
      ⋮

END SUBROUTINE SUB_TEST             ! nur in Fortran 90
```

Im Unterprogramm SUB_TEST liegen gültige Indexwerte für das Feld A
beim ersten Index zwischen 1 und 10 (wie beim aktuellen Parameter X) und
beim zweiten Index zwischen 0 und 9. Beim Feld B ist die untere Grenze
für alle Dimensionen gleich 1, das heißt, daß gültige Index–Werte in den
Bereichen 1...16 (erster Index), 1...3 (zweiter Index) und 1...2 (dritter
Index) liegen.

Aufgeschobene Formspezifikation

Ein Feld mit aufgeschobener Formspezifikation[90] („*deferred shape* array")
kann entweder ein Feld–Pointer (Feld mit POINTER–Attribut, siehe Kapitel
4.5) oder ein „zuteilbares Feld" („*allocatable array*") sein.

Ein zuteilbares Feld ist durch das ALLOCATABLE–Attribut charakterisiert, welches entweder in einer Typdeklarationsanweisung (siehe Kapitel
5.1.2) oder mittels der ALLOCATABLE–Anweisung (siehe Kapitel 5.2.3)
spezifiziert werden kann:

```
REAL, DIMENSION(:,:,:), ALLOCATABLE :: X_ALLOC
COMPLEX, DIMENSION(:,:) :: CY1_ALLOC_FELD
ALLOCATABLE :: CY1_ALLOC_FELD
```

Bei der Typdeklaration eines zuteilbaren Feldes wird ausschließlich dessen
Rang (die Anzahl der Dimensionen) festgelegt, indem die Formspezifikation nur aus den Doppelpunkten (also ohne Angabe von Grenzen) besteht.
Die tatsächliche Form kann an irgendeiner Stelle der entsprechenden Programmeinheit mittels der ALLOCATE–Anweisung (siehe Kapitel 5.3.3) definiert werden, wodurch auch erst der erforderliche Speicherplatz gebunden
wird.

Angenommene Größenspezifikation

Ein Feld mit angenommener Größe (*redundant!*) ist ein Formalparameter
eines Unterprogrammes, dessen Größe vom assoziierten aktuellen Parameter übernommen wird. Eine feldwertige Funktion[90] darf grundsätzlich nicht
mit angenommener Größe deklariert werden.

Die allgemeine Form dieser Art der Dimensionierung lautet

[*Spez-Liste* ,] [*untere-Grenze:*] *

wobei *Spez-Liste* den optional angebbaren expliziten Teil der Formspezifikationsliste bedeutet. Im Gegensatz zur angenommenen Formspezifikation (wo die gesamte Form des Formalparameters von der Form des assoziierten aktuellen Feldes übernommen wird) hat ein solchermaßen dimensioniertes Feld <u>keine Form</u>, da die letzte Dimension sozusagen „offengelassen" wird. Aus diesem Grund sind sämtliche Operationen, welche auf das gesamte Feld zugreifen, nicht erlaubt.

```
PROGRAM STERN
PARAMETER (NMAX = 100, MMAX = 5)
DIMENSION A(NMAX,MMAX), B(NMAX,MMAX)
   ⋮
CALL STERN1 (A, B)
   ⋮
END
SUBROUTINE STERN1 (X, Y)
DIMENSION X(10, 10, *), Y(10:*)
   ⋮
END
```

Im obigen Beispiel werden im Hauptprogramm STERN mittels expliziter Formspezifikation die beiden Felder A und B vom Rang 2 deklariert. In der Prozedur STERN1 werden die korrespondierenden Formalparameter X und Y als Felder mit angenommener Größe deklariert (wobei zusätzlich auch die Anzahl der Dimensionen variiert worden ist). Der Index vom Feld Y muß innerhalb der Grenzen 10...509 liegen, da das assoziierte Feld B nur 500 Elemente zur Verfügung stellt; analog dazu darf von X kein Feldelement angesprochen werden, dessen dritter Index nicht im Bereich 1...5 liegt.

4.4.2 FELDELEMENTE UND TEILFELDER

Felder werden als Ganzes durch die alleinige Angabe ihres Namens referenziert.

In FORTRAN 77 ist das Ansprechen eines gesamten Feldes in Ermangelung von Feldoperationen nur in Parameterlisten von Unterprogrammen, in Vereinbarungsanweisungen und Ein-/Ausgabeanweisungen möglich.

Feldelemente

Einzelne Feldelemente werden dadurch angesprochen, indem bei dem Variablennamen (bzw. Namen der symbolischen Konstanten[90]) eine <u>vollständige</u>
Indexliste, welche in runde Klammern eingeschlossen ist, angegeben wird:

> *Name (gAusdr [,gAusdr [,...]])*

gAusdr bedeutet dabei einen skalaren ganzzahligen Ausdruck (siehe Kapitel
6), der im einfachsten Fall aus INTEGER–Literalkonstanten besteht:

```
X(4,3,2)              ! Dimension z.B. X(5,5,5)
Y(-314,0)             ! Dimension z.B. Y(-314:10,-2:2)
```

Die Indexwerte müssen dabei selbstverständlich innerhalb der spezifizierten
Grenzen liegen.

Bei abgeleiteten Datentypen[90], welche einerseits selbst Felder darstellen können und andererseits Komponenten beinhalten können, welche selbst
weitere abgeleitete Datentypen und/oder Felder sind, ist die formale Definition des Feldelementes zwangsläufig etwas komplexer:

> *Teil-Referenz[%Teil-Referenz[...]]*

> wobei   *Teil-Referenz* aus   *Teil-Name[(Index-Liste)]*   besteht

Bei zumindest einer *Teil-Referenz* muß eine *Index-Liste* angegeben sein;
pragmatisch gesehen müssen bei einer komplizierten Datenstruktur genau
soviele *Index-Listen* angegeben werden, damit genau ein Feldelement <u>eines</u>
(beliebigen) Datentyps definiert wird. Das folgende Beispiel soll dies näher
erläutern:

```
TYPE PUNKT
   REAL X, Y
END TYPE PUNKT
TYPE LINIE
   TYPE (PUNKT), DIMENSION(2) :: LINIE_A
   CHARACTER (LEN=20)         :: NAME
END TYPE LINIE
TYPE (LINIE), DIMENSION(10,4) :: LINIEN_FELD
! aufgrund obiger Definitionen gilt beispielsweise:
LINIEN_FELD(2,4)                ! Feldelement vom Typ LINIE
LINIEN_FELD(2,4)%LINIE_A(2)     ! Feldelement vom Typ PUNKT
! aber:
LINIEN_FELD(2,4)%LINIE_A(2)%X   ! Skalar vom Typ REAL
LINIEN_FELD(2,4)%LINIE_A        ! Feld vom Typ PUNKT
LINIEN_FELD%NAME                ! Feld vom Typ CHARACTER*20
LINIEN_FELD%LINIE_A             !*** nicht erlaubt!
```

Der Unterschied in den beiden letzten Zeilen besteht darin, daß die Komponente NAME ein Skalar ist und die Gestalt von LINIEN_FELD (das ist der Ursprung der Komponente NAME) übernommen wird, während in der letzten Zeile beide *Teil-Referenzen* feldwertig sind.

Teilfelder

Teilfelder[90] („*array sections*") stellen eine Neuerung in Fortran 90 dar und gestatten in kompakter Form Operationen auf Teilen eines Feldes. Ein Teilfeld wird in ähnlicher Weise gebildet wie ein Feldelement, nur daß in der Index–Liste zumindest ein Indexausdruck einen Index–Bereich darstellt. Ein solcher Index–Bereich kann entweder ein „INDEX–TRIPEL" oder ein „INDEX–VEKTOR" sein. Die Form und damit die möglichen Elemente des Teilfeldes ergeben sich dann durch Variation sämtlicher nicht eindeutig festgelegten Indizes innerhalb der durch die Index–Tripel bzw. Index–Vektoren bestimmten Grenzen. Stellt beispielsweise nur ein Index ein Index–Tripel oder einen Index–Vektor dar, so handelt es sich um ein eindimensionales Teilfeld. Ein Index–Tripel hat folgende Form:

[*Start-Wert*] : [*End-Wert*] [: *Inkrement*]

Ein Weglassen einer Grenze bedeutet, daß diese mit der entsprechenden Grenze in der Formspezifikation gleichgesetzt wird. Die *obere-Grenze* darf in der höchsten Dimension eines Feldes mit angenommener Größe <u>nicht</u> weggelassen werden. Der Defaultwert für das *Inkrement* ist 1. Die Ausdehnung des Teilfeldes in die entsprechende Dimension ist in den Fällen

$$\textit{Inkrement} > 0 \quad \wedge \quad \textit{Start-Wert} < \textit{End-Wert}$$
$$\textit{Inkrement} < 0 \quad \wedge \quad \textit{Start-Wert} > \textit{End-Wert}$$

gleich null, was bedeutet, daß es sich bei dem gesamten Teilfeld um ein Feld der Größe null handelt. Der Wert für das *Inkrement* darf keinesfalls null sein. Beispiele für Teilfelder, deren Index–Bereich(e) durch Index–Tripel gegeben sind:

```
DIMENSION A(10,10), B(10), C(10,-1:10,5), D(10,10)
A(4,3:10)          ! Teilfeld der Form (8)
B(10:1:-3)         ! Teilfeld der Form (4)
C(:,:5,2:)         ! Teilfeld der Form (10,7,4)
D(4:7,2:6:-1)      ! Teilfeld der Größe null
```

Beim Teilfeld von C wird die Form letztlich von der DIMENSION–Anweisung bestimmt: beim ersten Index werden beide Grenzen übernommen (1 und 10), beim zweiten Index die untere (−1) und beim dritten Index

die obere Grenze (5). Es soll ausdrücklich betont werden, daß die Index–
Bereiche keineswegs nur Konstante beinhalten können sondern — viel allgemeiner — mittels skalarer ganzzahliger Ausdrücke realisierbar sind.

Ein Index–Vektor[90] ist ein eindimensionales INTEGER–Feld, dessen Elemente grundsätzlich definiert sein müssen. Haben Elemente eines Index-
Vektors dieselben Werte, so darf das sich daraus ergebende Teilfeld („many-
one array section") weder auf der linken Seite (das heißt links vom Gleichheitszeichen) einer Zuweisungsanweisung (siehe Kapitel 6.5) noch in einer
Eingabeliste stehen, da dadurch im allgemeinen ein- und demselben Element des Teilfeldes verschiedene Werte zugewiesen werden könnten.

```
DIMENSION IV(3), JV(4), Z(5,8)    ! IV,JV: Integer, Z: Real
DATA IV /1,4,2/, JV /3,7,7,5/
! Gültige, durch Index-Vektoren gebildete Teilfelder:
Z(IV,6)          ! Teilfeld der Form (3)
Z(2,JV)          ! "many-one"-Teilfeld der Form (4)
Z(IV,JV)         ! "many-one"-Teilfeld der Form (3,4)
```

Das letzte Teilfeld beinhaltet die folgenden Elemente:

```
[1:] Z(1,3)    [4:] Z(1,7)    [7:] Z(1,7)    [10:] Z(1,5)
[2:] Z(4,3)    [5:] Z(4,7)    [8:] Z(4,7)    [11:] Z(4,5)
[3:] Z(2,3)    [6:] Z(2,7)    [9:] Z(2,7)    [12:] Z(2,5)
```

Die Reihenfolge der Feldelemente von Z ergibt sich durch die im Kapitel
4.4.4 beschriebene Speicherbelegung von FORTRAN–Feldern.

Das Konzept der Teilfelder ist analog zu den Feldelementen auch auf
abgeleitete Datentypen[90] und deren Komponenten anwendbar:

```
! Teilfeld der Form (J-I+1) vom selben Typ wie TYP_A_FELD:
TYP_A_FELD(I:J,N)
! Teilfeld der Form (3,7,2) vom Typ CHARACTER:
TYP_A_FELD(2:4,1:7,5:6)%TYP_B_FELD(5,7)%CHARACTER_FELD(K)
! Teilfeld der Form (6,29) vom Typ INTEGER:
TYP_SKALAR%INTEGER_FELD(2:17:3,30:2:-1)
```

Ein mittels Index–Vektoren definiertes Teilfeld darf weder als INTERNE
DATEI (siehe Kapitel 8) verwendet werden, noch kann es das Ziel in einer
Pointer–Zuweisungsanweisung darstellen. Weiters darf es kein aktueller Pa-
rameter in einem Aufruf eines Unterprogrammes sein, dessen assoziierter
Formalparameter ein Feld mit expliziter Formspezifikation ist.

Feldelemente und Teilfelder übernehmen das INTENT-, TARGET- oder
PARAMETER–Attribut von ihrem Ursprung; sie können jedoch keinesfalls
das POINTER–Attribut erhalten (siehe Kapitel 5.2).

4.4.3 KONSTRUKTION VON FELD–WERTEN

Während in *FORTRAN 77* ganzen Feldern oder Teilen von Feldern nur
Initialwerte (mittels der DATA–Anweisung) zuweisbar sind, gibt es in For-
tran 90 eine allgemeine Möglichkeit zur Beschreibung von Feld–Werten.
Ein solcher sogenannter Feldkonstruktor besteht aus einer Folge skalarer
Werte, welche als eindimensionales Feld (also als Feld vom Rang 1) inter-
pretiert wird, dessen Elemente die entsprechenden Werte in der angegebe-
nen Reihenfolge zugewiesen bekommen. Als Trennzeichen fungieren beim
Feldkonstruktor die Zeichenkombinationen „(/“ und „/)“

    (/ *Werte-Liste* /)

Ein Element der *Werte-Liste* kann sowohl ein entsprechender Ausdruck als
auch eine sogenannte **„implizite DO–Schleife“** sein, welche grundsätzlich
in runden Klammern einzuschließen ist:

    (*Werte-Liste* , *Variable* = *Start-Wert*, *End-Wert* [, *Inkrement*])

Variable ist dabei vom Typ INTEGER und wird als „Schleifenvariable“ bezeichnet; sie darf in der *Werte-Liste* explizit oder als Teil eines Ausdruckes
(beispielsweise auch als Index) vorkommen. *Start-Wert*, *End-Wert* und *Inkrement* sind ganzzahlige (skalare) Ausdrücke (siehe Kapitel 6). Zu Beginn
der Auswertung der impliziten DO–Schleife erhält die Schleifenvariable den
Start-Wert zugewiesen, worauf die *Werte-Liste* interpretiert wird. Anschließend wird die Schleifenvariable um das *Inkrement* erhöht, und so fort. Der
Abbruch der Schleife erfolgt, sobald die Schleifenvariable den *End-Wert*
überschreitet (bzw. bei negativem Inkrement unterschreitet). Der Defaultwert für *Inkrement* ist +1.

Die folgenden Beispiele sollen den Feldkonstruktor[90] sowie die Verwendung impliziter DO–Schleifen näher erläutern:

```
REAL X(5), Y(4)
INTEGER IZ(9)
REAL, DIMENSION(3), PARAMETER :: YY = (/ 1.,2.,3. /)
X = (/ 1.1, -2.2, 3.0, 4E7, -2.3E-3 /)
Y = (/ (1.0, I=1,4) /)
! entspricht: (/ 1.0, 1.0, 1.0, 1.0 /)
IZ = (/ ( (I+J, I=1,3), J=1,-4,-2) /)
! entspricht: (/ 2, 3, 4, 0, 1, 2, -2, -1, 0 /)
```

Wie schon erwähnt, wird durch einen Feldkonstruktor grundsätzlich nur
ein eindimensionales Feld beschrieben, sodaß eine Belegung eines mehrdimensionalen Feldes unmittelbar nicht möglich ist. Die intrinsische Funktion
RESHAPE[90] (siehe Kapitel 11.4.8) erlaubt die Veränderung der Form eines

Feldes und kann somit auch verwendet werden, um einen Feldkonstruktor auf ein mehrdimensionales Feld abzubilden:

```
REAL AA(3,2), BB(2,3)
AA = RESHAPE( SOURCE = (/ 1., 2., 3., 4., 5., 6. /),      &
              SHAPE = (/ 3, 2 /) )
BB = RESHAPE( SOURCE = (/ 2.0, X /), SHAPE = (/ 2, 3 /) )
```

Die Elemente der Felder AA und BB beinhalten folgende Werte:

```
AA(1,1): 1.0     AA(1,2): 4.0
AA(2,1): 2.0     AA(2,2): 5.0
AA(3,1): 3.0     AA(3,2): 6.0
BB(1,1): 2.0     BB(1,2): -2.2     BB(1,3): 4E7
BB(2,1): 1.1     BB(2,2): 3.0      BB(2,3): -2.3E-3
```

Der Umwandlung der Form von Feldern liegt die im nächsten Kapitel beschriebene Speicherbelegung von FORTRAN zugrunde, derzufolge jedes Feldelement eine eindeutig festgelegte Position besitzt. Bei der Zuweisung zum Feld BB beinhaltet der entsprechende Feldkonstruktor (SOURCE) neben dem Wert 2.0 das im vorhergehenden Beispiel definierte Feld X, welches vor der Auswertung des Feldkonstruktors elementweise expandiert wird. (Diese elementweise Expansion wird auch bei einem mehrdimensionalen Feld durchgeführt, sodaß der dadurch definierte Feldkonstruktor jedenfalls eindimensional ist.)

4.4.4 SPEICHERBELEGUNG BEI FELDERN

Mehrdimensionale Felder werden intern wie ein eindimensionales Feld gespeichert, indem die einzelnen Feldelemente sequentiell abgelegt werden. Die richtige Reihenfolge des Abspeicherns erhält man, wenn man zunächst den ersten (ganz links stehenden) Index von der unteren zur oberen Grenze laufen läßt, anschließend den zweiten Index um eins erhöht, um wieder den linken Index zu variieren, und so fort. (Bei einem als Matrix interpretierbaren zweidimensionalen Feld erfolgt daher die Abspeicherung der Matrixelemente **spaltenweise**.) Das folgende Beispiel soll dies anhand des dreidimensionalen Feldes X(3,2,2) veranschaulichen, wobei die Positionen der einzelnen Feldelemente innerhalb des Feldes in eckigen Klammern angegeben ist:

```
[1:] X(1,1,1)    [4:] X(1,2,1)    [7:] X(1,1,2)    [10:] X(1,2,2)
[2:] X(2,1,1)    [5:] X(2,2,1)    [8:] X(2,1,2)    [11:] X(2,2,2)
[3:] X(3,1,1)    [6:] X(3,2,1)    [9:] X(3,1,2)    [12:] X(3,2,2)
```

Die interne Reihenfolge der Feldelemente ist beispielsweise dann von Bedeutung, wenn alle Werte eines Feldes initialisiert werden sollen. Wird das obige Feld X mittels

```
DATA X /1.,2.,3.,4.,5.,6.,7.,8.,9.,10.,11.,12./
```

initialisiert, so bedeutet dies, daß beispielsweise dem Element X(1,2,2) der Wert 10.0 zugewiesen wird.

Eine weitere Anwendung, wo die Speicherbelegung von Feldern wichtig ist, stellt die Übergabe von Feldern an Unterprogramme dar, in denen nur Teile der assoziierten aktuellen Felder bearbeitet werden sollen (siehe Kapitel 10.5.5). Eine ähnliche Funktionalität bietet die intrinsische Funktion RESHAPE[90], deren sinnvolle Verwendung ebenfalls nur unter Berücksichtigung der internen Reihenfolge der Feldelemente möglich ist.

Die Berechnung der internen Position eines Feldelementes relativ zum Anfang des Feldes (das heißt zur Position 1, welche dem ersten Feldelement zugeordnet ist) kann mittels folgender Formeln erfolgen:

Dimension n	Index	Feldelementposition
$(j_1 : k_1, \ldots, j_n : k_n)$	$(s_1, \ldots, s_n)$	$1 + (s_1 - j_1)$

$$+ (s_2 - j_2) \cdot d_1$$
$$+ (s_3 - j_3) \cdot d_2 \cdot d_1$$
$$\vdots$$
$$+ (s_n - j_n) \cdot d_{n-1} \cdot d_{n-2} \cdot \ldots \cdot d_1$$

$$d_i = k_i - j_i + 1 \ (= \text{Umfang der } i\text{-ten Dimension})$$

4.5 Pointer

Pointer[90] sind in FORTRAN (ebensowenig wie Felder) keine eigenen Datentypen; der Begriff Pointer stellt gemäß Standard 90 vielmehr eine Attributbezeichnung dar, die prinzipiell jedem (auch abgeleiteten) Datentyp vergeben werden kann.

In diesem Zusammenhang soll betont werden, daß speziell bei der Bezeichnung „Pointer" bewußt auf die deutsche Übersetzung („Zeiger") verzichtet wird, da der Begriff „Pointer" durchaus auch im deutschen Sprachraum Eingang gefunden hat und es eher verwirrend wäre, in Verbindung mit Programmiersprachen von „Zeigern" zu sprechen. Es gibt zweifellos in diesem Buch — vor allem bedingt durch den Ursprung von FORTRAN — noch eine Reihe von Anglizismen; dem Leser sei aber versichert, daß englische Bezeichnungen keinesfalls leichtfertig in den Text eingestreut werden, sondern nur dort Verwendung finden, wo eine Übersetzung entweder fatal wäre (z.B. bei FORTRAN–spezifischen Bezeichnungen) oder aber an Deutlichkeit zu wünschen übrig ließe (wie beispielsweise bei den „many–one"–Teilfeldern auf Seite 52).

Die wesentlichsten Anwendungen für Pointer liegen in der Realisierungsmöglichkeit sogenannter verketteter Datenstrukturen (siehe Kapitel 4.3 auf Seite 43) sowie zur einfacheren Benennung von Objekten (durch die Vergabe eines „Alias–Namens") und — eng damit verbunden — zur aufeinanderfolgenden Identifikation verschiedener Objekte mit ein- und demselben Namen. (Die zuletzt genannte Anwendung ist so zu verstehen, daß beispielsweise ein- und derselbe Programmteil mehrmals durchlaufen wird, wobei vor jedem Durchlauf den darin vorkommenden Pointern andere Ziele zugeordnet werden.)

Die Vereinbarung eines Pointers kann entweder mittels der POINTER–Anweisung (siehe Kapitel 5.2.10) oder aber durch die Angabe des POINTER–Attributes bei einer Typdeklarationsanweisung erfolgen, wobei letzteres im allgemeinen der Übersichtlichkeit wegen vorzuziehen ist:

```
TYPE (KNOTEN), POINTER :: AKTUELL, ENDE
REAL, DIMENSION(:, :), POINTER :: EIN, AUS, TEMP
REAL :: ZEIGER(:)
POINTER :: ZEIGER, ZEIGER2(:,:)    ! ZEIGER2 implizit REAL
```

Wie aus den Beispielen ersichtlich ist, muß ein feldwertiger Pointer prinzipiell mittels „aufgeschobener Formspezifikation" (siehe Seite 48) deklariert werden.

Ein Pointer darf grundsätzlich erst verwendet werden, wenn ihm ein Ziel (*„target"*) zugeordnet worden ist. Dies kann entweder mittels einer Pointerzuweisungsanweisung (siehe Kapitel 6.5) oder mit Hilfe der ALLOCATE–Anweisung erfolgen:

```
REAL, DIMENSION(10,30), TARGET :: XY
    ⋮
EIN => XY       ! => ...Pointerzuweisung
ALLOCATE ( AUS(5,-1:4), TEMP(27,3) )
```

Ein Ziel einer Pointerzuweisung („=>", siehe Kapitel 6.5.2) muß grundsätzlich entweder das TARGET- oder das POINTER–Attribut aufweisen. Bei einer Speicherzuteilung eines Pointers mittels der ALLOCATE–Anweisung wird ein Objekt erzeugt, dem das TARGET–Attribut implizit vergeben wird (siehe Kapitel 5.3.3).

Es soll betont werden, daß eine dynamische Speicherzuteilung mittels
Pointer zwar möglich aber aus Gründen der Optimierung nicht zu empfehlen ist, wenn die übrigen Eigenschaften eines Pointers nicht erforderlich sind. Die Verwendung dynamischer Felder erlaubt das ALLOCATABLE-
Attribut bei der Deklaration von Feldern in Verbindung mit den Anweisungen ALLOCATE und DEALLOCATE (Kapitel 5.3).

```
REAL, DIMENSION(100, 100) :: TABELLE
REAL, DIMENSION(:, :), POINTER :: AUSSCHNITT
    ⋮
AUSSCHNITT => TABELLE(3:77, 10:20)
```

Obiges Beispiel zeigt die Verwendung eines Pointers als „Alias–Name", indem der Pointer AUSSCHNITT als Bezeichnung für ein Teilfeld von TABELLE
verwendet wird. Die Indexgrenzen für AUSSCHNITT sind dabei durch (1:75,
1:11) festgelegt und können gegebenenfalls auf einfache Weise mittels einer
abermaligen Pointerzuweisungsanweisung neu definiert werden.

5

Vereinbarungen

Die Vereinbarungsanweisungen („Deklarationen") zählen zur Gruppe der
nicht ausführbaren Anweisungen und dienen dazu, die Eigenschaften der in
der jeweiligen Programmeinheit* benutzten Namen zu vereinbaren. Zu den
Vereinbarungsanweisungen zählen Typdeklarationen, Anweisungen zur At-
tributsfestlegung (mehrheitlich[90]) sowie zur logischen Zusammenfassung
mehrerer Datenobjekte für die Ein-/Ausgabe (NAMELIST[90]), Deklarationen betreffend statischer (EQUIVALENCE[77], COMMON[77] und SE-
QUENCE[90]) und dynamischer[90] Speicherbelegung (ALLOCATE, DE-
ALLOCATE und NULLIFY) sowie Anweisungen zur Vereinbarung von
Programmeinheiten. Letzteren ist aufgrund der Bedeutung ein eigener Abschnitt (Kapitel 10) gewidmet.

5.1   Typdeklarationen

Da im Kapitel 4 (Datentypen) die verschiedenen Anweisungen zur Typspezifikation schon behandelt worden sind, sollen sie an dieser Stelle nur in
kompakter, formaler und — hoffentlich — übersichtlicher Form zusammengefaßt werden, wobei vor allem den Einschränkungen bezüglich der Angabe
von Attributen große Bedeutung zukommt. Beispiele werden nur zusam-
menfassend am Ende dieses Kapitel gebracht; diesbezüglich soll an dieser
Stelle global auf den vorhergehenden Abschnitt verwiesen werden.

Obwohl schon im vorigen Kapitel ausführlich beschrieben, soll an dieser
Stelle hervorgehoben werden, daß in FORTRAN keine Typvereinbarungen
zwingend sind, solange man sich auf die implizit definierten Datentypen
beschränkt und sich in der Namensgebung an die entsprechende Typkonvention hält. Ohne Verwendung einer IMPLICIT–Anweisung sind nur die
beiden Datentypen DEFAULT REAL und DEFAULT INTEGER gemäß der
FORTRAN–Typkonvention implizit definiert (siehe Kapitel 4.1.1). Mittels
der im Kapitel 5.1.7 beschriebenen IMPLICIT–Anweisung kann diese Typkonvention erweitert, überschrieben oder auch annulliert[90] werden.

---

* Namen innerhalb einer Definition eines abgeleiteten Datentyps sowie innerhalb eines
INTERFACE–Blocks gelten nur innerhalb derselben (vgl. „Bereichseinheit", Kapitel 10.1.2).

Die allgemeine Form der Typdeklarationsanweisung lautet:

Typ-Spez [[, *Attr-Spez-Liste*] ::] *Deklarations-Liste*

5.1.1 TYP-SPEZIFIKATION

Typ-Spez kennzeichnet den Datentyp der Elemente der *Deklarations-Liste*
und kann eines der folgenden Konstrukte sein:

INTEGER [*Typ-Kennung*]
REAL [*Typ-Kennung*]
DOUBLE PRECISION[77]
COMPLEX [*Typ-Kennung*]
CHARACTER [*String-Kennung*]
LOGICAL [*Typ-Kennung*]
TYPE (*Typ-Name*) [90]
    Typ-Kennung[90]:   ([KIND =] *Typ-Ausdruck*)
    String-Kennung: siehe Kapitel 5.1.4

Der *Typ-Ausdruck* ist ein skalarer, ganzzahliger, positiver Initialisierungsausdruck (siehe Kapitel 6.4.1, Seite 115), welcher die gewünschte Typkennzahl[90] als Ergebnis beinhaltet (im einfachsten Fall ist *Typ-Ausdruck* eine
Konstante). Der Programmierer hat dabei selbst Sorge zu tragen, daß er nur
Typkennzahlen verwendet, die vom jeweiligen Compiler unterstützt werden.
Bezüglich der Bedeutung der einzelnen *Typ-Spezifikationen* sei auf das Kapitel 4 verwiesen, doch soll auch an dieser Stelle hervorgehoben werden,
daß die *Typ-Spezifikation* DOUBLE PRECISION in Fortran 90 redundant
ist.

FORTRAN 77 kennt weder die optionale *Attribut-Spezifikations-* [77]
Liste noch ist die Angabe der beiden Doppelpunkte vor der *Deklara-*
tions-Liste gestattet. Weiters ist die in Fortran 90 optionale Angabe der
Typ-Kennung nicht erlaubt. [77]

5.1.2 ATTRIBUT–SPEZIFIKATIONEN

Folgende *Attribut-Spezifikationen*[90] können vergeben werden:

PARAMETER
Zugriffs-Spezifikation
ALLOCATABLE
DIMENSION (*Feld-Spezifikation*)
EXTERNAL
INTENT (*Intent-Spezifikation*)
INTRINSIC

OPTIONAL
POINTER
SAVE
TARGET

    Zugriffs-Spezifikation: { PUBLIC | PRIVATE }
    Feld-Spezifikation: siehe Kapitel 4.4
    Intent-Spezifikation: { IN | OUT | INOUT }

Es ist zu beachten, daß die *Attr-Spez-Liste* durchaus entfallen kann; ist dies der Fall, so ist die Angabe der beiden Doppelpunkte vor der *Deklarations-Liste* optional, soferne kein darin vorkommendes Objekt einen Initialwert zugewiesen bekommt[90].

Bei der Angabe von Attributen gelten folgende **Einschränkungen**:

- Innerhalb einer Typanweisung darf ein- und dasselbe Attribut nur einmal angegeben werden.

- Das ALLOCATABLE–Attribut darf nur bei der Deklaration eines Feldes verwendet werden, welches weder ein Formalparameter noch ein Funktionsergebnis ist.

- Ein Feld, welches das Attribut POINTER oder ALLOCATABLE aufweist, muß mittels „aufgeschobener" Formspezifikation deklariert werden.

- Eine *Feld-Spezifikation* für einen Funktionsnamen ohne das POINTER–Attribut muß eine „explizite" Formspezifikation sein.

- Im Gegensatz dazu muß zur Dimensionierung einer feldwertigen Funktion mit dem POINTER–Attribut eine „aufgeschobene" Formspezifikation verwendet werden.

- Die Angabe des Attributes POINTER schließt die Verwendung der Attribute TARGET, INTENT, EXTERNAL und INTRINSIC grundsätzlich aus.

- Bei der Angabe des TARGET–Attributes dürfen die Attribute POINTER, EXTERNAL, INTRINSIC und PARAMETER nicht mehr vergeben werden.

- Das PARAMETER–Attribut darf nicht für Formalparameter, Pointer, zuteilbare Felder, Funktionen und Objekte eines COMMONBLOCKS angegeben werden.

- Die Attribute INTENT und OPTIONAL dürfen ausschließlich für Formalparameter vergeben werden.

- Ein Element der *Deklarations-Liste* darf nicht das PUBLIC–Attribut aufweisen, wenn dessen Typ das Attribut PRIVATE hat.

- Das SAVE–Attribut darf nicht für Objekte eines COMMONBLOCKS, Formalparameter, Unterprogramme, Funktionsergebnisse oder „automatische" Objekte vergeben werden.

- Die Attribute EXTERNAL und INTRINSIC schließen einander aus; sie dürfen des weiteren ausschließlich für Funktionen gesetzt werden.

- Einem Feld sind keinesfalls zugleich die Attribute ALLOCATABLE und POINTER zu vergeben.

- Einem Objekt darf innerhalb einer Bereichseinheit (i.a. Programmeinheit, siehe Kapitel 10.1.2) jegliches Attribut explizit nur einmal zugeteilt werden.

Auf die Bedeutung der einzelnen Attribute wird im Kapitel 5.2, wo die entsprechenden Anweisungen zur Attributvergabe besprochen werden, näher eingegangen.

5.1.3 DEKLARATIONS–LISTE

Ein Element der *Deklarations-Liste* besteht aus:

> *Objekt-Name* [(*Feld-Spez*)] [* *String-Länge*] [= *Initialisierungsausdruck*][90]

Folgende Punkte sind hierbei zu beachten:

- Die optionale Angabe „* *String-Länge*" ist nur im Zusammenhang mit der CHARACTER–Anweisung erlaubt (und sinnvoll).

- Bezeichnet *Objekt-Name* eine Funktion, so ist die Klausel „= *Initialisierungsausdruck*" nicht gestattet.

- Handelt es sich bei *Objekt-Name* um einen Funktionsnamen, so muß dieser eine externe Funktion, intrinsische Funktion, eine Formalparameterfunktion oder eine Anweisungsfunktion bezeichnen.

- Die Klausel „= *Initialisierungsausdruck*" muß angegeben werden, wenn die Typanweisung das PARAMETER–Attribut enthält.

- Beim Vorhandensein des *Initialisierungsausdruckes* muß der zweifache Doppelpunkt vor der *Deklarations-Liste* jedenfalls angegeben werden.

- Die Klausel „= *Initialisierungsausdruck*" darf nicht verwendet werden, wenn *Objekt-Name* eine der folgenden Bedeutungen hat: Formalparameter, Funktionsergebnis, Objekt eines „benannten" COMMONBLOCKS (soferne die Typisierung in einer BLOCK DATA–Programmeinheit erfolgt), Objekt des „unbenannten" COMMONBLOCKS, ein zuteilbares Feld, ein Pointer, eine externe Funktion, eine intrinsische Funktion oder ein automatisches Objekt.

Die Angabe einer *Feld-Spezifikation* bei einem Element der *Deklarations-Liste* „überschreibt" für dieses eine Objekt ein allenfalls gegebenes DIMENSION–Attribut (das sich andernfalls wie alle Attribute auf die gesamte *Deklarations-Liste* bezieht).

Beinhaltet eine *Deklarations-Liste* einen *Initialisierungsausdruck* (siehe Kapitel 6.4.1, Seite 115) und der entsprechende *Objekt-Name* weist kein PARAMETER–Attribut auf, so handelt es sich bei *Objekt-Name* um eine <u>Variable</u>, welche gemäß den Regeln der intrinsischen Zuweisung (Typkonversion) mit dem entsprechenden Initialwert versehen wird. Eine Variable oder ein Teil einer Variablen darf innerhalb eines ausführbaren Programmes grundsätzlich nur <u>einmal</u> initialisiert werden.

Die Anwesenheit der Klausel „= *Initialisierungsausdruck*" bedeutet, daß das entsprechende Objekt implizit das SAVE–Attribut erhält, soferne das Objekt nicht zu einem benannten COMMONBLOCK gehört. Es ist allerdings erlaubt, einem Objekt mit einem solchermaßen erhaltenen SAVE–Attribut das SAVE–Attribut in einer Typdeklaration oder in einer SAVE–Anweisung explizit (sozusagen nochmals) zu setzen.

Mit dem Namen einer intrinsischen Funktion ist automatisch ihr definierten Typ assoziiert (siehe Kapitel 11); sie müssen daher nicht explizit typisiert werden (es ist allerdings nicht verboten). Die Typspezifikation für einen Namen einer generischen intrinsischen Funktion (siehe Kapitel 11.2) ist allerdings nicht ausreichend, um die generischen Eigenschaften dieser Funktion zu löschen.

5.1.4 STRING–KENNUNG

Die in der CHARACTER–Anweisung (Seite 59) vorkommende *String-Kennung* kann eine der folgenden Formen annehmen (*FORTRAN 77 kennt nur die Variante „* String-Länge"*):

([LEN =] *Längen-Spez* [, [KIND =] *Typ-Ausdruck*])
* *String-Länge* [,]
(KIND = *Typ-Ausdruck* [, LEN = *Längen-Spez*])
    Längen-Spez: { *Längen-Spez-Ausdruck* | * }
    String-Länge: { (*Längen-Spez*) | *gLit-Konst* }

Dabei gelten folgende Einschränkungen:

- Das optionale Komma in der Form „* *String-Länge*" ist nur in einer *Typ-Spezifikation* einer Typdeklarationsanweisung erlaubt und auch dann nur unter der Bedingung, daß die Anweisung das Trennzeichen „zweifacher Doppelpunkt" nicht enthält.

- Der Wert von *Typ-Ausdruck*⑨⓪ muß die Typkennzahl eines Zeichensatzes darstellen, der vom jeweiligen Compiler unterstützt wird.

- Die ganzzahlige Literalkonstante *gLit-Konst* darf keine Typkennzahl (in der Form „_*Typ*") beinhalten.

- Ein Funktionsname darf nicht mit der *Längen-Spez* „*" deklariert werden, wenn es sich um eine der folgenden Funktionsarten handelt: interne Funktion oder Modulfunktion, Funktion mit einem der Attribute DIMENSION oder POINTER, rekursive Funktion.

Weist ein Element in der *Deklarations-Liste* explizit eine Längenangabe der Form „* *String-Länge*" auf, so wird die in der *String-Kennung* angegebene *Längen-Spezifikation* für dieses eine Objekt „überschrieben". Beim Fehlen jeglicher Längenangabe wird als Defaultwert die Länge 1 angenommen.

Ergibt sich nach der Auswertung von *Längen-Spez-Ausdruck* ein negativer Wert (*nicht erlaubt in FORTRAN 77!*), so wird die Länge der Zeichenkette mit null angenommen („Leerstring" — *in FORTRAN 77 nicht vorhanden!*).

Die Längenspezifikation „*" darf grundsätzlich nur in folgenden Fällen verwendet werden:

(a) Bei der Deklaration eines Formalparameters eines Unterprogrammes vom Typ CHARACTER. Hierbei handelt es sich um dabei um eine sogenannte **angenommene** Längenspezifikation, indem die aktuelle Länge der Zeichenkette vom aktuellen Parameter (in der rufenden Programmeinheit) übernommen wird.

(b) Bei der Deklaration einer benannten Konstanten, deren Länge dann vom zugewiesenen Wert übernommen wird.

(c) Das Funktionsergebnis einer externen Funktion darf ebenfalls mittels der Längenspezifikation „*" deklariert werden⑦⑦ (siehe Kapitel 10.5.1). In diesem Fall muß allerdings jede Programmeinheit, welche diese Funktion verwendet, den Funktionsnamen mit einer expliziten (also von „*" verschiedenen) Längenspezifikation assoziieren.

5.1.5 ANWEISUNGSPARAMETER

Im Gegensatz zu den anderen *Typ-Spezifikationen*, welche mit Ausnahme von TYPE nur einen Parameter — nämlich die *Typ-Kennung* — aufweisen, besitzt die *Typ-Spezifikation* CHARACTER innerhalb der *String-Kennung* (Kapitel 5.1.4) <u>zwei</u> optional angebbare Parameter. An diesem Beispiel sollen die in FORTRAN bestehenden Möglichkeiten in der Angabe von Parametern (im Zusammenhang mit Anweisungen) besprochen werden.

(Obwohl die meisten Anweisungen, wo dies besonders von Bedeutung ist, dem Bereich Ein-/Ausgabe zuzurechnen sind, soll die Thematik der Parameter in Anweisungen doch hier, wo sie erstmals auftritt, besprochen werden.)

Die Angabe der Parameter ist grundsätzlich mit und ohne Schlüsselwort möglich, wobei aber in letzterem Fall die strikte Einhaltung der definierten Reihenfolge erforderlich ist (das heißt, um beim konkreten Fall zu bleiben, daß ohne Schlüsselwortangabe die *Längen-Spezifikation* stets vor dem *Typ-Ausdruck* zu stehen hat). Will man beispielsweise nur den n-ten Parameter festlegen, so sind im Falle der Beschreibung ohne Schlüsselwörter auch alle davorliegenden Parameterwerte anzugeben, da es sich dabei um sogenannte „Stellungsparameter" handelt.

Im Gegensatz dazu ist bei Verwendung sogenannter „Schlüsselwortparameter" (das heißt mit der Angabe von „*Schlüsselwort* =") die Einhaltung einer Reihenfolge nicht erforderlich, sodaß im Zweifelsfall bezüglich Reihenfolge und/oder Bedeutung von Parametern jedenfalls diese Methode zu empfehlen ist. Ein Mischen beider Angabearten ist ebenfalls möglich; allerdings dürfen ab dem ersten Auftreten eines Schlüsselwortparameters nur noch solche (also keine Stellungsparameter) verwendet werden.

Bezüglich des zugrundeliegenden Beispiels der *Zeichen-Kennung* sei darauf hingewiesen, daß das <u>erste</u> Schlüsselwort („LEN =") der Länge und das zweite („KIND =") den Typ (Zeichensatz) angibt, während es bei den anderen Typdeklarationen — mit Ausnahme von TYPE, welches keinen Parameter hat — nur die *Typ-Kennung* angebbar ist.

5.1.6   BEISPIELE FÜR TYPDEKLARATIONEN

Die folgenden Typdeklarationen sind nur in Fortran 90 gültig und stellen aufgrund der umfangreichen Spezifikationsmöglichkeiten nur eine bescheidene Auswahl dar. Weitere Beispiele (inklusive Erläuterungen) sind im Kapitel 4 bei den entsprechenden Datentypen angeführt.

```
LOGICAL, DIMENSION(0:5,10) :: FLAG1, FLAG2, FLAG3(7)
COMPLEX :: QUADRAT_WURZEL = (-3.71, 0.83E-5)
INTEGER, PARAMETER :: KURZ_INT = SELECTED_INT_KIND (3)
REAL ( KIND(0.0D0) ) X            ! ≡ DOUBLE PRECISION X
REAL (KIND=3) Y                   ! vom Compiler abhängig
COMPLEX (KIND=KIND(0.0D0)) :: C  ! Double Precision Complex
INTEGER (KURZ_INT) M             ! Mindestbereich -999 bis 999
REAL, DIMENSION(:,:), ALLOCATABLE :: X_ZUTEILBAR
COMPLEX, PRIVATE :: C1, C2
```

```
CHARACTER (LEN=20) :: CHAR1,CHAR2(10),CHAR3*30,CHAR4(5)*50
INTEGER, PARAMETER :: GRIECH = KIND('α')
CHARACTER (10,GRIECH) :: DELTA = GRIECH_'δελθα'
DOUBLE PRECISION, EXTERNAL :: EXT_FUNKT
INTEGER, INTENT(IN), DIMENSION(:) :: FORMAL_PARAMETER
REAL, POINTER, DIMENSION(:,:,:) :: EIN_POINTER, POINTER2(:)
INTEGER, SAVE :: ZAEHLER = 0     ! Angabe von SAVE redundant
TYPE (ADRESSE) :: TEMP, DATEN(300)
```

In FORTRAN 77 ist die Komplexität der Typdeklarationsanwei- [77]
sungen infolge fehlender *Attributspezifikationen* vergleichsweise gering.
Weiters ist zu beachten, daß in FORTRAN 77 das Trennzeichen „zweifacher Doppelpunkt" nicht existiert und daß bei den *Typspezifikationen*
keine Parameter angebbar sind. Die TYPE–Anweisung zur Deklaration
von Objekten abgeleiteten Typs ist nicht vorhanden und als *Längenspezifikation* in der CHARACTER–Anweisung ist ausschließlich die Form
„* *String-Länge*" gestattet. Die Dimensionierung von Feldern innerhalb
der *Deklarations-Liste* ist allerdings wie bei Fortran 90 möglich. [77]

Folgende Typanweisungen sind in FORTRAN 77 (und natürlich auch
im Standard 90) gültig:

```
INTEGER A1, II27(10), J, K(1:10,-10:100)
REAL ABCDEF, RANP(3,*)
DOUBLE PRECISION AD(N), AD32
COMPLEX C1, YCOMP(-3:6), YC6
CHARACTER*15 CH1, CH2*(LC), CH3(5), CH4(1:7)*25
CHARACTER*(LC) STRING1(10), STRING2(N)*(LC1)
CHARACTER CHANP(*)*(*)
LOGICAL LOG1, ILOG(N), KLG(4:6,-3:0,45:50)
```

LC und LC1 bedeuten dabei benannte Konstante während N sowohl eine
benannte Konstante als auch — allerdings nur als Deklaration in einem Unterprogramm — eine Variable sein kann, welche entweder als Formalparameter oder über einen COMMONBLOCK übergeben wird. AD und STRING2
müssen dabei selbst Formalparameter sein („angepaßte" Dimensionierung).

Bei RANP und CHANP erfolgt die Felddimensionierung über die sogenannte angenommene Größe („Offenlassen" der letzten Felddimension); die
Länge von CHANP ist durch angenommene Längenspezifikation gegeben.
Die Deklaration von RANP und CHANP darf in dieser Weise nur in einem Unterprogramm erfolgen, wobei beide Variable Formalparameter sein
müssen.

5.1.7 IMPLICIT–ANWEISUNG

Die IMPLICIT–Anweisung ermöglicht es, die in FORTRAN defaultmäßig geltende Typkonvention (siehe Kapitel 4.1.1) zu erweitern, zu überschreiben oder auszuschalten[90]. Die dadurch bewerkstelligte Änderung der impliziten Typvereinbarung gilt jeweils nur innerhalb jener Programmeinheit, wo die Anweisung angegeben wird (das heißt, auch wenn die Anweisung im Hauptprogramm aufscheint, gilt die implizite Typvereinbarung bzw. deren Aufhebung nur im Hauptprogramm sowie in allenfalls darin enthaltenen internen Unterprogrammen).

Die IMPLICIT–Anweisung hat im Falle der Erweiterung oder des Überschreibens der impliziten Typvereinbarung folgende Form:

> IMPLICIT *implicit-Spez-Liste*
>
> > *implicit-Spez:*   *Typ-Spez* (*Buchstaben-Spez-Liste*)
> > *Buchstaben-Spez:*   *Buchstabe* [− *Buchstabe*]

Jeder in einer *implicit-Spezifikation* auftretende Buchstabe wird mit der darin enthaltenen *Typ-Spezifikation* assoziiert, sodaß jeder Name, der mit einem dieser Buchstaben beginnt, implizit dem entsprechenden Datentyp zugeordnet wird (soferne die Verwendung des Namens eine solche Zuordnung erlaubt).

Wird in einer *Buchstaben-Spezifikation* die Form mit dem Minuszeichen (dessen Bedeutung „bis" ist) verwendet, so bedeutet dies, daß alle zwischen den beiden Buchstaben (in alphabetischer Reihenfolge) liegenden Buchstaben ebenfalls der davorstehenden *Typ-Spezifikation* zugeordnet werden. So haben beispielsweise die beiden folgenden Anweisungen identische Bedeutung:

```
IMPLICIT COMPLEX (A,D-G), INTEGER (L-P)
IMPLICIT COMPLEX (A,D,E,F,G), INTEGER (L,M,N,O,P)
```

Ein- und derselbe Buchstabe darf innerhalb einer Bereichseinheit keinesfalls mehrmals in *Buchstaben-Spezifikationen* vorkommen.

Eine **explizite** Typvereinbarung (mittels Typvereinbarungsanweisung) überschreibt in jedem Fall eine bestehende implizite Typvereinbarung:

```
IMPLICIT REAL (K-Y)
INTEGER L1, KURZ, XNULL
    ⋮
REAL FUNCTION ABC(X)      ! Deklaration einer Funktion
IMPLICIT INTEGER (A-Z)    ! ABC ist nach wie vor vom Typ REAL
```

Trotz der in der ersten Zeile angegebenen IMPLICIT–Anweisung sind die Variablen L1, KURZ und XNULL vom Typ DEFAULT INTEGER.

Eine IMPLICIT–Anweisung wirkt sich weder auf intrinsische Funktionen noch auf Objekte aus, welche mittels USE- oder HOST–Zuordnung[90] (siehe Kapitel 10) verfügbar gemacht werden.

Die standardmäßig geltende FORTRAN–Typkonvention wirkt so, als ob in jeder Programmeinheit die Deklaration

```
IMPLICIT INTEGER (I-N), REAL (A-H, O-Z)
```

stehen würde (die Angabe einer solchen Anweisung ist zwar redundant aber erlaubt).

Die zweite Form der IMPLICIT–Anweisung (*nicht existent in FORTRAN 77*)

```
IMPLICIT NONE
```

schaltet jegliche implizite Typvereinbarung in der betreffenden Bereichseinheit aus, sodaß **alle** verwendeten Variablen und symbolischen Konstanten explizit typisiert werden müssen. Das Auftreten dieser Form schließt für die entsprechende Bereichseinheit auch eine weitere IMPLICIT–Anweisung aus.

Wie die folgenden, nur in Fortran 90 gültigen Beispiele zeigen, können sich die mittels der IMPLICIT–Anweisung vereinbarten Typen sowohl auf abgeleitete Datentypen[90] als auch auf nicht defaultmäßig festgelegte Datentypen[90] erstrecken.

```
MODULE BEISP_IMPLICIT_NONE
   IMPLICIT NONE
      ⋮
   INTERFACE
      FUNCTION FUNKT(J)
         INTEGER FUNKT, J
      END FUNCTION FUNKT
   END INTERFACE
CONTAINS
   FUNCTION AFUNKT(X)
      REAL AFUNKT, X
      ⋮
   END FUNCTION AFUNKT
END MODULE BEISP_IMPLICIT_NONE
```

Alle im Modul BEISP_IMPLICIT_NONE verwendeten Objekte (auch wenn sie innerhalb von INTERFACE–Blöcken oder internen Unterprogrammen vorkommen) müssen explizit typisiert werden.

```
SUBROUTINE BEISP_IMPLICIT
  IMPLICIT COMPLEX (C)
  C = (3.14, -1.1)   ! C ist implizit COMPLEX deklariert
  :
CONTAINS                 ! Definition interner Unterprogramme
  SUBROUTINE SUB1_IMPLICIT
    IMPLICIT INTEGER (A, C)
    C = (0.,0.)     ! C ist COMPLEX durch Host-Zuordnung!
    Z = 1.0         ! Z ist REAL (implizit, Typkonvention)
    A = 7           ! A ist INTEGER (IMPLICIT-Anweisung)
    CC = -397       ! CC ist INTEGER (IMPLICIT-Anweisung)
    :
  END SUBROUTINE SUB1_IMPLICIT
  SUBROUTINE SUB2_IMPLICIT
    Z = 2.0           ! Z ist REAL (implizit, Typkonvention)
                      ! und ungleich Z von SUB1_IMPLICIT
    :
  END SUBROUTINE SUB2_IMPLICIT
  SUBROUTINE SUB3_IMPLICIT
    USE BEISP_IMPLICIT_NONE    ! ermöglicht den
!        Zugriff auf die Funktion FUNKT vom Typ INTEGER
    E = FUNKT (M)   ! E ist REAL und M ist INTEGER
                    ! aufgrund Typkonvention
    :
  END SUBROUTINE SUB3_IMPLICIT
END SUBROUTINE BEISP_IMPLICIT
```

Das obige Beispiel zeigt, daß implizite Typvereinbarungen einerseits durch
explizite Typdeklarationen und andererseits bei Objekten, welche mittels
USE- oder HOST–Zuordnung verfügbar gemacht werden, überschrieben werden.

Beispiel für IMPLICIT–Anweisungen im Zusammenhang mit einem abgeleiteten Datentyp[90] und einem von DEFAULT verschiedenem[90] Typ:

```
IMPLICIT TYPE(ABGELEITET) (A-B,G), INTEGER(C-F)
IMPLICIT REAL(SELECTED_REAL_KIND(12)) (H-Z)
TYPE ABGELEITET
   REAL X, Y     ! sind vom Typ DEFAULT REAL
   COMPLEX Z     ! ist vom Typ DEFAULT COMPLEX
END TYPE ABGELEITET
```

Alle nicht explizit vereinbarten Namen, welche mit den Buchstaben H,I,...Z beginnen, gehören dem Typ REAL mit einer Mindestgenauigkeit von 12 Dezimalstellen an (soferne der entsprechende Compiler eine solche Darstellungsart unterstützt). Da die im TYPE–Konstrukt⑨⓪ verwendeten Variablen explizit typisiert werden, gilt für diese die implizite Typvereinbarung nicht.

Einer IMPLICIT–Anweisung mit *implicit-Spez-Liste* dürfen im entsprechenden Deklarationsteil nur USE-, PARAMETER- und FORMAT–Anweisungen vorausgehen. Vor der Anweisung IMPLICIT NONE dürfen hingegen nur USE- und FORMAT–Anweisungen angeführt werden. Unter dem Aspekt übersichtlichen Programmierens ist es empfehlenswert, daß man IMPLICIT–Anweisungen im Deklarationsteil einer Bereichseinheit grundsätzlich unmittelbar an allenfalls vorhandene USE–Anweisungen anschließt.

FORTRAN 77 kennt die Form IMPLICIT NONE der IMPLICIT– Anweisung nicht, sodaß dort ein Ausschalten der FORTRAN–Typkonvention nicht möglich ist.

5.2   Attributspezifikationsanweisungen

Sämtliche in der *Attribut-Spezifikations-Liste* einer Typdeklarationsanweisung angebbaren Attribute (Kapitel 5.1.2) sind in Fortran 90 auch mittels eigener Anweisungen festlegbar, wobei es völlig unbedeutend ist, mit welcher der beiden Möglichkeiten ein bestimmtes Attribut einem Objekt zugeordnet wird. Daher gelten die bereits im Kapitel 5.1.2 auf Seite 60 angegebenen Einschränkungen bezüglich der Attributvergabe selbstverständlich auch dann, wenn Attribute mittels Attributspezifikationsanweisungen gesetzt werden.

```
REAL, DIMENSION(5), PRIVATE, TARGET :: X
! ist völlig gleichwertig zu:
REAL X
DIMENSION X(5)
PRIVATE X
TARGET X
```

In FORTRAN 77 existieren keine Attributspezifikationen innerhalb von Typdeklarationsanweisungen; von den in Fortran 90 dazu äquivalenten Anweisungen gibt es in FORTRAN 77 nur die Vereinbarungsanweisungen PARAMETER, DIMENSION, EXTERNAL, INTRINSIC und SAVE.

5.2.1 PARAMETER–ANWEISUNG

Die PARAMETER–Anweisung dient zur Definition von **benannten** („symbolischen") Konstanten; diese erhalten dadurch das PARAMETER–Attribut.

> PARAMETER (*Konst-Def-Liste*)
> *Konst-Def: Konst-Name = Initialisierungsausdruck*

Der Typ und die Form der benannten Konstanten müssen zuvor in einer Typdeklarationsanweisung innerhalb derselben Programmeinheit spezifiziert werden; andernfalls bestimmen die in der Programmeinheit aktuell geltenden impliziten Regeln der Typisierung den Typ der benannten Konstante (das heißt, daß der Typ entweder durch die FORTRAN–Typkonvention oder durch eine allenfalls vorhandene IMPLICIT–Anweisung festgelegt ist). Im Fall der impliziten Typisierung einer symbolischen Konstanten muß bei deren Verwendung in späteren Typdeklarationsanweisungen ihr Typ (einschließlich Typkennzahl[90]) konsistent sein.

Jede benannte Konstante wird durch den *Initialisierungsausdruck* definiert, welcher gemäß den Regeln intrinsischer Zuweisung (siehe Kapitel 6.5) ausgewertet wird. Bevor eine symbolische Konstante in einem Ausdruck verwendet werden kann, muß sie jedenfalls <u>zuvor</u> definiert sein, was auch in derselben PARAMETER- oder Typdeklarationsanweisung, wo sie verwendet wird, erfolgen kann (die Reihenfolge ist dabei wesentlich). Eine benannte Konstante gilt auch dann als definiert, wenn sie mittels USE-oder HOST–Zuordnung[90] (siehe Kapitel 10) verfügbar gemacht wird.

Eine benannte Konstante darf grundsätzlich nicht innerhalb einer FORMAT–Anweisung (Kapitel 9.1.1) verwendet werden.

Handelt es sich bei *Konst-Name* um ein Feld[90] (*in FORTRAN 77 nicht erlaubt!*), so müssen <u>alle</u> Elemente einen Wert zugewiesen bekommen (im Gegensatz zur später beschriebenen DATA–Anweisung, die allerdings nur zur Initialisierung von Variablen dient). Bei Feldern vom Rang 1 muß dazu der Feldkonstruktor verwendet werden; bei mehrdimensionalen Feldern ist zusätzlich der Einsatz der intrinsischen Funktion RESHAPE erforderlich.

```
DOUBLE PRECISION DY
COMPLEX CC
DIMENSION Z(6), Y(3,2)
! Obige Typdeklarationen sind erforderlich, damit folgende
! PARAMETER-Anweisungen gültig sind:
PARAMETER ( X=5.0, DY=0.D0, CC = (1.0,-2.4) )
! Die beiden folgenden Zeilen gelten nur in Fortran 90:
PARAMETER ( Z = (/ 1., 0., 3., -7., 4., 6. /) )
PARAMETER ( Y = RESHAPE (Z, (/ 3, 2 /) ) )
```

In Fortran 90 können die obigen Deklarationen unter Verwendung des
PARAMETER–Attributes auch folgendermaßen aussehen:

```
DOUBLE PRECISION, PARAMETER :: DY = 0.D0
COMPLEX, PARAMETER :: CC = (1.0,-2.4)
REAL, PARAMETER :: X = 5.0,                              &
                   Z(6) = (/ 1., 0., 3., -7., 4., 6. /), &
                   Y(3,2) = RESHAPE (Z, (/ 3, 2 /) )
```

5.2.2 DIMENSION–Anweisung

Die DIMENSION–Anweisung verleiht das DIMENSION–Attribut an Objekte, <u>ohne</u> deren Typ zu verändern bzw. festzulegen (im Gegensatz zur
Felddimensionierung innerhalb einer Typvereinbarungsanweisung).

DIMENSION [::] *Feld-Name* (*Feld-Spez*) [,...]

Feld-Spez kann dabei sowohl eine *Form-Spezifikation* als auch eine angenommene *Größenspezifikation*[77] bedeuten (siehe Kapitel 4.4.1). *In FOR-
TRAN 77 ist die Angabe der beiden Doppelpunkte nicht erlaubt!*

```
DIMENSION X(N), Y(-2:4,3:18), Z(-2:0,*)
DIMENSION F(N), G(SIZE(F)), H(:)   ! nur in Fortran 90!
```

5.2.3 ALLOCATABLE–Anweisung

Mittels der ALLOCATABLE–Anweisung[90] kann Objekten das gleichna-
mige Attribut vergeben werden. Objekte mit dem ALLOCATABLE–Attribut
sind sogenannte zuteilbare Felder, welche grundsätzlich mittels aufgeschobener Formspezifikation deklariert werden müssen (siehe Kapitel 4.4.1),
wobei zunächst nur der Rang des Feldes definiert wird. Dessen eigentliche
Form (das heißt, die Ausdehnungen in den einzelnen Dimensionen) und der
für das Feld erforderliche Speicherplatz werden erst durch die Ausführung
einer ALLOCATE–Anweisung (siehe Kapitel 5.3.3) festgelegt (**dynamische Speicherverwaltung**).

ALLOCATABLE [::] *Feld-Name* [(*aufgesch-Form-Spez*)] [,...]

Der *Feld-Name* darf weder ein Formalparameter noch ein Funktionsergebnis
sein. Das DIMENSION–Attribut kann durchaus auch mittels einer anderen
Deklaration (z.B. Typvereinbarungsanweisung, DIMENSION–Anweisung)
erfolgen, doch muß es sich jedenfalls um eine aufgeschobene Formspezifikation handeln.

```
COMPLEX C1, C2(:)
ALLOCATABLE :: C1 (:,:,:), C2
! Vergabe des Allocatable-Attributes in Typdeklarationen:
LOGICAL, DIMENSION(:,:), ALLOCATABLE :: SCHALTER
REAL, ALLOCATABLE :: XYZ (:, :)
```

Die ALLOCATABLE-Anweisung existiert in FORTRAN 77 nicht!

5.2.4   EXTERNAL–ANWEISUNG

Die EXTERNAL–Anweisung verleiht einer Reihe von Namen das EXTER-NAL-Attribut, wobei dieses nur für externe Prozeduren, Formalparameter (wenn sie einen externen Prozedurnamen darstellen) oder für eine BLOCK DATA–Programmeinheit[77] vergeben werden darf.

> EXTERNAL *external-Namens-Liste*

Es ist zu beachten, daß (auch in Fortran 90) bei der EXTERNAL–Anweisung das Trennzeichen „::" nicht vorgesehen ist.

Die Vergabe des EXTERNAL–Attributes an einen Formalparameter impliziert, daß es sich bei dem Formalparameter um eine Prozedur handelt. Wird das Attribut für einen Namen vergeben, der keinen Formalparameter darstellt, so bezeichnet der Name entweder eine externe Prozedur oder eine BLOCK DATA–Programmeinheit.

Wird der Name einer externen Prozedur oder ein Formalparameter, der eine solche Prozedur darstellt, in einer aktuellen Parameterliste (das heißt, beim Aufruf eines Unterprogrammes) angegeben, so muß dieser Name in der rufenden Programmeinheit das Attribut EXTERNAL erhalten. Dies stellt zweifellos die wichtigste Anwendung der EXTERNAL–Anweisung (bzw. Vergabe des EXTERNAL–Attributes[90]) dar, da es häufig erwünscht ist, beispielsweise einen Funktionsnamen einem Unterprogramm zu übergeben.

Wird der Name einer intrinsischen Prozedur mit dem EXTERNAL–Attribut versehen, so bedeutet dies, daß diese intrinsische Prozedur in der entsprechenden Bereichseinheit <u>nicht mehr verfügbar</u> ist, sondern daß eine entsprechende externe Prozedur bei Verwendung des betreffenden Namens existieren muß.

```
SUBROUTINE ALPHA
    EXTERNAL A, SIN    ! Die intrinsische Funktion SIN ist
!                 im Unterprogramm ALPHA nicht mehr verfügbar!
    :
    CALL SUB (A, VALUE)
```

```
      ⋮
   CALL SUB (SIN, VALUE)
      ⋮
END
SUBROUTINE SUB (FUNCT, V)
   V = FUNCT(V)
      ⋮
END
FUNCTION A(Z)
      ⋮
END
FUNCTION SIN(Z)
      ⋮
END
```

5.2.5 INTRINSIC–Anweisung

Die INTRINSIC–Anweisung, welche bestimmten Namen das INTRINSIC-
Attribut verleiht, ist sozusagen das Gegenstück zur EXTERNAL–Anweisung. Es ist zu beachten, daß die beiden Attribute einander ausschließen,
sodaß einem Objekt nicht gleichzeitig (also innerhalb einer Bereichseinheit)
beide Attribute zugeordnet werden können. Ein Name, dem das INTRINSIC-
Attribut zugeordnet ist, repräsentiert eine intrinsische Prozedur.

> INTRINSIC *intrinsic-Namens-Liste*

Wie bei der EXTERNAL–Anweisung gilt auch hier, daß das Trennzeichen
„::" — auch in Fortran 90 — nicht angegeben werden darf.

In der *intrinsic-Namens-Liste* dürfen ausschließlich nur Namen intrinsischer Prozeduren angeführt sein. Die Angabe eines Namens einer intrinsischen generischen Prozedur verursacht nicht den Verlust deren generischen
Eigenschaft.

Wird eine intrinsische spezifische Prozedur als aktueller Parameter (das
heißt also beim einem Prozeduraufruf) angegeben, so muß der Name das
Attribut INTRINSIC aufweisen. Diese Forderung stellt die einzig notwendige
Anwendung dieses Attributes dar, obgleich es nicht verboten ist, prinzipiell
alle verwendeten intrinsischen Prozeduren explizit mit diesem Attribut zu
versehen.

```
INTRINSIC SIN, COS, ALOG, ALOG10, EXP
```

Es ist zu betonen, daß intrinsische <u>generische</u> Prozeduren prinzipiell nicht als Aktualparameter an ein Unterprogramm übergeben werden dürfen und daß es diesbezüglich auch Einschränkungen hinsichtlich einiger spezifischer Funktionen gibt (siehe Kapitel 11.3). Lauten spezifischer und generischer Name gleich, so wird bei der Übergabe an eine Prozedur immer die spezifische Prozedur mit dem Formalparameter assoziiert.

5.2.6 INTENT–ANWEISUNG

Mittels der INTENT–Anweisung[90] kann für Formalparameter von Unterprogrammen ein INTENT–Attribut[90] vergeben werden, welches die beabsichtigte Verwendung der Formalparameter beschreibt.

> INTENT (*Intent-Spez*) [::] *Formalparameter-Liste*
> *Intent-Spez:* { IN | OUT | INOUT }

Das INTENT(IN)–Attribut legt fest, daß der betreffende Formalparameter während des Unterprogrammdurchlaufes weder überschrieben (neu definiert) noch auf „undefiniert" gesetzt werden darf. Ein Formalparameter mit dem Attribut INTENT(IN) wird auch als „Eingangsparameter" bezeichnet.

Das INTENT(OUT)–Attribut erfordert vor einer Verwendung des entsprechenden Formalparameters dessen Definition (beispielsweise durch Zuweisung). Weiters muß der zugehörige aktuelle Parameter (in der rufenden Programmeinheit) definierbar sein (darf also nicht das Attribut INTENT(IN) aufweisen). Beim Aufruf des Unterprogrammes wird der Formalparameter grundsätzlich auf „undefiniert" gesetzt (unabhängig vom Status des zugehörigen aktuellen Parameters). Ein Formalparameter mit diesem Attribut wird als „Ausgangsparameter" bezeichnet.

Das Attribut INTENT(INOUT) charakterisiert einen sogenannten „Durchgangsparameter", indem der Datenfluß über diesen Formalparameter in beiden Richtungen (Ein- und Ausgang) erfolgen kann. Der zugehörige aktuelle Parameter muß wie auch beim Attribut INTENT(OUT) definierbar sein.

Das INTENT–Attribut darf nicht für Formalparameter vergeben werden, die entweder eine Prozedur oder einen Pointer repräsentieren.

Für Formalparameter, die kein INTENT–Attribut zugeordnet haben, werden etwaige Einschränkungen in deren Verwendung vom zugehörigen aktuellen Parameter übernommen.

Die Vergabe eines INTENT–Attributes kann ausschließlich in einem Unterprogramm oder in einem INTERFACE–Block[90] erfolgen.

```
SUBROUTINE BEISPIEL_INTENT (EIN, DURCH, AUS1, AUS2)
   INTENT (IN) :: EIN
```

```
INTENT (INOUT) :: DURCH
INTENT (OUT) :: AUS1, AUS2
```

In FORTRAN 77 gibt es die INTENT–Anweisung nicht!

5.2.7 OPTIONAL–ANWEISUNG

Die OPTIONAL–Anweisung[90] definiert für Formalparameter das OPTIO-
NAL–Attribut[90], welches ausschließlich in Unterprogrammen oder INTER-
FACE–Blöcken vergeben werden darf.

    OPTIONAL [::] *Formalparameter-Liste*

Das Setzen dieses Attributes bedeutet, daß der entsprechende Formalparameter beim Aufruf der Prozedur nicht zwingend mit einem Aktualparameter assoziiert werden muß. Mit Hilfe der intrinsischen Funktion PRE-
SENT[90] kann innerhalb der Prozedur festgestellt werden, ob einem bestimmten Formalparameter ein aktuelles Argument beim Aufruf zugeordnet
worden ist.

```
SUBROUTINE BEISP_OPTIONAL (X, Y, Z)
   OPTIONAL :: X
   COMPLEX, OPTIONAL :: Z
```

Beispiele zum Aufruf des Unterprogrammes BEISP_OPTIONAL:

```
CALL BEISP_OPTIONAL (A, B, C)
CALL BEISP_OPTIONAL (A, B)
CALL BEISP_OPTIONAL (Y = B)
```

Wenn nur das nicht optionale Argument Y übergeben werden soll, muß
dieses — wie die letzte Zeile illustriert — in Form eines Schlüsselwortparameters[90] übergeben werden (siehe Kapitel 10.5.5).

Die OPTIONAL–Anweisung existiert in FORTRAN 77 nicht!

5.2.8 ZUGRIFFSANWEISUNGEN

Die beiden (*in FORTRAN 77 nicht vorhandenen*) Zugriffsanweisungen PRI-
VATE[90] und PUBLIC[90] setzen die gleichnamigen Attribute, welche die
Zugriffsberechtigung auf die Objekte eines Moduls regeln. Die beiden Attribute PRIVATE und PUBLIC dürfen ausschließlich innerhalb eines Moduls
(siehe Kapitel 10.3) vergeben werden.

    { PRIVATE | PUBLIC } [[::] *Zugriffs-Liste*]

Ein Element der *Zugriffs-Liste* kann entweder ein *Name* oder eine *generische Spezifikation* sein, welche folgende drei Möglichkeiten umfaßt:

> *generischer-Name*
> OPERATOR (*Operator-Zeichen*)
> ASSIGNMENT (=)

Die Bezeichnung „generisch" bedeutet (im Gegensatz zu „spezifisch") in diesem Zusammenhang, daß ein solcher Name nicht fest mit einem bestimmten Datentyp assoziiert ist, sondern dieser erst durch die Art der Verwendung festgelegt wird. Ein sehr wichtiges Beispiel hierfür stellen die sogenannten generischen Funktionsnamen dar. Auf die generische Spezifikation soll an dieser Stelle nicht näher eingegangen werden, da sie im Rahmen der INTERFACE–Blöcke[90] (Kapitel 10.5.3) noch besprochen wird.

Innerhalb einer Bereichseinheit (siehe Kapitel 10.1.2) eines Moduls darf nur eine Zugriffsanweisung **ohne** *Zugriffs-Liste* vorkommen. In diesem Fall bedeutet dies, daß alle Objekte, die nicht explizit in einer alternativen Zugriffsanweisung angeführt sind, innerhalb der Bereichseinheit das entsprechende Attribut erhalten.

Ein *Name* in der *Zugriffs-Liste* darf grundsätzlich nur eine symbolische Konstante, eine Variable, eine Prozedur, einen abgeleiteten Datentyp oder eine NAMELIST–Gruppe bezeichnen.

Eine Modul–Prozedur mit einem Formalparameter oder einem Funktionsergebnis mit dem Attribut PRIVATE muß ebenfalls dieses Attribut aufweisen und darf keine generische Bezeichnung haben, welcher das Attribut PUBLIC zugeordnet ist.

Eine Prozedur mit einer generischen Bezeichnung mit dem Attribut PUBLIC ist auch dann verfügbar, wenn ihre spezifische Bezeichnung das PRIVATE–Attribut trägt.

Ohne Angabe einer Zugriffsanweisung oder Festlegung von Zugriffsattributen innerhalb von Typdeklarationen besitzen alle Objekte eines Moduls das Attribut PUBLIC.

```
MODULE BEISP_ZUGRIFFS_SPEZ
    PRIVATE
    PUBLIC :: A1, A2, A3, ASSIGNMENT (=), OPERATOR (*)
    :

MODULE BEISP_ZUGRIFFS_SPEZ_1
    PUBLIC      ! diese Anweisung ist redundant!
    REAL, PRIVATE :: B1, B2, B3
    :
```

In FORTRAN 77 gibt es die beiden Zugriffsanweisungen nicht!

5.2.9 SAVE–ANWEISUNG

Mittels der SAVE–Anweisung kann das SAVE–Attribut für Objekte gesetzt werden, welches bewirkt, daß solchermaßen „gerettete" Elemente folgende Eigenschaften auch nach der Ausführung einer RETURN- oder END–Anweisung beibehalten:

- Status der Zugehörigkeit

- Speicherzuteilung

- Definitionsstatus

- Wert

Auch für Objekte innerhalb eines Moduls[90] kann das SAVE–Attribut vergeben werden, wobei auch dann obige Eigenschaften dieser Elemente erhalten bleiben, wenn in der Programmeinheit, welche das Modul (mittels der USE–Anweisung[90]) verwendet, eine RETURN- oder END–Anweisung ausgeführt wird.

> SAVE [[::] *save-Objekt-Liste*]
>   *save-Objekt:* { *Objekt-Name* | / *Commonblock-Name* / }

In FORTRAN 77 ist zu beachten, daß das Trennzeichen „::" nicht angegeben werden darf.

Ein COMMONBLOCK kann grundsätzlich nur mittels der SAVE–Anweisung „gerettet" werden, wobei dadurch alle Elemente des COMMONBLOCKS das SAVE–Attribut erhalten. (In Fortran 90 können alle übrigen Objekte auch in einer Typvereinbarungsanweisung mit dem SAVE–Attribut versehen werden.) Es soll betont werden, daß der COMMONBLOCK–Name in der *save-Objekt-Liste* (wie auch in der COMMON–Anweisung) zwischen Schrägstriche gesetzt werden muß.

Die Angabe der SAVE–Anweisung ohne *save-Objekt-Liste* bewirkt, daß alle in Frage kommenden Objekte der betreffenden Bereichseinheit das SAVE–Attribut erhalten.

Das SAVE–Attribut darf nicht vergeben werden für: ein Objekt innerhalb eines COMMONBLOCKS, einen Formalparameter, eine Prozedur, ein Funktionsergebnis oder für ein automatisches Objekt (siehe Seite 46).

Wird ein COMMONBLOCK–Name in irgendeiner Bereichseinheit eines ausführbaren Unterprogrammes in einer SAVE–Anweisung spezifiziert, so muß dieser COMMONBLOCK in jeder Bereichseinheit (ausgenommen innerhalb des Hauptprogrammes), in der er verwendet wird, in einer SAVE–Anweisung spezifiziert werden. Dadurch ist gewährleistet, daß jedes Element des COMMONBLOCKS den aktuellen Wert auch nach dem Verlassen einer Programmeinheit (mittels RETURN- oder END–Anweisung) beibehält und in der nächsten Programmeinheit, welche den COMMONBLOCK verwendet, wieder zur Verfügung stellt. Wird ein <u>benannter</u> COMMONBLOCK innerhalb eines Hauptprogrammes spezifiziert, so bleiben die Werte des COMMONBLOCKS grundsätzlich bei dessen Verwendung in irgendeiner Programmeinheit erhalten.

Die Vergabe des SAVE–Attributes für Objekte im Hauptprogramm hat keinerlei Bedeutung (ist allerdings nicht verboten).

```
SAVE KL, LM, MN, / BLOCK1 /, /BLOCK2/, NO
```

5.2.10   POINTER–ANWEISUNG

Die POINTER–Anweisung[90] dient zur Vergabe des gleichnamigen Attributes; weiters kann auch innerhalb dieser Anweisung gegebenenfalls — wenn es sich um feldwertige Pointer handelt — die erforderliche aufgeschobene Formspezifikation für die einzelnen Objekte angegeben werden.

POINTER [::] *Objekt-Name* [(*aufgesch-Form-Spez*)] [,...]

Dabei darf für *Objekt-Name* weder das INTENT- noch das PARAMETER-Attribut vergeben werden.

Ein Objekt mit dem POINTER–Attribut darf erst dann referenziert oder definiert werden, wenn es einem Ziel (mittels Pointerzuweisungsanweisung oder ALLOCATE–Anweisung) zugeordnet worden ist, welches selbst bereits referenziert oder definiert werden darf. (Dies ist vor allem dann von Bedeutung, wenn ein Pointer mit einem Objekt, welches selbst entweder das POINTER- oder das TARGET–Attribut trägt, verbunden werden soll.)

```
TYPE (KNOTEN) :: AKTUELLER_KNOTEN
POINTER :: AKTUELLER_KNOTEN, EIN_POINTER (:, :)
!  Verwendung des Pointer-Attributes:
TYPE (KNOTEN), POINTER :: AKTUELLER_KNOTEN
REAL, POINTER, DIMENSION (:, :) :: EIN_POINTER
```

Bezüglich der Verwendung von Pointern sei auf die Kapitel 4.5 (Pointer) und 4.3 (abgeleitete Datentypen) verwiesen.

In FORTRAN 77 existiert die POINTER–Anweisung nicht!

5.2.11   TARGET–ANWEISUNG

Mittels der TARGET–Anweisung[90] wird an eine Reihe von Objekten das TARGET–Attribut[90] vergeben, welche dadurch als Ziel eines Pointers verwendbar werden. Innerhalb der Anweisung kann für die einzelnen Objekte auch eine Feldspezifikation angegeben werden.

TARGET [::] *Objekt-Name* [(*Feld-Spez*)] [,...]

Es ist zu beachten, daß *Objekt-Name* keinesfalls das PARAMETER–Attribut zugeordnet werden darf.

Das Ziel eines Pointers muß entweder auch selbst das POINTER- oder aber das TARGET–Attribut tragen. Die Vergabe des TARGET–Attributes an ein Objekt bewirkt nur die zusätzliche Eigenschaft, daß es als Ziel eines Pointers dienen kann. Das Objekt kann jedoch auch genauso verwendet werden, wie es ohne TARGET–Attribut der Fall wäre. Dennoch ist eine Freizügigkeit in der Vergabe dieses Attributes (indem man beispielsweise allen möglichen Objekten „sicherheitshalber" auf Verdacht hin das TARGET–Attribut verleiht) nicht empfehlenswert, da dies einerseits die Optimierungsmöglichkeiten des Compilers stark einschränken würde und andererseits sicher nicht im Sinne übersichtlichen Programmierens wäre.

```
TARGET :: ZIEL_1 (300, 200), ZIEL_2, ZIEL_3
INTEGER ZIEL_3 (10, 20)
!   Vergabe des Target-Attributes in Typdeklarationen:
REAL, TARGET :: ZIEL_1 (300, 200), ZIEL_2
INTEGER, DIMENSION (10, 20), TARGET :: ZIEL_3
```

Die TARGET–Anweisung gibt es in FORTRAN 77 nicht!

5.2.12   DATA–ANWEISUNG

Die DATA–Anweisung dient zur Vorbelegung von Variablen, Feldern, Feldelementen, Teilfeldern[90] und Teilzeichenketten mit Anfangswerten. Im Gegensatz dazu ist es mittels der (optionalen) Angabe von „= *Initialisierungsausdruck*"[90] bei den Typdeklarationsanweisungen nur möglich, einzelne Variable oder gesamte Felder zu initialisieren, sodaß die DATA–Anweisung auch im Standard 90 nicht redundant ist.

Eine Variable (oder auch ein Teil einer Variablen) darf innerhalb eines ausführbaren Programmes höchstens einmal initialisiert werden. Soferne eine mittels DATA initialisierte Variable nicht in einem benannten COMMONBLOCK steht, erhält sie automatisch das SAVE–Attribut (dies gilt auch dann, wenn nur ein Teil der Variablen initialisiert wird).

Eine mittels DATA initialisierte Variable darf nur dann nach der entsprechenden DATA–Anweisung typisiert werden, wenn ihr Typ der impliziten Typvereinbarung entspricht (sodaß eine Typdeklarationsanweisung an sich überflüssig ist). Jedenfalls muß eine feldwertige Variable bei der Initialisierung mittels DATA bereits das DIMENSION–Attribut aufweisen. Der Übersichtlichkeit wegen sollte man aber grundsätzlich die Initialisierung von Variablen mittels der DATA–Anweisung **nach** deren Typisierung vornehmen.

Die Position von DATA–Anweisungen ist vom Standard her nicht an den Deklarationsteil einer Programmeinheit gebunden, sondern sie dürfen prinzipiell auch im ausführbaren Teil eines Programmes auftreten (aus diesem Grund stellt die DATA–Anweisung definitionsgemäß keine Vereinbarungsanweisung dar, obwohl sie inhaltlich dazugehören würde). Diese Freiheit ist jedoch als redundant anzusehen, da eine Vermischung von Initialisierungen und ausführbaren Anweisungen der zweifellos anzustrebenden Übersichtlichkeit keinesfalls förderlich ist. Zweckmäßigerweise sollte man die DATA–Anweisungen im Deklarationsteil (also vor den ausführbaren Anweisungen) nach den Typvereinbarungsanweisungen verwenden. *In FORTRAN 77 müssen DATA–Anweisungen nach den Vereinbarungsanweisungen (ausgenommen Definitionen von Anweisungsfunktionen) stehen.*

DATA *Objekt-Liste* / *Werte-Liste* / [, *Objekt-L.* / *Werte-L.* / [,...]]
   Objekt: Variable oder implizite DO–Schleife
   Wert: { Konstante | Faktor ∗ Konstante }

Unter *Variable* ist hier eine (skalare) Variable, ein Feld, ein Feldelement, ein Teilfeld[90], eine Teilzeichenkette (siehe Kapitel 6.2 auf Seite 108) oder eine Variable (bzw. ein Feld) eines abgeleiteten Datentyps[90] zu verstehen.*

Für eine Variable der *Objekt-Liste* der DATA–Anweisung gelten folgende Einschränkungen: Sie darf keinen Formalparameter, keine Funktion, kein Funktionsergebnis, kein automatisches Objekt, keinen Pointer und kein zuteilbares Feld (ALLOCATABLE–Attribut) darstellen, sie darf nicht mittels USE- oder HOST–Zuordnung verfügbar gemacht werden und darf nicht im unbenannten COMMONBLOCK (siehe Kapitel 5.3.2) stehen. Sie darf weiters einem benannten COMMONBLOCK nur dann zugehören, wenn die DATA–Anweisung innerhalb einer BLOCK DATA–Programmeinheit auftritt.

Jede *Werte-Liste* einer DATA–Anweisung ist zwischen Schrägstriche zu setzen. Die Anzahl der zur Verfügung gestellten Werte muß genau den in der vorhergehenden *Objekt-Liste* enthaltenen Elementen entsprechen. *Faktor* bedeutet in obiger Notation einen Wiederholungsfaktor, welcher eine nicht negative ganze Zahl repräsentieren muß. Wird für *Faktor* eine symbolische Konstante verwendet, so muß diese entweder zuvor als solche deklariert oder mittels USE- oder HOST–Zuordnung verfügbar gemacht worden sein. Hat ein Wiederholungsfaktor den Wert null[90], so stellt die zugehörige

---

* Da eine Variable bzw. ein Teil einer Variablen nur einmal mittels DATA initialisiert werden darf, ist die Angabe eines „many–one"–Teilfeldes (siehe Kapitel 4.4.2 auf Seite 52) innerhalb einer DATA–Anweisung nicht erlaubt.

Konstante <u>kein</u> Element der *Werte-Liste* dar. (*In FORTRAN 77 darf der Wiederholungsfaktor nicht null sein.*)

Bei der Zuordnung der Initialwerte wird die *Objekt-Liste* in eine Reihe skalarer Variable expandiert, wobei für Felder bzw. Teilfelder[90] deren FORTRAN–spezifische Speicherbelegung (siehe Kapitel 4.4.4) relevant ist.

Mittels impliziter DO–Schleifen (siehe Seite 53) als Objekte der DATA–Anweisung ist es auch schon im Standard 77 — der den Begriff Teilfeld nicht kennt — möglich, Teile von Feldern zu initialisieren. Die Verwendung einer impliziten DO–Schleife zur Belegung aller Elemente eines mehrdimensionalen Feldes ist dann von Bedeutung, wenn man die Reihenfolge der Initialwerte unabhängig von der internen Speicherbelegung des Feldes gestalten will:

```
PARAMETER (N=100, M=50, NM=N*M, NM2=NM/2)
DIMENSION X(N,M), Y(N,M)
DATA X / NM2 * 0.0, NM2 * 1.0 /
DATA ( (Y(I,J),J=1,M), I=1,N) / NM2 * 0.0, NM2 * 1.0 /
```

In obigem Beispiel werden die beiden konformen Felder X und Y als Gesamtes initialisiert. Während dem Feld X jedoch die Werte „spaltenweise" (gemäß der Speicherbelegung von Feldern in FORTRAN) zugewiesen werden, wird beim Feld Y infolge der impliziten DO–Schleife eine „zeilenweise" Zuordnung erreicht.

Es ist zu beachten, daß Felder der Größe null[90] sowie implizite DO–Schleifen, deren Abbruchbedingung von vornherein erfüllt ist, <u>keinem</u> Element der *Werte-Liste* zugeordnet werden. Im Gegensatz dazu erwartet eine Zeichenkettenvariable der Länge null[90] in der *Objekt-Liste* sehr wohl einen entsprechenden Wert in der *Werte-Liste* (dieser sollte konsistenterweise der „Leerstring"[90] sein).

Wenn ein *Objekt* vom Typ CHARACTER oder LOGICAL ist oder einem abgeleiteten Datentyp[90] zugehört, so muß auch der entsprechende *Wert* vom selben Typ sein. Ist ein *Objekt* vom Typ REAL oder COMPLEX, so muß die zugehörige Konstante den Typ INTEGER, REAL oder COMPLEX aufweisen. Einem *Objekt* vom Typ INTEGER muß entweder eine Konstante vom Typ INTEGER, REAL oder COMPLEX oder aber[90] eine binäre, oktale oder hexadezimale Literalkonstante (siehe Kapitel 4.1.2) entsprechen.

Eine allenfalls erforderliche Typkonversion (das heißt die Umwandlung der Konstanten auf den entsprechenden Variablentyp) erfolgt wie bei der Zuweisungsanweisung (siehe Kapitel 6.5).

Beispiele zur DATA–Anweisung:

```
CHARACTER *10 CHNAM1, CHNAM2
```

```
INTEGER LAENGE(-1:8)
REAL RMATRX(100, 100), VEKTOR(50)
TYPE (ADRESSE) MEINE_ADR, T_ADR      ! nur in Fortran 90!
DATA CHNAM1, CHNAM2 /'Langer','Ein zu langer Name'/
DATA LAENGE / 5*0, 1, -1, 3*2 /
DATA VEKTOR / 50 * 25.0 /
DATA ( ( RMATRX(K,J), J=1,K ), K=1,100 ) / 5050 * 0.0 /
DATA ( ( RMATRX(K,J), J=K+1,100 ), K=1,99 ) / 4950 * 1.0/
!   Folgende Zeilen gelten nur in Fortran 90:
DATA MEINE_ADR / ADRESSE('Langer','Techn.Univ.',      &
                         'Karlsplatz','Wien',1040)
DATA T_ADR % NAME, T_ADR % POSTLEITZAHL / 'Meier', 1234 /
```

Da die entsprechende Zeichenkettenkonstante zu kurz ist, wird die Variable CHNAM1 rechts mit Leerzeichen aufgefüllt; umgekehrt wird die betreffende Konstante bei der Zuweisung für CHNAM2 auf „Ein zu lan" abgeschnitten. Die Initialisierung von Variablen abgeleiteten Datentyps[90] (sowie einzelner Komponenten) erfolgt gemäß der im Kapitel 4.3 beschriebenen Konstruktion (siehe Seite 39, wo auch der abgeleitete Datentyp ADRESSE definiert wird).

5.2.13   NAMELIST–ANWEISUNG

Mittels der NAMELIST–Anweisung[90] ist es möglich, unterschiedliche Objekte zu einer sogenannten NAMELIST–Gruppe, welcher ein eindeutiger Name zugeordnet wird, zusammenzufassen. Dadurch läßt sich in vielen Fällen die Ein-/Ausgabe von Daten mit geringem programmiertechnischen Aufwand komfortabel gestalten, indem alle Objekte einer NAMELIST–Gruppe bei Ein- und Ausgabeoperationen auf einfache Weise durch Angabe des entsprechenden Gruppennamens angesprochen werden können.

> NAMELIST *Namelist-Spez* [[,] *Namelist-Spez* [[,] ...]]
> *Namelist-Spez:* / *Namelist-Name* / *Objekt-Liste*

Jeder *Namelist-Name* einer NAMELIST–Anweisung ist zwischen Schrägstriche zu setzen; die Angabe des Beistrichs zwischen zwei aufeinanderfolgenden *Namelist-Spezifikationen* ist optional.

Es gelten folgende Einschränkungen:

- Ein Objekt einer NAMELIST–Gruppe darf keine der folgenden Eigenschaften aufweisen: feldwertiger Formalparameter mit nichtkonstanten Grenzen, Zeichenkettenvariable mit nichtkonstanter Länge, automatisches Objekt, Pointer, Variable eines abgeleiteten Typs, der eine Komponente mit dem POINTER–Attribut beinhaltet, zuteilbares Feld.

- Wenn einem *Namelist-Namen* das PUBLIC–Attribut zugeordnet ist, so darf kein Objekt dieser NAMELIST–Gruppe das Attribut PRIVATE aufweisen.

Die Reihenfolge der *Objekte* innerhalb einer *Objekt-Liste* einer NAME-LIST–Anweisung bestimmt die Reihenfolge der entsprechenden Werte bei einer Ausgabe.

Innerhalb einer Bereichseinheit darf ein- und derselbe *Namelist-Name* auch in mehreren NAMELIST–Anweisungen auftreten; in diesem Fall wird die zugehörige *Objekt-Liste* entsprechend erweitert, z.B.:

```
NAMELIST / NAME_1 / A, B, C
NAMELIST / NAME_1 / D, E, F
!   ist gleichwertig zu:
NAMELIST / NAME_1 / A, B, C, D, E, F
```

Ein Objekt darf grundsätzlich auch mehreren NAMELIST–Gruppen angehören:

```
NAMELIST / NAME_2 / VAR1, VAR2, STRING1, STRING2
NAMELIST / NAME_3 / VAR1, STRING1
```

In FORTRAN 77 existiert die NAMELIST–Anweisung nicht!

5.3   Anweisungen zur Speicherverwaltung

Obwohl im allgemeinen die physischen Speichereinheiten sowie die Reihenfolge für Datenobjekte in FORTRAN nicht spezifizierbar sind, stellen die drei Anweisungen EQUIVALENCE, COMMON und SEQUENCE[90] gewisse Möglichkeiten dar, das Aussehen und die Reihenfolge von Speichereinheiten zu kontrollieren. (Die SEQUENCE–Anweisung wurde bereits im Kapitel 4.3 besprochen, da sie ausschließlich in Verbindung mit der Deklaration abgeleiteter Datentypen[90] von Relevanz ist.)

Im Gegensatz zu diesen drei Anweisungen, welche sich auf die statische Speicherverwaltung beziehen, existieren in Fortran 90 noch die Anweisungen ALLOCATE, DEALLOCATE und NULLIFY zur dynamischen Verwaltung von Speicherbereichen. (Letztere sind selbstverständlich nicht innerhalb des Deklarationsteiles einer Bereichseinheit anzuführen sondern an jener Stelle im ausführbaren Teil eines Programmes, wo die entsprechende Aktion gewünscht wird.)

Bevor die Anweisungen zur Speicherverwaltung besprochen werden, sollen die damit eng verknüpften Begriffe Speichereinheit und Speicherfolge näher erläutert werden. Bei der **Speichereinheit** sind drei Arten zu unterscheiden: die numerische Speichereinheit, jene für Zeichenketten (CHARACTER–Speichereinheit) und die „unspezifizierte" Speichereinheit. Eine **Speicherfolge** besteht aus einer Reihe physisch aufeinanderfolgender Speichereinheiten desselben Typs, wobei deren Anzahl die Größe der Speicherfolge bestimmt. Die folgende Aufstellung gibt Aufschluß über den Speicherbedarf der einzelnen Datentypen:

(a) Ein skalares Objekt ohne POINTER–Attribut der Typen DEFAULT INTEGER, DEFAULT REAL und DEFAULT LOGICAL belegt _eine_ numerische Speichereinheit.

(b) Ein skalares Objekt ohne POINTER–Attribut der Typen DOUBLE PRECISION REAL und DEFAULT COMPLEX benötigt _zwei_ aufeinanderfolgende numerische Speichereinheiten.

(c) Ein skalares Objekt ohne POINTER–Attribut des Typs DEFAULT CHARACTER der Länge _len_ belegt _len_ CHARACTER–Speichereinheiten.

(d) Ein skalares Objekt ohne POINTER–Attribut eines Datentyps, welcher von den DEFAULT–Typen verschieden oder ungereiht ist, benötigt eine einfache unspezifizierte Speichereinheit (die sich allerdings von Datentyp zu Datentyp unterscheidet).

(e) Ein Feld ohne POINTER–Attribut eines intrinsischen oder eines gereihten abgeleiteten Datentyps belegt eine zusammenhängende Speicherfolge, welche aus den Speicherfolgen der einzelnen Feldelementen besteht. (Bezüglich der Speicherreihenfolge von Feldelementen sei auf das Kapitel 4.4.4 verwiesen.)

(f) Ein Pointer belegt eine unspezifizierte Speichereinheit, welche sich grundsätzlich von allen anderen Speichereinheiten unterscheidet und darüberhinaus noch für jede Kombination von Typ, Typkennzahl und Rang verschieden ist.

5.3.1   EQUIVALENCE–ANWEISUNG

Mittels der EQUIVALENCE-Anweisung[77] ist es möglich, für verschiedene Datenelemente innerhalb einer Bereichseinheit gemeinsamen Speicherraum zu vereinbaren. Wenn die „gleichgesetzten" Objekte unterschiedlichen Datentypen angehören oder auch nur unterschiedliche Typkennzahlen aufweisen, so bewirkt eine EQUIVALENCE–Anweisung keinesfalls eine Typkonversion bzw. eine Gleichsetzung im mathematischen Sinn. Beim „Gleichsetzen" eines Skalars mit einem Feld bekommt weder das skalare Element das DIMENSION–Attribut noch erhält das Feld die Eigenschaften eines Skalars.

EQUIVALENCE *Equivalence-Spez-Liste*
Equivalence-Spez: (*Objekt* , *Objekt-Liste*)

Unter *Objekt* wird in diesem Zusammenhang ein Variablenname, ein Feldelement oder eine Teilzeichenkette verstanden. Wird als *Objekt* der Name eines Feldes (ohne Indizes) angegeben, so hat dies dieselbe Bedeutung wie die Angabe des ersten Feldelementes. Es ist zu beachten, daß eine *Equivalence-Spezifikation* in runde Klammern eingeschlossen werden muß.

Es gelten folgende Einschränkungen:

- Ein *Objekt* innerhalb einer EQUIVALENCE–Anweisung darf keines der folgenden Objekte sein: Formalparameter, Pointer, zuteilbares Feld, Objekt eines ungereihten abgeleiteten Datentyps oder eines gereihten abgeleiteten Datentyps, der eine Komponente mit dem POINTER–Attribut enthält, automatisches Objekt, Funktionsname, ENTRY–Name, Funktionsergebnis, benannte Konstante, Komponente eines abgeleiteten Datentyps, Teilobjekt der eben genannten Objekte.

- Wenn ein *Objekt* einem DEFAULT–Typ (ausgenommen DEFAULT CHARACTER), dem Typ DOUBLE PRECISION REAL oder einem NUMERISCH GEREIHTEN TYP angehört, müssen alle „gleichgesetzten" Objekte einem dieser Typen entsprechen.

- Ist ein *Objekt* vom Typ DEFAULT CHARACTER oder zählt zu einem GEREIHTEN CHARACTER TYP, müssen alle *Objekte* der *Equivalence-Spezifikation* einem der beiden Typen angehören.

- Stellt ein *Objekt* einen ungereihten abgeleiteten Datentyp dar, so müssen alle „gleichgesetzten" Objekte vom selben Typ sein.

- Wenn ein *Objekt* einem intrinsischen Datentyp ungleich dem jeweiligen DEFAULT–Typ angehört, so müssen alle „gleichgesetzten" Objekte zum selben Typ (einschließlich Typkennzahl) zählen.

Die „Äquivalenzierung" ist so zu verstehen, daß die jeweils erste Speichereinheit aller Objekte einer *Equivalence-Spezifikation* physisch gleichgesetzt werden, wonach sich die Korrespondenz der weiteren Speichereinheiten gemäß der internen Speicherbelegung ergibt. Die Verwendung der Gleichsetzung ist natürlich nur für jenen Bereich sinnvoll, in dem einander die einzelnen *Objekte* überlappen.

```
DIMENSION Y(5), B(3,2)
EQUIVALENCE (Y(1), B(3,1)), (X,Y(2))
```

Die beiden Anweisungen bewirken eine „Gleichsetzung" des ersten Feldelementes von Y mit dem Feldelement B(3,1) sowie der Variablen X mit dem Feldelement Y(2). Es besteht somit folgende Zuordnung:

```
                B(1,1)
                B(2,1)
    Y(1) ⟷ B(3,1)
    Y(2) ⟷ B(1,2) ⟷ X
    Y(3) ⟷ B(2,2)
    Y(4) ⟷ B(3,2)
    Y(5)
```

Das obige Beispiel zeigt, daß der Speicherplatz, den die Variable X belegt, sowohl unter dem Namen B(1,2) als auch mittels Y(2) angesprochen werden kann.

Objekte der Größe null[90] werden untereinander ebenfalls gleichgesetzt. Auch eine „Gleichsetzung" von Objekten endlicher Größe und Objekten der Größe null ist gestattet: dabei wird letzteres (welches allerdings selbst keinen Speicherplatz belegt) mit der ersten Speichereinheit des Objektes mit definierter Größe gleichgesetzt.

Bei der Gleichsetzung von Objekten vom Typ CHARACTER erfolgt eine zeichenweise Zuordnung:

```
CHARACTER *4   A, B, C(2)*3
EQUIVALENCE (A, C(1)), (B, C(2))
```

Veranschaulichung der resultierenden Zuordnung:

```
Zeichen-Nummer:   1     2     3     4     5     6     7
                  |---   --- A ---    ---|
                               |---   --- B ---     ---|
                  |---  C(1)  ---| |---  C(2)  ---|
```

Bei der Verwendung der EQUIVALENCE–Anweisung sind noch zwei Einschränkungen zu beachten: Es ist nicht erlaubt, einen Speicherplatz mehreren Elementen ein- und desselben Feldes zuzuordnen:

```
REAL A(2), B
EQUIVALENCE ( A(1), B ), ( A(2), B )     ! Nicht erlaubt!
```

Weiters darf eine EQUIVALENCE–Anweisung der internen Speicherplatzbelegung nicht widersprechen:

```
REAL A(2)
DOUBLE PRECISION D(2)
EQUIVALENCE (A(1),D(1)), (A(2),D(2))     ! Nicht erlaubt!
```

Da eine Variable vom Typ DOUBLE PRECISION REAL einen doppelt so hohen Speicherplatzbedarf hat wie eine Variable vom Typ DEFAULT REAL und andererseits Feldelemente grundsätzlich aneinandergereiht abgespeichert werden, führt die zweite *Equivalence-Spezifikation* der obigen EQUIVALENCE–Anweisung zu einem Widerspruch.

Obwohl vor der Verwendung der EQUIVALENCE–Anweisung [77] aus Übersichtlichkeitsgründen prinzipiell gewarnt werden soll, seien in folgenden die wesentlichsten Anwendungen erwähnt. Es scheint manchmal sinnvoll zu sein, ein- und denselben physischen Speicherbereich in zwei voneinander logisch getrennten Programmabschnitten (aber innerhalb einer Programmeinheit) mit unterschiedlichen Namen anzusprechen, z.B.:

```
REAL WORK(1000), RESULT(1000)
EQUIVALENCE (WORK, RESULT)
```

Wenn die beiden Variablen tatsächlich in verschiedenen Programmabschnitten verwendet werden (beispielsweise könnte WORK anfangs als Hilfsfeld benötigt werden, um schließlich unter der Bezeichnung RESULT das Ergebnis aufzunehmen), so ist die Verwendung einer solchen „Gleichsetzung" sicherlich ungefährlich und kann in FORTRAN 77 unter Umständen der Übersichtlichkeit förderlich sein. In Fortran 90 bietet sich jedoch die Verwendung eines Pointers (Kapitel 4.5) an, um einen Alias–Namen zu vergeben.

Eine weitere, in älteren FORTRAN 77–Programmen aufgrund zu geringen Hauptspeichers der zur Verfügung stehenden Rechenanlage oftmals erforderliche Anwendung der EQUIVALENCE–Anweisung liegt darin, ein- und denselben Speicherbereich für unterschiedliche Datentypen zu verwenden:

```
DIMENSION HILFE(10000), IDX(10000)
EQUIVALENCE (HILFE, IDX)
```

Dieses Beispiel bezieht sich auf eine Programmeinheit, welche in einem Teil ein (großes) Feld vom Typ DEFAULT REAL und in einem anderen Abschnitt ein Feld vom Typ DEFAULT INTEGER benötigt wird. Gleichzeitig sind die gleichgesetzten Felder HILFE und IDX im allgemeinen nicht sinnvoll verwendbar, da sie unterschiedliche Datenstrukturen aufweisen. In Fortran 90 ist jedenfalls die Verwendung der dynamischen Speicherverwaltung vorzuziehen, indem nur temporär benötigte Felder mit dem ALLOCATABLE–Attribut versehen werden, wodurch der Speicherplatz bei Bedarf zugeteilt und wieder entzogen werden kann.

In Analogie zur vorher beschriebenen Anwendung ermöglicht es die EQUIVALENCE–Anweisung, unterschiedliche Datentypen auf einen Datentyp (unter Beibehaltung der physischen Darstellung) umzuwandeln, was

beispielsweise für ein Archivierungssystem von Bedeutung wäre, bei dem
man sich dann auf nur einen Datentyp (z.B. DEFAULT INTEGER) zu beschränken hätte:

```
REAL X(1000)
COMPLEX COMP(1000)
DOUBLE PRECISION DP(1000)
INTEGER IX(1000), ICOMP(2000), IDP(2000)
EQUIVALENCE (X, IX), (COMP, ICOMP), (DP, IDP)
!   Wenn man nur ein Integer-Feld verwenden will:
INTEGER II(5000)
EQUIVALENCE (X, II), (COMP, II(1001)), (DP, II(3001))
```

Dabei ist natürlich Voraussetzung, daß man die unterschiedlichen physischen Längen der Elemente der einzelnen Datentypen berücksichtigt. In
Fortran 90 läßt sich diese Anwendung mittels der intrinsischen Funktion
TRANSFER[90] (siehe Kapitel 11.4.7) realisieren, weshalb sich auch in diesem Fall eine Verwendung der EQUIVALENCE–Anweisung erübrigt.

Abschließend sei nochmals betont, daß die EQUIVALENCE–Anweisung
in Fortran 90 redundant ist und schon aus diesem Grund nicht eingesetzt
werden sollte; eine Verwendung in FORTRAN 77–Programmen sollte nur
dann in Erwägung gezogen werden, wenn die Problemstellung ein anderes
programmiertechnisches Mittel zur Lösung nicht zuläßt.

5.3.2   COMMON–ANWEISUNG

Die COMMON–Anweisung[77] spezifiziert physische Speicherbereiche, welche als COMMONBLÖCKE bezeichnet werden. Auf solche Speicherbereiche
kann grundsätzlich jede Programmeinheit zugreifen, soferne dort der entsprechende COMMONBLOCK definiert ist.

Obwohl die COMMON–Anweisung im Standard 90 redundant ist (infolge der Einführung der Programmeinheit MODULE in Verbindung mit
der USE–Anweisung), stellt sie für FORTRAN 77 die einzige Möglichkeit
zur Deklaration **globaler**, also von jeder Programmeinheit benutzbarer
Variablen dar. Man unterscheidet **benannte** COMMONBLÖCKE vom sogenannten BLANK COMMON, welchem kein Name zugeordnet ist; ein kom-
plettes FORTRAN–Programm (also Hauptprogramm einschließlich aller allenfalls erforderlicher Unterprogramme) darf höchstens einen **unbenannten** COMMONBLOCK aufweisen (dieser darf natürlich — wie jeder benannte
COMMONBLOCK — in beliebig vielen Programmeinheiten definiert bzw. referenziert werden).

COMMON [/ [*Name*] /] *Liste* [[,] / *Name* / *Liste* [[,]...]]
  Name: Commonblockname
  Liste: Objekt-Liste
  Objekt: Variablenname [(*explizite Formspezifikation*)]

Jeder *Commonblockname* einer COMMON–Anweisung ist in Schrägstriche
zu setzen; die Angabe des Beistrichs zwischen zwei aufeinanderfolgenden
COMMONBLOCK-Spezifikationen ist optional.

Der Name eines COMMONBLOCKS gilt global und darf daher nicht mit
anderen globalen Namen (Namen von Programmeinheiten, siehe Kapitel
10) übereinstimmen. Derselbe Name darf hingegen für lokale Objekte der
Bereichseinheit (siehe Kapitel 10.1.2) verwendet werden (ausgenommen
sind dabei benannte Konstante, intrinsische Prozeduren sowie lokale Variablen, welche zugleich externe Funktionen in einem Funktions–Unterprogramm darstellen). Grundsätzlich sollte man aber aus Gründen der Übersichtlichkeit eine mehrfache Vergabe ein- und desselben Namens für verschiedene Objekte vermeiden.

Zur Vereinbarung des BLANK COMMON entfällt die Angabe von *Commonblockname*; die beiden Schrägstriche können jedoch angegeben werden
(daraus läßt sich die Bezeichnung BLANK COMMON ableiten, indem eben
jener Teil der COMMON–Anweisung, der bei einem benannten COMMON-
BLOCK den Namen beinhalten sollte, leergelassen wird).

Bei der oben angegebenen allgemeinen Darstellung der COMMON–
Anweisung gelten folgende Einschränkungen:

- Innerhalb einer Bereichseinheit darf ein- und derselbe *Variablenname*
  nur in einer einzigen *Objekt-Liste* (betreffend die COMMON–Anweisungen) aufscheinen; das heißt, daß ein Objekt höchstens einem COM-
  MONBLOCK angehören darf und es auch nicht erlaubt ist, Objekte von
  COMMONBLÖCKEN mit der EQUIVALENCE–Anweisung gleichzuset-
  zen.

- Ein *Objekt* einer COMMONBLOCK-Spezifikation darf keine symbolische Konstante, kein Formalparameter, kein zuteilbares Feld, kein
  automatisches Objekt, kein Funktionsname, kein ENTRY–Name sowie kein RESULT–Name (siehe Kapitel 10.5.1) sein.

- Jede Grenze einer *expliziten Formspezifikation* (siehe Seite 44) muß
  ein <u>konstanter</u> Spezifikationsausdruck (Kapitel 6.4.2) sein (eine angepaßte Dimensionierung ist somit über COMMONBLÖCKE nicht möglich).

- Gehört ein *Objekt* einer COMMONBLOCK-Spezifikation einem abgeleiteten Typ an, so muß dieser GEREIHT sein.

Ein COMMONBLOCK darf sowohl Objekte mit dem POINTER–Attribut[90] als auch Objekte jener intrinsischen Datentypen, welche nicht dem DEFAULT–Typ[90] angehören, beinhalten.

Innerhalb einer Bereichseinheit darf ein- und derselbe *Commonblock-name* auch in mehreren COMMON–Anweisungen auftreten; in diesem Fall wird die zugehörige *Objekt-Liste* entsprechend erweitert (dies gilt sinngemäß auch für den BLANK COMMON), z.B.:

```
COMMON / BLOCKA / A, B, /BLOCKB/ 0
COMMON / / X, Y                          ! Blank Common
COMMON / BLOCKB / P(33), Q, /BLOCKA/ C
COMMON Z(0:5)                            ! Blank Common
!   ist gleichwertig zu:
COMMON X,Y,Z(0:5), /BLOCKA/ A,B,C, /BLOCKB/ 0,P(33),Q
```

Die Speicherfolge eines COMMONBLOCKS ergibt sich durch Aneinanderreihung der Speicherfolgen der einzelnen *Objekte* in der COMMONBLOCK-Spezifikation, wobei die dortige Reihenfolge durchaus relevant ist. Die Größe eines COMMONBLOCKS wird primär durch die Summe der Größen der einzelnen *Objekte* bestimmt, doch ist es möglich — obgleich nicht gerade übersichtlich —, einen COMMONBLOCK mittels der EQUIVALENCE–Anweisung <u>nach oben hin</u> zu erweitern:

```
COMMON / TEST / Y
REAL X(10), Y
EQUIVALENCE (X, Y)
```

Obwohl Y ein Skalar vom Typ DEFAULT REAL ist und somit der COMMON-BLOCK TEST ursprünglich die Größe einer numerischen Speichereinheit aufweist, erfolgt aufgrund der EQUIVALENCE–Anweisung eine Verlängerung des COMMONBLOCKS auf insgesamt zehn numerische Speichereinheiten (dies ist dann die tatsächliche Länge des COMMONBLOCKS TEST).

Eine EQUIVALENCE–Anweisung darf jedoch keinesfalls eine Vergrößerung eines COMMONBLOCKS nach unten (das heißt ein Einfügen von Speichereinheiten vor dessen erste ursprüngliche Speichereinheit) bewirken:

```
COMMON /TEST1/ U
REAL V(4)
EQUIVALENCE (U, V(4))      ! Nicht erlaubt!
```

Benannte COMMONBLÖCKE unterscheiden sich vom BLANK COMMON in folgenden Punkten:

- Die Ausführung einer RETURN- oder END–Anweisung (siehe Kapitel 10.5.6 und 7.2.6) kann dazu führen, daß Objekte eines benannten COMMONBLOCKS „undefiniert" werden und somit die Zuordnung zu ihren letzten Werten verlieren, soferne dem COMMONBLOCK das SAVE–Attribut nicht verliehen worden ist. Objekte des BLANK COMMON verlieren ihre aktuellen Werte grundsätzlich nicht.

- Ein benannter COMMONBLOCK muß in allen Bereichseinheiten, wo er deklariert wird, ein- und dieselbe Größe aufweisen; dies ist für den BLANK COMMON nicht erforderlich.

- Objekte benannter COMMONBLÖCKE können innerhalb einer BLOCK DATA–Programmeinheit mittels DATA–Anweisung oder Typvereinbarungsanweisung[90] initialisiert werden, während eine Initialisierung von Objekten des BLANK COMMON prinzipiell nicht möglich ist.

Es ist vom Standard her nicht erforderlich, daß ein- und derselbe COMMONBLOCK in verschiedenen Programmeinheiten dieselbe *Objekt-Liste* beinhaltet. Das bedeutet, daß die *Objekte* eines COMMONBLOCKS unterschiedlich benannt werden können und darüberhinaus auch unterschiedliche Struktur aufweisen dürfen, solange die korrespondierenden Speichereinheiten des COMMONBLOCKS in allen Programmeinheiten vom selben Typ sind. Die Möglichkeit, für einen COMMONBLOCK unterschiedliche *Objekt-Listen* in verschiedenen Programmeinheiten zu verwenden, kann man auch als indirekte „Äquivalenzierung" auffassen:

```
!   in der Programmeinheit A:
COMPLEX COMP
COMMON / BLOCK / COMP(100), X(200), JJ(100)
!   in der Programmeinheit B:
COMMON / BLOCK / Y(500)
```

Der COMMONBLOCK BLOCK beinhaltet in beiden Fällen 500 numerische Speichereinheiten. Dieselbe Auswirkung kann in der Programmeinheit B auch mittels einer EQUIVALENCE–Anweisung unter Beibehaltung der ersten Definition von BLOCK erreicht werden:

```
!   in der Programmeinheit B:
REAL Y(500)
COMPLEX COMP
COMMON / BLOCK / COMP(100), X(200), JJ(100)
EQUIVALENCE (COMP, Y)
```

Es soll jedoch dringendst davon abgeraten werden, *Objekt-Listen* eines COMMONBLOCKS in verschiedenen Programmeinheiten zu variieren, da die sicherste Verwendung von COMMONBLÖCKEN zweifellos darin besteht, deren Definitionen ohne Veränderung einfach in all jene Programmeinheiten zu kopieren, wo sie benötigt werden.

In Fortran 90 ist die Vereinbarung globaler Variablen mittels der COMMON–Anweisung redundant, da dies durch die neue Programmeinheit MODULE in Verbindung mit der USE–Anweisung auf wesentlich sicherere und komfortablere Art und Weise vorgenommen werden kann.

Der Vollständigkeit halber sei an dieser Stelle angemerkt, daß ein Modul durchaus auch COMMONBLÖCKE beinhalten darf, solange sichergestellt ist, daß diese in jener Programmeinheit, welche auf das Modul zugreift, selbst nicht enthalten sind. (Diese Anwendung ist vor allem dann von Bedeutung, wenn bestehende FORTRAN 77–Programme, welche über COMMONBLÖCKE miteinander kommunizieren, ohne Änderungen in ein Fortran 90–Programm eingebunden werden sollen.)

In FORTRAN 77 ist die Verwendung von COMMONBLÖCKEN zur [77] Definition globaler Speicherbereiche unumgänglich. Es ist zu betonen, daß — im Gegensatz zu Fortran 90 — ein Vermischen von Variablen vom Typ CHARACTER mit Objekten anderen Typs innerhalb eines COMMONBLOCKS nicht erlaubt ist: ein COMMONBLOCK, der Variable oder Felder vom Typ CHARACTER enthält, darf keine Variablen der Typen INTEGER, REAL, DOUBLE PRECISION, COMPLEX und LOGICAL beinhalten. [77]

5.3.3   ALLOCATE–ANWEISUNG

Die ALLOCATE–Anweisung[90] dient (so wie die Anweisungen DEALLOCATE[90] und NULLIFY[90]) zu der im Standard 90 eingeführten dynamischen Verwaltung von Speicherbereichen.

Mittels der ALLOCATE–Anweisung ist es einerseits möglich, ein zuteilbares Feld (das heißt, ein Feld mit dem ALLOCATABLE–Attribut) zuzuteilen und andererseits eine Zuordnung zwischen einem Pointer und dem sogenannten „Pointerziel" herzustellen. (Die Zuordnung eines Pointers zu einem Ziel mit dem TARGET–Attribut erfolgt mittels der Pointerzuweisungsanweisung.)

> ALLOCATE (*Zuteilungs-Liste* [, STAT = *gStatVar*])
>   *Zuteilung: Objekt* [(*Formspezifikations-Liste*)]
>   *Formspezifikation:* [*untere-Grenze* :] *obere Grenze*

Ein *Objekt* muß in diesem Zusammenhang jedenfalls das POINTER- oder das ALLOCATABLE–Attribut zugeordnet haben und kann entweder eine Variable oder eine Strukturkomponente sein.

Die Anzahl der *Formspezifikationen* muß jedenfalls dem Rang des Pointers bzw. des zuteilbaren Feldes entsprechen. Eine *Grenze* wird allgemein durch einen Spezifikationsausdruck repräsentiert (siehe Kapitel 6.4.2), der jedoch keine Feldabfragefunktion (siehe Kapitel 11.4.8) beinhalten darf, welche als Argument eines der *Objekte* innerhalb derselben ALLOCATE–Anweisung hat. So sind beispielsweise die Anweisungen

```
ALLOCATE ( X(SIZE(Y)), Y(SIZE(X)) )    ! Nicht erlaubt!
ALLOCATE ( U(N), Z(SIZE(U)) )          ! Nicht erlaubt!
```

nicht erlaubt, während die Aufteilung der letzten Anweisung in zwei ALLO-CATE–Anweisungen durchaus gestattet ist:

```
ALLOCATE ( U(N) )
ALLOCATE ( Z(SIZE(U)) )
```

Wird in einer *Formspezifikation* die *untere-Grenze* weggelassen, so wird für sie der Wert 1 angenommen. Ist die *obere-Grenze* kleiner als die *untere-Grenze*, so ist die Ausdehnung in der betreffenden Dimension gleich null und es handelt sich um ein Feld der Größe null[90]. Es ist zu beachten, daß ein *Objekt* einer ALLOCATE–Anweisung auch vom Typ CHARACTER der Länge null[90] sein darf.

Zum Zeitpunkt der Ausführung einer ALLOCATE–Anweisung werden die Grenzen für die darin angegebenen Felder festgelegt. Eine nachträgliche Veränderung der allenfalls innerhalb der Grenzen vorhandenen Variablen verändern die Grenzen der betroffenen Felder selbstverständlich nicht.

Bei der Angabe der optionalen Spezifikation „STAT = *gStatVar*" wird der Status der Durchführung der ALLOCATE–Anweisung an die ganzzahlige Variable *gStatVar* übergeben: null bedeutet, daß die Anweisung erfolgreich ausgeführt wurde, während beim Auftreten eines Fehlers *gStatVar* eine natürliche (= positive ganze) Zahl beinhaltet, deren Bedeutung vom jeweiligen Compiler abhängig ist. Tritt bei der Ausführung einer ALLOCA-TE–Anweisung <u>ohne</u> Spezifikation von „STAT =" ein Fehler auf, so wird der Programmablauf beendet. (Dies bedeutet, daß die Angabe von „STAT =" nur dann zweckmäßig ist, wenn der Programmablauf den Inhalt der Statusvariable auch tatsächlich berücksichtigt.)

Zuteilung zuteilbarer Felder

Ein mittels der ALLOCATE–Anweisung zugeteiltes Feld wird „definierbar", das heißt, daß ab diesem Zeitpunkt das Feld tatsächlich verwendbar wird. Die Zuteilung eines bereits zugeteilten Feldes führt zu einer Fehlerbedingung (welche, wie zuvor besprochen, „abgefangen" werden kann).

Zu Beginn des Ablaufs eines ausführbaren Programmes (das heißt vor der Ausführung einer entsprechenden ALLOCATE–Anweisung) haben alle zuteilbaren Felder den Status „nicht zugeteilt" und können daher nicht definiert bzw. verwendet werden.

```
REAL, DIMENSION(:,:), ALLOCATABLE :: X, HILFE
!   Programmteil, in welchem X und HILFE benötigt werden:
ALLOCATE ( X(M,N), HILFE(-100, 200) )
   ⋮

DEALLOCATE ( X )        ! ab nun wird X nicht mehr benötigt
   ⋮

DEALLOCATE ( HILFE )  ! Speicherbereich von HILFE freigeben
```

Zuteilung von Pointerzielen

Bei der Ausführung einer ALLOCATE–Anweisung für einen Pointer wird ein Objekt erzeugt, welches implizit das TARGET–Attribut erhält („Pointerziel"). Der Pointer wird gleichzeitig diesem Ziel zugeordnet und kann nun verwendet werden, um das Zielobjekt zu referenzieren. Es können weitere Pointer demselben Ziel oder Teilen des Pointerzieles mittels Pointerzuweisung zugeordnet werden. Es ist weiters gestattet, einem zugeordneten Pointer mittels der ALLOCATE–Anweisung Speicherplatz zuzuteilen: in diesem Fall wird die vorher bestehende Zuordnung aufgehoben; auf das frühere Ziel kann dann nicht mehr zugegriffen werden, soferne dessen Speicherzuteilung mittels einer ALLOCATE–Anweisung erfolgt ist und es nicht noch einen anderen Pointer gibt, welcher dem Ziel nach wie vor zugeordnet ist.

Mittels der intrinsischen Funktion ASSOCIATED[90] kann festgestellt werden, ob ein Pointer augenblicklich einem Ziel zugeordnet ist oder nicht.

Beim Beginn der Ausführung einer Programmeinheit ist der Status der Zuordnung eines Pointers grundsätzlich undefiniert. Erst durch die Ausführung einer Pointerzuweisungs-, ALLOCATE- oder NULLIFY–Anweisung wird der Zuordnungsstatus definiert. Bei einer Funktion, deren Ergebnis das POINTER–Attribut aufweist, muß aber jedenfalls gewährleistet sein, daß diesem Pointer vor Beendigung der Funktion entweder ein Ziel zugeordnet oder aber der Zuordnungsstatus explizit auf „nicht zugeordnet" gesetzt wird (NULLIFY–Anweisung).

Die ALLOCATE–Anweisung gibt es in FORTRAN 77 nicht!

5.3.4 NULLIFY-ANWEISUNG

Die NULLIFY–Anweisung[90] bewirkt die Aufhebung der Zuordnung von
Pointern.

NULLIFY *Pointer-Objekt-Liste*

Ein *Pointer-Objekt* muß in diesem Zusammenhang jedenfalls das POINTER–
Attribut aufweisen und kann entweder eine Variable oder eine Strukturkomponente sein.

```
REAL, DIMENSION(100,20), TARGET :: POTENTIAL_VERTEILUNG
REAL, DIMENSION(:,:), POINTER :: POINTER_2D
   ⋮

POINTER_2D => POTENTIAL_VERTEILUNG    ! Pointerzuordnung
   ⋮

NULLIFY (POINTER_2D)                  ! Zuordnungsaufhebung
```

In FORTRAN 77 existiert die NULLIFY–Anweisung nicht!

5.3.5 DEALLOCATE-ANWEISUNG

Ebenso wie die ALLOCATE–Anweisung hat auch die DEALLOCATE–
Anweisung[90] zwei Bedeutungen: einerseits dient sie zum Entzug des Speicherbereiches von zuteilbaren Feldern und andererseits bewirkt sie in Verbindung mit Pointern die Aufhebung der Zuordnungen zu Pointerzielen
sowie den Entzug von deren Speicherbereichen.

DEALLOCATE (*Zuteilungs-Objekt-Liste* [, STAT = *gStatVar*])

Jedes *Zuteilungs-Objekt* muß entweder ein Pointer oder ein zuteilbares Feld
sein.

Die Statusvariable *gStatVar* darf keinesfalls als *Zuteilungs-Objekt* innerhalb derselben DEALLOCATE–Anweisung vorkommen; sie hat dieselbe
Bedeutung wie bei der ALLOCATE–Anweisung.

Speicherentzug von zugeteilten Feldern

Einem zuteilbaren Feld mit dem TARGET–Attribut darf der Speicherplatz
nicht über einen zugeordneten Pointer entzogen werden, sondern nur durch
Angabe des eigentlichen Feldnamens in der DEALLOCATE–Anweisung.
In diesem Fall wird der Status der Zuordnung jedes zuvor zugeordneten
Pointers auf „undefiniert" gesetzt.

Die Angabe eines zuteilbaren aber nicht zugeteilten Feldes in einer
DEALLOCATE–Anweisung führt zu einer Fehlerbedingung, welche mittels
der Spezifikation „STAT = *gStatVar*" behebbar ist.

Bei der Ausführung einer RETURN- oder END–Anweisung behalten folgende zuteilbaren Felder ihre Eigenschaften bezüglich Speicherzuteilung und Definiertheit:

- Ein zuteilbares Feld mit dem SAVE–Attribut.

- Ein zuteilbares Feld innerhalb eines Moduls, wenn auf dieses auch von anderen Programmeinheiten (das heißt außer dem gerade in Ausführung befindlichen) zugegriffen wird.

- Ein zuteilbares Feld, auf welches mittels HOST–Zuordnung zugegriffen wird.

Alle übrigen zum Zeitpunkt der Ausführung einer RETURN- oder END–Anweisung zugeteilten Felder sowie deren Zuteilungsstatus werden **undefiniert**. Ein zuteilbares Feld mit undefiniertem Zuordnungsstatus darf weder referenziert oder definiert noch zugeteilt oder entzogen werden.

Bei der Verwendung zuteilbarer Felder, welche in Fortran 90 die längstersehnte Möglichkeit der dynamischen Speicherverwaltung realisieren, sollte man es sich zum Grundprinzip machen, jedes zugeteilte Feld auch tatsächlich zu jenem Zeitpunkt wieder zu entziehen, ab dem es nicht mehr benötigt wird. Dies nicht nur aus Gründen der Übersichtlichkeit sondern vor allem auch in Hinblick auf die gewünschte Effizienz, da vom Standard nicht festgeschrieben ist, was mit „vergessenen" zugeteilten Feldern (also jene mit undefiniertem Zuteilungsstatus) zu geschehen hat — im schlimmsten Fall belegen diese Felder dann für den Rest des Programmablaufes denselben Speicherplatz wie herkömmliche Felder, wodurch sich die (dann nicht mehr dynamische) Speicherverwaltung ad absurdum führen würde.

Speicherentzug von Pointerzielen

Die Angabe eines Pointers in einer DEALLOCATE–Anweisung setzt voraus, daß dessen Zuordnungsstatus definiert ist. Der Versuch des Speicherentzuges eines Pointers mittels einer DEALLOCATE–Anweisung, der entweder keinem Ziel zugeordnet oder dessen Ziel nicht über eine ALLOCATE–Anweisung vereinbart worden ist, führt zu einer Fehlerbedingung, welche über die Statusvariable abgefragt werden kann. Ein einem zuteilbaren Feld zugeordneter Pointer darf nicht in einer DEALLOCATE–Anweisung angegeben werden.

Einem Pointer darf der zugeteilte Speicherbereich nicht entzogen werden, wenn er nicht einem gesamten zugeteilten Zielobjekt zugeordnet ist. Der Speicherentzug eines Pointerzieles bewirkt, daß der Zuordnungsstatus jedes anderen, diesem Ziel zugeordneten Pointers undefiniert wird.

Bei der Beendigung einer Prozedur infolge der Ausführung einer RE-
TURN- oder END–Anweisung wird der Zuordnungsstatus eines in dieser
Prozedur definierten oder verwendeten Pointers außer in den folgenden
Fällen <u>undefiniert</u>:

- Ein Pointer mit dem SAVE–Attribut.

- Ein Pointer im BLANK COMMON.

- Ein Pointer eines benannten COMMONBLOCKS, welcher in einer gerade in Ausführung befindlichen Bereichseinheit aufscheint.

- Ein Pointer innerhalb eines Moduls, wenn auf dieses auch von anderen Programmeinheiten (das heißt außer dem gerade in Ausführung
  befindlichen) zugegriffen wird.

- Ein Pointer, auf den mittels HOST–Zuordnung zugegriffen wird.

- Ein Pointer, der den Rückgabewert einer als Pointer deklarierten
  Funktion darstellt.

Wird ein Pointerziel infolge der Ausführung einer RETURN- oder END–
Anweisung undefiniert, so erhält auch der Pointer den Zuordnungsstatus
„undefiniert".

Die DEALLOCATE-Anweisung gibt es in FORTRAN 77 nicht!

6

Ausdrücke und Zuweisungen

Ein Ausdruck stellt im einfachsten Fall nur eine Datenreferenz dar oder impliziert einen Berechnungsvorgang, dessen Ergebnis den Wert des Ausdruckes repräsentiert. Der Wert eines Ausdruckes kann entweder ein Skalar oder ein Feld[90] sein. *(Da in FORTRAN 77 keine Feldoperationen möglich sind, gibt es dort auch keine feldwertigen Ausdrücke.)* Ein Ausdruck wird prinzipiell durch Operanden, Operatoren und (runde) Klammern gebildet.

Klammern dienen — wie auch in der mathematischen Notation — dazu, die intrinsischen Auswertungsvorschriften in gewünschter Weise zu beeinflussen oder die Schreibweise eines Ausdruckes übersichtlicher zu gestalten:

```
A * ( B + C )            ! Klammern sind notwendig
( A / B ) + ( C * D )    ! Klammern sind überflüssig
```

Andererseits können Klammern auch dazu verwendet werden, um dem Compiler die Reihenfolge der Abarbeitung gleichwertiger numerischer Operationen vorzuschreiben (wofür in der klassischen Mathematik keinerlei Notwendigkeit besteht, da dort eine quasi unendliche Zahlendarstellungsgenauigkeit vorausgesetzt wird):

```
A + ( B + C )
```

In diesem Beispiel ist die Klammernsetzung zwar aus rein mathematischer Sicht überflüssig, nicht jedoch unbedingt in Hinblick auf die beschränkte Darstellungsgenauigkeit im Rechner: Sind B und C klein gegenüber A, so wirken sich Rundungsfehler weniger aus als ohne Klammerung, wo es dem Compiler überlassen bleibt, in welcher Reihenfolge die beiden Additionen durchgeführt werden.

Die Einteilung der in FORTRAN erlaubten Ausdrücke kann nach verschiedenen Kriterien durchgeführt werden: Einerseits kann der Datentyp des den Ausdruck repräsentierenden Wertes zur Klassifikation herangezogen werden, wonach man arithmetische, logische oder Zeichen–Ausdrücke bzw. Ausdrücke abgeleiteten Datentyps unterscheidet (dies bedeutet jedoch keineswegs, daß beispielsweise ein logischer Ausdruck keine arithmetischen Operationen beinhalten darf). Andererseits kann die Einteilung von Ausdrücken aufgrund einschränkender Vorschriften in deren Zusammensetzung erfolgen, wobei zu dieser Kategorie „konstante" und

„eingeschränkte" Ausdrücke zählen, welche — wie im Kapitel 6.4 noch näher erläutert wird — als übergeordnete Begriffe von Initialisierungs- und Spezifikationsausdrücken zu verstehen sind.

6.1 Form und Auswertung von Ausdrücken

Im allgemeinen setzen sich Ausdrücke aus Teilausdrücken unterschiedlicher Wertigkeit zusammen, welche durch die darin vorkommenden Operationen bestimmt ist. Ausgehend vom sogenannten **Primärausdruck** werden im Standard 90 [2] hierarchisch aufgebaute Teilausdrücke (Ausdrücke der Stufen 1 bis 5) definiert, wobei sich ein Ausdruck einer bestimmten Stufe durch Verknüpfung zweier Ausdrücke der vorhergehenden Stufe mittels eines Operators aus einer der jeweiligen Stufe zugeordneten Gruppe ergibt (Ausnahme: monadische Operation). Operatoren niedrigerer Stufe haben grundsätzlich höhere Priorität als jene höherer Stufe (siehe Kapitel 6.1.1).

Unter **Primärausdrücke** werden die in Tabelle 6.1 angegebenen Objekte verstanden, wobei allerdings die Einschränkung zu beachten ist, daß „Variable" kein Feld mit angenommener Größe[77] sein darf. (Ein Feldelement eines solchen Feldes kann selbstverständlich sehr wohl als Primärausdruck verwendet werden.)

In FORTRAN 77 ist zwar ein Teilobjekt einer Literalkonstanten nicht erlaubt, wohl aber gilt eine, aus einer symbolischen Konstanten gebildete Teilzeichenkette als Primärausdruck.   [77]

Syntaktische Kategorie	Beispiel
Konstante	-3.67 oder SYMBC
konstantes Teilobjekt[90]	'ABCDEFghijk'(3:7)
Variable	X
Feldkonstruktor[90]	(/ 3.7, 1.5E10 /)
Strukturkonstruktor[90]	PUNKT(1.3, -2.0)
Funktionsverweis	F(X, Y)
eingeklammerter Ausdruck	(A + B)

Tabelle 6.1: Primärausdrücke

Im folgenden sollen die verschiedenen Ausdrucksformen nur in aller Kürze besprochen werden, da den einzelnen Operationen jeweils ein eigenes Unterkapitel gewidmet ist.

- **Ausdrücke der Stufe 1** werden durch die optionale Anwendung von **definierten**[90] unitären (monadischen) Operatoren auf Primärausdrücke gebildet und haben in der Auswertungsreihenfolge höchste Priorität.

```
.SECT. B              ! Nur in Fortran 90!
```

.SECT. bedeutet hier einen definierten monadischen Operator.

- **Ausdrücke der Stufe 2** schließen optional die intrinsischen numerischen Operationen ein:

```
- A + B * C + E ** F
```

- **Ausdrücke der Stufe 3** sind jene der Stufe 2 unter der optionalen Hinzunahme des Verkettungsoperators:

```
CHX // CHY // 'ABCDE'
```

- **Ausdrücke der Stufe 4** entstehen durch die optionale Hinzunahme der Vergleichsoperatoren:

```
A .EQ. B
C <= D                ! Nur in Fortran 90!
```

- **Ausdrücke der Stufe 5** sind Ausdrücke der Stufe 4 mit optionalem Einschluß der logischen Operatoren, z.B.:

```
.NOT. A
B .AND. C
```

- Ein **allgemeiner Ausdruck** entsteht aus Ausdrücken der Stufe 5 unter der optionalen Hinzunahme **definierter**[90] binärer (dyadischer) Operatoren:

```
B .UNION. C           ! Nur in Fortran 90!
```

.UNION. bedeutet dabei einen binären definierten Operator.

Es ist zu beachten, daß aufgrund obiger Definitionen beispielsweise ein Ausdruck der Stufe 3 einen Ausdruck der Stufe 5 darstellen kann, soferne er nicht Operand bezüglich logischer und Vergleichsoperatoren ist. (In der Praxis wird es sehr oft vorkommen, daß etwa nur ein Primärausdruck einen allgemeinen Ausdruck darstellt.)

Weiters ist zu betonen, daß alle intrinsischen Operationen Einschränkungen bezüglich des Datentyps der beteiligten Operanden vorsehen, wie im nächsten Kapitel noch genauer zu besprechen sein wird.

Komplexere Beispiele (allgemeiner) Ausdrücke :

```
(A .INTERSECT. B) .UNION. (C + D)    ! Nur in Fortran 90!
E + F .EQ. G * H**I .OR. LOGVAR
```

```
.INVERSE. (J + L) * M                 ! Nur in Fortran 90!
N .AND. O .OR. P
Q // R .NE. S(1:5)
```

6.1.1 Auswertung von Ausdrücken

Die Auswertung eines Ausdruckes kann grundsätzlich nur dann erfolgen,
wenn <u>alle</u> in ihm vorkommenden Variablen definiert sind, das heißt, daß
ihnen ein bestimmten Wert zugeordnet sein muß. Handelt es sich um eine
Feldoperation[90], so müssen alle Feldelemente der beteiligten Felder definiert sein. Bei einem Ausdruck mit Variablen abgeleiteter Datentypen muß
allen entsprechenden Komponenten ein Wert zugeordnet sein. Eine Zeichenkettenvariable gilt nur dann als definiert, wenn jeder vorhandenen Position
ein bestimmtes Zeichen entspricht.

Die Tabelle 6.2 gibt die Reihenfolge der Auswertung von Operationen in
Abhängigkeit der beteiligten Operatoren an, soferne runde Klammern nicht
eine andere Auswertungsreihenfolge erzwingen. Bei den numerischen Ope-

Kategorie	Operatoren	Priorität
nicht intrinsisch	definierte unitäre Op.[90]	höchste
numerisch	**	.
numerisch	*, /	.
numerisch	+, − (unitär)	.
numerisch	+, − (binär)	.
CHARACTER	//	.
Vergleichs-	.EQ., .NE., .LT., .LE., .GT., .GE.	.
operationen	==, / =, <, <=, >, >=[90]	.
logisch	.NOT.	.
logisch	.AND.	.
logisch	.OR.	.
logisch	.EQV., .NEQV.	.
nicht intrinsisch	definierte binäre Op.[90]	niedrigste

Tabelle 6.2: Prioritäten der Operationen

rationen gelten selbstverständlich die in der Mathematik gültigen Regeln,
wobei besonders die Priorität der Potenzierung gegenüber der Negation
hervorzuheben ist, welche bei bestimmter Schreibweise leicht übersehbar
wird:

```
-X ** 4  ≡  - (X ** 4)  ≠  (-X) ** 4
```

Ein Ausdruck muß vom Compiler nicht grundsätzlich vollständig ausgewertet werden, wenn das Ergebnis auch auf andere Weise bestimmbar ist. Diese Möglichkeit ist vor allem bei logischen Ausdrücken, Feldern der Größe null[90] und Zeichenketten der Länge null[90] gegeben. So muß beispielsweise bei

```
X .GT. Y .OR. LFUNK(Z,A)
```

die Funktion LFUNK nicht ausgewertet werden, wenn bereits der erste Teil des logischen Ausdruckes wahr ist. Dies ist vor allem dann von Bedeutung (und kann bei mangelnder Beachtung zu Fehlern führen), wenn der Funktionsaufruf die Definition einer Variablen (hier zum Beispiel A) bewirken soll, um diese dann in einer späteren Anweisung zu verwenden. (Wie im Kapitel 10.5 noch besprochen wird, sollte allerdings ein Funktions–Unterprogramm im Sinne eines guten Programmierstils keines seiner Argumente verändern bzw. definieren. Wenn man sich an diese Regel hält, kann ein infolge der Optimierung eines Ausdruckes unterlassener Funktionsaufruf keinen derartigen Fehler verursachen.)

6.2   Intrinsische Operationen

Bei den intrinsischen Operationen unterscheidet man numerische, logische und CHARACTER–Operationen, welchen entsprechende Klassen von intrinsischen Operatoren (numerische und logische Operatoren sowie der Verkettungsoperator) zugeordnet sind. Die darüberhinaus noch vorhandenen Vergleichsoperatoren können sowohl den numerischen Operationen als auch den Operationen mit Zeichenketten zugerechnet werden, je nachdem welchem Datentyp die beteiligten Operanden angehören.

Eine intrinsische Operation sieht grundsätzlich folgendermaßen aus:

[*Operand_1*] *Operator Operand_2*

Handelt es sich bei *Operator* um einen intrinsischen monadischen (= unitären) Operator, muß *Operand_1* entfallen, während ein dyadischer (= binärer) Operator aufgrund seiner Definition zwei Operanden erfordert. *Da es in FORTRAN 77 keine definierten Operatoren gibt, ist dort eine Hervorhebung der Bezeichnung „intrinsisch" nicht von Bedeutung.*

Die bei einer intrinsischen Operation beteiligten Operanden müssen jedenfalls einem intrinsischen Datentyp (siehe Kapitel 4.1) angehören; weitere operatorspezifische Einschränkungen sind der Tabelle 6.3 zu entnehmen. Dabei bedeuten die Abkürzungen I, R, C, L und Ch die Datentypen INTEGER, REAL, COMPLEX, LOGICAL und CHARACTER. Bei intrinsischen

Operationen mit Zeichenketten müssen auch die Typkennzahlen[90] der Operanden übereinstimmen.

Intrinsischer Operator „•" Typ von:	x	y	$[\,x\,]\bullet y$
+, − (unitär)		I, R, C	I, R, C
+, − (binär), ∗, /, ∗∗	I	I, R, C	I, R, C
	R	I, R, C	R, R, C
	C	I, R, C	C, C, C
//	Ch	Ch	Ch
.EQ., .NE.	I	I, R, C	L, L, L
==, / = [90]	R	I, R, C	L, L, L
	C	I, R, C	L, L, L
	Ch	Ch	L
.GT., .GE., .LT., .LE.	I	I, R	L, L
>, >=, <, <= [90]	R	I, R	L, L
	Ch	Ch	L
.NOT.		L	L
.AND., .OR., .EQV., .NEQV.	L	L	L

Tabelle 6.3: Operandentypen und Ergebnistyp intrinsischer Operationen

6.2.1 NUMERISCHE OPERATIONEN

Wie aus der Tabelle 6.4 ersichtlich ist, zählen zu den numerischen Operationen die arithmetischen Grundrechnungsarten (Addition, Subtraktion, Multiplikation und Division), die Potenzierung sowie die arithmetische Negation und Identität. Während die vier Grundrechnungsarten und die Potenzierung mittels dyadischer Operatoren realisiert sind, handelt es sich bei der Negation und der Identität um unitäre Operationen (Vorzeichensetzung).

Wie die Tabelle 6.3 zeigt, müssen die Operanden von numerischen (binären) Operationen keineswegs demselben Datentyp angehören (wenn sie vom selben Datentyp sind, können sie selbstverständlich unterschiedliche Typkennzahlen[90] aufweisen). Die einzige Voraussetzung für die Operanden besteht darin, daß sie einem numerischen intrinsischen Typ entsprechen. Bei der Auswertung einer numerischen Operation mit Operanden unterschiedlichen Datentyps wird — mit einer einzigen Ausnahme* — eine

---

* Bei einer Potenzierung mit ganzzahligem Exponenten wird dieser nicht umgewandelt.

		Verwendung des Operators	
Operator	Bedeutung		Interpretation
**	Potenzierung	$x**y$	Erhebe x zur Potenz y
/	Division	x/y	Dividiere x durch y
*	Multiplikation	$x*y$	Multipliziere x mit y
-	Subtraktion	$x-y$	Subtrahiere y von x
-	Negation	$-y$	Vorzeichenänderung
+	Addition	$x+y$	Addiere x und y
+	Identität	$+y$	Dasselbe wie y

Tabelle 6.4: Numerische intrinsische Operatoren

Typkonversion durchgeführt, indem jeder Operand, der nicht dem Ergebnistyp entspricht, <u>vor</u> Durchführung der Operation auf den entsprechenden Ergebnistyp umgewandelt wird (siehe Tabelle 6.5). Der Typ des Ergebnisses wird dabei grundsätzlich vom „höherwertigen" Operanden bestimmt, wobei die Wertigkeit (in fallender Reihenfolge) durch COMPLEX, REAL und INTEGER gegeben ist. Die in der Tabelle 6.5 angegebenen intrinsischen Funktionen REAL und CMPLX bewirken eine (explizite) Typkonversion auf die Datentypen REAL und COMPLEX, während die Funktion KIND[90] (siehe Kapitel 11.4.4) die Typkennzahl[90] des Argumentes liefert. Die Bezeichnung

Typ von x	Typ von y	Verwendeter Wert für x	Verwendeter Wert für y	Ergebnistyp
I	I	x	y	I
I	R	REAL(x,KIND(y))	y	R
I	C	CMPLX(x,KIND(y))	y	C
R	I	x	REAL(y,KIND(x)) *	R
R	R	x	y	R
R	C	CMPLX(x,KIND(y))	y	C
C	I	x	CMPLX(y,KIND(x)) *	C
C	R	x	CMPLX(y,KIND(x))	C
C	C	x	y	C

Tabelle 6.5: Ergebnistyp und Typkonversion bei numerischen Operationen $x \bullet y$. Die beiden mit „*" gekennzeichneten Konversionen werden bei $x**y$ (Potenzierung mit ganzzahligem Exponenten) nicht durchgeführt.

„CMPLX(a,KIND(b))" ist als Aufruf „CMPLX(a,KIND=KIND(b))" — *in FORTRAN 77: „CMPLX(a)"* — zu interpretieren.

Bei numerischen Operationen, deren Operanden unterschiedliche Typkennzahlen[90] aufweisen, ergibt sich die Typkennzahl des Ergebnisses aufgrund folgender Regeln:

- Bei Operanden vom Typ INTEGER wird für das Ergebnis jene Typkennzahl übernommen, welche dem höheren Darstellungsbereich entspricht. Ist dieser (trotz unterschiedlicher Typkennzahlen) gleich, so bleibt die Wahl dem Compiler überlassen.

- Bei Operanden der Typen REAL oder COMPLEX übernimmt das Ergebnis jene Typkennzahl, welche der höheren Darstellungsgenauigkeit entspricht. Ist diese für beide Typkennzahlen gleich, so bleibt die Wahl dem Compiler vorbehalten.

- Ist ein Operand vom Typ INTEGER und der andere vom Typ REAL oder COMPLEX, so erhält das Ergebnis jedenfalls die Typkennzahl vom reellen oder komplexen Operanden.

Wie schon aus der Tabelle 6.5 hervorgeht, hängt die Interpretation der Division („/") vom Typ der beteiligten Operanden ab: sind beide Operanden vom Typ INTEGER, wird das Ergebnis der Division nach dem Dezimalpunkt „abgeschnitten" und man bezeichnet diesen Vorgang als INTEGERDIVISION. Der Wert einer INTEGERDIVISION ist daher grundsätzlich vom Typ INTEGER, unabhängig davon, ob in dem gesamten Ausdruck noch andere Datentypen vorkommen. (Dies stellt bei unbeabsichtigter Verwendung oftmals eine Fehlerquelle dar!)

```
-3/2   ≡   -1              Integerdivision
-3./2  ≡   -1.5            Typkonversion auf Real
A*I/J  ≠   A*(I/J)         Achtung!
```

Das letzte Beispiel — A ist dabei vom Typ REAL und I, J sind vom Typ INTEGER — zeigt, daß das Einfügen von Klammern durchaus die mathematische Bedeutung eines Ausdruckes verändern kann, wenn dadurch eine INTEGERDIVISION erzwungen wird.

Beim Erheben einer ganzen Zahl zu einer ganzzahligen negativen Potenz ist zu beachten, daß dies nach Anwendung der internen Umformung von $x**y = 1/(x**\mathrm{ABS}(y))$ ebenfalls zu einer INTEGERDIVISION führt:

```
3**(-2)   ≡   1/(3**2)   =   0
```

Bei der <u>komplexen Potenzierung</u> $c_1 ** c_2$ (mit $c_1, c_2 \in$ C), das heißt beim Erheben einer komplexen Zahl zu einer komplexen Potenz, wird der Hauptwert von $c_1^{c_2}$ als Ergebnis der Operation angenommen:

```
C1**C2  ≡  EXP(C2*LOG(C1))
```

Dabei bedeuten EXP und LOG die intrinsischen Funktionen Exponential-funktion bzw. natürlicher Logarithmus (siehe Kapitel 11.4.2).

Die beiden Ausdrücke $x**y**z$ und $x/y/z$ haben folgende eindeutige Interpretation:

```
X**Y**Z   ≡   X**(Y**Z)
X/Y/Z     ≡   X/(Y*Z)
```

Während die Interpretation des ersten Ausdruck auch der mathematischen Nomenklatur entspricht, stellt der zweite Ausdruck nicht etwa einen Doppelbruch dar, da sich jedes Divisionszeichen auf ein- und denselben Zähler bezieht.

Es bleibt dem Compiler vorbehalten, einen Ausdruck bei dessen Auswertung in einen mathematisch äquivalenten Ausdruck umzuformen, solange eine gegebene Klammernsetzung nicht verletzt wird. Wie schon erwähnt worden ist, bedeutet dies jedoch im allgemeinen nicht, daß ein solchermaßen umgeformter Ausdruck auch numerisch gleichwertig ist, da sich die aufgrund der beschränkten Zahlendarstellungs- und Rechengenauigkeit Rundungsfehler unterschiedlich auswirken können. Der Ausdruck $(1./5.) * 5.$ ist zwar mathematisch aber nicht zwangsweise auch numerisch äquivalent gleich 1. Durch konsequentes Einfügen von zusätzlichen Klammern, die rein mathematisch gesehen überflüssig sind, ist es möglich, dem Compiler die Reihenfolge der auszuführenden Operationen genau vorzuschreiben. Die folgenden Ausdrücke sind mathematisch äquivalent:

```
X + Y           ≡   Y + X
X * Y           ≡   Y * X
-X + Y          ≡   Y - X
X + Y + Z       ≡   X + (Y + Z)
X - Y + Z       ≡   X - (Y - Z)
X * Y / Z       ≡   X * (Y / Z)
X * Y - X * Z   ≡   X * (Y - Z)
X / 4.0         ≡   X * 0.25
```

Es soll besonders darauf hingewiesen werden, daß in einem numerischen Ausdruck zwei Operatoren niemals unmittelbar nebeneinanderstehen dürfen (bzw. nur durch Leerzeichen voneinander getrennt sein dürfen). Dies gilt auch bezüglich der Vorzeichensetzung:

```
Nicht erlaubt:   A / -5.0
                 A ** -2
sondern:         A / (-5.0)
                 A ** (-2)
```

Der in FORTRAN 77 zur Verwendung von reellen Zahlen mit höhe- [77]
rer Darstellungsgenauigkeit erforderliche Datentyp DOUBLE PRECI-
SION [77] weist bei der Typkonversion dieselbe — nämlich die höchste
— Wertigkeit auf wie der Datentyp COMPLEX. (Im Gegensatz dazu
entspricht in Fortran 90 der Datentyp DOUBLE PRECISION REAL dem
Datentyp REAL mit entsprechender Typkennzahl.) Daraus ergibt sich
die Konsequenz, daß in FORTRAN 77 Operationen, bei denen ein Operand vom Typ DOUBLE PRECISION und der andere vom Typ COMPLEX
ist, **prinzipiell verboten** sind! [77]

6.2.2 OPERATIONEN MIT ZEICHENKETTEN

Der Verkettungsoperator, welcher durch zwei unmittelbar aufeinanderfolgende Schrägstriche („//") realisiert wird, ist der einzige intrinsische Operator bezüglich des Datentyps CHARACTER und bewirkt eine Aneinanderreihung von Zeichenketten. Die Operanden müssen dabei nicht nur vom
Typ CHARACTER sein sondern sie müssen auch dieselbe Typkennzahl [90]
aufweisen.

Das Ergebnis dieser Operation ist wieder eine Zeichenkette mit derselben Typkennzahl [90] wie jene der beiden Operanden und mit einer Länge,
die sich aus der Summe der Längen der Operanden ergibt. Eine Klammernsetzung bei mehreren derartigen Operationen hat keinerlei Einfluß auf das
Ergebnis.

```
'ABC'//'DE'//'F'  ≡  'ABC'//('DE'//'F')  =  'ABCDEF'
```

Bei der Verkettung von Zeichenkettenvariablen ist zu beachten, daß
dies nicht immer zum gewünschten Ergebnis führt, da die Länge einer
CHARACTER–Variablen in FORTRAN grundsätzlich fix ist. Im folgenden Beispiel symbolisiert das Zeichen „⊔" eine Leerstelle und die verwendete Art
der Kommentareinleitung mittels „!" gilt nur in Fortran 90:

```
CHARACTER*10 STR, STR1*20
DATA STR /'TEST'/
    ⋮
STR1 = STR // 'NUMMER⊔1'
!   Der Inhalt von STR1 ist: 'TEST⊔⊔⊔⊔⊔⊔NUMMER⊔1⊔⊔'
STR1 = STR(1:LEN_TRIM(STR))//'NUMMER⊔1'   ! Nur Fortran 90!
!   Der Inhalt von STR1 ist: 'TESTNUMMER⊔1⊔⊔⊔⊔⊔⊔⊔⊔'
```

Da bei der Initialisierung von STR nur vier Zeichen ('TEST') zugewiesen
werden, wird der Rest der Variablen STR mit Leerstellen aufgefüllt, die

dann bei der Verkettung natürlich auch vorhanden sind. Um diese Leerstellen bei einer Verkettung zu vermeiden, muß eine entsprechende Teilzeichenkette verwendet werden, welche die angehängten Blanks nicht beinhaltet. Wie das obige Beispiel zeigt, kann dies in Fortran 90 mit der intrinsischen Funktion LEN_TRIM[90] (siehe Kapitel 11.4.3) auf einfache Weise geschehen; in FORTRAN 77 muß diese Funktion erforderlichenfalls durch eine externe Funktion nachgebildet werden.

In FORTRAN 77 ist eine Verkettung von Zeichenkettenvariablen [77] mit angenommener Länge („*(*)") nur innerhalb einer Zuweisungsanweisung möglich (und nicht etwa bei einem aktuellen Parameter eines Prozeduraufrufes). [77]

Teilzeichenketten

Die Bildung von Teilzeichenketten („*Substrings*") stellt die zweite Manipulationsmöglichkeit mit Daten vom Typ CHARACTER dar:

   Teilzeichenkette: Ursprungszeichenkette ([Beginn] : [Ende])

Die *Ursprungszeichenkette* kann dabei eine skalare Variable, ein Feldelement, eine skalare Strukturkomponente[90] oder eine skalare (*in FORTRAN 77 nur eine symbolische*) Konstante sein, wobei aber in jedem Fall der Datentyp CHARACTER zwingend ist. *Beginn* und *Ende* bedeuten je einen ganzzahligen skalaren Ausdruck und geben den Zeichenkettenbereich innerhalb der *Ursprungszeichenkette* an, aus dem die Teilzeichenkette gebildet wird. Die Werte für *Beginn* und *Ende* müssen grundsätzlich im Intervall $1 \dots n$ liegen, wobei n die Länge der *Ursprungszeichenkette* bedeutet. Die Länge der Teilzeichenkette ergibt sich aus der Formel

   MAX(*Ende − Beginn* +1 , 0)

Da es in FORTRAN 77 Leerstrings (also Zeichenketten der Länge [77] null) nicht gibt, muß zusätzlich die Bedingung *Ende* $\geq$ *Beginn* eingehalten werden. [77]

Der Defaultwert für *Beginn* ist 1 und jener für *Ende* entspricht n (der letzten Position der *Ursprungszeichenkette*). Ein Weglassen beider Grenzen bedeutet, daß die Teilzeichenkette mit der *Ursprungszeichenkette* identisch ist.

```
!   Die Variable CHSTR habe die Länge 20
CHSTR(7:13)        ! Teilzeichenkette der Länge 7
CHSTR(:)           ! identisch mit Angabe von CHSTR
CHSTR(:17)         ! bedeutet CHSTR(1:17)
CHSTR(13:)         ! bedeutet CHSTR(13:20)
```

Bei der Bildung von Teilzeichenketten im Zusammenhang mit Feldern vom Typ CHARACTER ist zu beachten, daß die Spezifikation der Indizes des Feldelementes bzw. eines Teilfeldes[90] vor dem Teilzeichenkettenbereich anzugeben ist:

```
CHARACTER *15 CHAR15(10,2:7), CHHELP, CHAR20(5,4)*20
   :
CHHELP = CHAR15(5,7)(10:13)
CHAR20 = CHAR15(2:6,4:)(5:12)     ! Nur in Fortran 90!
```

Im letzten Beispiel werden dem Feld CHAR20, welches konform zu dem angegebenen Teilfeld von CHAR15 ist (also dieselben Ausdehnungen in den einzelnen Dimensionen hat), nur die entsprechenden Teilzeichenketten elementweise zugewiesen.

6.2.3 VERGLEICHSOPERATIONEN

Die in der Tabelle 6.6 angegebenen Vergleichsoperationen können sowohl bezüglich Operanden numerischen Typs als auch des Typs CHARACTER durchgeführt werden, wobei allerdings einige Operatoren nicht auf den Datentyp COMPLEX anwendbar sind (siehe Tabelle 6.3). Es soll hervorgehoben werden, daß die Punkte (wie zum Beispiel bei „.NE.") einen Bestandteil der Operatoren darstellen und nicht weggelassen werden dürfen. *Die für die Vergleichsoperatoren in der Tabelle 6.6 angegebenen Alternativformen (z.B. >= anstelle von .GE.) gibt es in FORTRAN 77 nicht.* Eine Vergleichsoperation liefert grundsätzlich einen Wert vom Typ DEFAULT LOGICAL.

Operator	Bezeichnung
.LT. oder <[90]	kleiner als („less than")
.LE. oder <=[90]	kleiner gleich („less than or equal to")
.GT. oder >[90]	größer als („greater than")
.GE. oder >=[90]	größer gleich („greater than or equal to")
.EQ. oder =[90]	gleich („equal to")
.NE. oder /=[90]	ungleich („not equal to")

Tabelle 6.6: Vergleichsoperatoren

Bei der Auswertung eines Vergleichsausdrucks bleibt es dem Compiler vorbehalten, diesen in einen mathematisch und logisch äquivalenten Ausdruck umzuformen, z.B.:

```
A .GE. B   ≡   A - B .GE. 0
```

Bei einer numerischen Vergleichsoperation $x \bullet y$ werden Operanden unterschiedlichen Typs (bzw. mit verschiedener Typkennzahl[90]) vor der Auswertung auf den Typ des Ausdrucks $x + y$ umgewandelt (entsprechend den Regeln der Typkonversion).

Im Falle eines Vergleiches von Zeichenketten (sie müssen dieselbe Typkennzahl[90] aufweisen) werden diese — mit dem jeweils ersten Zeichen beginnend — mit aufsteigender Positionszahl Zeichen für Zeichen verglichen. Sind die beiden Operanden nicht gleich lang, wird der kürzere so behandelt, als ob er mit Leerzeichen* bis zur Länge des anderen Operanden aufgefüllt wäre. Nur wenn nach der gegebenenfalls vorgenommenen Auffüllung alle Zeichen gleich sind, handelt es sich um logisch gleiche Zeichenketten, andernfalls sind sie ungleich.

Ob eine Zeichenkette größer oder kleiner ist als eine andere, wird durch das erste Antreffen eines ungleichen Zeichenpaares im Zuge des zeichenweisen Vergleiches bestimmt, indem die Positionen dieser beiden Zeichen innerhalb der FORTRAN–spezifischen Sortierreihenfolge (siehe Kapitel 4.1.5, Seite 31) für den Vergleich herangezogen werden. Da diese Reihenfolge (auch für den Datentyp DEFAULT CHARACTER) in einem weiten Bereich vom jeweiligen Compiler abhängen darf, ist von der Verwendung der Vergleichsoperatoren .GT., .GE., .LT. und .LE. im Zusammenhang mit dem Datentyp DEFAULT CHARACTER dringendst abzuraten und der Einsatz der lexikalischen Vergleichsfunktionen LGT, LGE, LLE und LLT, welche auf der Sortierreihenfolge ASCII basieren, zu empfehlen.

6.2.4 LOGISCHE OPERATIONEN

Die in FORTRAN möglichen intrinsischen logischen Operationen sind in der Tabelle 6.7 angeführt. Die Operanden logischer Operationen müssen grundsätzlich dem Datentyp LOGICAL angehören. Die Tabelle 6.8 stellt die Ergebnisse der logischen Operationen unter Berücksichtigung aller möglichen Operandenwerte dar („Wahrheitstabelle").

Mit Ausnahme der logischen Negation, welche durch einen monadischen Operator repräsentiert wird, sind alle übrigen logischen Operatoren binär. Es soll betont werden, daß die Punkte (beispielsweise bei „.AND.") einen Bestandteil der Operatoren darstellen und nicht weggelassen werden dürfen.

---

* Dieses Füllzeichen ist vom Compiler abhängig, wenn die Operanden nicht vom Typ DEFAULT CHARACTER sind.

Operator	Bezeichnung	$[\,x\,] \bullet y$ ist wahr, wenn
.NOT.	(logische) Negation	y falsch ist
.AND.	Konjunktion	x und y wahr sind
.OR.	Disjunktion	x und/oder y wahr sind/ist
.NEQV.	Antivalenz	x oder y wahr ist, aber nicht beide
.EQV.	Äquivalenz	x und y wahr oder falsch sind

Tabelle 6.7: Logische Operatoren

x	y	.NOT. y	x .AND. y	x .OR. y	x .EQV. y	x .NEQV. y
wahr	wahr	falsch	wahr	wahr	wahr	falsch
wahr	falsch	wahr	falsch	wahr	falsch	wahr
falsch	wahr	falsch	falsch	wahr	falsch	wahr
falsch	falsch	wahr	falsch	falsch	wahr	falsch

Tabelle 6.8: Wahrheitstabelle logischer Operationen

6.2.5 OPERATIONEN MIT FELDERN

Feldoperationen[90] stellen eine wesentliche Erweiterung des FORTRAN–Standards dar, weil dadurch Operationen, welche mit allen Elementen eines Feldes oder Teilfeldes[90] durchgeführt werden sollen, ohne Schleifenkonstruktion (siehe Kapitel 7.1.3) realisierbar sind.

An intrinsischen Operationen dürfen nur **konforme** Felder beteiligt sein, das sind Felder bzw. Teilfelder derselben Form (desselben Ranges und derselben Ausdehnungen in allen Dimensionen) sowie Skalare; letztere sind somit konform zu jedem beliebigen Feld.

```
REAL, DIMENSION(10,20) :: U, V
LOGICAL, DIMENSION(50) :: LOG_A, LOG_B
!    erlaubte Ausdrücke:
3.0 + U + 5.0 * V                ! Feld der Form (10,20)
0.7 * U(:5,:5) - V(6:10,16:)     ! Feld der Form (5,5)
LOG_A(21:) .NE. LOG_B(:30)       ! (log.) Feld der Form (30)
U * V**2 + (V + 1.0)/U           ! Feld der Form (10,20)
```

Es ist zu beachten, daß die Operationen grundsätzlich elementweise durchgeführt werden und daher beispielsweise die Multiplikation zweier Felder nicht mit einem Matrizen- bzw. Tensorprodukt verwechselt werden darf: im letzten Beispiel ergibt sich daher ein Feldelemente des Ergebnisses mit den Indizes i und j aus der Formel

$$u_{i,j} \cdot v_{i,j}^2 + (v_{i,j} + 1)/u_{i,j} \ .$$

Felder mit angenommener Größe[77] (das sind Formalparameter, bei denen die letzte Dimension mittels „*" offengelassen wird) haben prinzipiell keine Form und können daher auch nicht bei Feldoperationen verwendet werden (im Gegensatz zu Feldern mit angenommener Form, siehe Kapitel 4.4.1). Weiters ist zu bemerken, daß ein Feld der Größe null[90] durchaus konform zu einem anderen Feld (ebenfalls der Größe null) sein kann.

Operationen mit Feldern gibt es FORTRAN 77 nicht!

6.3   Definierte Operationen

Fortran 90 ermöglicht die Verwendung sogenannter definierter Operatoren[90], welche — im Gegensatz zu den intrinsischen Operatoren — vom Programmierer selbst zu spezifizieren sind. Definierte Operatoren können sowohl monadisch (diese haben bei der Ausdrucksauswertung die höchste Priorität, siehe Tabelle 6.2 auf Seite 101) als auch binär sein. Obwohl definierte Operatoren vor allem in Hinblick auf abgeleitete Datentypen[90] interessant sind, können sie auch im Zusammenhang mit intrinsischen Datentypen spezifiziert werden.

Definierte Operatoren werden mittels externer (also vom Programmierer zur Verfügung gestellter) Funktions–Unterprogramme spezifiziert, wobei folgende Bedingungen eingehalten werden müssen:

- Die Funktion muß mittels einer FUNCTION- oder ENTRY–Anweisung spezifiziert werden und darf genau einen (für monadische Operatoren) oder genau zwei (für dyadische Operatoren) Formalparameter aufweisen.

- In einem INTERFACE–Block mit dem Schlüsselwort OPERATOR muß der Funktion eine *generische Spezifikation* zugeordnet werden.

- Bei der Verwendung des definierten Operators ([x] • y) müssen der Datentyp und gegebenenfalls auch die Typkennzahl jedes Operanden mit dem Datentyp (und Typkennzahl) des entsprechenden Formalparameters übereinstimmen (bei einem binären Operator entspricht x dem ersten und y dem zweiten Argument).

- Gegebenenfalls müssen auch Rang und Form jedes Operanden mit Rang und Form des entsprechenden Formalparameters übereinstimmen.

- Die Formalparameter müssen das Attribut INTENT(IN) aufweisen und dürfen nicht das OPTIONAL–Attribut haben.

- Ist das Funktionsergebnis (also das Ergebnis der definierten Operation) vom Typ CHARACTER, so darf es sich dabei nicht um eine Zeichenkette mit angenommener Länge handeln.

- Stellt der definierte Operator bereits einen intrinsischen Operator (z.B. *, .NOT., usw.) dar, so ist die erlaubte Zahl der Operanden durch diesen bestimmt (beispielsweise darf „.NOT." nicht als dyadischer definierter Operator verwendet werden). Ein solchermaßen benannter definierter Operator wird als <u>erweiterter</u> intrinsischer Operator bezeichnet.

Die Wirkungsweise in der Verwendung eines definierten Operators ist genauso, als ob die den Operator definierende Funktion direkt aufgerufen würde.

```
INTERFACE OPERATOR ( + )
   FUNCTION LOGISCH_UND (L1, L2)
      LOGICAL, INTENT(IN) :: L1(:), L2(SIZE(L1))
      LOGICAL :: LOGISCH_UND(SIZE(L1))
   END FUNCTION LOGISCH_UND
END INTERFACE
```

Dieser INTERFACE–Block (der allerdings nur die Prozedur–Schnittstelle und nicht den Inhalt der Funktion LOGISCH_UND bestimmt) ermöglicht in jener Programmeinheit, wo er zur Verfügung steht, beispielsweise die Verwendung des Ausdrucks

```
LOG_FELD_A(1:J) + LOG_FELD_B(5:J+4)
```

der dem Funktionsaufruf

```
LOGISCH_UND(LOG_FELD_A(1:J), LOG_FELD_B(5:J+4))
```

völlig äquivalent ist. Es ist zu bemerken, daß sich die Verwendungsmöglichkeit in diesem Beispiel ausschließlich auf Operanden beschränkt, welche eindimensionale Felder vom Typ LOGICAL sind. Allerdings kann ein- und derselbe definierte Operator innerhalb eines INTERFACE–Blocks auch mehreren Funktionen zugeordnet werden, wodurch er die Eigenschaft *generisch* bekommt (analog zu den generischen Funktionsnamen).

Die frei zu spezifizierende Operatorbezeichnung kann entweder einen intrinsischen Operator darstellen (in obigem Beispiel „+") oder aber aus bis zu 31 Buchstaben bestehen, welche zwischen zwei Punkte zu setzen sind (z.B. .INVERSE.).

In FORTRAN 77 existiert keine Möglichkeit zur Definition von Operatoren, sodaß dort eine benutzerspezifische Operation nur direkt über einen Funktionsaufruf erfolgen kann. *Generische*, das heißt vom jeweiligen Datentyp der Operanden abhängige, definierte Operationen sind aber grundsätzlich nicht möglich, da es nur intrinsische aber keine vom Benutzer spezifizierbaren *generischen* Funktionen gibt.

6.4   Spezielle Ausdrücke

Wie schon am Beginn dieses Kapitels erwähnt worden ist, gibt es eine Klassifizierung für Ausdrücke, welche nicht die beteiligten Datentypen oder Operatoren als Kriterium heranzieht, sondern gewisse Einschränkungen in der Zusammensetzung bestimmter Ausdrücke als Bewertungskriterium verwendet. Solche Einschränkungen bestehen einerseits für die konstanten Ausdrücke, deren Sonderfall die Initialisierungsausdrücke sind, und andererseits für die sogenannten „eingeschränkten" Ausdrücke, welche die Spezifikationsausdrücke beinhalten.

6.4.1   Konstante Ausdrücke

Ein konstanter Ausdruck darf nur intrinsische Operationen und folgende Primärausdrücke beinhalten (*in FORTRAN 77 ist nur der Punkt (a) relevant; Funktionsverweise sind in konstanten Ausdrücken nicht erlaubt*):

(a) Eine Konstante oder ein Teilobjekt* einer solchen, wobei jeder Index, Indexbereich[90] und Zeichenkettenbereich selbst durch konstante Ausdrücke gegeben sein muß.

(b) Ein Feldkonstruktor[90], bei dem jedes Element sowie die Grenzen und Inkremente impliziter DO–Schleifen Ausdrücke sind, deren Primärausdrücke entweder konstante Ausdrücke oder Schleifenvariable sind.

(c) Ein Strukturkonstruktor[90], dessen Elemente konstante Ausdrücke sind.

(d) Ein Verweis[90] zu einer elementaren intrinsischen Funktion (siehe Kapitel 11.1), wobei jedes Argument einen konstanten Ausdruck darstellen muß.

(e) Ein Verweis[90] zu einer intrinsischen Transformationsfunktion, wobei jedes Argument einen konstanten Ausdruck darstellen muß.

---

* *in FORTRAN 77 nur eine Teilzeichenkette einer symbolischen Konstanten*

(f) Ein Verweis[90] zu einer Feldabfragefunktion[90] (außer ALLOCATED),
zur Bitabfragefunktion (BIT_SIZE[90]), zur Abfragefunktion für Zeichenkettenlängen (LEN) und für Typkennzahlen (KIND[90]), sowie
zu den numerischen Abfragefunktionen, wobei jedes Argument entweder ein konstanter Ausdruck oder aber eine Variable ist, deren
abzufragende Typkennzahl oder Grenzen nicht mittels ALLOCATE–
Anweisung oder Pointerzuweisung festgelegt sind.

(g) Ein konstanter Ausdruck, der in runden Klammern steht.

Je nach dem Datentyp des konstanten Ausdruckes werden konstante CHA-
RACTER-, LOGICAL-, REAL-, COMPLEX- und INTEGER–Ausdrücke unter-
schieden, wobei die drei letzten zur Klasse der konstanten numerischen
Ausdrücke zusammengefaßt werden.

Ein **Initialisierungsausdruck** ist ein konstanter Ausdruck, bei dem
die Potenzierung nur mit ganzzahligen Exponenten erlaubt ist und der folgende Primärausdrücke beinhalten darf (*in FORTRAN 77 ist ein konstanter Ausdruck zugleich Initialisierungsausdruck unter Berücksichtigung der
eben getroffenen Einschränkung bezüglich der Potenzierung*):

(a) Eine Konstante oder ein Teilobjekt einer solchen, wobei jeder Index,
Indexbereich und Zeichenkettenbereich selbst durch Initialisierungsausdrücke gegeben sein muß.

(b) Ein Feldkonstruktor[90], bei dem jedes Element sowie die Grenzen und
Inkremente impliziter DO–Schleifen Ausdrücke sind, deren Primärausdrücke entweder Initialisierungsausdrücke oder Schleifenvariable
sind.

(c) Ein Strukturkonstruktor[90], dessen Elemente selbst Initialisierungsausdrücke sind.

(d) Ein Verweis[90] zu einer elementaren intrinsischen Funktion vom Typ
INTEGER oder CHARACTER, wobei jedes Argument ein Initialisie-
rungsaudruck vom Typ INTEGER oder CHARACTER sein muß.

(e) Ein Verweis[90] zu einer der folgenden intrinsischen Transformationsfunktionen[90]: SELECTED_INT_KIND, SELECTED_REAL_KIND,
REPEAT, RESHAPE, TRANSFER oder TRIM, wobei jedes Argument einen Initialisierungsausdruck darstellen muß.

(f) Ein Verweis[90] zu einer Feldabfragefunktion[90] (außer ALLOCATED),
zur Bitabfragefunktion (BIT_SIZE[90]), zur Abfragefunktion für Zeichenkettenlängen (LEN) und für Typkennzahlen (KIND[90]), sowie
zu den numerischen Abfragefunktionen, wobei jedes Argument entweder ein Initialisierungsausdruck oder aber eine Variable ist, deren

abzufragende Typkennzahl oder Grenzen nicht mittels ALLOCATE–
Anweisung oder Pointerzuweisung festgelegt sind.

(g) Ein Initialisierungsausdruck, der in runden Klammern steht.

Enthält ein Initialisierungsausdruck einen Verweis zu einer Abfragefunktion
bezüglich Typkennzahl oder Feldgrenzen eines Objektes, welches im selben
Spezifikationsteil deklariert wird, so müssen Typkennzahl bzw. Feldgrenzen
dieses Objektes vorher spezifiziert sein. Diese Voraussetzung ist durchaus
erfüllt, wenn die Spezifikation links von der betreffenden Abfragefunktion
innerhalb derselben Anweisung angegeben wird.

Beispiele für Initialisierungsausdrücke:

```
7
(-5 + 12)
('XY'//'YZ') // 'ABC'
SIZE(A)          ! Nur in Fortran 90!
DIGITS(X) + 4    ! Nur in Fortran 90!
```

Bei den beiden letzten Ausdrücken wird vorausgesetzt, daß A ein Feld mit
expliziter Formspezifikation ist und daß X dem Typ DEFAULT REAL angehört.

Beispiele für konstante Ausdrücke, die keine Initialisierungsausdrücke
darstellen:

```
7.0 ** 3.0                       ! kein ganzzahliger Exponent
ABS(-10.0)                       ! kein ganzzahliges Argument
DOT_PRODUCT ((/2,3/),(/1,7/))    ! keine erlaubte Funktion
```

In FORTRAN 77 stellen die beiden letzten Beispiele keine konstan- [77]
ten Ausdrücke dar, da Funktionsverweise nicht erlaubt sind. Weiters ist
DOT_PRODUCT im Standard 77 keine intrinsische Funktion. [77]

Initialisierungsausdrücke haben vor allem ihre Bedeutung bei der Initialisierung von symbolischen Konstanten mittels der PARAMETER–Anweisung sowie von Variablen und benannten Konstanten innerhalb von Typvereinbarungsanweisungen (*nicht in FORTRAN 77!*). Im Gegensatz dazu
darf bei der Initialisierung von Variablen mittels der DATA–Anweisung kein
Ausdruck sondern nur eine Konstante (allenfalls mit Wiederholungsfaktor)
verwendet werden.

6.4.2 SPEZIFIKATIONSAUSDRÜCKE

Spezifikationsausdrücke, welche hauptsächlich im Zusammenhang mit der
Deklaration von Feldern Verwendung finden („Formspezifikation"), stellen

einen Sonderfall der sogenannten **eingeschränkten Ausdrücke** dar. Ein eingeschränkter Ausdruck[90] darf nur intrinsische Operationen und folgende Primärausdrücke beinhalten:

(a) Eine Konstante oder ein Teilobjekt einer solchen, wobei jeder Index, Indexbereich und Zeichenkettenbereich selbst durch eingeschränkte Ausdrücke gegeben sein muß.

(b) Eine Variable als Formalparameter, welche weder das OPTIONAL- noch das INTENT(OUT)–Attribut aufweist, oder eine Variable, welche Teilobjekt eines solchen Formalparameters ist.

(c) Eine Variable eines COMMONBLOCKS oder eine Variable, welche Teilobjekt einer Variable eines COMMONBLOCKS ist.

(d) Eine Variable, welche mittels USE- oder HOST–Zuordnung verfügbar gemacht worden ist, sowie ein Teilobjekt einer solchen.

(e) Ein Feldkonstruktor, bei dem jedes Element sowie die Grenzen und Inkremente impliziter DO–Schleifen Ausdrücke sind, deren Primärausdrücke entweder eingeschränkte Ausdrücke oder Schleifenvariable sind.

(f) Ein Strukturkonstruktor, dessen Elemente eingeschränkte Ausdrücke sind.

(g) Ein Verweis zu einer elementaren intrinsischen Funktion vom Typ INTEGER oder CHARACTER, wobei jedes Argument ein eingeschränkter Audruck vom Typ INTEGER oder CHARACTER sein muß.

(h) Ein Verweis zu einer der intrinsischen Transformationsfunktionen SELECTED_INT_KIND, SELECTED_REAL_KIND, REPEAT, RESHAPE, TRANSFER oder TRIM, wobei jedes Argument einen eingeschränkten Ausdruck vom Typ INTEGER oder CHARACTER darstellen muß.

(i) Ein Verweis zu einer Feldabfragefunktion (außer ALLOCATED), zur Bitabfragefunktion (BIT_SIZE), zur Abfragefunktion für Zeichenkettenlängen (LEN) und für Typkennzahlen (KIND), sowie zu den numerischen Abfragefunktionen, wobei jedes Argument entweder ein eingeschränkter Ausdruck oder aber eine Variable ist, deren abzufragende Typkennzahl oder Grenzen nicht mittels einer ALLOCATE-Anweisung oder Pointerzuweisung festgelegt sind.

(j) Ein eingeschränkter Ausdruck, der in runden Klammern steht.

Ein **Spezifikationsausdruck** ist ein **skalarer** eingeschränkter Ausdruck vom Typ INTEGER. Eine Variable innerhalb eines Spezifikationsausdruckes muß <u>zuvor</u> typisiert werden; andernfalls werden die gerade gültigen Regeln der impliziten Typisierung (entweder durch IMPLICIT-Anweisung oder

FORTRAN–Typkonvention, siehe Kapitel 4.1.1) angewendet. Soferne die Variable in einer späteren Anweisung deklariert wird, muß diese Deklaration der impliziten Typisierung entsprechen.

Enthält ein Spezifikationsausdruck einen Verweis zu einer Abfragefunktion bezüglich Typkennzahl oder Feldgrenzen eines Objektes, welches im selben Spezifikaionsteil deklariert wird, so müssen Typkennzahl bzw. Feldgrenzen dieses Objektes <u>vorher</u> spezifiziert sein. Diese Voraussetzung ist durchaus erfüllt, wenn die Spezifikation links von der betreffenden Abfragefunktion innerhalb derselben Anweisung angegeben wird.

Beispiele für Spezifikationsausdrücke in Fortran 90:

```
LBOUND(X, 1) + 5      ! X ist Formalparameter
                      !    mit angenommener Form
M + LEN(CH)           ! M und CH sind Formalparameter
3 * PRECISION(Y)      ! Y ist vom Typ Real und mittels
                      !    USE-Zuordnung verfügbar gemacht
```

In FORTRAN 77 entartet der Spezifikationsausdruck zu einem ganzzahligen arithmetischen Ausdruck, in dem keine Funktionsverweise zugelassen sind. Aus diesem Grund darf er auch nur ganzzahlige Konstante (literale und symbolische) sowie ganzzahlige Variable beinhalten.   77

6.5 Zuweisungen

Innerhalb des ausführbaren Teiles einer Programmeinheit erfolgt die Zuweisung von Ausdruckswerten an Variable mittels der **Zuweisungsanweisung**, welche wohl die grundlegendste ausführbare Anweisung darstellt. Die allgemeine Form dieser Anweisung ist durch

Variable = Ausdruck

gegeben, wobei unter *Variable* sowohl ein Skalar oder ein Feld[90] als auch ein Teilobjekt von diesen zu verstehen ist (nicht jedoch ein „many–one"–Teilfeld[90]). Der *Variablen* darf keinesfalls das PARAMETER–Attribut zugeteilt sein, das heißt, daß es sich um keine Konstante bzw. um ein Teilobjekt einer Konstanten handeln darf (diese Bedingung stellt sozusagen die Definition einer Variablen dar). Für *Ausdruck* kann ein allgemeiner Ausdruck (im Sinne von Kapitel 6.1) verwendet werden.

Das Gleichheitszeichen innerhalb der Zuweisungsanweisung fungiert zugleich als Trennzeichen (optionale Leerstellen vor und/oder nach dem Gleichheitszeichen sind natürlich erlaubt).

Man unterscheidet intrinsische und definierte[90] Zuweisungen, Pointerzuweisungen[90] und maskierte Feldzuweisungen[90].

6.5.1 Intrinsische Zuweisungen

Wie die Tabelle 6.9 zeigt, sind intrinsische Zuweisungen nicht nur auf die intrinsischen Datentypen beschränkt sondern beinhalten auch Zuweisungsanweisungen bezüglich jener abgeleiteter Datentypen[90], für die keine definierte Zuweisung existiert.

Typ von *Variable*	Typ von *Ausdruck*
INTEGER	INTEGER, REAL, COMPLEX
REAL	INTEGER, REAL, COMPLEX
COMPLEX	INTEGER, REAL, COMPLEX
CHARACTER	CHARACTER mit derselben Typkennzahl[90]
LOGICAL	LOGICAL
abgeleiteter Typ[90]	derselbe abgeleitete Typ

Tabelle 6.9: Typvoraussetzungen der intrinsischen Zuweisung

Bei der intrinsischen Zuweisungsanweisung müssen *Variable* und *Ausdruck* in ihrer Form übereinstimmen und wenn der *Ausdruck* feldwertig ist so muß auch die *Variable* ein Feld sein (umgekehrt ist dies jedoch nicht zwingend der Fall, da *Ausdruck* ein Skalar sein kann, der einem Feld zugewiesen wird). *In FORTRAN 77 sind feldwertige Zuweisungen nicht möglich!*

Bezüglich der Typen von *Variable* und *Ausdruck* sind die in der Tabelle 6.9 angegebenen Bedingungen einzuhalten.

Handelt es sich bei *Variable* um einen Pointer[90], so muß sie einem definierbaren Ziel zugeordnet sein, sodaß die Typen, Typkennzahlen und Formen von *Ausdruck* und Ziel einander entsprechen.

Die Ausführung einer intrinsischen Zuweisungsanweisung bewirkt zunächst, daß sowohl der *Ausdruck* als auch die *Variable* entsprechend ausgewertet werden. (Unter Auswertung der *Variable* ist zu verstehen, daß beispielsweise bei einem Feldelement oder einem Teilfeld[90] die in Form von Ausdrücken gegebenen Indizes bzw. Indexgrenzen berechnet werden müssen.) Dabei ist Voraussetzung, daß die beiden Auswertungen vertauschbar sind, das heißt, daß die Auswertung des *Ausdrucks* (beispielsweise infolge Funktionsaufrufe) die linke Seite der Zuweisungsanweisung nicht verändert und umgekehrt. Erst nach der Auswertung beider Seiten wird der Wert des *Ausdruckes* an die *Variable* zugewiesen (*in FORTRAN 77 gilt dies für Teilzeichenketten nicht unbedingt, siehe Seite 121).* Es wird an *Variable* kein Wert zugewiesen, wenn diese eine Zeichenkette der Länge null[90] oder aber ein Feld der Größe null[90] darstellt. Eine feldwertige[90] Zuweisung erfolgt elementweise, wobei die Reihenfolge dem Compiler überlassen bleibt.

Bei einer **numerischen** intrinsischen Zuweisungsanweisung dürfen *Variable* und *Ausdruck* durchaus unterschiedlichen Datentypen angehören, wobei der *Ausdruck* **nach dessen Auswertung** gemäß Tabelle 6.10 grundsätzlich auf den Datentyp der *Variable* umgewandelt wird. Die intrinsi-

Typ von *Variable*	zugewiesener Wert
INTEGER	INT(*Ausdruck*, KIND=KIND(*Variable*))
REAL	REAL(*Ausdruck*, KIND=KIND(*Variable*))
COMPLEX	CMPLX(*Ausdruck*, KIND=KIND(*Variable*))
DOUBLE PRECISION[77]	DBLE(*Ausdruck*)[77]

Tabelle 6.10: Typkonversion bei numerischer intrinsischer Zuweisung

schen generischen Funktionen INT, REAL, CMPLX und DBLE, die in der Tabelle 6.10 angegeben sind, veranschaulichen die implizit vorgenommene Typkonversion bei der intrinsischen Zuweisung; sie können natürlich auch explizit verwendet werden, was oftmals im Sinne eines übersichtlichen Programmierens ist. *FORTRAN 77 kennt den Parameter „KIND=" bei den Funktionen INT, REAL und CMPLX nicht!*

Der in FORTRAN 77 durchaus nicht redundante Datentyp DOUBLE PRECISION kann bei der Zuweisungsanweisung sehr wohl in Verbindung mit dem Datentyp COMPLEX verwendet werden (im Gegensatz dazu dürfen diese beiden Datentypen <u>innerhalb</u> eines Ausdruckes nicht vermischt werden!). Es ist allerdings zu beachten, daß die Funktion DBLE immer (auch in Fortran 90) auf den Typ DOUBLE PRECISION konvertiert und daher im Falle eines Ausdruckes vom Typ COMPLEX den Imaginärteil unberücksichtigt läßt.

[77]

[77]

Beispiele für numerische intrinsische Zuweisungen:

```
X = 3.14 * Y + Z  ! X, Y, Z beliebiger numerischer Typ
                  ! (Ausnahme: in FORTRAN 77 darf Y nicht
                  ! Complex sein, wenn Z Double Precision
                  ! ist, und umgekehrt)
! Die folgenden Beispiele gelten nur in Fortran 90:
A = B                   ! A und B sind konforme Felder
```

```
A = 3.14 * X**Y            ! A ist ein Feld, X, Y sind Skalare
A(1:10,:) = B(3:12,:)      ! A und B sind Felder mit denselben
                           ! Ausdehnungen in der 2. Dimension
A(1:10,4) = A(10:1:-1,4)
```

Das letzte Beispiel zeigt, daß bei einer Zuweisung eines Teilobjektes durchaus dieselben Feldelemente beteiligt sein können, ohne die Bedingung der Vertauschbarkeit der Auswertung von linker und rechter Seite zu verletzen. Das folgende (*auch in FORTRAN 77 relevante*) Beispiel zeigt eine verbotene Beeinflussung der beiden Seiten einer Zuweisungsanweisung:

```
A(I) = 27.5 * F(I)    ! Annahme: F verändert das Argument
```

Wenn der Aufruf einer Funktionsprozedur den Wert eines seiner Argumente verändert, spricht man von einem sogenannten **Nebeneffekt**; in obigem Beispiel ist dieser Nebeneffekt verboten, da er die Auswertung von A(I) manipuliert.

Bei **logischen** intrinsischen Zuweisungen, bei welchen die Typkennzahlen[90] von *Variable* und *Ausdruck* nicht übereinstimmen, wird der *Ausdruck* auf die Typkennzahl der *Variablen* konvertiert.

Beispiel einer logischen intrinsischen Zuweisung:

```
LOGV1 = (L1 .AND. .NOT.L2) .OR. (A .GE. B)
```

Intrinsische CHARACTER–Zuweisungsanweisungen erfordern die Übereinstimmung der Typkennzahlen[90] von *Variable* und *Ausdruck*. Bei unterschiedlichen Längenspezifikationen gilt:

- Ist die Länge der *Variablen* kleiner als jene des *Ausdruckes*, so wird dessen Wert rechts abgeschnitten.

- Ist die Länge der *Variablen* größer als die des *Ausdruckes*, so wird dessen Wert rechtsseitig mit einem bestimmten Zeichen aufgefüllt. Dieses Füllzeichen ist das Blank, wenn es sich um den Datentyp DEFAULT CHARACTER handelt, andernfalls ist es vom Compiler abhängig.

Beispiele für Zeichenkettenzuweisungen:

```
CH1 = 'ABC '//CH2(1:5)
CH1(1:5) = CH1(6:8)//'XY'
CH1(1:10) = CH1(6:15)    ! Nicht in FORTRAN 77!
```

In FORTRAN 77 dürfen dieselben Zeichenpositionen nicht in beiden Seiten der Zuweisungsanweisung auftreten!

Eine intrinsische Zuweisung für einen **abgeleiteten Datentyp**[90] erfolgt so, als ob die Werte der einzelnen Komponenten des *Ausdrucks* den entsprechenden Komponenten von *Variable* mittels der erforderlichen Zuweisungsart (Pointerzuweisung für Pointer und intrinsische Zuweisung für Komponenten, welche keinen Pointer darstellen) zugewiesen würden. Die Reihenfolge der Zuweisungen für die einzelnen Komponenten ist vom Compiler abhängig.

6.5.2 POINTERZUWEISUNGEN

Die Pointerzuweisungsanweisung[90] dient in erster Linie dazu, einem Pointer ein Ziel zuzuordnen (siehe auch Kapitel 4.5); andererseits kann sie bewirken, daß der Zuordnungsstatus eines Pointers die Werte „nicht zugeordnet" bzw. „nicht definiert" erhält. Die Pointerzuweisungsanweisung hat folgende allgemeine Form:

Pointer-Objekt => Ziel

Dabei gelten folgende Bedingungen:

- Das *Pointer-Objekt* muß das POINTER–Attribut aufweisen.

- *Ziel* kann sowohl eine Variable als auch ein Ausdruck sein und muß denselben Typ, dieselbe Typkennzahl und denselben Rang wie der Pointer haben.

- Ist das *Ziel* eine Variable (oder ein Teilobjekt einer solchen), so muß dieser entweder das POINTER- oder das TARGET–Attribut zugeordnet sein.

- Das *Ziel* darf kein <u>mittels Indexvektoren</u> spezifiziertes Teilfeld sein.

- Wenn das *Ziel* durch einen Ausdruck gegeben ist, muß dessen Auswertung ein Pointerergebnis liefern.

Wenn das *Ziel* kein Pointer ist, erfolgt eine Zuweisung des *Pointer-Objekts* zu dem *Ziel*. Ist das *Ziel* ein <u>zugeordneter</u> Pointer, erfolgt die Zuordnung von *Pointer-Objekt* zu dessen Ziel. Stellt das *Ziel* einen Pointer mit Zuordnungsstatus „nicht zugeordnet" oder „nicht definiert" dar, so übernimmt das *Pointer-Objekt* diesen Zuordnungsstatus.

Eine zuvor bestehende Zuordnung von *Pointer-Objekt* mit einem Ziel wird durch eine Pointerzuweisungsanweisung aufgehoben.

Eine Pointerzuweisung erfolgt auch (implizit) durch die Ausführung einer intrinsischen Zuweisungsanweisung betreffend einen abgeleiteten Datentyp für alle Pointer–wertigen Komponenten (siehe voriges Kapitel). Weiters kann eine definierte Zuweisungsanweisung (nächstes Kapitel) eine Pointerzuweisung bewirken.

Die Zuordnung eines Pointers zu einem Ziel kann auch durch Zuteilung des Pointers (ALLOCATE–Anweisung, siehe Kapitel 5.3.3) erfolgen.

Ein Pointer darf grundsätzlich nur dann referenziert oder definiert werden, wenn er einem Ziel zugeordnet ist, das selbst referenzierbar oder definierbar ist.

Beispiele für Pointerzuweisungsanweisungen:

```
NEUER_KNOTEN % LINKS => AKTUELLER_KNOTEN
POINTER_A => STRUKTUR % SUB_STRUKTUR % KOMPONENTE_A
REIHE => MATRIX_2D(N,:)
FENSTER => MATRIX_2D(I-1:I+1, J-1:J+1)
POINTER_B => POINTER_FUNKTION_A(ARG_1, ARG_2)
POINTER_C => VEKTOR(1:N:2)
```

Pointerzuweisungen existieren in FORTRAN 77 nicht!

6.5.3   DEFINIERTE ZUWEISUNGEN

Eine definierte[90] Zuweisungsanweisung ist eine nicht intrinsische Zuweisungsanweisung, welche innerhalb eines INTERFACE–Blocks unter der Angabe von ASSIGNMENT (=) in einer Prozedur definiert wird.

Für die Spezifikation einer definierten Zuweisung $x = y$ gelten folgende Voraussetzungen:

- Die Prozedur muß mittels SUBROUTINE- oder ENTRY–Anweisung mit genau zwei Formalparametern vereinbart werden.

- Das erste Argument muß eines der Attribute INTENT(OUT) oder INTENT(INOUT) und das zweite Argument das Attribut INTENT(IN) aufweisen.

- In einem INTERFACE–Block mit dem Schlüsselwort ASSIGNMENT (=) muß der Prozedur eine *generische Spezifikation* zugeordnet werden.

- Bei der Verwendung der definierten Zuweisung $x = y$ müssen der Datentyp und gegebenenfalls auch die Typkennzahl von x und y mit dem Datentyp (und Typkennzahl) des entsprechenden Formalparameters übereinstimmen.

- Gegebenenfalls müssen auch Rang und Form von x und y mit Rang und Form des entsprechenden Formalparameters übereinstimmen.

Es ist zu beachten, daß eine definierte Zuweisung keine intrinsische Zuweisung für intrinsische Datentypen (das sind Zuweisungen zwischen Objekten, welche beide entweder dem numerischen oder dem logischen oder einem CHARACTER–Typ mit derselben Typkennzahl angehören) neu spezifizieren darf. Gehören die in einer definierten Zuweisung spezifizierten Objekte beiderseits des Gleichheitszeichens ein- und demselben abgeleiteten Datentyp

an, spricht man von einer Erweiterung oder Neudefinition der Zuweisung
(die jedoch an sich redundant ist, da Daten ein- und desselben abgeleiteten
Typs mittels intrinsischer Zuweisung zuweisbar sind).

Das folgende Beispiel soll die Verwendung der definierten Zuweisung
näher beleuchten:

```
INTERFACE ASSIGNMENT (=)
   SUBROUTINE BIT_ZU_NUMERISCH (N, L)
      INTEGER, INTENT(OUT) :: N
      LOGICAL, INTENT(IN)  :: L(:)
   END SUBROUTINE BIT_ZU_NUMERISCH
   SUBROUTINE ZEICHENKETTE_ZU_VARSTRING (S, CH)
      USE STRING_MODUL    ! definiert den Typ STRING
      TYPE(STRING), INTENT(OUT) :: S    ! variable Länge
      CHARACTER (*), INTENT(IN) :: CH   ! angenommene Länge
   END SUBROUTINE ZEICHENKETTE_ZU_VARSTRING
END INTERFACE
```

In jener Programmeinheit, welche den obigen INTERFACE–Block enthält,
können beispielsweise folgende Zuweisungen vorkommen:

```
GANZE_ZAHL = LOG_FELD(I:K)
VAR_STRING = '1234ABC'
```

Das infolge dieser Zuweisungen involvierte jeweilige Kalkül wird selbstverständlich erst durch den Inhalt der beiden SUBROUTINE–Unterprogramme bestimmt.

Die Verwendung einer definierten Zuweisung ist vollkommen äquivalent
mit dem direkten Aufruf der sie definierenden Prozedur, indem das links
vom Gleichheitszeichen stehende Objekt als erster aktueller Parameter und
der in runde Klammern gesetzte rechte Teil der Zuweisung als zweiter aktueller Parameter verwendet wird. Den beiden obigen Zuweisungen würden
demnach die beiden folgenden Aufrufe entsprechen:

```
CALL BIT_ZU_NUMERISCH ( GANZE_ZAHL, (LOG_FELD(I:K)) )
CALL ZEICHENKETTE_ZU_VARSTRING ( VAR_STRING, ('1234ABC') )
```

Sinnvolle Anwendungen definierter Zuweisungen sind — wie bei den
definierten Operatoren — vor allem im Zusammenhang mit abgeleiteten
Datentypen gegeben. Bei den beiden angegebenen Beispielen, welche der
Einfachheit halber Zuweisungen zwischen den Datentypen LOGICAL und
INTEGER definieren, ist ein expliziter Prozeduraufruf der definierten Zuwei-
sung zwecks Übersichtlichkeit sicherlich vorzuziehen, da der Prozedurname

— im Gegensatz zum Gleichheitszeichen — einen gewissen Aufschluß über die Art der „Zuweisung" gibt.

In FORTRAN 77 gibt es keine definierten Zuweisungen!

6.5.4 MASKIERTE FELDZUWEISUNGEN

Mittels einer maskierten Feldzuweisung[90] ist es möglich, die Auswertung von Ausdrücken und deren Feldzuweisung über einen feldwertigen logischen Ausdruck zu beeinflussen. Die maskierte Feldzuweisung ist sowohl in Form einer Anweisung

WHERE (*Maskenausdruck*) *Zuweisungsanweisung*

als auch mittels eines Konstruktes realisierbar:

WHERE (*Maskenausdruck*)

[*Zuweisungsanweisung*]

. . .

[ELSEWHERE

[*Zuweisungsanweisung*]

. . .   ]

END WHERE

Der *Maskenausdruck* und jede in einer *Zuweisungsanweisung* zu definierende Variable müssen dieselbe Form aufweisen. Die im Zusammenhang mit WHERE verwendeten *Zuweisungsanweisungen* dürfen keine definierten Zuweisungen sein.

```
!   WHERE-Anweisung:
WHERE (GEWICHT > 100.0) GEWICHT = GEWICHT - GEW_REDUKT
!   WHERE-Konstrukt:
WHERE (GESCHW <= 30.0)
   GESCHW = GESCHW + GESCHW_INKR
   ZEIT = ZEIT - 3.0
ELSEWHERE
   BESCHLEUNIGUNG = .FALSE.
END WHERE
```

Der *Maskenausdruck* wird grundsätzlich zu Beginn der Ausführung einer WHERE–Anweisung bzw. eines WHERE–Konstruktes ausgewertet und gespeichert, sodaß eine durch die *Zuweisungsanweisungen* bedingte Änderung von Variablenwerten, welche im *Maskenausdruck* verwendet werden, durchaus erlaubt ist und keinen Einfluß auf die Maskierung hat.

Beinhaltet ein Ausdruck einer *Zuweisungsanweisung* einen Verweis zu einer nicht elementaren Funktion (siehe Kapitel 11.1), so wird diese zunächst ohne Maskierung ausgewertet. Ist das Ergebnis ein Feld (und nicht selbst Argument einer nicht elementaren Funktion), werden alle Elemente, für die der *Maskenausdruck* wahr ist (im ELSEWHERE–Zweig: falsch ist) für die Auswertung des Ausdruckes herangezogen.

Bei intrinsischen Operationen sowie Referenzen zu elementaren Funktionen innerhalb eines Ausdruckes einer *Zuweisungsanweisung* (die aber keine Argumente einer nicht elementaren Funktion sein dürfen) werden die Operationen bzw. Funktionsverweise nur für jene durch die Maskierung definierten Elemente ausgeführt. Das folgende Beispiel soll dies näher erläutern:

```
WHERE (X > 0.0)          ! X ist ein Feld beliebiger Form
   X = LOG(X)            ! Aufruf von LOG nur für positives X
   X = X / SUM(LOG(X))   ! Aufruf von LOG für alle Elemente
END WHERE
```

In der zweiten Zuweisung des WHERE–Konstruktes wird die (elementare) Funktion LOG für alle Elemente des Feldes X ausgewertet, da sie als Argument der nicht elementaren Funktion SUM (siehe Kapitel 11.4.8) auftritt. Dessen ungeachtet werden ausschließlich jene Feldelemente von X verändert, welche zu Beginn der Ausführung des WHERE–Konstruktes die Maskenbedingung erfüllen.

Abschließend sei noch bemerkt, daß die Leerstelle in der Anweisung END WHERE optional ist (es ist somit auch die Form ENDWHERE erlaubt), während bei der ELSEWHERE–Anweisung keine anderer Schreibweise gestattet ist.

Die WHERE–Anweisung und das WHERE–Konstrukt gibt es in FORTRAN 77 nicht!

7

Steuerung des Programmablaufes

Zur Steuerung des Programmablaufes stehen in FORTRAN einerseits die Blockstrukturen IF, CASE[90] und DO und andererseits einige eigenständige ausführbare Anweisungen zur Verfügung. Beim DO–Konstrukt, welches in Fortran 90 essentielle Erweiterungen erfahren hat, gibt es neben der Blockform auch eine ungeblockte Form[V].

7.1   Ausführbare Blockstrukturen

Ein **Block** besteht aus einer Reihe ausführbarer Konstrukte oder Anweisungen und wird als Einheit behandelt. Es ist zu bemerken, daß ein Block auch leer sein darf (ein solcher ist allerdings redundant). Blöcke sind grundsätzlich zwischen zwei spezifische Anweisungen eingebettet und dürfen[90] (müssen aber nicht) namentlich bezeichnet werden. (*In FORTRAN 77 kann den beiden vorhandenen Blockstrukturen, dem Block–IF und der geblockten Form der DO–Schleife, kein Name zugeteilt werden.*)

Beispiel für ein unbenanntes, einen Block formendes Konstrukt:

```
IF (X .GT. 0.0) THEN
   Y = SQRT (X)    ! Diese beiden Anweisungen
   Z = LOG (X)     ! stellen den Block dar!
END IF
```

Wird eine Bezeichnung vorgenommen, muß der Name (FORTRAN–Name, siehe Kapitel 3.3) die erste lexikalische Basiseinheit in der Kopfanweisung und die letzte lexikalische Basiseinheit des gesamten Konstruktes sein. Im fixen Quelltext–Format darf der innerhalb der Kopfzeile stehende Name erst ab der Spalte 7 beginnen.

Eine Anweisung zählt zu dem innersten Konstrukt, in welchem sie aufscheint, soferne sie selbst keinen Konstruktnamen trägt; in diesem Fall zählt sie zu dem Konstrukt mit demselben Namen.

Es ist prinzipiell **verboten**, von außen in das Innere eines Blocks zu springen; Verzweigungen innerhalb eines Blocks sowie Sprünge nach außen sind jedoch gestattet. Weiters sind selbstverständlich Verweise zu SUBROUTINE- und Funktions–Unterprogrammen innerhalb von Blöcken erlaubt.

7.1.1 IF–KONSTRUKT

Bei dem im allgemeinen Fall aus einer beliebigen Anzahl von Blöcken bestehenden IF–Konstrukt wird grundsätzlich höchstens ein Block durchlaufen.

> [*IF-Konstrukt-Name :*] IF (*skalar-logAusdr*) THEN
> *IF-Block*
> [ELSE IF (*skalar-logAusdr*) THEN [*IF-Konstrukt-Name*]
> *ELSE IF-Block*
> [ELSE IF (*skalar-logAusdr*) THEN [*IF-Konstrukt-Name*]
> *ELSE IF-Block*]
> …]
> [ELSE [*IF-Konstrukt-Name*]
> *ELSE-Block*]
> END IF [*IF-Konstrukt-Name*]

Es soll in Erinnerung gerufen werden, daß die Leerstellen innerhalb der Bezeichnungen ELSE IF und END IF auch weggelassen werden können (siehe Tabelle 3.2 auf Seite 13). Aus Konsistenzgründen wird in diesem Buch bei Schlüsselwörtern mit optionalem Blank die Form mit dem Leerzeichen gewählt. Der Leser soll sich deshalb keineswegs bevormundet fühlen und sei durchaus darin bestärkt, seine eigene Ansicht über das Problem „Leerzeichen, ja oder nein?" in seinen FORTRAN–Programmen zu dokumentieren.

Bezüglich der Namensgebung[90] gelten folgende Regeln:

- *IF-Konstrukt-Name* muß ein FORTRAN–Name (Kapitel 3.3) sein.

- Wird in der IF–Anweisung (Kopfzeile des IF–Konstruktes) ein Name vergeben, so muß derselbe Name in der entsprechenden END IF–Anweisung angegeben werden.

- Die END IF–Anweisung darf nur einen Namen beinhalten, wenn auch die entsprechende IF–Anweisung diesen Namen trägt.

- Wenn dem Konstrukt ein Name zugeordnet worden ist, ist die Angabe desselben Namens in allenfalls vorhandenen ELSE IF–Anweisungen sowie in der optionalen ELSE–Anweisung erlaubt.

Bei der Ausführung eines IF–Konstruktes werden die skalaren logischen Ausdrücke („*skalar-logAusdr*") in der angegebenen Reihenfolge ausgewertet. Sobald einer dieser Ausdrücke wahr ist, wird der unmittelbar anschließende Block durchlaufen und die Ausführung des Konstruktes abgeschlossen (das heißt, daß weitere allenfalls vorhandene ELSE IF–Anweisungen gar nicht mehr untersucht werden). Ist keiner der logischen Ausdrücke wahr, so wird beim Vorhandensein eines ELSE–Zweiges der ELSE–Block ausgeführt.

Eine ELSE IF- und ELSE–Anweisung darf prinzipiell kein Ziel einer Verzweigung sein (beispielsweise mittels GO TO–Anweisung, siehe Kapitel 7.2.2). Es ist jedoch erlaubt, auf eine mit einer Anweisungsmarke versehene END IF–Anweisung zu verzweigen, wobei der Ausgangspunkt der Verzweigung innerhalb des entsprechenden IF–Konstruktes liegen sollte (aber auch außerhalb von diesem liegen darf[V]).

Beispiele zum IF–Konstrukt

```
IF (X .GT. 0) THEN
    Y = Z/X + 5.0
    IF (Y .LT. -1.0) THEN
        U = Y
        X = Y**2
    END IF
ELSE IF (Z .GT. 0) THEN
    Y = X/Z
    U = -Y
ELSE
    Y = ABS (MAX (X, Z))
    U = 0
END IF
! Das folgende Beispiel gilt nur in Fortran 90:
FEHLER_PRUEFUNG: IF (FEHLER < EPSILON) THEN
    WRITE (3,*) 'Fehlergrenze erreicht'
    CALL SCHLUSS_BEARBEITUNG
ELSE
    NAECHSTE_ITERATION = .TRUE.
END IF FEHLER_PRUEFUNG
```

Neben dem IF–Konstrukt gibt es noch zwei Formen der IF–Anweisung, welche im Kapitel 7.2 besprochen werden.

In FORTRAN 77 ist keine Namensgebung für ein IF–Konstrukt möglich.

7.1.2   CASE–Konstrukt

Wie beim IF–Konstrukt wird auch beim CASE–Konstrukt[90] höchstens ein Block ausgeführt; der wesentlichste Unterschied zum BLOCK–IF besteht darin, daß hier nur ein Ausdruck ausgewertet und für die weitere Interpretation herangezogen wird.

[*CASE-Konstrukt-Name :*] SELECT CASE (*CASE–Ausdruck*)
CASE (*CASE-Wertebereichs-Liste*) [*CASE-Konstrukt-Name*]
  CASE–Block
[CASE (*CASE-Wertebereichs-Liste*) [*CASE-Konstrukt-Name*]
  CASE–Block
[...]]
[CASE DEFAULT [*CASE-Konstrukt-Name*]
  DEFAULT–Block]
END SELECT [*CASE-Konstrukt-Name*]

Es ist hervorzuheben, daß der optionale *DEFAULT–Block* nicht der letzte
Block innerhalb eines CASE–Konstruktes sein muß sondern an beliebiger
Stelle auftreten kann. Das Leerzeichen innerhalb der Anweisung END SE-
LECT ist optional.

Der *CASE–Ausdruck* muß skalar sein und kann den Typen INTEGER,
LOGICAL oder CHARACTER angehören. Der *CASE–Wertebereich* kann eine
der folgenden Formen aufweisen:

  CASE–Wertebereich: { *Wert* [:] | : *Wert* | *Wert* : *Wert* }

Die *Werte* innerhalb aller CASE–Anweisungen eines CASE–Konstruktes
müssen demselben Datentyp angehören wie der *CASE–Ausdruck*; beim
Typ CHARACTER dürfen die Längen der Zeichenketten unterschiedlich sein
(nicht jedoch deren Typkennzahlen). Weiters dürfen einander die einzelnen *CASE–Wertebereiche* nicht überlappen, das heißt, daß für den *CASE–
Ausdruck* kein Wert möglich sein darf, welcher in mehr als einem Wertebereich enthalten ist. Gehört der *CASE–Ausdruck* dem logischen Datentyp
an, so dürfen die *CASE–Wertebereiche* nur jeweils aus einem einzelnen
Wert bestehen (eine „echte" Bereichsangabe mittels Doppelpunkt ist hier
nicht möglich).

Bezüglich der Benennung eines CASE–Konstruktes (innerhalb der SE-
LECT CASE–Anweisung) und der Angabe von *CASE-Konstrukt-Name* in
den Anweisungen CASE und END SELECT sind sinngemäß dieselben Regeln wie für das IF–Konstrukt auf Seite 128 anzuwenden.

Bei der Ausführung eines CASE–Konstruktes wird zunächst der *CASE–
Ausdruck* ausgewertet, wobei dessen Wert als CASE–INDEX („*CI*") bezeichnet wird. Eine Übereinstimmung mit einem *CASE–Wertebereich* ist dann
gegeben, wenn der CASE–INDEX mit einem darin enthaltenen *Wert* übereinstimmt. In diesem Fall wird der unmittelbar anschließende *CASE–Block*
ausgeführt und die Ausführung des CASE–Konstruktes abgeschlossen. Ergibt sich mit keinem *CASE–Wertebereich* eine Übereinstimmung, wird gegebenenfalls der *DEFAULT–Block* ausgeführt.

In den folgenden Fällen wird eine CASE–Bedingung erfüllt:

(a) Wenn der *Wertebereich* nur einen einzelnen Wert W beinhaltet und im Fall eines logischen Datentyps der Ausdruck CI .EQV. W bzw. für die Datentypen INTEGER und CHARACTER der Ausdruck CI .EQ. W wahr ist.

(b) Wenn der *Wertebereich* in der Form $W_1 : W_2$ gegeben ist und der Ausdruck W_1 .LE. CI .AND. CI .LE. W_2 wahr ist.

(c) Wenn der *Wertebereich* die Form $W_1 :$ aufweist und der Ausdruck W_1 .LE. CI wahr ist.

(d) Wenn der *Wertebereich* die Form $: W_2$ hat und der Ausdruck CI .LE. W_2 wahr ist.

Bei der Verwendung von *CASE–Wertebereichen* vom Typ CHARACTER ist zu beachten, daß für die oben angegebenen Vergleichsoperationen die FORTRAN–spezifische Sortierreihenfolge des Datentyps CHARACTER maßgebend ist (siehe Seite 31).

Eine CASE–Anweisung darf grundsätzlich kein Ziel einer Verzweigung sein; es ist hingegen erlaubt, aus dem Inneren eines CASE–Konstruktes zur zugehörigen END SELECT-Anweisung zu verzweigen, welche zu diesem Zweck mit einer Anweisungsmarke versehen sein muß.

Beispiele zum CASE–Konstrukt

Das folgende Beispiel zeigt eine Nachbildung der Signumfunktion:

```
INTEGER FUNCTION SIGNUM (I)
SELECT CASE (I)
CASE (:-1)
   SIGNUM = -1
CASE (0)
   SIGNUM = 0
CASE (1:)
   SIGNUM = 1
END SELECT
END
```

Ein Programmabschnitt, welcher eine Zeichenkettenvariable hinsichtlich konsistenter Klammernsetzung überprüft:

```
CHARACTER (LEN=80) :: ZEILE
   ⋮
I_EBENE = 0
```

```
DO I = 1,80
   KLAMMER_PRUEFUNG: SELECT CASE (ZEILE (I:I))
   CASE ('(')
      I_EBENE = I_EBENE + 1
   CASE (')')
      I_EBENE = I_EBENE - 1
      IF (I_EBENE .LT. 0) THEN
         PRINT *, 'ZUMINDEST EINE RECHTE KLAMMER ZUVIEL'
         EXIT        ! beendet die DO-Schleife
      END IF
   END SELECT KLAMMER_PRUEFUNG
END DO
IF (I_EBENE .GT. 0) PRINT *, 'FEHLENDE RECHTE KLAMMER(N)'
```

Die drei folgenden Programmteile sind äquivalent:

```
!  Block-IF:
IF (NUMMER .EQ. 5) THEN
   CALL NUM5
ELSE
   CALL NOT5
END IF
!  CASE-Konstrukt mit logischem Ausdruck:
SELECT CASE (NUMMER .EQ. 5)
CASE (.TRUE.)
   CALL NUM5
CASE (.FALSE.)
   CALL NOT5
END SELECT
!  CASE-Konstrukt mit ganzzahligem Ausdruck:
SELECT CASE (NUMMER)
CASE DEFAULT
   CALL NOT5
CASE (5)
   CALL NUM5
END SELECT
```

Das folgende Beispiel verwendet eine *CASE-Wertebereichs-Liste*:

```
SELECT CASE (CH)    ! CH ist vom Typ Character
CASE ('A':'H', 'O':'Z')
   REELLER_TYP = .TRUE.
```

```
CASE ('I':'N')
   GANZZAHL_TYP = .TRUE.
CASE DEFAULT
   UNBEKANNTER_TYP = .TRUE.
END SELECT
```

In FORTRAN 77 gibt es das CASE–Konstrukt nicht. Als Alternative dazu kann einerseits das BLOCK–IF und andererseits die COMPUTED GO TO–Anweisung[77] verwendet werden. Letztere bietet — mit gewissen Einschränkungen — eine ähnliche Funktionalität wie ein CASE–Konstrukt mit ganzzahligem *CASE–Ausdruck*.

7.1.3 DO–KONSTRUKT

Das DO–Konstrukt ermöglicht die wiederholte Ausführung einer Reihe ausführbarer Anweisungen und Konstrukte („Schleife") ohne die Angabe expliziter Sprungbefehle. Die Anweisungen EXIT[90] und CYCLE[90] können zur Modifikation der Ausführung einer solchen Schleife dienen.

Die Kontrolle über die Anzahl der Schleifendurchläufe (Iterationen) kann entweder über eine sogenannte Schleifenvariable („*DO-Variable*") vom Datentyp INTEGER (oder DEFAULT REAL[V] oder DOUBLE PRECISION REAL[V]) oder über einen logischen Ausdruck[90] innerhalb der DO–Anweisung (das ist die Kopfzeile des DO–Konstruktes) erfolgen. Es kann aber auch auf eine „explizite" Kontrolle verzichtet werden[90], indem die maximale Iterationszahl nicht beschränkt wird (die Beendigung der DO–Schleife muß dann durch eine Abbruchbedingung innerhalb des DO–Blocks gewährleistet sein).

Beim DO–Konstrukt unterscheidet man zwei Arten: die sogenannte Blockform und die nicht geblockte Form[V]. Es ist bei beiden Realisierungen verboten, von außen in eine DO–Schleife zu springen. Es ist allerdings erlaubt, auf die letzte Anweisung eines DO–Konstruktes (das ist bei der Blockform die dem DO–Block folgende CONTINUE- oder END DO–Anweisung und bei der ungeblockten Form die sogenannte „DO–Terminierungsanweisung"), soferne der Ausgangspunkt der Verzweigung innerhalb der betreffenden DO–Schleife liegt.

Blockform des DO–Konstruktes

Wie die anderen Blockstrukturen ist auch die Blockform des DO–Konstruktes dadurch gekennzeichnet, daß der DO–Block zwischen zwei spezifischen Anweisungen steht: es wird durch die DO–Anweisung eingeleitet und mittels einer END DO– oder CONTINUE–Anweisung abgeschlossen (diese beiden Anweisungen sind jedoch keineswegs beliebig austauschbar). Ein geblocktes DO–Konstrukt ist mit oder ohne[90] Verwendung einer Anweisungsmarke realisierbar.

[*DO-Konstrukt-Name* :] DO [*Label*] [*Schleifenkontrolle*]

   DO-Block

$$\left\{ \begin{array}{l} [\ \mathit{Label}\ ]\ \text{END DO}\ [\ \mathit{DO\text{-}Konstrukt\text{-}Name}\ ] \\ \mathit{Label}\ \text{CONTINUE} \end{array} \right\}$$

Das Leerzeichen innerhalb der Bezeichnung END DO ist optional. Wenn die END DO–Anweisung eine Anweisungsmarke aber keine Namensbezeichnung beinhaltet, hat sie dieselbe Bedeutung wie die CONTINUE–Anweisung.

Ein mittels *DO-Konstrukt-Name* in der DO–Anweisung benanntes[90] DO–Konstrukt muß mit einer END DO–Anweisung[90] abgeschlossen werden (und <u>nicht</u> mit CONTINUE), welche ebenfalls die Namensbezeichnung zu beinhalten hat. *DO-Konstrukt-Name* muß ein FORTRAN–Name (siehe Kapitel 3.3) sein.

Ein DO–Konstrukt ohne Anweisungsmarke[90] muß grundsätzlich mit einer END DO–Anweisung[90] abgeschlossen werden (die CONTINUE–Anweisung ist in diesem Fall nicht erlaubt).

Die optionale[90] *Schleifenkontrolle* kann folgende Formen annehmen (*in FORTRAN 77 ist die erste Form zwingend*):

$$\text{\textit{Schleifenkontrolle}:} \left\{ \begin{array}{l} [\ ,\ ]\ \mathit{DO\text{-}Variable} = \mathit{Start},\ \mathit{Ende}\ [,\ \mathit{Inkrem}\ ] \\ [\ ,\ ]\ \text{WHILE}\ (\ \mathit{skalar\text{-}log\text{-}Ausdruck}\ ) \end{array} \right\}$$

Die *DO-Variable* sowie die Ausdrücke für *Start*, *Ende* und *Inkrement* müssen skalar und vom Typ INTEGER (oder DEFAULT REAL[V] oder DOUBLE PRECISION REAL[V]) sein.

In FORTRAN 77 muß die DO–Anweisung einen Label definieren und darf keinen *DO-Konstrukt-Namen* beinhalten. Die *Schleifenkontrolle* kann ausnahmslos nur über die *DO-Variable* erfolgen und das DO–Konstrukt muß grundsätzlich durch eine mit dem entsprechenden Label versehene Anweisung abgeschlossen werden (in der Blockform muß dies die CONTINUE–Anweisung sein).   77

Ungeblocktes DO–Konstrukt

Da das ungeblockte[V] DO–Konstrukt in Fortran 90 als veraltet gilt, soll es nur in aller Kürze beschrieben werden; auf eine Beschreibung ganz zu verzichten wäre jedoch wegen der doch recht häufigen Verwendung in bestehenden FORTRAN 77–Programmen nicht angebracht. Nichtsdestoweniger soll ausdrücklich von einer Anwendung dieser überholten Form der DO–Schleife abgeraten werden.

Die nicht geblockte Form einer DO–Schleife setzt jedenfalls voraus, daß in der DO–Anweisung eine Anweisungsmarke definiert und dem DO–Konstrukt kein Name zugeordnet wird. Ein solchermaßen eingeleitetes DO–Konstrukt hat in folgenden Fällen keine Blockform:

- Wenn die den entsprechenden Label tragende Anweisung („DO–Terminierungsanweisung") weder eine CONTINUE- noch eine END DO-Anweisung[90] ist.

- Wenn auf ein- und dieselbe Anweisungsmarke von mehr als einer DO–Anweisung verwiesen wird (gemeinsame DO–Terminierungsanweisung für sogenannte „geschachtelte" DO–Schleifen).

Die DO–Terminierungsanweisung darf jede, kein Konstrukt einleitende, ausführbare Anweisung mit Ausnahme der folgenden sein: GO TO, RETURN, STOP, EXIT[90], CYCLE[90], END, END FUNCTION[90], END SUBROUTINE[90], END PROGRAM[90], ARITHMETISCHES IF[V], ASSIGNED GO TO[V]. Eine Verzweigung auf eine gemeinsame DO–Terminierungsanweisung darf ausschließlich von der innersten Schleife aus erfolgen.

Das folgende, auch im Standard 77 gültige Beispiel soll den Unterschied zwischen der ungeblockten[V] und der entsprechenden geblockten Form eines DO–Konstruktes veranschaulichen:

```
      DO 50, I=1,100,4              DO 50, I=1,100,4
          DO 30, J=1,10                DO 35, J=1,10
              DO 30, K=1,5                 DO 31, K=1,5
                  ⋮                            ⋮
                                  30           A(I,J,K) = ...
                                  31           CONTINUE
  30              A(I,J,K) = ...   35       CONTINUE
          DO 50, J=5,30                DO 40, J=5,30
                  ⋮                            ⋮
                                  40           CONTINUE
  50              CONTINUE         50   CONTINUE
```

Alle DO–Schleifen des linken Beispiels, welche durchwegs ungeblockt sind, wurden rechts in Blockstrukturen umgewandelt, indem jedes DO–Konstrukt einen eigenen Label zugeordnet hat, der eine CONTINUE–Anweisung kennzeichnet. (Das Komma nach DO *Label* ist optional.) Bei einer solchen Umwandlung muß das unterschiedliche Verhalten der beiden Formen bezüglich allenfalls vorhandener Sprünge auf das Schleifenende berücksichtigt werden, weshalb der Label 30 im rechten Programmbeispiel bei der Zuweisungsanweisung A(I,J,K) = ... beibehalten wurde.

Ausführung von DO–Konstrukten

Durch die Ausführung einer DO–Anweisung kommt das zugehörige DO–Konstrukt in den sogenannten „aktiven" Zustand; nach der Beendigung von dessen Ausführung ist es wieder „inaktiv". Nach der Aktivierung eines DO–Konstruktes werden drei Zyklen durchlaufen: Initialisierung, Ausführung und Terminierung der DO–Schleife.

Bei der Initialisierung einer DO–Schleife mit einer *DO-Variablen* werden zunächst die Ausdrücke für *Start, Ende* und — soferne angegeben — *Inkrement* ausgewertet und entsprechend den Regeln der Typkonversion (siehe Seite 104) auf den Typ* und die Typkennzahl[90] der *DO-Variablen* umgewandelt (die umgewandelten Werte werden im folgenden nach wie vor mit *Start, Ende* und *Inkrement* bezeichnet). Der Wert von *Inkrement* darf keinesfalls null sein; der Defaultwert für *Inkrement* ist +1. Anschließend wird die *DO-Variable* mit dem Wert von *Start* initialisiert und die Iterationszahl gemäß

$$\text{MAX} (\text{INT} ((\textit{Ende} - \textit{Start} + \textit{Inkrement}) / \textit{Inkrement}), 0)$$

berechnet. Es ist zu beachten, daß die Iterationszahl null ist, wenn eine der Bedingungen

$$\textit{Start} > \textit{Ende} \;\wedge\; \textit{Inkrement} > 0$$

$$\textit{Start} < \textit{Ende} \;\wedge\; \textit{Inkrement} < 0$$

erfüllt ist. Die Iterationszahl gibt an, wie oft die Schleife auszuführen ist (allerdings ist auch eine frühere Terminierung möglich, indem die DO–Schleife mittels Sprungbefehl oder EXIT-Anweisung[90] verlassen wird). Am Beginn jedes Durchlaufes wird die Iterationszahl überprüft: hat sie den Wert null, so wird die DO–Schleife nicht mehr ausgeführt und das DO–Konstrukt terminiert (und wird dadurch wieder inaktiv). Ist die Iterationszahl nicht null, wird die Schleife ausgeführt und anschließend der Wert der *DO-Variablen* um *Inkrement* erhöht sowie die Iterationszahl um 1 vermindert.

Es ist prinzipiell verboten, den Wert einer DO–Variablen eines aktiven DO–Konstruktes (beispielsweise durch Zuweisung oder Funktionsaufruf) zu verändern, das heißt, daß die Werte der Schleifenvariablen ausschließlich durch die *Schleifenkontrolle* der entsprechenden DO–Anweisung bestimmt werden. Nach der Terminierung eines DO–Konstruktes behält die DO–Variable ihren letzten Wert bei. Dabei ist zu beachten, daß bei

---

* Datentypen ungleich INTEGER gelten in diesem Zusammenhang als veraltet.

einer „regulären" Beendigung einer DO–Schleife (das heißt, daß alle bei der Initialisierung berechneten Iterationen tatsächlich ausgeführt wurden) die *DO-Variable* nicht den Wert während des letzten Durchlaufes sondern einen um *Inkrement* erhöhten Wert innehat (was aus der vorherigen Beschreibung des Ablaufes unmittelbar hervorgeht).

Bei einem DO–Konstrukt mit einer *Schleifenkontrolle* mit dem Schlüsselwort WHILE[90] wird die Ausführung der DO–Schleife solange wiederholt, bis der *skalar-log-Ausdruck* falsch ist. Ist dieser bereits zum Zeitpunkt der Initialisierung falsch, wird die Schleife überhaupt nicht ausgeführt und das DO–Konstrukt terminiert unmittelbar.

Ein DO–Konstrukt ohne *Schleifenkontrolle*[90] stellt quasi eine „Endlosschleife" dar, da eine Terminierung nur durch den DO–Block selbst (mittels einer EXIT–Anweisung[90] oder eines Sprungbefehles) erzwungen werden kann.

CYCLE–Anweisung

Die Ausführung einer CYCLE–Anweisung[90] bewirkt eine Verzweigung auf das Ende des zugehörigen DO–Konstruktes (es wird somit nur die aktuelle Schleife aber nicht zwangsweise auch das gesamte Konstrukt beendet).

CYCLE [*DO-Konstrukt-Name*]

Beinhaltet die CYCLE–Anweisung eine Namensbezeichnung, so verweist sie auf das DO–Konstrukt desselben Namens; andernfalls zählt sie zu jener (innersten) DO–Schleife, in welcher sie auftritt. Soferne es sich dabei um ein DO–Konstrukt mit einer *DO-Variablen* handelt, wird unmittelbar die Iterationszahl um 1 vermindert und der Wert der *DO-Variablen* um *Inkrement* erhöht.

Bezieht sich die CYCLE–Anweisung auf ein ungeblocktes[V] DO–Konstrukt, wird die DO–Terminierungsanweisung <u>nicht</u> ausgeführt. (Im Gegensatz dazu hat eine CYCLE–Anweisung innerhalb einer geblockten DO–Schleife dieselbe Wirkung wie ein direkter Sprung auf die entsprechende END DO-[90] oder CONTINUE–Anweisung.)

Die CYCLE–Anweisung existiert in FORTRAN 77 nicht!

EXIT–Anweisung

Mittels der EXIT–Anweisung[90] kann ein DO–Konstrukt unmittelbar terminiert werden.

EXIT [*DO-Konstrukt-Name*]

Trägt die EXIT–Anweisung einen *DO-Konstrukt-Namen*, zählt sie zur gleichnamigen DO–Schleife, welche durch Ausführung der EXIT–Anweisung

beendet wird; ohne Angabe von *DO-Konstrukt-Name* gehört die EXIT–
Anweisung der (innersten) Schleife an, in welcher sie angegeben ist.

In FORTRAN 77 gibt es die EXIT–Anweisung nicht!

Terminierung von DO–Konstrukten

Ein DO–Konstrukt wird in folgenden Fällen beendet (und inaktiv):

(a) Wenn am Beginn eines Schleifendurchlaufes die Iterationszahl null bzw. der *skalar-log-Ausdruck*[90] falsch ist.

(b) Durch die Ausführung einer dem DO–Konstrukt zugehörigen EXIT–Anweisung[90].

(c) Durch die Ausführung einer EXIT-[90] oder CYCLE–Anweisung[90] innerhalb des betrachteten DO–Konstruktes, welche einer äußeren DO–Schleife angehört.

(d) Durch eine Verzweigung von der aktuellen DO–Schleife nach außen.

(e) Wenn eine RETURN–Anweisung innerhalb des betrachteten DO–Konstruktes ausgeführt wird.

(f) Durch die Ausführung einer STOP–Anweisung an irgendeiner Stelle des Programmes oder dessen Beendigung aus anderen Gründen.

Beispiele zum DO–Konstrukt

Soferne nicht explizit anders angegeben, gelten die folgenden Beispiele für DO–Schleifen nur in Fortran 90 und beinhalten (mit Ausnahme des letzten Beispiels) ausschließlich Blockformen des DO–Konstruktes.

```
DO I = 1, M
   DO J = 1, N
      Z(I,J) = SUM ( X(I,J,:) * Y(:,I,J) )
   END DO
END DO
```

Das obige Programmfragment berechnet ein Tensorprodukt zweier Felder.

```
READ (IUNIT, '(1X,E12.7)', IOSTAT=IOSTAT) X
DO WHILE (IOSTAT .EQ. 0)
   IF (X .GE. 0.) THEN
      CALL SUBR (X)
         :
   END IF
   READ (IUNIT, '(1X,E12.7)', IOSTAT=IOSTAT) X
END DO
```

Die DO–Schleife wird in obigem Beispiel durchgeführt, solange beim Lesen
von der Datei kein Fehler auftritt bzw. das Dateiende nicht erreicht wird.
Das folgende Beispiel hat dieselbe Funktionalität, benötigt jedoch nur eine
READ–Anweisung:

```
DO      ! ohne Schleifenkontrolle
   READ (IUNIT, '(1X,E12.7)', IOSTAT=IOSTAT) X
   IF (IOSTAT .NE. 0) EXIT
   IF (X < 0.) CYCLE
   CALL SUBR (X)
      :
END DO
```

Im Gegensatz zum vorhergehenden Beispiel, wo die DO–Schleife grundsätzlich vollständig durchlaufen wird, erfolgt die Terminierung dieses DO–Konstruktes vom DO–Block aus (EXIT–Anweisung).

In FORTRAN 77 kann das obige Beispiel in Ermangelung einer [77]
„Endlosschleife" bzw. einer WHILE–Klausel bei der DO–Anweisung
nur unter Verwendung von Anweisungsmarken realisiert werden (vor
einer Pseudo-Endlosschleife, die sich beispielsweise mittels einer DO–
Variablen vom Typ REAL und sehr kleinem *Inkrement* realisieren läßt,
ist dringendst abzuraten): [77]

```
C  Beispiel für FORTRAN 77:
   10  READ (IUNIT, '(1X,E12.7)', IOSTAT=IOSTAT) X
       IF (IOSTAT .NE. 0) GOTO 20
       IF (X .LT. 0.) GOTO 10
       CALL SUBR (X)
          :
       GOTO 10
   20  CONTINUE
```

Die LOGISCHE IF–Anweisung mit dem Sprungbefehl könnte dabei selbstverständlich (wie in der ersten Version dieses Beispieles) durch ein BLOCK–
IF ersetzt werden.

```
SUMME = 0.0
READ (IUNIT) N
AUSSEN: DO K=1,N       ! Benannte DO-Schleife
   READ (IUNIT) II, M, FELD(1:M)
   IF (II < I_MIN) CYCLE AUSSEN
   INNEN: DO 40 I=1,M ! Benannte DO-Schleife mit Label
```

```
        CALL BERECHNUNG (FELD(I), ERGEBNIS)
        IF (ERGEBNIS < 0.0) CYCLE
        SUMME = SUMME + ERGEBNIS
        IF (SUMME > SUMME_MAX) EXIT AUSSEN
40      END DO INNEN        ! Name und Label erforderlich
     END DO AUSSEN
```

Dieses Beispiel soll die Möglichkeiten bezüglich Benennung von DO–Konstrukten sowie die Verwendung eines Labels in der DO–Anweisung veranschaulichen. Während die Angabe des *DO-Konstrukt-Namens* AUSSEN bei der ersten CYCLE–Anweisung (welche die innere DO–Schleife jedenfalls überspringt) redundant ist, muß dieser bei der EXIT-Anweisung angegeben werden, um tatsächlich beide DO–Konstrukte zu terminieren.

```
     N = 0
     DO 10, I=1,10
        J = I
        DO K = 1, M
           L = K
           N = N + 1
        END DO
10   CONTINUE
```

Ist in diesem Beispiel die ganze Zahl M kleiner als 1, wird die innere Schleife überhaupt nicht ausgeführt und die Variablen haben nach dem Ablauf des Programmteiles folgende Werte: $I = 11$, $J = 10$, $K = 1$, $N = 0$. L wird durch die Anweisungen nicht definiert. Mit der Annahme, daß M gleich 5 ist, wird die innere Schleife 50mal ausgeführt und die resultierenden Variablenwerte sind: $I = 11$, $J = 10$, $K = 6$, $L = 5$ und $N = 50$.

Das folgende Beispiel repräsentiert eine ungeblockte[V] DO–Struktur:

```
     DO 10              ! ohne Schleifenkontrolle
        READ (IUNIT, '(1X,E12.7)', IOSTAT=IOSTAT) X
        IF (IOSTAT /= 0) EXIT
        IF (X < 0.) GO TO 10
        CALL SUBPOS (X)
           ⋮
        CYCLE
10   CALL SUBNEG (X)  ! wird nur bei X < 0. aufgerufen
```

Bei Ausführung der CYCLE–Anweisung wird nicht auf die DO–Terminierungsanweisung verzweigt sondern der aktuelle Durchlauf beendet. Die letzte Anweisung der DO–Schleife wird in diesem Beispiel nur durch den Sprungbefehl GO TO 10 erreicht.

In FORTRAN 77 ist die Variationsmöglichkeit bei DO–Schleifen [77] verhältnismäßig gering; typische Beispiele stellt der Vergleich zwischen geblockten und ungeblockten DO–Schleifen auf Seite 135 dar. [77]

7.2   Kontrollanweisungen

Neben den im vorigen Kapitel besprochenen, im Rahmen von Blockstrukturen relevanten, ausführbaren Anweisungen gibt es noch eigenständige (also nicht an eine bestimmte Blockstruktur gebundene) Anweisungen zur Kontrolle des Programmablaufes. Dazu gehören einerseits die Verzweigungsanweisungen LOGISCHES IF, ARITHMETISCHES IF [V], GO TO, COMPUTED GO TO, ASSIGNED GO TO [V] (in Verbindung mit der ASSIGN–Anweisung [V]) sowie die Kontrollanweisungen CONTINUE (deren Verwendung nicht nur auf DO–Schleifen beschränkt ist), STOP, PAUSE [V], END, END PROGRAM [90], END SUBROUTINE [90], END FUNCTION [90], CALL und RETURN. Die beiden letzten Anweisungen, welche zum Aufruf bzw. zur logischen Beendigung von Unterprogrammen dienen, werden im Kapitel 10.5 besprochen.

7.2.1   LOGISCHE IF–ANWEISUNG

Diese Anweisung veranlaßt in Abhängigkeit von einem logischen Ausdruck die Ausführung <u>einer</u> Anweisung.

> IF (*skalar-log-Ausdruck*) *ausführbare Anweisung*

Die *ausführbare Anweisung* darf in diesem Zusammenhang weder eine IF–Anweisung noch eine END–Anweisung (einschließlich der spezifischen Formen) und auch keine Anweisung sein, welche ein ausführbares Konstrukt einleitet.

Ist der *skalar-log-Ausdruck* wahr, so wird die *ausführbare Anweisung* ausgeführt; andernfalls wirkt die *Logische IF*–Anweisung wie eine CONTINUE–Anweisung. Im logischen Ausdruck darf kein Funktionsverweis erfolgen, welcher die Elemente der ausführbaren Anweisung beeinflußt.

```
IF ( LOGVAR .AND. A .GT. 0.0 ) A = LOG (A)
```

7.2.2   GO TO–ANWEISUNG

Die GO TO–Anweisung bewirkt einen unbedingten Sprung auf die Anweisung mit der angegebenen Anweisungsmarke.

GO TO *Label*

Label muß dabei eine ausführbare Anweisung innerhalb derselben Bereichseinheit kennzeichnen, wobei auch die Kopfanweisungen von ausführbaren Blockstrukturen (siehe Kapitel 7.1) sowie die DO–Anweisung einer ungeblockten DO–Schleife (Kapitel 7.1.3, Seite 135) eingeschlossen sind. (In das Innere einer Blockstruktur bzw. einer ungeblockten DO–Schleife darf grundsätzlich nicht verzweigt werden.)

7.2.3   COMPUTED GO TO–ANWEISUNG

Mittels der COMPUTED GO TO–Anweisung[77] ist es möglich, das Sprungziel von einem skalaren ganzzahligen Ausdruck abhängig zu machen.

GO TO (*Label-Liste*) [,] *skalar-gAusdruck*

Jede Anweisungsmarke der *Label-Liste* muß innerhalb derselben Bereichseinheit wie die COMPUTED GO TO–Anweisung liegen und eine ausführbare Anweisung kennzeichnen. Es ist durchaus erlaubt, daß ein- und derselbe Label mehrmals in der *Label-Liste* aufscheint.

Bei der Ausführung einer COMPUTED GO TO–Anweisung wird zunächst der *skalar-gAusdruck* ausgewertet. Ist der sich ergebende Wert kleiner als 1 oder größer als die Anzahl der Anweisungsmarken in der *Label-Liste*, so erfolgt kein Sprung und die COMPUTED GO GO–Anweisung wird wie eine CONTINUE–Anweisung behandelt. Andernfalls wird der Wert des Ausdruckes als Position innerhalb der *Label-Liste* interpretiert und zur entsprechenden Anweisungsmarke verzweigt.

```
      GO TO (10,12,15,10), I-J+1
      PRINT *, 'I-J+1 ist kleiner als 1 oder größer als 4'
      GO TO 20
   10 PRINT *, 'I-J+1 ist 1 oder 4'
      GO TO 20
   12 PRINT *, 'I-J+1 ist 2'
      GO TO 20
   15 PRINT *, 'I-J+1 ist 3'
   20 CONTINUE
```

Die COMPUTED GO TO–Anweisung ist in Fortran 90 redundant, da sie in ihrem Verhalten einen Spezialfall des CASE–Konstruktes darstellt.

Obwohl jede COMPUTED GO TO–Anweisung prinzipiell durch ein
BLOCK–IF ersetzbar ist, sollte in FORTRAN 77 bei einer adäquaten
Problemstellung aus Effizienzgründen auf eine Verwendung dieser Anweisung nicht verzichtet werden.

77

7.2.4 CONTINUE–ANWEISUNG

Die CONTINUE–Anweisung ist eine ausführbare Anweisung ohne Aktion.

   CONTINUE

Ihre praktische Anwendung ist ausschließlich in Verbindung mit einer Anweisungsmarke gegeben, wodurch sie als „neutrales" Sprungziel bzw. als
letzte Anweisung eines DO–Konstruktes verwendbar ist.

7.2.5 STOP–ANWEISUNG

Die Ausführung einer STOP–Anweisung bewirkt die ordnungsgemäße Beendigung eines laufenden FORTRAN–Programmes.

   STOP [*Stop-Kennung*]

Die optional angebbare *Stop-Kennung* kann entweder eine literale Zeichenkettenkonstante vom Typ DEFAULT CHARACTER oder eine maximal fünfstellige, vorzeichenlose, ganzzahlige Literalkonstante sein (führende Nullen
sind dabei nicht signifikant). Die konkrete Interpretation der *Stop-Kennung*
ist vom jeweiligen Compiler abhängig.

Ein übersichtlich entworfenes FORTRAN–Programm sollte nur eine „reguläre" STOP–Anweisung — vorzugsweise im Hauptprogramm — aufweisen*. Es kann allerdings durchaus nützlich sein, für vom Programm erkannte
Fehler weitere, mit *Stop-Kennungen* versehene STOP–Anweisungen zu implementieren; diese sollten aber der Übersichtlichkeit wegen entweder im
Haupt- oder in einem eigenen Unterprogramm zusammengefaßt werden.
Es zeugt sicherlich nicht von gutem Programmierstil, wenn in beliebigen
Programmeinheiten mittels STOP–Anweisungen sozusagen „die Notbremse
gezogen" wird, um erkannte Fehler abzufangen.

7.2.6 END–ANWEISUNG

Die END–Anweisung muß die physisch letzte Anweisung einer Programmeinheit (Hauptprogramm, Prozedur oder BLOCK DATA–Programmeinheit)

---

* Auch diese kann entfallen, wenn sie logisch durch die END–Anweisung ersetzbar ist.

sein. Gleichzeitig stellt sie auch eine ausführbare Anweisung dar und darf daher mit einem Label versehen werden.

END

In Fortran 90 gibt es als Alternative die Anweisungen

END PROGRAM [*Programm-Name*]

END SUBROUTINE [*Subroutine-Name*]

END FUNCTION [*Funktions-Name*]

END BLOCK DATA [*Block Data-Name*]

wobei die Anweisung END PROGRAM⑨⓪ nur im Hauptprogramm, END SUBROUTINE ⑨⓪ nur in einem SUBROUTINE–Unterprogramm, END FUNCTION⑨⓪ ausschließlich in einer Funktionsprozedur und END BLOCK DATA⑨⓪ nur in deiner BLOCK DATA–Programmeinheit verwendet werden darf. Wird bei einer der spezifischen END–Anweisungen eine Namensbezeichnung angegeben, so muß diese mit dem Namen der Programmeinheit übereinstimmen.

Die Ausführung einer END–Anweisung im Hauptprogramm hat dieselbe Wirkung wie die Ausführung einer STOP–Anweisung (natürlich ohne *Stop-Kennung*). Wird in einem Unterprogramm die END–Anweisung ausgeführt, hat dies dieselbe Bedeutung wie die Ausführung einer RETURN–Anweisung, das heißt, daß die aktuelle Prozedur beendet wird und ein Rücksprung zur rufenden Programmeinheit erfolgt.

7.2.7 VERALTETE KONTROLLANWEISUNGEN

Die folgenden Anweisungen zur Steuerung des Programmablaufes gelten in Fortran 90 als veraltet (*und sind daher in FORTRAN 77 redundant*). Vor einer Verwendung dieser Sprachelemente ist allein schon aus diesem Grund dringendst abzuraten (siehe auch Kapitel 2).

ARITHMETISCHE **IF–Anweisung**

Bei der ARITHMETISCHEN IF–Anweisung⑰ wird in Abhängigkeit des Wertes eines numerischen Ausdruckes auf eine von drei Anweisungsmarken verzweigt.

IF (*skalar-numer-Ausdruck*) *Label_1, Label_2, Label_3*

Der *skalare numerische Ausdruck* darf dabei nicht dem Datentyp COMPLEX angehören und die drei Label müssen in derselben Bereichseinheit aufscheinen wie die ARITHMETISCHE IF–Anweisung. Ist der Wert des *Ausdruckes* kleiner als null, wird auf *Label_1* verzweigt, ist der Wert gleich null, wird auf die Anweisung mit dem *Label_2* gesprungen und ist der Wert des *Ausdruckes* größer als null, erfolgt eine Verzweigung auf *Label_3*.

Die drei Anweisungsmarken müssen nicht verschieden sein (die dreimalige Angabe ein- und desselben Labels ist allerdings sinnlos, da dies einer GO TO-Anweisung entsprechen würde). Da die ARITHMETISCHE IF-Anweisung jedenfalls eine Verzweigung bewirkt, ist zu beachten, daß die nachfolgende ausführbare Anweisung grundsätzlich mit einer Anweisungsmarke versehen sein muß (andernfalls ist diese Anweisung im Ablauf nicht erreichbar).

ASSIGN- und ASSIGNED GO TO-Anweisung

Mittels der ASSIGN-Anweisung[V] kann einer skalaren Variablen vom Typ DEFAULT INTEGER eine Anweisungsmarke zugewiesen werden:

    ASSIGN *Label* TO *skalar-gVariable*

Die Anweisungsmarke kann sowohl eine als Sprungziel dienende ausführbare Anweisung als auch eine FORMAT-Anweisung (siehe Kapitel 8) kennzeichnen und muß in derselben Bereichseinheit liegen wie die ASSIGN-Anweisung. Eine solchermaßen definierte *Variable* darf ausschließlich in einer ASSIGNED GO TO-Anweisung oder als Formatspezifikation einer Ein-/Ausgabe-Anweisung verwendet oder neu definiert werden. Eine abermalige Definition kann entweder wieder mit einem Label oder mit einer ganzen Zahl erfolgen; in letzterem Fall erhält die *Variable* die Eigenschaften einer „normalen" INTEGER-Variablen und kann nicht mehr in einer ASSIGNED GOTO-Anweisung bzw. als Formatspezifikation verwendet werden.

Die ASSIGNED GO TO-Anweisung[V] bewirkt einen unbedingte Verzweigung auf einen zuvor mittels ASSIGN-Anweisung einer ganzzahligen Variablen zugewiesenen Label:

    GO TO *skalar-gVariable* [[,] (*Label-Liste*)]

Dieser Label muß in derselben Bereichseinheit liegen wie die ASSIGNED GO TO-Anweisung. Beinhaltet diese eine *Label-Liste*, so muß die durch die *skalar-gVariable* repräsentierte Anweisungsmarke auch darin vorkommen.

PAUSE-Anweisung

Die Ausführung einer PAUSE-Anweisung[V] bewirkt eine Suspendierung des Programmablaufes; weitere damit verbundene Aktivitäten sind vom jeweiligen Compiler abhängig.

    PAUSE [*Stop-Kennung*]

Die *Stop-Kennung* hat dieselbe Bedeutung wie bei der STOP-Anweisung (siehe Kapitel 7.2.5) und kann beispielsweise den Wunsch nach zusätzlichen

Betriebsmitteln (Band- oder Plattenspeicher) beinhalten, der auf diese Weise dem System mitgeteilt wird.

Die Wiederaufnahme der Programmausführung ist nicht vom Programm selbst kontrollierbar. Im allgemeinen bewirkt die PAUSE–Anweisung die Ausgabe einer Meldung auf der Systemkonsole, wonach es dem Operator überlassen bleibt, das Programm — eventuell nach Erfüllung von in der *Stop-Kennung* angegebenen Wünschen — wieder weiterlaufen zu lassen.

8

Ein-/Ausgabe von Daten

Der Datentransfer zwischen FORTRAN–Programmen und Dateien („*files*")
(in beiden Richtungen) sowie die Kontrolle über den Zustand von Dateien
erfolgt mittels sogenannter Ein-/Ausgabeanweisungen. Diese gliedern sich
in Anweisungen für die Dateneingabe (READ), Datenausgabe (WRITE
und PRINT), Dateizuordnung (OPEN und CLOSE), Dateipositionierung
(BACKSPACE, ENDFILE und REWIND) und in die Anweisung zur Abfrage von Dateizuständen (INQUIRE). Für den Begriff „Ein-/Ausgabe" soll
im weiteren Verlauf die Abkürzung „E/A" verwendet werden.

8.1   Dateien

In FORTRAN werden Dateien in verschiedene Klassen eingeteilt: zunächst
sind die sogenannten internen Dateien von externen (das heißt vom Betriebssystem verwaltete) Dateien zu unterscheiden; letztere können noch
entsprechend der darin enthaltenen Datensätze (formatiert oder unformatiert) sowie bezüglich der jeweiligen Zugriffsart (sequentiell oder direkt)
klassifiziert werden.

Im folgenden sollen die im Zusammenhang mit FORTRAN relevanten
Dateieigenschaften näher erläutert werden.

8.1.1   DATENSÄTZE

Dateien bestehen aus einer Folge von Datensätzen („*records*"), welche selbst
wieder aus einer Folge von Zeichen zusammengesetzt sind. Eine Zeile auf
einem Bildschirm kann beispielsweise als Datensatz interpretiert werden;
allerdings muß ein Datensatz im Sinne von FORTRAN nicht unbedingt eine
physische Einheit bedeuten.

Man unterscheidet drei verschiedene Kategorien von Datensätzen: formatierte und unformatierte Datensätze sowie den Dateiendesatz („*Endfile
record*"). Formatierte und unformatierte Datensätze dürfen innerhalb einer
Datei nicht vermischt werden, das heißt, daß eine Datei — von einem allenfalls vorhandenen Dateiendesatz abgesehen — entweder nur formatierte
oder ausschließlich unformatierte Datensätze beinhalten darf.

Formatierte Datensätze

Formatierte Datensätze bestehen aus jenen Zeichen, welche in dem vom jeweiligen Compiler unterstützten Zeichensatz enthalten sind (siehe Kapitel 3.1), und werden durch formatiertes Schreiben und Lesen bearbeitet. Es soll schon an dieser Stelle hervorgehoben werden, daß eine formatierte Bearbeitung sowohl mittels expliziter Formatangabe (siehe Kapitel 9.1) als auch durch listengesteuertes („frei formatiertes") oder durch NAMELIST-formatiertes[90] Schreiben und Lesen möglich ist.

Die Länge eines formatierten Datensatzes ergibt sich durch die Anzahl der darin enthaltenen Zeichen und wird in erster Linie durch die Anzahl der beim Schreibvorgang ausgegebenen Zeichen bestimmt. Die Länge, welche prinzipiell auch null sein kann, kann darüberhinaus aber auch vom jeweiligen Betriebssystem und/oder Speichermedium abhängig sein. Formatierte Datensätze können nur mittels formatierter E/A-Anweisungen bearbeitet werden.

Unformatierte Datensätze

Unformatierte Datensätze bestehen aus einer Folge von Werten, deren Form grundsätzlich betriebssystemspezifisch ist. Diese Datensätze haben im allgemeinen keine mit herkömmlichen Mitteln (zum Beispiel mittels eines Editors) lesbare Form und dienen ausschließlich zum höchst effizienten Datentransfer zwischen FORTRAN-Programmen, welche unter ein- und demselben Betriebssystem ablaufen. Die Anwendung des unformatierten Schreibens und Lesens liegt darin, daß man während eines Programmlaufes Daten auslagert, um sie später mittels desselben oder eines anderen Programmes weiterbearbeiten zu können.

Die Länge eines unformatierten Datensatzes hängt von der beim Schreiben gültigen Ausgabeliste (siehe Kapitel 8.3.2) sowie vom Compiler und/oder Speichermedium ab, wobei auch die Länge null sein kann. Unformatierte Datensätze können nur mittels unformatierter E/A-Anweisungen bearbeitet werden.

Dateiendesatz

Ein Dateiendesatz wird explizit mittels der ENDFILE-Anweisung (siehe Kapitel 8.4.3) geschrieben, wobei die entsprechende Datei für sequentiellen Zugriff zugeordnet sein muß. Implizit wird ein Dateiendesatz auf eine sequentielle Datei durch die Anweisungen REWIND oder BACKSPACE bzw. durch das Schließen der Datei geschrieben, soferne die zuletzt ausgeführte, die Datei betreffende Aktion eine Datenausgabe war. Das Schließen einer

Datei kann entweder explizit mittels der CLOSE–Anweisung oder implizit durch eine ordnungsgemäße Programmbeendigung bzw. durch ein Öffnen derselben E/A–Einheit (siehe Kapitel 8.2) mittels der OPEN–Anweisung erfolgen.

8.1.2 EXTERNE DATEIEN

Externe Dateien befinden sich auf einem Speichermedium außerhalb des ausführbaren Programmes und werden vom jeweiligen Betriebssystem verwaltet. Dies bedeutet, daß gewisse, auf dieser Ebene vergebene Eigenschaften von Dateien (z.B. erlaubte Zugriffsart, maximale Datensatzlänge, erlaubte Art der Bearbeitung, usw.) bezüglich der im Programm durchzuführenden E/A–Operationen berücksichtigt werden müssen.

Eine externe Datei <u>kann</u> einen vom FORTRAN–Programm verwendbaren Namen haben, wobei ein solcher aus einer Zeichenkette besteht. Die darin erlaubten Zeichen sowie die Syntax des Dateinamens sind von der jeweiligen Implementierung von FORTRAN abhängig. Es soll ausdrücklich hervorgehoben werden, daß Dateimanipulationen in FORTRAN auch <u>ohne</u> explizite Verwendung von Dateinamen durchführbar sind (der dadurch erreichte Vorteil höherer Portabilität zieht allerdings einen Verlust an Bequemlichkeit beim Arbeiten mit Dateien nach sich).

Existenz von Dateien

Mit Ausnahme der Anweisungen READ und BACKSPACE, welche nur in Bezug auf vorhandene Dateien ausführbar sind, können alle übrigen E/A–Anweisungen auch auf nicht existente Dateien angewendet werden. Die Ausführung einer PRINT- oder WRITE–Anweisung betreffend eine bereits „vorverbundene" (siehe Kapitel 8.2), aber nicht existente Datei bewirkt deren Erzeugung („*file creation*"). In diesem Zusammenhang soll betont werden, daß innerhalb des Betriebssystem vorhandene Dateien nicht zwangsläufig auch für ein FORTRAN–Programm existieren müssen, wenn beispielsweise die Zugriffsberechtigung entsprechend eingeschränkt worden ist.

Dateizugriff

Von FORTRAN aus existieren zwei Arten des Dateizugriffes: sequentieller und direkter Dateizugriff. Welche der beiden Arten für bestimmte Dateien zulässig ist oder ob beide Zugriffsarten verwendet werden können, hängt von der Datei selbst und von der jeweiligen Implementierung des Compilers ab.

Die Methode des Dateizugriffes wird entweder bei der Herstellung der Verbindung zwischen der Datei und einer E/A–Einheit oder — wenn es sich um eine „vorverbundene" Datei handelt — bei der Erzeugung der Datei festgelegt.

Eine für **sequentiellen Zugriff** zugeordnete Datei hat folgende Eigenschaften:

(a) Soferne die Datei nur mit sequentiellem Zugriff verwendbar ist, ergibt sich die Reihenfolge der Datensätze innerhalb der Datei durch die Reihenfolge, in welcher die Datensätze geschrieben worden sind. Ist für die Datei auch direkter Zugriff möglich, gilt dieselbe Reihenfolge wie bei direktem Zugriff, das heißt, daß der erste, zweite,... Datensatz bei sequentiellem Zugriff jenem mit der Nummer 1, 2,... bei direktem Zugriff entspricht.

(b) Alle Datensätze müssen entweder formatiert oder unformatiert sein; als letzter Datensatz darf ein Dateiendesatz stehen.

(c) Die Datensätze dürfen ausschließlich mit E/A–Anweisungen für sequentiellen Zugriff gelesen bzw. geschrieben werden.

Eine für **direkten Zugriff** zugeordnete Datei hat folgende Eigenschaften:

(a) Jeder Datensatz der Datei wird eindeutig durch eine positive ganze Zahl, die Datensatznummer, identifiziert, welche grundsätzlich beim Schreiben des Datensatzes vergeben wird. Eine Datensatznummer kann nachträglich nicht geändert werden und auch das Löschen (Entfernen) eines Datensatzes ist nicht möglich. (Allerdings kann ein beliebiger Datensatz neu beschrieben werden.) Die Reihenfolge der Datensätze ergibt sich durch die Datensatznummern.

(b) Die Datensätze müssen entweder alle formatiert oder unformatiert sein. Ein Dateiendesatz darf nur dann vorkommen, wenn die Datei prinzipiell auch mit sequentiellem Zugriff bearbeitbar ist. Allerdings wird ein Dateiendesatz nicht als Bestandteil der Datei aufgefaßt, wenn diese für direkten Zugriff zugeordnet ist.

(c) Lesen und Schreiben darf ausschließlich mit E/A–Anweisungen für direkten Zugriff erfolgen.

(d) Alle Datensätze müssen gleich lang sein.

(e) Die Datensätze können in beliebiger Reihenfolge bearbeitet werden; so ist es beispielsweise möglich, den Datensatz mit der Nummer 3 zu schreiben, auch wenn die Datensätze 1 und 2 noch nicht geschrieben worden sind. Es kann jeder beliebige Datensatz gelesen werden, soferne dieser seit der Existenz der Datei jemals geschrieben worden ist.

(f) Die Datensätze dürfen nicht mit E/A–Anweisungen bearbeitet werden, welche listengesteuerte (Kapitel 9.2) oder NAMELIST–Formatierung[90] (Kapitel 9.3) verwenden oder eine nicht fortschreitende[90] E/A (siehe weiter unten) bewirken.

Dateiposition

Der Ausgangspunkt einer Datei ist die Position unmittelbar vor dem ersten Datensatz und der Endpunkt ist die unmittelbar nach dem letzten Datensatz befindliche Position. Bei einer leeren Datei, das heißt bei einer Datei, die keinen Datensatz beinhaltet, fallen diese beiden Positionen zusammen.

Die Position einer externen Datei wird durch einige E/A–Anweisungen beeinflußt; unter gewissen Bedingungen kann die Position einer Datei auch unbestimmt sein.

Ist eine Datei innerhalb eines bestimmten Datensatzes positioniert[90], so wird dieser Datensatz als aktueller Datensatz bezeichnet; andernfalls existiert kein aktueller Datensatz und die Position der Datei ist (mit Ausnahme von Ausgangs- und Endpunkt) zwischen zwei Datensätzen festgelegt. Daraus lassen sich die beiden Bezeichnungen vorhergehender Datensatz und nächster Datensatz ableiten.

In Fortran 90 sind **fortschreitende** und **nicht fortschreitende** Ein-/ Ausgaben zu unterscheiden. Bei einer fortschreitenden E/A wird die Position unmittelbar nach dem gerade gelesenen oder geschriebenen Datensatz festgelegt, soferne keine Fehlerbedingung aufgetreten ist. Bei einer nicht fortschreitenden E/A–Anweisung[90] wird die Datei zwischen zwei Zeichen innerhalb eines Datensatzes positioniert. Mittels nicht fortschreitender E/A ist es möglich, nur Teile eines Datensatzes zu lesen oder zu schreiben sowie auch Datensätze variabler Länge zu lesen. *In FORTRAN 77 gibt es ausschließlich die fortschreitende E/A, weshalb auch der Begriff „aktueller Datensatz" ohne Bedeutung ist.*

Dateipositionierung vor einem Datentransfer

Die Dateipositionierung vor einem Datentransfer hängt von der jeweiligen Zugriffsart ab.

Beim Lesen mit sequentiellen Zugriff wird die Dateiposition nicht geändert, soferne es einen aktuellen Datensatz gibt; andernfalls wird auf den Beginn des nächsten Datensatzes positioniert, welcher dadurch zum aktuellen Datensatz wird. Eine Eingabe darf nicht erzwungen werden, wenn es keinen nächsten Datensatz gibt oder wenn bereits ein aktueller Datensatz existiert und die letzte Aktion eine Datenausgabe gewesen ist.

Wenn die Datei einen Dateiendesatz beinhaltet, darf die Datei vor einem Datentransfer nicht hinter diesen positioniert werden; es ist allerdings erlaubt, mittels der Anweisungen BACKSPACE und REWIND die Position der Datei zu verändern.

Beim Schreiben mit sequentiellem Zugriff wird die Dateiposition nicht geändert, soferne es einen aktuellen Datensatz gibt; dieser Datensatz wird dabei zum letzten Datensatz der Datei. Gibt es keinen aktuellen Datensatz, wird ein neuer („nächster") Datensatz erzeugt, welcher zugleich aktueller und letzter Datensatz der Datei wird. Die Datei wird auf den Beginn dieses Datensatzes positioniert.

Bei direktem Zugriff wird die Datei grundsätzlich auf den Beginn des durch die entsprechende Datensatznummer gekennzeichneten Datensatz positioniert wobei dieser zum aktuellen Datensatz wird.

Dateipositionierung nach einem Datentransfer

Ergibt sich bei einem Datentransfer eine Fehlerbedingung, so ist die Position der Datei unbestimmt. Wenn keine Fehlerbedingung aber die Dateiendebedingung (*„end-of-file condition"*) als Folge des Lesens eines Dateiendesatzes auftritt, so wird die Datei <u>nach</u> dem Dateiendesatz positioniert.

Ergibt sich bei nicht fortschreitender Eingabe[90] eine Datensatzendebedingung (*„end-of-record condition"*), wird die Datei unmittelbar nach dem eben gelesenen Datensatz positioniert. Wenn weder eine Fehler- noch eine Dateiende- oder eine Datensatzendebedingung bei einem nicht fortschreitenden[90] Lesevorgang auftritt, bleibt die bestehende Dateiposition erhalten.

Nach einer nicht fortschreitenden[90] Ausgabeanweisung, die zu keiner Fehlerbedingung führt, ändert sich die Dateiposition nicht. In allen anderen Fällen wird die Datei nach den gerade gelesenen oder geschriebenen Datensatz positioniert, welcher dadurch zum „vorhergehenden" Datensatz wird.

8.1.3   Interne Dateien

Interne Dateien werden ausschließlich vom ausgeführten FORTRAN–Programm verwaltet und ermöglichen den Transfer und die Konvertierung von Daten zwischen internen Speicherbereichen.

Eine interne Datei hat folgende Eigenschaften:

(a) Die Datei ist eine Variable vom Typ DEFAULT CHARACTER, welche kein mittels Indexvektor[90] definiertes Teilfeld[90] sein darf.

(b) Ein Datensatz einer internen Datei ist eine skalare Zeichenkettenvariable.

(c) Wenn die Datei eine skalare Zeichenkettenvariable ist, so besteht sie aus einem einzigen Datensatz, dessen Länge mit jener der Variable übereinstimmt. Besteht die Datei aus einem CHARACTER–Feld, wird sie als Folge von CHARACTER–Feldelementen betrachtet, wobei jedes Feldelement einen Datensatz der Datei darstellt. Die Reihenfolge der Datensätze innerhalb der Datei ist durch die Reihenfolge der Feldelemente innerhalb des Feldes (oder auch Teilfeldes[90]) gegeben (siehe Kapitel 4.4.4). Jeder Datensatz hat ein- und dieselbe Länge, welche gleich der Länge eines Feldelementes ist.

(d) Ein Datensatz einer internen Datei wird durch erstmaliges Schreiben definiert. Ist die Anzahl der geschriebenen Zeichen kleiner als die Länge des Datensatzes, wird dieser mit Leerzeichen aufgefüllt. Die Anzahl der ausgegebenen Zeichen darf jedoch keinesfalls die Länge eines Datensatzes überschreiten.

(e) Ein Datensatz darf erst gelesen werden, wenn er definiert (bereits geschrieben) worden ist.

(f) Ein Datensatz einer internen Datei muß nicht zwangsläufig mittels einer Ausgabeanweisung definiert werden; beispielsweise kann dem entsprechenden Feldelement (bzw. der Variablen) mittels Zuweisungsanweisung ein Wert zugewiesen werden.

(g) Eine interne Datei ist vor einem Datentransfer grundsätzlich am Beginn des ersten Datensatzes positioniert; dieser ist dabei der aktuelle Datensatz.

(h) Beim Lesen von Daten werden Leerstellen wie bei einer externen Datei behandelt, welche mit der Spezifikation BLANK=NULL (siehe Kapitel 8.2.1) geöffnet worden ist; Datensätze werden erforderlichenfalls mit Leerstellen aufgefüllt.

(i) Bei der listengesteuerten Ausgabe (Kapitel 9.2.2) werden Zeichenkettenkonstante mit keinem Begrenzungszeichen versehen.

Für interne Dateien gelten folgende Einschränkungen:

- Das Lesen und Schreiben darf nur mit sequentiellem Zugriff und formatiert erfolgen, wobei allerdings keine NAMELIST–Formatierung[90] (Kapitel 9.3) erlaubt ist.

- Eine interne Datei darf nicht innerhalb einer Dateizuordnungs- (Kapitel 8.2), Dateipositionierungs- (Kapitel 8.4) oder Dateiabfrageanweisung (Kapitel 8.5) spezifiziert werden.

8.2 Dateizuordnung

Die Zuordnung von Dateien erfolgt mittels sogenannter E/A–Einheiten. Bei internen Dateien ist die E/A–Einheit trivialerweise durch den entsprechenden Variablennamen gegeben. Wenn es sich bei dieser Variablen um einen Pointer[90] handelt, muß dieser einem Ziel zugeordnet sein. Stellt die Variable ein zuteilbares Feld[90] dar, muß dieses auch tatsächlich zugeteilt sein.

Für externe Dateien besteht die Spezifikation einer E/A–Einheit entweder aus einem ganzzahligen Ausdruck, der eine E/A–Einheitennummer repräsentiert, oder aus einem Stern („*").

Eine E/A–Einheitennummer muß dabei größer oder gleich null sein. Die mittels „*" spezifizierten E/A–Einheiten sind von der jeweiligen FORTRAN–Implementierung abhängige Dateien, welche für sequentiellen und formatierten Zugriff „vorverbunden" sind (es gibt je eine solche E/A–Einheit für die Ein- und die Ausgabe). Eine E/A–Einheitennummer kennzeichnet ein- und dieselbe E/A–Einheit in allen Programmeinheiten, das heißt, daß eine bestimmte externe Datei in allen Programmeinheiten unter derselben E/A–Einheitennummer ansprechbar ist, soferne die Zuordnung nicht aufgehoben bzw. verändert worden ist.

Die einem ausführbaren Programm zu einem bestimmten Zeitpunkt bekannten E/A–Einheiten werden als existente Einheiten bezeichnet. Bezüglich solcher E/A–Einheiten sind alle E/A–Anweisungen verwendbar; die Anweisungen INQUIRE und CLOSE sind darüberhinaus auch in Verbindung mit nicht existenten E/A–Einheiten ausführbar.

Eine externe E/A–Einheit kann einem FORTRAN–Programm zugeordnet oder nicht zugeordnet sein, wobei sie in ersterem Fall auf eine externe Datei verweist. Die Zuordnung kann entweder durch „Vorverbindung" (siehe später) oder durch die Ausführung einer OPEN–Anweisung erfolgen. Eine E/A–Einheit darf zu einem bestimmten Zeitpunkt nur einer Datei zugeordnet sein (und umgekehrt). Mit Ausnahme der Anweisungen OPEN, CLOSE und INQUIRE dürfen alle übrigen E/A–Anweisungen nur bezüglich zugeordneter E/A–Einheiten ausgeführt werden.

Wird die Zuordnung mittels einer CLOSE–Anweisung aufgehoben, kann sowohl die E/A–Einheit als auch die betreffende externe Datei Objekt einer neuerlichen Zuordnung werden. Es ist zu beachten, daß eine Datei nach dem Schließen nur dann wieder geöffnet werden kann, wenn ursprünglich ein Name in einer OPEN- oder INQUIRE–Anweisung angegeben worden ist; es gibt kein Mittel, um eine unbenannte Datei wieder zuzuordnen.

Eine interne E/A–Einheit ist prinzipiell immer der internen Datei zugeordnet, welche durch den entsprechenden Variablennamen bestimmt ist.

Eine **vorverbundene** Datei ist bereits zu Beginn der Programmausführung einer E/A–Einheit zugeordnet, welche daher ohne vorhergehende Ausführung einer OPEN–Anweisung in E/A–Anweisungen verwendbar ist.

8.2.1   OPEN–ANWEISUNG

Mittels der OPEN–Anweisung wird die Zuordnung einer externen Datei zu einer E/A–Einheit hergestellt oder modifiziert. Es kann dabei eine existente Datei zugeordnet, eine vorverbundene Datei erzeugt oder eine zuvor nicht existente Datei erzeugt und zugeordnet werden. Eine Reihe von Parametern ermöglichen die Veränderung der Art der Verbindung zwischen Datei und E/A–Einheit.

Es ist gestattet, eine OPEN–Anweisung für eine mit einer existenten Datei verbundenen E/A–Einheit auszuführen. Wird dabei die Spezifikation FILE= nicht angegeben, ist die zuzuordnende Datei dieselbe wie die der E/A–Einheit gerade zugeordnete. Wenn die zuzuordnende Datei nicht existiert aber mit der betreffenden E/A–Einheit vorverbunden ist, werden die in der OPEN–Anweisung angegebenen Eigenschaften bei der Zuordnung berücksichtigt.

Ist die einer E/A–Einheit zuzuordnende Datei nicht dieselbe wie die gerade zugeordnete, wird diese implizit geschlossen, als ob eine CLOSE–Anweisung ohne die Spezifikation STATUS= ausgeführt worden wäre.

Ist die zuzuordnende Datei dieselbe wie die der E/A–Einheit gerade zugeordnete, werden nur die in der OPEN–Anweisung allenfalls vorhandenen Spezifikationen BLANK=, DELIM=, PAD=, ERR= und IOSTAT= berücksichtigt (und deren aktuellen Werte verändert). Die Werte für die Spezifikationen BLANK=, DELIM= und PAD= werden nur verändert, wenn die entsprechende Spezifikation tatsächlich vorhanden ist. Im Gegensatz dazu haben frühere Werte der Schlüsselwörter ERR= und IOSTAT= nach der Ausführung der OPEN–Anweisung keinerlei Gültigkeit mehr.

Es ist nicht erlaubt, für eine bereits verbundene Datei eine OPEN–Anweisung auszuführen, welche eine Zuordnung zu einer anderen E/A–Einheit erfordert (zu diesem Zweck muß die Datei zuvor geschlossen werden).

Die OPEN–Anweisung hat die Form

   OPEN (*Zuordnungs-Spezifikations-Liste*)

wobei folgende *Zuordnungs-Spezifikationen* möglich sind:

   [UNIT =] *externe E/A–Einheit (gAusdruck)*

IOSTAT = *skalare-Variable* (DEFAULT INTEGER)

ERR = *Label*

FILE = *externer Dateiname* (DEFAULT CHARACTER–*Ausdruck*)

STATUS = { 'OLD' | 'NEW' | 'SCRATCH' | 'REPLACE'[90] |
    | 'UNKNOWN' }

ACCESS = { 'SEQUENTIAL' | 'DIRECT' }

FORM = { 'FORMATTED' | 'UNFORMATTED' }

RECL = *skalarer-gAusdruck (größer als null)*

BLANK = { 'NULL' | 'ZERO' }

POSITION[90] = { 'ASIS' | 'REWIND' | 'APPEND' }

ACTION[90] = { 'READ' | 'WRITE' | 'READWRITE' }

DELIM[90] = { 'APOSTROPHE' | 'QUOTE' | 'NONE' }

PAD[90] = { 'YES' | 'NO' }

Es ist zu beachten, daß die als erlaubte Werte angegebenen Zeichenkettenkonstanten durchaus durch Ausdrücke vom Typ DEFAULT CHARACTER dargestellt werden dürfen (und nicht zwangsläufig durch Literalkonstante gegeben sein müssen); nachfolgende Leerstellen sind dabei ohne Bedeutung. Unterstützt ein Compiler Groß- und Kleinschreibung, so werden auftretende Kleinbuchstaben wie die zugehörigen Großbuchstaben interpretiert. Die unterstrichenen Werte stellen den jeweiligen Defaultwert dar (wenn keiner der möglichen Werte einer Spezifikation unterstrichen ist, so gibt es entweder keinen oder nur einen vom Compiler abhängigen Defaultwert oder dieser hängt von einer anderen Spezifikation ab). Sämtliche Ausdrücke innerhalb der *Zuordnungs-Spezifikations-Liste* müssen skalar sein.

Es gelten folgende Einschränkungen:

- Wenn die optionale Angabe UNIT= weggelassen wird, muß die Spezifikation der E/A–Einheit das erste Element der *Zuordnungs-Spezifikations-Liste* sein.

- Es darf eine Spezifikation innerhalb einer OPEN–Anweisung höchstens einmal vorkommen; die E/A–Einheit muß jedenfalls spezifiziert werden.

- Die der Spezifikation ERR= folgende Anweisungsmarke muß in derselben Bereichseinheit liegen wie die OPEN–Anweisung.

- Wenn die Spezifikation STATUS= die Werte 'OLD', 'NEW' oder 'REPLACE' beinhaltet, muß der Parameter FILE= vorhanden sein. Wenn der Parameter STATUS= den Wert 'SCRATCH' aufweist, darf die Spezifikation FILE= nicht angegeben sein.

Im folgenden sollen die Bedeutung der einzelnen *Zuordnungs-Spezifikationen* sowie deren Werte näher beschrieben werden. Betreffend die Parameter IOSTAT= und ERR= sei auf das Kapitel 8.3.1 verwiesen.

Spezifikation FILE= in der OPEN–Anweisung

Der Wert dieser Spezifikation stellt den Namen der externen Datei dar, welche mit der E/A–Einheit (Parameter **UNIT=**) verbunden werden soll. Dem eigentlichen Namen folgende Leerstellen werden ignoriert. Wenn der Parameter FILE= nicht angegeben wird und die betreffende E/A–Einheit nicht verbunden ist, muß die Spezifikation STATUS='SCRATCH' vorgenommen werden. In diesem Fall wird eine Zuordnung zu einer „temporären" (also nach dem Programmlauf nicht mehr zur Verfügung stehenden) Datei hergestellt.

Spezifikation STATUS= in der OPEN–Anweisung

Wird dem Parameter STATUS= der Wert 'OLD' zugewiesen, muß die Datei vor dem Öffnen existieren; bei der Angabe von 'NEW' hingegen darf die Datei nicht existieren.

Bei der erfolgreichen Ausführung einer OPEN–Anweisung mit STATUS='NEW' wird die Datei zunächst erzeugt und anschließend der Status auf 'OLD' gesetzt. Wird der Wert 'REPLACE'[90] angegeben und die Datei existiert bereits, so wird diese zunächst gelöscht und danach wird wieder eine (leere) Datei mit demselben Namen erzeugt und der Status auf 'OLD' gesetzt. (Falls die Datei nicht existiert, hat der Wert 'REPLACE' dieselbe Wirkung wie 'NEW'.)

Bei der Angabe von 'SCRATCH' wird eine „temporäre" Datei erzeugt, welche nach Ausführung einer CLOSE–Anweisung bzw. nach Beendigung des Programmes implizit gelöscht wird. STATUS='SCRATCH' darf nicht in Verbindung mit dem Parameter FILE= angegeben werden.

Die Interpretation des Wertes 'UNKNOWN', der den Defaultwert für STATUS= darstellt, ist vom Compiler abhängig.

Spezifikation ACCESS= in der OPEN–Anweisung

Dieser Parameter ermöglicht die Angabe der gewünschten Zugriffsart, wobei der Defaultwert sequentiellem Zugriff entspricht. Bei einer existenten Datei muß die angegebene Zugriffsart auch tatsächlich einer vom Betriebssystem erlaubten Art des Zugriffes entsprechen. (Es gibt praktisch unter jedem Betriebssystem Dateien, welche weder mit sequentiellem noch mit direktem Zugriff bearbeitbar sind.) Wenn sich die OPEN–Anweisung auf eine nicht existente Datei bezieht, wird eine Datei erzeugt, welche zumindest mit der gewünschten Zugriffsart verwendbar ist.

Spezifikation FORM= in der OPEN–Anweisung

Mittels dieser Spezifikation wird die Art der Datensätze festgelegt. Der Defaultwert hängt dabei von der vereinbarten Zugriffsmethode ab: bei sequentiellem Zugriff ist der Defaultwert 'FORMATTED' und bei direktem Zugriff 'UNFORMATTED'.

Spezifikation RECL= in der OPEN–Anweisung

Der Wert dieses Parameters muß eine positive ganze Zahl sein, die die Länge aller Datensätze bei direktem Zugriff bzw. die maximale Länge der Datensätze bei sequentiellem Zugriff angibt. Die Spezifikation RECL= muß angegeben werden, wenn es sich um die direkte Zugriffsmethode handelt.

Beim Fehlen dieses Parameters beim Öffnen einer Datei für sequentiellen Zugriff ist die maximale Datensatzlänge vom Compiler abhängig.

Wenn die Datei für formatierte E/A zugeordnet ist, stellt die Datensatzlänge die Anzahl von Zeichen innerhalb jedes Datensatzes dar, welcher ausschließlich Zeichen vom Typ DEFAULT CHARACTER enthält. Die Länge unformatierter Datensätze wird in implementierungsspezifischen Einheiten gemessen; die zur Ausgabe einer bestimmten Datenkonfiguration erforderliche Mindestlänge eines unformatierten Datensatzes kann mittels der INQUIRE–Anweisung unter Angabe des Parameters IOLENGTH=[90] abgefragt werden (siehe Kapitel 8.5).

Spezifikation BLANK= in der OPEN–Anweisung

Diese Spezifikation ist nur bei einer Datei mit formatierter E/A erlaubt. Wird der Wert 'NULL' angegeben, so werden alle Leerstellen bei numerischen Eingabefeldern (die entsprechende E/A–Einheit betreffend) ignoriert. Ausgenommen ist dabei ein ausschließlich aus Leerstellen bestehendes Eingabefeld, welches dem Wert 0 zugeordnet wird.

Die Angabe des Wertes 'ZERO' bedeutet, daß alle Leerstellen außer führende Blanks als Nullen interpretiert werden.

Spezifikation POSITION= in der OPEN–Anweisung

Dieser Parameter, *den es in FORTRAN 77 nicht gibt,* kann nur bei sequentiellem Zugriff verwendet werden. Bei einer durch die OPEN–Anweisung erzeugten Datei ist diese Spezifikation zwar erlaubt aber redundant, da eine solche Datei immer an den Anfangspunkt positioniert wird.

Die Angabe von 'REWIND' für eine existente Datei bedeutet, daß diese an den Anfangspunkt positioniert wird. 'APPEND' positioniert die Datei so, daß ein allenfalls vorhandener Dateiendesatz zum nächsten Datensatz wird; wenn die Datei keinen Dateiendesatz aufweist, wird die Datei mittels 'APPEND' an den Endpunkt der Datei gestellt. Die Angabe von 'ASIS' verändert die Position der Datei nicht, soferne diese existiert und bereits zugeordnet ist. Es ist zu betonen, daß die Angabe von 'ASIS' für eine existente aber (noch) nicht zugeordnete Datei deren Position unbestimmt läßt.

Spezifikation ACTION= in der OPEN–Anweisung

Mittels des Parameters ACTION=[90] ist es möglich, die erlaubten Aktionen bezüglich einer Datei einzuschränken. 'READ' bedeutet, daß WRITE- und ENDFILE-Anweisungen bei der gegebenen Zuordnung nicht erlaubt sind. Die Angabe von 'WRITE' impliziert, daß von der Datei nicht gelesen werden darf, während mittels ACTION='READWRITE' jede E/A-Anweisung zulässig ist.

Der Defaultwert der Spezifikation ACTION= ist vom jeweiligen Compiler abhängig. Stellt 'READWRITE' einen erlaubten Wert für eine Datei dar, so müssen auch die Werte 'READ' und 'WRITE' für diese Datei zulässig sein. Es ist zu beachten, daß erlaubte Aktionen bezüglich einer existenten Datei vom Betriebssystem eingeschränkt sein können (beispielsweise kann die Angabe von ACTION='WRITE' innerhalb eines FORTRAN-Programmes einen auf Betriebssystemebene festgelegten Schreibschutz keineswegs aufheben).

In FORTRAN 77, wo es die Spezifikation ACTION= nicht gibt, [77] sind die möglichen Aktionen bezüglich einer Datei von FORTRAN aus nicht eingeschränkt. [77]

Spezifikation DELIM= in der OPEN–Anweisung

Die Angabe dieses *in FORTRAN 77 nicht vorhandenen* Parameters erlaubt die Definition eines Begrenzungszeichens bei der listengesteuerten oder NAMELIST-formatierten Ausgabe von Zeichenkettenkonstanten.

Bei der Angabe von 'APOSTROPHE' wird eine solchermaßen auszugebende Zeichenkettenkostante durch Apostrophe begrenzt und jedes innerhalb der Zeichenkette vorkommende Apostroph verdoppelt. Die Angabe von 'QUOTE' bewirkt, daß jede Zeichenkettenkonstante mittels Anführungszeichen begrenzt und jedes darin enthaltene Anführungszeichen verdoppelt wird. Bei der Spezifikation von 'APOSTROPHE' oder 'QUOTE' wird beim Schreiben einer Zeichenkettenkonstante, welche nicht dem Typ

DEFAULT CHARACTER angehört, deren Typkennzahl[90] gefolgt von einem Unterstreichungszeichen dem führenden Begrenzungszeichen vorangestellt.

Die Angabe DELIM='NONE', welche dem Defaultwert entspricht, bedeutet, daß bei der Ausgabe von CHARACTER-Konstanten weder Begrenzungszeichen verwendet noch Anführungszeichen bzw. Apostrophe verdoppelt werden.

Die Angabe von DELIM= ist nur für eine Datei mit formatierter E/A zulässig. Beim Lesen eines formatierten Datensatzes ist diese Spezifikation ohne Bedeutung.

Spezifikation PAD= in der OPEN–Anweisung

Die Angabe von PAD='YES'[90] bewirkt bei der formatierten Eingabe, daß ein Datensatz gegebenenfalls mit Leerstellen aufgefüllt wird, soferne eine Eingabeliste angegeben ist und die Formatspezifikation mehr Daten erfordert als der Datensatz enthält. Bei der Angabe von 'NO' darf die Eingabeliste samt der zugehörigen Formatspezifikation nicht mehr Zeichen erwarten, als im jeweiligen Datensatz enthalten sind.

Der Defaultwert für diese Spezifikation ist 'YES'. Die Angabe dieses Parameters ist nur im Zusammenhang mit Dateien für formatierte E/A erlaubt und wird bei der formatierten Ausgabe ignoriert. Es soll betont werden, daß das Auffüllzeichen für Zeichenketten, welche nicht dem Typ DEFAULT CHARACTER entsprechen, vom Compiler abhängig ist.

8.2.2   CLOSE–ANWEISUNG

Mittels der CLOSE-Anweisung wird die Zuordnung einer E/A-Einheit zu einer externen Datei beendet. Die Anweisung kann in jeder beliebigen Programmeinheit auftreten und ist somit keineswegs an jene gebunden, in welcher die entsprechende OPEN-Anweisung ausgeführt wird. Die Ausführung einer CLOSE-Anweisung bezüglich einer E/A-Einheit, welche nicht existiert oder keiner Datei zugeordnet ist, hat keinerlei Wirkung.

Die ordnungsgemäße Beendigung eines FORTRAN-Programmes bewirkt ein implizites Schließen aller zugeordneten Dateien (während bei einem fehlerbedingten Programmabbruch Dateien durchaus im geöffneten Zustand verbleiben können). Dabei wird jede Datei mit dem Status 'KEEP' geschlossen, soferne der vorhergehende Status nicht 'SCRATCH' gewesen ist (solche Dateien werden mit STATUS='DELETE' geschlossen). Das implizite Schließen der Dateien hat somit dieselbe Wirkung, als ob alle E/A-Einheiten mittels CLOSE (ohne Angabe des Parameters STATUS=) geschlossen worden wären.

Die CLOSE–Anweisung hat das allgemeine Format

CLOSE (*Close-Spez-Liste*)

wobei die *Close-Spez-Liste* folgende Elemente aufweisen kann:

[UNIT =] *externe E/A–Einheit (gAusdruck)*

IOSTAT = *skalare Variable* (DEFAULT INTEGER)

ERR = *Label*

STATUS = { 'KEEP' | 'DELETE' }

Die Angabe des Wertes für STATUS= kann auch mittels eines Ausdruckes vom Typ DEFAULT CHARACTER erfolgen, wobei nachfolgende Leerzeichen ignoriert werden.

Es gelten folgende Einschränkungen:

- Wird die Bezeichnung UNIT= weggelassen, muß die Spezifikation der E/A–Einheit das erste Element der *Close-Spez-Liste* sein.

- Eine Spezifikation darf höchstens einmal in einer CLOSE–Anweisung auftreten. Die E/A–Einheit muß in der CLOSE–Anweisung jedenfalls spezifiziert werden.

- Die dem Parameter ERR= folgende Anweisungsmarke muß in derselben Bereichseinheit liegen wie die CLOSE–Anweisung.

Die Angabe der Spezifikation STATUS='DELETE' bewirkt, daß die Datei unmittelbar nach dem Schließen gelöscht werden soll (und daher in der Folge nicht mehr existiert). Eine Angabe von STATUS='KEEP' ist redundant, da dies für Dateien, deren ursprünglicher Status ungleich 'SCRATCH' ist, den Defaultwert darstellt, und die Angabe von STATUS='KEEP' nicht gestattet ist, wenn der vorhergehende Status der Datei 'SCRATCH' gewesen ist. (Eine Datei mit dem Status 'SCRATCH' impliziert beim Schließen STATUS='DELETE'.)

Betreffend die Spezifikationen IOSTAT= und ERR= sei auf das Kapitel 8.3.1 verwiesen.

8.2.3 BEISPIELE FÜR DATEIZUORDNUNGSANWEISUNGEN

Das folgende Beispiel zeigt die Herstellung einer Zuordnung zwischen der E/A–Einheit 50 mit einer sequentiellen, unformatierten Datei:

```
NTEMP = 50
OPEN (NTEMP, FILE='DATEI', FORM='UNFORMATTED')
   ⋮
 ! Beliebige E/A-Anweisungen (einschließlich CLOSE
```

```
!  und OPEN) bezüglich der E/A-Einheit 50 (auch über
!  verschiedene Programmeinheiten verstreut)
      ⋮
   CLOSE (STATUS='DELETE',UNIT=NTEMP)
```

Obwohl es sicher übersichtlicher und daher empfehlenswert ist, wenn man die E/A–Einheit grundsätzlich als ersten Parameter spezifiziert, soll anhand der CLOSE–Anweisung gezeigt werden, daß dies vom Standard her nicht gefordert ist (allerdings ist dann die Angabe von UNIT= unabdingbar). Die Spezifikation ACCESS= wurde nicht angegeben, da der Defaultwert 'SE-QUENTIAL' ist. Die Angabe von FORM= ist hingegen notwendig, da für sequentielle Dateien defaultmäßig FORM='FORMATTED' gelten würde. Alle weiteren Spezifikationen der OPEN–Anweisung werden defaultmäßig festgelegt: STATUS='UNKNOWN', RECL=*Compiler abhängig*, BLANK= 'NULL', POSITION [90]= 'ASIS', ACTION [90]= *Compiler abhängig*, DELIM[90]= 'NONE' und PAD[90]= 'YES'.

Damit die mittels der OPEN–Anweisung zugeordnete Datei sowohl beschrieben als auch gelesen werden kann, wird in diesem Beispiel vorausgesetzt, daß der Parameter ACTION=[90] den (an sich von der FORTRAN–Implementierung abhängigen) Defaultwert 'READWRITE' aufweist. (*Dies entspricht auch dem Verhalten in FORTRAN 77, wo es die Spezifikation ACTION= nicht gibt.*)

Mittels der CLOSE–Anweisung wird die Datei 'DATEI' geschlossen und gleichzeitig gelöscht. Eine ähnliche Wirkungsweise würde man erzielen, wenn man in der OPEN–Anweisung STATUS='SCRATCH' angibt und die Dateispezifikation FILE= wegläßt; allerdings ist dann die Datei nach dem erstmaligen Schließen nicht mehr verfügbar (auch nicht innerhalb des Programmes).

Das nächste Beispiel soll die Verwendung einer formatierten Datei mit direktem Zugriff veranschaulichen:

```
   OPEN (2, FILE='HILFE', ACCESS='DIRECT',   &
         FORM='FORMATTED', RECL=72)
!  Die Art der Zeilenfortsetzung und der Kommentar-
!  einleitung gelten nur in Fortran 90 (siehe Kapitel 3.2)
   DO 30 I=10,2,-2
      READ(2,99,REC=I,ERR=40) (A(J),J=1,6)
99    FORMAT (6E12.6)
      ⋮
30 CONTINUE
   CLOSE (2)
```

$\vdots$

```
40  PRINT *,'Fehler beim Lesen von der Datei HILFE'
```

$\vdots$

In diesem Programmausschnitt werden von der Datei HILFE die Datensätze 10, 8, 6, 4 und 2 mittels direktem Zugriff formatiert eingelesen, wobei beim Auftreten eines Fehlers auf die Anweisungsmarke 40 verzweigt wird (Parameter ERR=). Bei der OPEN-Anweisung ist die Angabe der Datensatzlänge (RECL=72) unbedingt erforderlich. Da für direkten Zugriff defaultmäßig unformatierte Datensätze angenommen werden, muß auch die Spezifikation FORM= 'FORMATTED' angegeben werden.

Da die Datei ohne Angabe von STATUS='DELETE' geschlossen wird, bleibt die Datei HILFE auch nach der CLOSE-Anweisung bestehen.

8.3 Anweisungen für den Datentransfer

Das Lesen von Daten erfolgt mittels der READ-Anweisung, wobei zwei Formen zu unterscheiden sind:

READ (*E/A-Spezifikations-Liste*) [*Eingabe-Liste*]

READ *Format* [, *Eingabe-Liste*]

Die zweite Form der READ-Anweisung ist eigentlich redundant, da sie bezüglich ihrer Wirkungsweise einen Spezialfall der ersten Form darstellt (wie im folgenden Kapitel noch genauer ausgeführt wird). Es soll jedenfalls explizit darauf hingewiesen werden, daß bei der zweiten Form vor der (optionalen) *Eingabe-Liste* ein Komma gesetzt werden muß (welches in der ersten Form nicht vorhanden ist).

Für das Schreiben von Daten stehen die beiden Ausgabeanweisungen WRITE und PRINT zur Verfügung:

WRITE (*E/A-Spezifikations-Liste*) [*Ausgabe-Liste*]

PRINT *Format* [, *Ausgabe-Liste*]

Die WRITE-Anweisung entspricht dabei der ersten (allgemeineren) Form der READ-Anweisung, während die PRINT-Anweisung sozusagen die Umkehrung der zweiten Form der READ-Anweisung darstellt.

An sich ist die PRINT-Anweisung überflüssig aber infolge ihrer Kompaktheit (wie auch die zweite Form der READ-Anweisung) oftmals recht praktisch; ihre Existenz hat eigentlich historische Gründe, da in früheren Zeiten von FORTRAN unter den meisten Betriebssystemen die Angabe von PRINT tatsächlich ein Ausdrucken von Daten impliziert hat. Es soll jedoch hervorgehoben werden, daß vom Standard her keine prinzipielle Unterscheidung zwischen der Wirkungsweise einer PRINT- und einer WRITE–Anweisung festgelegt ist (das heißt, daß die PRINT–Anweisung ein Ausdrucken von Daten nicht bewirken muß und umgekehrt die WRITE–Anweisung sehr wohl ein Ausdrucken bewirken darf).

8.3.1   EIN-/AUSGABE–SPEZIFIKATIONEN

Die *E/A-Spezifikations-Liste* in der ersten Form der READ- und in der WRITE–Anweisung kann folgende Elemente aufweisen:

[UNIT =] *E/A–Einheit*

[FMT =] *Format*

[NML =][90] *Namelist-Gruppen-Name*

REC = *skalarer-gAusdruck*

IOSTAT = *skalare-Variable* (DEFAULT INTEGER)

ERR = *Label*

END = *Label*

ADVANCE[90] = { 'YES' | 'NO' }

SIZE[90] = *skalare-Variable* (DEFAULT INTEGER)

EOR[90] = *Label*

Für die *E/A–Spezifikationen* gelten folgende Einschränkungen:

- Die drei ersten Spezifikationen sind sowohl in Form von Stellungs- als auch als Schlüsselwortparameter angebbar. Betreffend die für die Verwendung von Stellungsparametern geltenden Einschränkungen sei auf das Kapitel 5.1.5 verwiesen.

- Eine Spezifikation darf innerhalb einer Datentransferanweisung höchstens einmal vorkommen. Eine *E/A–Einheit* muß jedenfalls spezifiziert werden.

- Die Parameter END=, EOR=[90] und SIZE=[90] dürfen nur innerhalb einer READ–Anweisung angegeben werden, und die entsprechenden *Label* müssen in derselben Bereichseinheit liegen wie die READ–Anweisung.

- Die Angabe eines *Namelist-Gruppen-Namens*[90] schließt das Vorhandensein einer *E/A-Liste* aus.

- Die Spezifikationen *Namelist-Gruppen-Name*[90] und *Format* schließen einander aus.

- Wenn die *E/A–Einheit* eine interne Datei bezeichnet, darf weder ein *Namelist-Gruppen-Name*[90] noch der Parameter REC= spezifiziert werden.

- Die Spezifikation REC= schließt die Angabe eines *Namelist-Gruppen-Namens*[90] und des Parameters END= aus; soferne ein *Format* angegeben ist, darf dieses kein Stern („*") sein (welcher eine listengesteuerte E/A kennzeichnet).

- Die Angabe von ADVANCE=[90] darf nur in einer E/A–Anweisung für sequentiellen Zugriff und mit expliziter Formatangabe (siehe Kapitel 9.1) vorkommen, wobei die E/A–Einheit keine interne Datei bezeichnen darf.

- Die Angabe des Parameters EOR=[90] oder/und der Spezifikation SIZE=[90] erfordert auch die Angabe von ADVANCE='NO'[90].

Bei der Angabe der Variablen vom Typ DEFAULT INTEGER für die Spezifikationen IOSTAT= und SIZE= ist zu beachten, daß diese weder durch durch eine E/A–Liste noch durch eine allenfalls in der E/A–Anweisung angegebene NAMELIST–Gruppe beeinflußbar sein dürfen. Werden die Variablen durch Feldelemente repräsentiert, gilt dies sinngemäß auch für deren Indizes.

Spezifikation der Ein-/Ausgabe–Einheit

Bei der zweiten Form der READ-Anweisung sowie bei der PRINT-Anweisung kann keine E/A–Einheit spezifiziert werden; diese beiden Anweisungen operieren grundsätzlich auf den vorverbundenen Dateien, deren zugehörige E/A–Einheit durch einen Stern („*") gekennzeichnet wird (siehe Kapitel 8.2). Diese Kennzeichnung darf auch in der allgemeineren Form der READ-Anweisung und in der WRITE-Anweisung vorgenommen werden, sodaß die beiden Anweisungen

```
READ 100, A, B, C        und
READ (*, 100) A, B, C
```

sowie die beiden Ausgabeanweisungen

```
PRINT 50, X, Y           und
WRITE (*, 50) X, Y
```

einander völlig äquivalent sind.

Bevor bezüglich einer E/A–Einheit eine Datentransferanweisung ausgeführt werden kann, muß diese einer Datei zugeordnet sein: bei einer internen Dateien ist dies implizit der Fall, während eine externe Datei entweder vorverbunden sein kann oder mittels OPEN–Anweisung explizit zugeordnet werden muß.

Formatspezifikation

Die Formatspezifikation kann

(a) aus einem Ausdruck vom Typ DEFAULT CHARACTER,

(b) aus einem Label,

(c) aus der Bezeichnung „*" oder

(d) aus einer skalaren Variablen$^{\text{Ⓥ}}$ vom Typ DEFAULT INTEGER

bestehen. Im Fall (a) muß der Ausdruck eine gültige Formatangabe darstellen (siehe Kapitel 9.1). Ist dieser Ausdruck ein Feld, so wird dieses so behandelt, als ob alle Feldelemente in der Reihenfolge der Speicherbelegung miteinander verkettet wären.

Bei der Angabe eines Labels muß dieser eine FORMAT–Anweisung innerhalb derselben Bereichseinheit kennzeichnen.

Die Formatangabe Stern („*") spezifiziert eine listengesteuerte („frei formatierte") E/A. Es soll ausdrücklich betont werden, daß „*" nicht in Form einer Zeichenkette angegeben werden darf.

Im Fall (d) muß die Variable eine zuvor unter Verwendung der ASSIGN–Anweisung $^{\text{Ⓥ}}$ (Kapitel 7.2.7) zugewiesene Anweisungsmarke beinhalten, welche eine FORMAT–Anweisung in derselben Bereichseinheit kennzeichnet. *Diese Art der Formatspezifikation gilt als veraltet!*

Beispiele zur Verwendung von Formatspezifikationen:

```
      READ (10,*) A, B, C
      WRITE (7,FMT= '(' // CHFORM // ')') X
      PRINT 50, Y
   50 FORMAT (' Y = ', 1PE10.3)
```

Die Bedeutung der Formatangaben wird im Kapitel 9.1 ausführlich behandelt.

NAMELIST–Spezifikation

Diese Spezifikation, *welche in FORTRAN 77 nicht existiert,* erlaubt die Angabe eines NAMELIST–Gruppennamens, welcher mittels einer NAMELIST–Anweisung[90] vereinbart sein muß (siehe Kapitel 5.2.13). Die Angabe dieser Spezifikation setzt voraus, daß weder ein *Format* noch eine *E/A–Liste* innerhalb der Datentransferanweisung vorhanden ist (siehe Kapitel 9.3).

Spezifikation der Datensatznummer

Die Angabe von REC= spezifiziert die Nummer jenes Datensatzes, der
gelesen bzw. geschrieben werden soll. Diese Angabe ist nur für erlaubt,
wenn die entsprechende E/A–Einheit auf eine Datei mit direktem Zugriff
verbunden ist. Umgekehrt bedeutet das Fehlen dieser Spezifikation, daß die
entsprechende Datei für sequentiellen Zugriff zugeordnet sein muß.

Ein-/Ausgabe–Status

Durch die Ausführung einer E/A–Anweisung, welche den IOSTAT–Parameter beinhaltet, wird die zugehörige Variable („Statusvariable") vom Typ
DEFAULT INTEGER folgendermaßen definiert:

(a) Die Statusvariable erhält den Wert null, wenn weder eine Fehler- noch
eine Dateiende- oder eine Datensatzendebedingung[90] auftritt.

(b) Beim Auftreten eines Fehlers erhält sie einen positiven, vom Compiler
abhängigen Wert.

(c) Tritt eine Dateiendebedingung (aber kein Fehler) auf, wird der Statusvariablen ein negativer, vom Compiler abhängiger Wert zugewiesen.

(d) Wenn eine Datensatzendebedingung[90] (aber keine Dateiende- oder
Fehlerbedingung) auftritt, erhält die Statusvariable einen negativen,
vom Compiler abhängigen Wert, der sich jedoch von jenem im Punkt
(c) unterscheiden muß.

Dabei ist zu erwähnen, daß eine Dateiendebedingung nur bei sequentiellem
Lesen und eine Datensatzendebedingung[90] nur bei einer nicht fortschreitenden[90] Eingabe auftreten kann.

Fehlerverzweigung

Wenn bei der Ausführung einer die Spezifikation ERR=*Label* beinhaltenden E/A–Anweisung ein Fehler auftritt, werden folgende Schritte ausgeführt:

- Die Ausführung der Anweisung wird abgebrochen und die Position
der betroffenen Datei wird unbestimmt. Gegebenenfalls wird der Statusvariablen ein positiver Wert zugewiesen.

- Wenn es sich um eine READ–Anweisung mit dem Parameter SIZE=
handelt, wird der zugehörigen Variablen der entsprechende Wert zugewiesen (siehe später).

- Die Programmausführung wird mit der durch den *Label* gekennzeichneten ausführbaren Anweisung fortgesetzt.

Dateiendeverzweigung

Wenn bei einem Lesevorgang die Dateiendebedingung (aber keine Fehlerbedingung) auftritt und die READ–Anweisung die Spezifikation END=*Label* enthält, wird zunächst die Ausführung der Anweisung abgebrochen und die Datei hinter den Dateiendesatz positioniert (soferne es sich um eine externe Datei handelt). Anschließend wird gegebenenfalls die Statusvariable mit einem negativen Wert belegt und die Programmausführung mit der mittels *Label* gekennzeichneten Anweisung fortgesetzt.

Datensatzendeverzweigung

Wenn bei der Ausführung einer READ–Anweisung, welche den Parameter EOR=*Label*[90] beinhaltet, eine Datensatzendebedingung[90] (aber keine Fehler- oder Dateiendebedingung) auftritt, ergibt sich folgender Ablauf:

- Wenn der Parameter PAD mit dem Wert 'YES' belegt ist, wird der Datensatz mit Leerzeichen erweitert, damit die Eingabe des gerade zu lesenden Eingabeobjektes in Verbindung mit dem entsprechenden Formatelement abgeschlossen werden kann.

- Die Ausführung der READ–Anweisung wird beendet und die Datei hinter den aktuellen Datensatz positioniert. Gegebenenfalls werden der Statusvariablen und der Variablen des SIZE–Parameters entsprechende Werte zugewiesen.

- Die Programmausführung wird mit jener ausführbaren Anweisung fortgesetzt, welche durch *Label* gekennzeichnet ist.

Der Parameter EOR= darf nur in Verbindung mit der Spezifikation AD-VANCE='NO' angegeben werden.

Spezifikation ADVANCE=

Dieser *in FORTRAN 77 nicht vorhandene* Parameter gibt an, ob für die Datentransferanweisung fortschreitende oder nicht fortschreitende E/A zu verwenden ist. Bei einer fortschreitenden E/A wird zu Beginn der Ausführung der Anweisung grundsätzlich ein neuer Datensatz bearbeitet (gelesen oder geschrieben). Der Defaultwert für den Parameter ADVANCE= ist 'YES'.

FORTRAN 77 kennt nur die fortschreitende E/A.

Spezifikation SIZE=

Der Parameter SIZE=[90] darf nur in Verbindung mit der Spezifikation AD-VANCE='NO' in einer READ–Anweisung angegeben werden und bewirkt, daß der entsprechenden Variablen die Anzahl der gelesenen Zeichen zugewiesen wird. Leerzeichen, welche bei Bedarf aufgrund der Spezifikation PAD='YES'[90] eingefügt worden sind, werden dabei nicht mitgezählt.

8.3.2 EIN-/AUSGABE–LISTE

Mittels der E/A–Liste werden die einzelnen Objekte spezifiziert, deren Werte bei Datentransferanweisungen entsprechend der angegebenen Reihenfolge übertragen werden sollen. Ein Objekt einer **Eingabeliste** kann dabei eine Variable oder eine implizite DO–Schleife sein, während ein Objekt einer **Ausgabeliste** einen Ausdruck oder eine implizite DO–Schleife darstellen kann.

Bezüglich einer Beschreibung der impliziten DO–Schleife sei auf die Seite 53 im Kapitel 4.4.3 verwiesen. Im Gegensatz zu den im Rahmen des Feldkonstruktors und der DATA–Anweisung (Kapitel 5.2.12) verwendbaren impliziten DO–Schleifen, wo die Schleifenvariable und die Ausdrücke für *Startwert*, *Endwert* und *Inkrement* vom Typ INTEGER sein müssen, dürfen diese hier auch den Typen DEFAULT REAL[V] und DOUBLE PRECISION REAL[V] angehören (wie auch beim DO–Konstrukt, siehe Kapitel 7.1.3). Da die Verwendung dieser beiden Datentypen im Zusammenhang mit DO–Schleifen aber als veraltet gelten, sollte davon nicht Gebrauch gemacht werden.

Für die Objekte von E/A–Listen gelten folgende Einschränkungen:

- Eine Variable innerhalb einer Eingabeliste darf kein Feld mit angenommener Größe sein (Kapitel 4.4.1).

- Ein Objekt einer Eingabeliste darf weder eine DO–Variable einer in derselben Eingabeliste vorkommenden impliziten DO–Schleife sein noch einer solchen DO–Variablen zugeordnet sein.

- Wenn ein Objekt einer E/A–Liste das POINTER-Attribut[90] aufweist, so muß es einem Ziel zugeordnet sein; der Datentransfer erfolgt dann direkt zwischen der Datei und dem Ziel.

- Stellt ein Objekt einer E/A–Liste ein zuteilbares Feld[90] dar, so muß es zum Zeitpunkt des Datentransfers auch tatsächlich zugeteilt sein.

- Eine E/A–Liste, welche sich auf eine interne E/A bezieht, darf keine Zeichenketten bzw. Zeichenkettenvariablen beinhalten, welche nicht dem Typ DEFAULT CHARACTER angehören.

- Ein Objekt einer Eingabeliste darf keinesfalls die Formatspezifikation (oder einen Teil davon) derselben Datentransferanweisung beinhalten.

Die Angabe eines Feldes in einer E/A–Liste wird so behandelt, als ob alle Feldelemente in der Reihenfolge der Speicherbelegung (siehe Kapitel 4.4.4) angegeben wären; allerdings darf bei einer Eingabe ein Feldelement weder einen Ausdruck im betreffenden Eingabeobjekt beeinflussen noch darf es mehr als einmal darin vorkommen. Die folgenden Beispiele sollen dies näher illustrieren:

```
INTEGER I(50), J(50)
   ⋮
READ *, I(I)                          ! Verboten!
READ *, I(LBOUND(I,1):UBOUND(I,1))    ! Nur in Fortran 90!
READ *, I(J)                          ! Nur in Fortran 90!
READ *, I(A(1):A(10))                 ! Verboten!
```

Die vorletzte READ-Anweisung ist allerdings nur dann erlaubt, wenn alle Feldelemente von J unterschiedliche Werte aufweisen.

Ein- und dieselbe Variable (auch als Feld oder Feldelement) darf hingegen sehr wohl mehrmals in einer E/A-Liste (in Form getrennter E/A-Objekte) vorkommen:

```
READ *, I, I, (I(K),K=1,10), I(5), (I(K),K=1,10), I(5)
```

Der Wert des Feldelementes I(5) wird dabei durch den zuletzt eingelesenen Wert bestimmt (unter der Voraussetzung der Gültigkeit der weiter oben angegebenen INTEGER-Anweisung werden insgesamt 122 ganzzahlige Werte eingelesen).

Ein Objekt abgeleiteten Datentyps[90] darf nur dann in einer E/A-Liste vorkommen, wenn auf alle darin vorkommenden Komponenten tatsächlich Zugriff besteht (ein Beispiel, wo dies nicht der Fall ist, stellt ein innerhalb eines Moduls definierter Datentyp dar, der zwar selbst das Attribut PUBLIC hat, aber dessen Komponenten das PRIVATE-Attribut aufweisen).

Beinhaltet ein abgeleiteter Datentyp[90] eine Komponente mit dem POINTER-Attribut[90], darf ein Objekt eines solchen Datentyps in keiner E/A-Liste auftreten.

Ein Objekt eines abgeleiteten Datentyps[90] wird bei einer formatierten E/A so behandelt, als ob die einzelnen Komponenten entsprechend der Reihenfolge in der Datentypdefinition angegeben wären. Im Gegensatz dazu wird ein Objekt eines abgeleiteten Datentyps bei der unformatierten E/A als einzelner Wert (dessen Darstellung vom Compiler abhängt) betrachtet, sodaß beispielsweise ein solches unformatiert geschriebenes Objekt nicht komponentenweise einlesbar ist.

Es ist zu beachten, daß Konstante, Ausdrücke und Funktionsverweise sehr wohl in Ausgabe- aber nicht in Eingabelisten vorkommen dürfen:

```
WRITE (IUN, FMT=*) (LOG10 (X(I)), I=1,K+6,-2), SIN(Y)
```

Ein Funktionsverweis, welcher selbst eine weitere E/A–Operation (auch eine andere E/A–Einheit betreffend) bewirken würde, ist allerdings nicht erlaubt (verbotener Nebeneffekt).

8.3.3 DATENTRANSFER

Die Datenübertragung erfolgt zwischen Datensätzen und Objekten, welche entweder mittels E/A–Listen oder mittels NAMELIST [90] spezifiziert sind. Die Reihenfolge des Datenaustausches ist beim Vorhandensein einer E/A–Liste ausschließlich durch die Reihenfolge der darin angegebenen Objekte bestimmt. Allerdings sind dabei nicht alle Objekte relevant, weshalb man für tatsächlich zu berücksichtigende Objekte den Begriff „effektives Objekt" verwendet. Felder der Größe null [90] sowie implizite DO–Schleifen mit einer Iterationszahl gleich null werden bei der Festlegung des nächsten effektiven Objektes ignoriert. (Im Gegensatz dazu stellt eine Zeichenkette bzw. eine Zeichenkettenvariable der Länge null [90] sehr wohl ein effektives E/A–Objekt dar.)

Bei einer NAMELIST–Eingabe werden die Daten in der Reihenfolge übertragen, wie sie sich auf dem Datensatz befinden, während bei einer NAMELIST–Ausgabe die Reihenfolge durch die Definition der NAMELIST–Gruppe (mittels der NAMELIST–Anweisung) bestimmt wird.

Bevor die Übertragung des Wertes eines Objektes innerhalb einer E/A–Liste beginnt, werden erforderlichenfalls jene Werte bestimmt, welche zur Identifikation des entsprechenden Objektes nötig sind. Dazu werden gegebenenfalls jene Werte von E/A–Objekten herangezogen, welche zuvor (aber innerhalb derselben Datentransferanweisung) übertragen worden sind. Beispielsweise wird in der Anweisung

```
READ (N,*) N, X(N)
```

für die E/A–Einheit der ursprüngliche Wert von N verwendet, während zur Festlegung des Feldelementes X(N) der bereits eingelesene Wert von N maßgebend ist.

Bei einer NAMELIST–Eingabe werden alle Werte, welche im Eingabedatensatz der Spezifikation *Name* = folgen (siehe Kapitel 9.3), zu dem entsprechenden NAMELIST–Objekt übertragen, bevor der nächste Datentransfer (innerhalb derselben READ–Anweisung) begonnen wird. Kommt dabei ein- und derselbe Name mehrmals vor, werden die Werte des zugehörigen NAMELIST–Objektes von der letzten Spezifikation bestimmt.

Im folgenden wird näher auf die unformatierte E/A sowie auf das Ausdrucken formatierter Datensätze eingegangen; bezüglich der formatierten

E/A, welche umfangreichere Erläuterungen erfordert, sei auf das Kapitel 9 verwiesen.

Unformatierter Datentransfer

Bei der unformatierten E/A, welche ausschließlich bei externen Dateien verwendbar ist, werden die entsprechenden Werte nicht verändert bzw. aufbereitet („editiert"); dies bedeutet beispielsweise, daß bei der E/A einer Zahl vom Typ REAL tatsächlich alle vorhandenen Dezimalstellen transferiert werden und beim Schreiben und anschließendem Lesen kein Verlust in der Darstellungsgenauigkeit auftritt.

Bei der unformatierten E/A wird mit einer Datentransferanweisung grundsätzlich ein Datensatz gelesen oder geschrieben.

Beim Lesen muß der gerade zu lesende Datensatz zumindest so viele Werte beinhalten, wie von der Eingabeliste erwartet werden, wobei die jeweiligen Datentypen einschließlich Typkennzahlen[90] exakt übereinstimmen müssen (Ausnahme: ein komplexer Wert entspricht zwei reellen Objekten und zwei reelle Werte können einem komplexen Objekt zugeordnet werden; die Typkennzahlen[90] müssen jedoch jedenfalls identisch sein). Es ist zu betonen, daß bei Zeichenketten auch deren Längen gleich sein müssen.

Bei unformatierter Ausgabe auf eine Datei mit direktem Zugriff darf die Ausgabeliste nicht zu einer Überschreitung der Datensatzlänge (Parameter RECL=) führen. Füllen die Ausgabeobjekte den Datensatz nicht aus, bleibt dessen Rest undefiniert.

Die unformatierte Ausgabe auf eine sequentielle Datei bewirkt, daß ein Datensatz mit ausreichender Länge erzeugt wird, um die Werte aller Ausgabeobjekte aufnehmen zu können. Soferne die Datei mit einer maximalen Datensatzlänge geöffnet worden ist, darf bei der Ausgabe diese Länge keinesfalls überschritten werden.

Ausdrucken formatierter Datensätze

Wie schon am Beginn des Kapitels 8.3 erwähnt worden ist, hängt es ausschließlich vom Betriebssystem und nicht von einem FORTRAN–Programm ab, ob eine Datei ausgedruckt wird oder nicht. Wird ein Ausdrucken einer formatierten Datei veranlaßt (und dem Betriebssystem ist bekannt, daß es sich dabei um eine von FORTRAN erzeugte und zum Ausdrucken bestimmte Datei handelt), so wird das erste Zeichen jedes Datensatzes prinzipiell nicht ausgedruckt sondern als Vorschubsteuerzeichen für den Drucker interpretiert (siehe Tabelle 8.1). Wenn ein Datensatz keine Zeichen beinhaltet, wird dieser so behandelt, als ob er nur Leerzeichen enthalten würde.

Zeichen	Vertikaler Vorschub vor dem Drucken
Leerzeichen	eine Zeile
0	zwei Zeilen
1	zur ersten Zeile der nächsten Seite
+	kein vertikaler Vorschub (Überdrucken)

Tabelle 8.1: Drucker–Vorschubsteuerzeichen

Bei der Erstellung formatierter Dateien mittels expliziter Formatangabe (Kapitel 9.1) ist es im allgemeinen empfehlenswert, wenn jeder erzeugte Datensatz am Beginn ein sinnvolles Vorschubsteuerzeichen (im Normalfall ein Leerzeichen) enthält, um generell die Möglichkeit des Ausdruckens unter Verwendung der Vorschubsteuerzeichen offenzulassen.

8.4 Anweisungen zur Dateipositionierung

Zur Positionierung externer Dateien existieren die Anweisungen BACK-SPACE, REWIND und ENDFILE, welche zwei Formen aufweisen können:

$$\left\{ \begin{array}{c} \text{BACKSPACE} \\ \text{REWIND} \\ \text{ENDFILE} \end{array} \right\} \quad \left\{ \begin{array}{c} \textit{externe E/A–Einheit} \\ (\textit{ Positions-Spez-Liste }) \end{array} \right\}$$

Folgende *Positions-Spezifikationen* stehen zur Verfügung:

[UNIT =] *externe E/A–Einheit*

IOSTAT = *skalare Variable* (DEFAULT INTEGER)

ERR = *Label*

Dabei gelten folgende Einschränkungen:

- Wird die Bezeichnung UNIT= weggelassen, muß die *externe E/A– Einheit* als erster Parameter angegeben werden.

- Eine Spezifikation darf höchstens einmal innerhalb der *Positions-Spez- Liste* vorkommen; eine *E/A–Einheit* muß jedenfalls angegeben werden.

- Die Anweisungsmarke der Fehlerverzweigung (ERR =) muß in derselben Bereichseinheit liegen wie die Dateipositionierungsanweisung.

Bezüglich der Beschreibung der Parameter IOSTAT= und ERR= soll auf das Kapitel 8.3.1 verwiesen werden.

8.4.1 BACKSPACE–ANWEISUNG

Die Ausführung einer BACKSPACE–Anweisung bewirkt die Positionierung einer zugeordneten Datei vor den vorhergehenden Datensatz, soferne kein aktueller Datensatz[90] existiert. Existiert ein aktueller Datensatz, bewirkt diese Anweisung die Positionierung vor diesen Datensatz. Wenn es weder einen aktuellen noch einen vorhergehenden Datensatz gibt, bleibt die Ausführung der BACKSPACE–Anweisung ohne Wirkung.

Die Positionierung vor den vorhergehenden Datensatz erfolgt auch dann, wenn dieser ein Dateiendesatz ist. Bewirkt die Ausführung einer BACKSPACE–Anweisung ein implizites Schreiben eines Dateiendesatzes (wenn die Datei zuvor beschrieben worden ist), so wird die Datei vor den vor diesem Dateiendesatz befindlichen Datensatz positioniert.

Die Ausführung einer BACKSPACE–Anweisung bezüglich einer zugeordneten aber nicht existenten Datei ist verboten. Weiters darf diese Anweisung nicht im Zusammenhang mit Datensätzen verwendet werden, welche mittels listengesteuerter oder mittels NAMELIST–Formatierung geschrieben worden sind.

Im folgenden Beispiel wird mittels der BACKSPACE–Anweisung eine Datei um vier Datensätze rückpositioniert; im Fehlerfall wird auf den Label 20 verzweigt und auf die vorverbundene Ausgabedatei eine Meldung ausgegeben:

```
      DO 10 I=1,4
         BACKSPACE (8,ERR=20)
   10 CONTINUE
          ⋮
   20 PRINT *, 'Fehler bei BACKSPACE von E/A-Einheit 8'
```

8.4.2 REWIND–ANWEISUNG

Mittels der REWIND–Anweisung wird eine zugeordnete externe Datei an deren Anfangspunkt positioniert. Wenn die Datei bereits zuvor am Anfangspunkt positioniert ist oder die Datei zwar zugeordnet ist aber nicht existiert, hat die Ausführung dieser Anweisung keine Wirkung.

Das folgende Beispiel zeigt einen Programmausschnitt, in dem eine Datei zehnmal eingelesen wird (die verwendeten DO-Konstrukte gelten nur in Fortran 90):

```
AUSSEN: DO I=1,10
     DO
        READ (27,IOSTAT=IOS) X, Y, Z  ! unformatiertes Lesen
```

```
    IF (IOS .GT. 0) THEN
        WRITE (*,*) 'Fehler beim Lesen aufgetreten'
        EXIT AUSSEN
    ELSE IF (IOS .LT. 0) THEN
        REWIND 27
        EXIT
    END IF
    CALL SUB (X,Y,Z)  ! Verarbeiten der gelesenen Werte
  END DO
END DO AUSSEN
```

8.4.3 ENDFILE–ANWEISUNG

Die Ausführung einer ENDFILE–Anweisung bewirkt das Schreiben eines Dateiendesatzes als nächsten Datensatz auf eine für sequentiellen Zugriff zugeordnete externe Datei. Die Datei wird hinter den Dateiendesatz positioniert, welcher den letzten Datensatz der Datei darstellt. Wenn die Datei auch mit direktem Zugriff verwendbar ist, stehen die allenfalls nachfolgenden Datensätze nicht mehr zur Verfügung (auch wenn die Datei wieder mit direktem Zugriff geöffnet wird).

Nachdem eine ENDFILE–Anweisung bezüglich einer bestimmten E/A–Einheit ausgeführt worden ist, muß eine BACKSPACE- oder REWIND–Anweisung verwendet werden, bevor eine Datentransferanweisung (bzw. auch eine neuerliche ENDFILE–Anweisung) diese E/A–Einheit betreffend ausgeführt werden kann.

Die Ausführung einer ENDFILE–Anweisung für eine zugeordnete aber nicht existente Datei bewirkt die Erzeugung dieser Datei und das anschließende Schreiben eines Dateiendesatzes (welcher dann zugleich erster und letzter Datensatz der Datei ist).

8.5 Dateiabfrageanweisung INQUIRE

Mittels der INQUIRE–Anweisung können die Eigenschaften von benannten Dateien sowie von Zuordnungen von E/A–Einheiten abgefragt werden. Weiters kann die für die unformatierte Ausgabe einer bestimmten Ausgabeliste erforderliche Datensatzlänge abgefragt werden (*nicht in FORTRAN 77*).

Die INQUIRE–Anweisung hat grundsätzlich zwei Formen:

INQUIRE (*Inquire-Spezifikations-Liste*)

INQUIRE[90] (IOLENGTH = *skalare-Variable*) *Ausgabe-Liste*

Die erste Form dient zur Abfrage von Dateien und E/A–Einheiten, wobei in letzterem Fall der Parameter UNIT= und zur Abfrage einer benannten Datei die Spezifikation FILE= vorhanden sein muß (diese beiden Parameter schließen einander aus).

Die zweite Form der INQUIRE–Anweisung, welche zur Feststellung der erforderlichen Datensatzlänge einer bestimmten unformatierten Ausgabe dient *und die es in FORTRAN 77 nicht gibt*, kennt nur die Spezifikation IOLENGTH= und erfordert die Angabe einer Ausgabeliste. Die dabei zu spezifizierende *skalare-Variable* muß vom Typ DEFAULT INTEGER sein.

8.5.1 INQUIRE-SPEZIFIKATIONSLISTE

Folgende Spezifikationen stehen bei der ersten Form der INQUIRE–Anweisung zur Verfügung:

> [UNIT =] *externe E/A-Einheit*
>
> FILE = *Dateiname (Ausdruck* DEFAULT CHARACTER*)*
>
> IOSTAT = *Int-Var* | ERR = *Label* | EXIST = *Log-Var*
>
> OPENED = *Log-Var* | NUMBER = *Int-Var* | NAMED = *Log-Var*
>
> NAME = *Char-Var* | ACCESS = *Char-Var*
>
> SEQUENTIAL = *Char-Var* | DIRECT = *Char-Var*
>
> FORM = *Char-Var* | FORMATTED = *Char-Var*
>
> UNFORMATTED = *Char-Var* | RECL = *Int-Var*
>
> NEXTREC = *Int-Var* | BLANK = *Char-Var*
>
> POSITION[90] = *Char-Var* | ACTION[90] = *Char-Var*
>
> READ[90] = *Char-Var* | WRITE[90] = *Char-Var*
>
> READWRITE[90] = *Char-Var* | DELIM[90] = *Char-Var*
>
> PAD[90] = *Char-Var*

Dabei bedeuten *Int-Var*, *Char-Var* und *Log-Var* Variablen vom Typ DEFAULT INTEGER, DEFAULT CHARACTER und DEFAULT LOGICAL.

Eine Spezifikation darf innerhalb einer *Inquire-Spezifikations-Liste* höchstens einmal vorkommen; einer der beiden Parameter UNIT= oder FILE= muß angegeben werden (aber keinesfalls beide). Bei der Abfrage bezüglich einer E/A–Einheit (UNIT=) muß diese weder existieren noch zugeordnet sein. Ist diese E/A–Einheit einer Datei zugeordnet, so bezieht sich die Abfrage sowohl auf die Zuordnung als auch auf die Datei selbst.

Soll eine E/A–Einheit spezifiziert werden, darf die Bezeichnung UNIT= weggelassen werden, wenn diese Spezifikation die erste in der Liste darstellt.

Tritt bei der Ausführung einer INQUIRE–Anweisung ein Fehler auf, so sind alle darin enthaltenen Variablen undefiniert (mit Ausnahme der Variablen der Spezifikation IOSTAT=, soferne diese angegeben ist).

Eine in einer Spezifikation angegebene Variable sowie ein einer solchen Variable zugeordnetes Objekt darf in keiner anderen Spezifikation derselben INQUIRE–Anweisung vorkommen.

Alle Spezifikationen der INQUIRE–Anweisung, mit Ausnahme der Parameter UNIT=, FILE= und ERR=, stellen Ausgangsparameter dar, deren Variablen durch die Ausführung der INQUIRE–Anweisung gegebenenfalls Werte zugewiesen werden. (Die Ausgangsparameter vom Typ DEFAULT CHARACTER sollten mit hinreichender Länge spezifiziert werden; mit Ausnahme der Spezifikation NAME= ist bei allen Parametern die Länge 11 ausreichend, um den zurückgelieferten Wert vollständig aufzunehmen.)

Im folgenden sollen die einzelnen Ausgangsparameter erläutert werden. Bezüglich der Spezifikationen IOSTAT= und ERR= sei auf das Kapitel 8.3.1 verwiesen.

INQUIRE–Spezifikation EXIST = *Log-Var*

Wenn die entsprechende Datei (bei der Angabe von FILE=) bzw. die abzufragende E/A–Einheit (bei der Angabe von UNIT=) existiert, erhält die logische Variable den Wert „wahr" zugewiesen; andernfalls den Wert „falsch".

INQUIRE–Spezifikation OPENED = *Log-Var*

Die logische Variable erhält den Wert „wahr" zugewiesen, wenn die entsprechende Datei einer E/A–Einheit (bei der Angabe von FILE=) zugeordnet ist bzw. die abzufragende E/A–Einheit mit einer Datei (bei der Angabe von UNIT=) verbunden ist; andernfalls wird der Wert „falsch" zugewiesen.

INQUIRE–Spezifikation NUMBER = *Int-Var*

Dieser nur bei einer Dateiabfrage (FILE=) interessante Parameter bewirkt, daß die ganzzahlige Variable die der Datei zugeordnete E/A–Einheitennummer zugewiesen bekommt. Wenn die Datei nicht zugeordnet ist, beinhaltet die Variable den Wert -1.

INQUIRE–Spezifikation NAMED = *Log-Var*

Der Parameter NAMED= ist nur bei der Abfrage einer E/A–Einheit (Spezifikation UNIT=) von Bedeutung: der Wert der logischen Variable ist „wahr", wenn sich die INQUIRE–Anweisung auf eine benannte Datei bezieht, andernfalls wird der Wert falsch" zugewiesen.

INQUIRE–Spezifikation NAME = *Char-Var*

Wenn die Anweisung bezüglich einer benannten Datei angewendet wird, beinhaltet die Zeichenkettenvariable den Namen der Datei, andernfalls ist der Inhalt von *Char-Var* undefiniert. Dabei ist zu beachten, daß dieser abgefragte Dateiname keineswegs mit dem (allenfalls angegebenen) Namen in der Spezifikation FILE= übereinstimmen muß, da die Form des zurückgelieferten Namens von der FORTRAN–Implementierung abhängig ist. (Der Compiler darf beispielsweise auch den Namen des aktuellen Verzeichnisses bzw. den Benutzernamen dem Dateinamen hinzufügen.) Wenn der Compiler auch Kleinbuchstaben verarbeiten kann, darf die mittels NAME= zurückgelieferte Namensbezeichnung auch solche beinhalten. Ein mittels der Spezifikation NAME= erhaltener Dateiname darf grundsätzlich auch beim Parameter FILE= (in derselben Form) angegeben werden.

INQUIRE–Spezifikation ACCESS = *Char-Var*

Die Zeichenkettenvariable kann die Werte 'SEQUENTIAL', 'DIRECT' oder 'UNDEFINED' beinhalten, je nachdem ob die entsprechende Datei für sequentiellen oder direkten Zugriff oder überhaupt nicht zugeordnet ist.

INQUIRE–Spezifikation SEQUENTIAL = *Char-Var*

Die durch diesen Parameter definierte Zeichenkettenvariable gibt an, ob der sequentielle Zugriff zu den erlaubten Zugriffsmethoden für die entsprechende Datei zählt (die Datei muß dabei keineswegs augenblicklich zugeordnet sein). Die möglichen Rückgabewerte sind 'YES', 'NO' und 'UNKNOWN'. Im letzten Fall ist es dem FORTRAN–Laufzeitsystem nicht möglich festzustellen, ob diese Zugriffsmethode für die Datei erlaubt ist (beispielsweise dann nicht, wenn die Datei überhaupt nicht existiert und auch nicht zugeordnet ist).

INQUIRE–Spezifikation DIRECT = *Char-Var*

Dieser Parameter stellt das Analogon zur zuvor beschriebenen Spezifikation SEQUENTIAL= dar. Auch hier sind die rückgelieferten Werte 'YES', 'NO' oder 'UNKNOWN', je nachdem, ob die entsprechende Datei für direkten Zugriff verwendbar ist oder nicht.

INQUIRE–Spezifikation FORM = *Char-Var*

In Abhängigkeit davon, ob die entsprechende Datei für formatierte oder unformatierte Ein-/Ausgabe oder überhaupt nicht zugeordnet ist, erhält

die Zeichenkettenvariable einen der Werte 'FORMATTED', 'UNFORMAT-
TED' oder 'UNKNOWN'.

INQUIRE–Spezifikation FORMATTED = *Char-Var*

Die Zeichenkettenvariable kann die Werte 'YES', 'NO' oder 'UNKNOWN'
beinhalten. 'YES' bedeutet, daß die Datei formatiert bearbeitbar ist, während 'NO' angibt, daß sie nicht mittels formatierter E/A zu verwenden ist
(dies impliziert aber keinesfalls, daß sie unformatiert verwendbar ist). Die
Rückgabe von 'UNKNOWN' weist darauf hin, daß die Abfrage bezüglich
des Formates erfolglos geblieben ist.

INQUIRE–Spezifikation UNFORMATTED = *Char-Var*

Mittels dieser Spezifikation kann festgestellt werden, ob eine Datei mittels
unformatierter E/A–Anweisungen bearbeitbar ist. Die möglichen zurückgegebenen Werte sind auch hier 'YES', 'NO' und 'UNKNOWN', wobei der
Wert 'NO' nicht zwangsläufig einschließt, daß die Datei formatiert zu verwenden ist.

INQUIRE–Spezifikation RECL = *Int-Var*

Bei dieser Spezifikation wird der ganzzahligen Variablen die Datensatzlänge
(bei einer für direkten Zugriff zugeordneten Datei) bzw. die maximale Datensatzlänge (bei einer für sequentiellen Zugriff zugeordneten Datei) zugewiesen. Wenn die Datei für formatierte E/A zugeordnet ist, entspricht diese
Datensatzlänge der Anzahl der Zeichen in jenen Datensätzen, welche ausschließlich Zeichen vom Typ DEFAULT CHARACTER beinhalten. Bei einer
unformatierten Datei wird die Datensatzlänge in implementierungsabhän-
gigen Einheiten gemessen. Wenn die entsprechende Datei bzw. E/A–Einheit
nicht zugeordnet ist, enthält *Int-Var* einen undefinierten Wert.

INQUIRE–Spezifikation NEXTREC = *Int-Var*

Der ganzzahligen Variablen *Int-Var* wird der Wert $n+1$ zugewiesen, wobei
n die Nummer des zuletzt gelesenen oder geschriebenen Datensatzes einer
Datei mit direktem Zugriff bedeutet. Wenn die Datei zwar zugeordnet ist
aber seit deren Öffnung keine Datensätze geschrieben oder gelesen worden
sind, so erhält *Int-Var* den Wert 1. Handelt es sich um eine Datei bzw.
E/A–Einheit, welche nicht für direkten Zugriff zugeordnet ist oder deren
Position infolge eines aufgetretenen Fehlers unbestimmt ist, so wird die
Variable *Int-Var* undefiniert.

INQUIRE–Spezifikation BLANK = *Char-Var*

Die der Variable *Char-Var* zugewiesenen Werte können 'NULL', 'ZERO' oder 'UNDEFINED' sein. Bezüglich die Bedeutung der beiden ersten Werte sei auf die Spezifikation BLANK= der OPEN–Anweisung (Kapitel 8.2.1 auf Seite 158) verwiesen. Der Wert 'UNKNOWN' wird *Char-Var* zugewiesen, wenn die Datei entweder überhaupt nicht oder nicht für formatierte E/A zugeordnet ist.

INQUIRE–Spezifikation POSITION = *Char-Var*

Diese, *in FORTRAN 77 nicht vorhandene* Spezifikation weist der Zeichenkettenvariablen den Wert 'REWIND' zu, wenn die Datei mit Positionierung an den Anfangspunkt geöffnet worden ist. Es wird der Wert 'APPEND' zugewiesen, wenn die Datei bei der Zuordnung an den Endpunkt oder vor den Dateiendesatz positioniert worden ist. *Char-Var* erhält den Wert 'ASIS', wenn die Zuordnung keine Positionsänderung bewirkt hat. Wenn keine Zuordnung existiert oder die Datei für direkten Zugriff zugeordnet ist, so bekommt die Variable den Wert 'UNDEFINED'.

Wurde die Position der Datei seit deren Zuordnung verändert, so erhält *Char-Var* einen vom Compiler abhängigen Wert zugewiesen, der jedoch nur dann 'REWIND' sein darf, wenn die Datei am Anfangspunkt positioniert ist, und nur dann 'APPEND' sein darf, wenn die Datei am Endpunkt oder vor dem Dateiendesatz positioniert ist. (Es soll hervorgehoben werden, daß in den beiden letztgenannten Fällen das FORTRAN-Laufzeitsystem durchaus auch andere Werte zurückgeben kann.)

INQUIRE–Spezifikation ACTION = *Char-Var*

Der Angabe des Parameters ACTION=[90] bewirkt, daß der entsprechenden Zeichenkettenvariable einer der Werte 'READ', 'WRITE', 'READWRITE' oder 'UNKNOWN' zugewiesen wird. 'READ' bedeutet, daß die Datei nur gelesen werden kann, der Wert 'WRITE' gibt an, daß die Datei nur beschrieben werden kann und bei 'READWRITE' sind alle E/A–Operationen möglich. Besteht zur entsprechenden Datei bzw. E/A–Einheit keine Zuordnung, erhält *Char-Var* den Wert 'UNKNOWN'.

INQUIRE–Spezifikation READ = *Char-Var*

Bei der Spezifikation READ=[90] wird der Zeichenkettenvariablen einer der Werte 'YES', 'NO' oder 'UNKNOWN' zugewiesen. 'YES' bedeutet, daß die Datei (zumindest) gelesen werden darf und 'NO' gibt an, daß die Datei nicht gelesen werden kann. Der Wert 'UNKNOWN' bedeutet, daß für das

FORTRAN–Laufzeitsystem eine Feststellung, ob die Aktion Lesen erlaubt ist, nicht durchführbar ist (beispielsweise dann, wenn die Datei gar nicht existiert und auch nicht zugeordnet ist).

INQUIRE–Spezifikation WRITE = *Char-Var*

Mittels dieser *in FORTRAN 77 nicht vorhandenen* Spezifikation ist feststellbar, ob eine Datei (zumindest) beschrieben werden kann. Die möglichen, der zugehörigen Variablen zugewiesenen Werte sind 'YES', 'NO' oder 'UNKNOWN', deren Bedeutung von der Spezifikation READ= sinngemäß zu übernehmen ist.

INQUIRE–Spezifikation READWRITE = *Char-Var*

Die Spezifikation READWRITE=⑨⓪ gibt Aufschluß darüber, ob eine Datei für Ein- und Ausgabe verwendbar ist. Die zurückgegebenen Werte für *Char-Var* sind auch hier 'YES', 'NO' oder 'UNKNOWN'; deren Bedeutung ist sinngemäß von der Beschreibung der Spezifikation READ= zu übernehmen.

INQUIRE–Spezifikation DELIM = *Char-Var*

Der Variablen des Parameters DELIM=⑨⓪ werden die Werte 'APOSTROPHE' oder 'QUOTE' zugewiesen, wenn für die abzufragende Datei bzw. E/A-Einheit bei einer listengesteuerten oder einer NAMELIST–formatierten Ausgabe das entsprechende Begrenzungszeichen verwendet wird. Wenn kein Begrenzungszeichen bei einer solchen Ausgabe vorgesehen ist, erhält *Char-Var* den Wert 'NONE' und wenn keine Zuordnung oder keine für formatierte E/A geeignete Zuordnung besteht, wird der Variablen der Wert 'UNDEFINED' zugewiesen.

INQUIRE–Spezifikation PAD = *Char-Var*

Die Zeichenkettenvariable der Spezifikation PAD=⑨⓪ erhält den Wert 'NO', wenn bei der Zuordnung der Datei zur entsprechenden E/A-Einheit die Spezifikation PAD='NO' angegeben worden ist; andernfalls ist der Wert der Variablen 'YES'.

8.5.2   INQUIRE–Spezifikation IOLENGTH =

Die zweite Form der INQUIRE-Anweisung, *welche in FORTRAN 77 nicht vorhanden ist*, dient zur Abfrage der für eine bestimmte Ausgabeliste gegebene Datensatzlänge, welche bei einer unformatierten Ausgabe derselben Ausgabeliste erforderlich wäre.

Diese Form der INQUIRE–Anweisung kennt nur die Spezifikation IO-LENGTH = *Int-Var* und ist durch die Angabe einer Ausgabeliste gekennzeichnet. Der über die ganzzahlige Variable zurückgelieferte Wert ist vom jeweiligen Compiler abhängig. Bei der Verwendung dieses Wertes in der Spezifikation RECL= einer OPEN–Anweisung, welche eine Datei für unformatierten direkten Zugriff zuordnet, wird vom FORTRAN–Laufzeitsystem sichergestellt, daß die abgefragte Ausgabeliste tatsächlich innerhalb eines Datensatzes untergebracht werden kann.

8.5.3 BEISPIELE ZUR INQUIRE–ANWEISUNG

Im folgenden sollen typische Beispiele die Verwendungsmöglichkeiten der INQUIRE–Anweisung illustrieren. Es ist zu beachten, daß die verwendete Art der Zeilenfortsetzung nur in Fortran 90 gültig ist (*für FORTRAN 77 siehe Kapitel 3.2.2*).

```
INQUIRE (IUNIT, OPENED=LOGOP, NAMED=LOGNAM, NAME=CHNAME, &
         FORM=CHFORM, IOSTAT=IOST, ACCESS=CHACC)
```

Die in diesem Beispiel angegebene INQUIRE–Anweisung fragt auf die E/A–Einheit mit der Einheitennummer IUNIT ab. In Abhängigkeit der Werte der beiden logischen Variablen LOGOP und LOGNAM sind dann weitere Variablen definiert oder nicht. Wenn beispielsweise LOGOP den Wert „falsch" hat, sind alle weiteren Variablenwerte (mit Ausnahme von IOS) uninteressant. Wenn LOGNAM den Wert „falsch" zugeordnet hat, ist CHNAME undefiniert und darf im Programm ohne vorhergehende Definition nicht verwendet werden.

Im nächsten Beispiel wird bezüglich einer Datei abgefragt:

```
INQUIRE (FILE=FILNAM, EXIST=LOGEX, OPENED=LOGOP,   &
         NUMBER=IEINH, NAME=CHNAME, IOSTAT=IOS,    &
         ACCESS=CHACC, ACTION=CHACT)
```

Wenn die logische Variable LOGEX den Wert „falsch" zugewiesen bekommt, dann existiert die Datei mit dem Namen FILNAM nicht und alle weiteren Parameter sind bedeutungslos. Wenn die Datei existiert, so enthält CHNAME den vom Betriebssystem zurückgegebenen (unter Umständen „vollständigeren") Namen der Datei. Wenn die Datei zugeordnet ist (also die logische Variable LOGOP den Wert „wahr" aufweist), so beinhaltet IEINH die E/A–Einheitennummer. Die Spezifikation ACCESS= gibt Aufschluß über die zur Zeit bestehende Zugriffsmethode (sequentiell oder direkt bzw. nicht zugeordnet). Der Wert von CHACT [90] (*der Parameter*

ACTION= existiert in FORTRAN 77 nicht) gibt über die erlaubten Aktivitäten bezüglich der Datei Auskunft (Lesen und/oder Schreiben bzw. nicht zugeordnet).

Das Beispiel zeigt deutlich, daß gewisse Informationen mittels unterschiedlicher Spezifikationen erhalten werden können: Ob eine Zuordnung bezüglich der Datei FILNAM und einer E/A–Einheit besteht, kann sowohl mittels OPENED=, als auch mit Hilfe von NUMBER= sowie durch die Angabe der Spezifikation ACTION= [90] oder ACCESS= festgestellt werden.

Das folgende, *in FORTRAN 77 nicht gültige* Beispiel zeigt eine INQUIRE–Anweisung mit der Spezifikation IOLENGTH=:

```
INQUIRE (IOLENGTH=IO_LAENGE) X(1:10,:),Y,'ABCDEFG'
```

Die Variable IO_LAENGE vom Typ DEFAULT INTEGER beinhaltet dann den vom Compiler abhängigen Wert für die zur unformatierten Ausgabe der angegebenen Ausgabeliste erforderliche Datensatzlänge.

9

Formatierung von Daten

Es stehen drei (*in FORTRAN 77 nur zwei*) verschiedene Möglichkeiten zur formatierten Ein-/Ausgabe („E/A") von Daten zur Verfügung:

- Formatierte E/A mittels expliziter Formatspezifikation, wobei das Format entweder in einer FORMAT-Anweisung oder mittels einer Zeichenkette angegeben werden kann.

- Listengesteuerte E/A, welche bei Datentransferanweisungen durch die Formatspezifikation „*" gekennzeichnet wird.

- NAMELIST-E/A[90] (diese ist bei Datentransferanweisungen dann gegeben, wenn darin zwar ein NAMELIST-Gruppenname aber weder ein Format noch eine E/A-Liste angegeben ist).

Während die beiden letzten Arten der Formatierung dem Benutzer nur einen sehr geringen Spielraum in der Gestaltung der E/A ermöglichen — was sich aber in der Einfachheit von deren Verwendung niederschlägt —, bestimmt bei der expliziten Formatierung ausschließlich der Programmierer selbst die Datenaufbereitung während des Datentransfers.

Zunächst ein paar Worte über die Wahl der adäquaten Formatierungsmethode. Die listengesteuerte Formatierung stellt sicherlich die einfachste (obgleich nicht immer die praktischste) Art der Übertragung „lesbarer" Daten dar. (Für den Datentransfer zwischen Programmen, welche an einem Rechnersystem installiert sind, sollte aus Effizienzgründen jedenfalls die unformatierte E/A verwendet werden, siehe Kapitel 8.3.3). Während die listengesteuerte Eingabe durchaus auch für fertiggestellte Programme sinnvoll einsetzbar ist, bietet sich die listengesteuerte Ausgabe vor allem in der Entwicklungsphase an; um eine zufriedenstellende Ausgabe zu erhalten, kommt man im allgemeinen an expliziten Formatangaben nicht vorbei.

Die in Fortran 90 eingeführte NAMELIST-E/A stellt sozusagen einen Mittelweg zwischen den beiden anderen Formatierungsarten dar: Ihre Verwendung ist wesentlich einfacher als jene der expliziten Formatierung und sie bietet dennoch einen bedeutend höheren Komfort als die listengesteuerte Ein-/Ausgabe.

9.1   Explizite Formatierung

Die explizite Formatierung erfordert die Angabe eines Formates, welches mittels einer FORMAT–Anweisung oder in Form einer Zeichenkette (Konstante oder Variable) zu spezifizieren ist. Eine mittels expliziten Formatangaben geschriebene Datei kann unter bestimmten Voraussetzungen* bei Verwendung derselben Formate auch wieder eingelesen werden, wenn dieselbe Reihenfolge eingehalten wird und die E/A–Listen äquivalent sind. Solchermaßen wieder eingelesene Daten sind im allgemeinen jedoch nicht mit den ursprünglichen internen Werten identisch, da eine explizite Formatierung ein Runden reeller Werte sowie ein Abschneiden von Zeichenketten–Daten bewirken kann.

9.1.1   FORMAT–Anweisung

Die FORMAT–Anweisung hat folgendes Aussehen:

>   *Label*   FORMAT *Formatspezifikation*
>
>   *Formatspezifikation:* (*Formatelement-Liste*)

Einer FORMAT–Anweisung muß grundsätzlich eine Anweisungsmarke zugeordnet sein. Sie stellt eine nicht ausführbare Anweisung dar und darf an einer beliebigen Stelle innerhalb einer Programmeinheit (das heißt sowohl innerhalb des Deklarationsteiles als auch des ausführbaren Teiles) auftreten. Es ist durchaus zweckmäßig, alle FORMAT–Anweisungen einer Programmeinheit an einer bestimmten Stelle (beispielsweise vor der entsprechenden END–Anweisung) zusammenzufassen, wodurch ein bestimmtes, in einer E/A–Anweisung auftretendes Format im Quelltext leicht auffindbar ist.

In folgenden Fällen <u>darf</u> ein Beistrich zwischen zwei Formatelementen innerhalb einer *Formatelement-Liste* weggelassen werden:

- Zwischen einem P–Formatelement und einem unmittelbar darauffolgenden F-, E-, EN-[90], ES-[90], D- oder G–Formatelement.

- Vor dem Formatelement Schrägstrich („/"), soferne diesem kein Wiederholungsfaktor vorangestellt ist (*in FORTRAN 77 ist dies ohne Klammernsetzung nicht erlaubt*).

- Nach dem Formatelement Schrägstrich („/").

- Vor oder nach dem Formatelement Doppelpunkt („:").

---

* Eine Voraussetzung ist beispielsweise, daß kein Formatelement zur Erzeugung einer Zeichenkette verwendet wird.

Leerzeichen können ohne Veränderung der Interpretation an jeder beliebigen Stelle der *Formatspezifikation* eingestreut werden, ausgenommen innerhalb von Formatelementen für die Erzeugung von Zeichenketten (diese sind nur bei der Ausgabe erlaubt).

9.1.2   FORMATANGABE MITTELS EINER ZEICHENKETTE

Die zweite Art der expliziten Formatangabe ist durch die Verwendung eines Zeichenkettenausdruckes gegeben, welcher nach der Auswertung am Beginn eine gültige *Formatspezifikation* enthalten muß, wobei führende Leerzeichen erlaubt sind. (Es soll betont werden, daß eine *Formatspezifikation* mit einer linken runden Klammer beginnt und mit einer rechten runden Klammer endet; das heißt, daß die beiden Klammern Bestandteil der *Formatspezifikation* sind.)

Zum Zeitpunkt der Verwendung eines solchen Formates müssen die Zeichen des Ausdruckes von der Position 1 bis zur Position, an der die abschließende rechte runde Klammer steht, definiert sein. Die *Formatspezifikation* darf durch die Ausführung der betreffenden Datentransferanweisung nicht beeinflußt werden. (Die der abschließenden Klammer folgenden Positionen des CHARACTER–Ausdruckes sind grundsätzlich nicht relevant.)

Handelt es sich bei der ein Format spezifizierenden Zeichenkette um ein Feld, wird dieses so behandelt, als ob alle Feldelemente in der Reihenfolge der Speicherbelegung miteinander verkettet wären. Wird hingegen als Formatangabe ein Feldelement angegeben, so muß dieses die gesamte *Formatspezifikation* beinhalten.

Obwohl es durchaus möglich ist, symbolische Konstanten vom Typ CHARACTER mit Formatspezifikationen vorzubelegen, liegt die Hauptanwendung dieser Art der expliziten Formatangabe darin, daß ein bestimmtes Format erst zur Laufzeit des Programmes (in Abhängigkeit darin vorkommender Variablenwerten) erzeugt werden kann (im Gegensatz dazu kann eine durch eine FORMAT–Anweisung definierte Formatspezifikation nicht mehr verändert werden).

9.1.3   FORMATELEMENT–LISTE

Man unterscheidet verschiedene Arten von Formatelementen: Es gibt Formatelemente, welche direkt auf ein bestimmtes Objekt der E/A–Liste Bezug nehmen (Formatelemente zum Editieren von Daten), Formatelemente zur allgemeinen Steuerung der Formatierung und solche zur Erzeugung von Zeichenketten.

Während es sich bei den Formatelementen zur Dateninterpretation um
sogenannte wiederholbare Formatelemente handelt, sind alle übrigen Formatelemente nicht wiederholbar.* Eine Wiederholung eines Formatelementes wird durch Voranstellung eines Wiederholungsfaktors bewirkt, welcher
eine positive Literalkonstante vom Typ DEFAULT INTEGER darstellt.

In einer *Formatelement-Liste* dürfen nicht nur Formatelemente (einschließlich möglicher Wiederholungsfaktoren) vorkommen, sondern es ist
weiters möglich, mehrere, durch Beistriche voneinander getrennte Formatelemente durch Einschließen zwischen runde Klammern zusammenzufassen. Ein solcher eingeklammerter Teil einer Formatspezifikation kann wie
ein wiederholbares Formatelement behandelt werden (es darf auch ein einzelnes, an sich nicht wiederholbares Formatelement geklammert und mit
einem Wiederholungsfaktor versehen werden, beispielsweise um einen Text
mehrfach auszugeben).

Das folgende Beispiel soll die Wiederholung von Formatelementen sowie
die Klammerung näher beleuchten:

```
20      FORMAT (1X, 3E10.2, 3( 5('*'), 1X, 2F5.1 ) )
```

In dieser FORMAT-Anweisung werden die beiden Formatelemente E und
F sowie zwei Klammerausdrücke mit Wiederholungsfaktoren verwendet (es
ist zu beachten, daß „1X" selbst ein Formatelement ohne Wiederholungsfaktor darstellt, da die Definition dieses Formatelementes eine vorangestellte
positive ganze Literalkonstante bedingt). Ohne Verwendung von Wiederholungsfaktoren würde die FORMAT-Anweisung folgendermaßen aussehen
(fixes Quelltext-Format vorausgesetzt):

```
20      FORMAT (1X, E10.2, E10.2, E10.2,
     ,           '*****', 1X, F5.1, F5.1,
     ,           '*****', 1X, F5.1, F5.1,
     ,           '*****', 1X, F5.1, F5.1 )
```

9.1.4 ABARBEITUNG EINES FORMATES

Am Beginn einer formatierten E/A mittels expliziter Formatspezifikation
übernimmt das Format die Kontrolle über den Datentransfer. Jede Aktion
wird dabei

- vom nächsten Formatelement innerhalb der Formatspezifikation und
- vom nächsten effektiven E/A-Objekt (soferne eines existiert)

---

* Ausnahme: in Fortran 90 ist das Formatelement „/" wiederholbar.

bestimmt. Wenn eine E/A–Liste zumindest ein effektives E/A–Objekt aufweist, muß auch mindestens ein Daten–Formatelement (siehe nächstes Kapitel) innerhalb der Formatspezifikation sein. Es ist zu beachten, daß eine leere Formatspezifikation „( )" nur erlaubt ist, wenn die E/A–Liste leer ist oder nur Objekte der Größe null[90] beinhaltet.

Jedem Daten–Formatelement entspricht genau ein effektives Objekt der E/A–Liste (Ausnahme: ein E/A–Objekt vom Typ COMPLEX benötigt genau zwei entsprechende Formatelemente). Alle anderen Formatelemente haben kein entsprechendes Objekt in der E/A–Liste zugeordnet.

Die Abarbeitung eines Formates erfolgt von links nach rechts (gegebenenfalls nach Berücksichtigung von Wiederholungsfaktoren). Sobald ein Daten–Formatelement auftritt, wird festgestellt, ob das nächste effektive Objekt der E/A–Liste diesem Formatelement entspricht; ist dies der Fall, erfolgt der Datentransfer aufgrund der dem Formatelement eigenen Editierungsvorschrift, andernfalls wird die Formatabarbeitung beendet.

Wird bei der Abarbeitung das Formatelement Doppelpunkt („:") angetroffen und es gibt kein nächstes effektives Objekt in der E/A–Liste, wird die Formatabarbeitung ebenfalls beendet.

Wenn in Zuge der Abarbeitung eines Formates das Ende der Formatspezifikation (also deren letzte rechte runde Klammer) erreicht wird und die E/A–Liste kein nächstes effektives Objekt mehr beinhaltet, wird die Formatabarbeitung beendet. Ist jedoch die E/A–Liste nicht erschöpft, so wird die Datei so positioniert, als ob ein Formatelement Schrägstrich („/") angetroffen worden wäre (die Datei wird dabei an den Beginn des nächsten Datensatzes positioniert) und es kommt zur sogenannten Wiederaufnahme der Formatabarbeitung: Die Kontrolle kehrt dabei entweder an die Position unmittelbar vor den durch die vorletzte rechte Klammer begrenzten Format–Teil (einschließlich eines allenfalls vorhandenen Wiederholungsfaktors) zurück, soferne ein solcher Format–Teil existiert; andernfalls wird die Abarbeitung des Formates an der ersten linken Klammer wieder aufgenommmen. Bei der Wiederaufnahme eines Formates bei der ersten inneren Klammerebene muß allerdings sichergestellt sein, daß dieser Teil des Formates zumindest ein Daten–Formatelement beinhaltet.

Das folgende Beispiel soll die Wiederaufnahme der Abarbeitung eines Formates erläutern:

```
10     FORMAT (1X, F4.1, 2(F10.3, I4) )
```

Die Verwendung dieses Formates in der Anweisung

```
WRITE (7,10) 1.0, 2.0, 3, 4.0, 5, 6.0, 7, 8.0, 9
```

hat dieselbe Wirkung wie eine Verwendung des Formates

```
10      FORMAT (1X, F4.1, 2(F10.3, I4) / 2(F10.3, I4) )
```

Nachdem jedes Daten–Formatelement bzw. Formatelement zur Erzeugung von Zeichenketten (nur bei der Ausgabe) bearbeitet worden ist, wird der gerade zu schreibende oder zu lesende Datensatz nach dem zuletzt bearbeiteten Zeichen positioniert. Während einer Eingabe werden alle noch nicht gelesenen Zeichen eines Datensatzes übersprungen, sobald das Lesen eines neuen Datensatzes erzwungen wird (entweder durch die Ausführung einer weiteren READ–Anweisung oder wenn während der Formatabarbeitung das Formatelement „/" angetroffen wird).

9.1.5 Daten–Formatelemente

Die Formatelemente, welche zum Editieren von Daten dienen und daher einem bestimmten Objekt in der E/A–Liste entsprechen müssen, sind ausnahmslos wiederholbar. Die Tabelle 9.1 gibt einen Überblick über alle Daten–Formatelemente. Dabei bedeuten die Typbezeichnungen N, Ch und L

Form	Typ	Bedeutung
I w [.m]	N	Ganze Dezimalzahl [mit mindestens m Ziffern]
B w [.m][90]	N	Ganze Binärzahl [mit mindestens m Ziffern]
O w [.m][90]	N	Ganze Oktalzahl [mit mindestens m Ziffern]
Z w [.m][90]	N	Ganze Hexadezimalzahl [mit mind. m Ziffern]
F $w.d$	N	Gleitkommazahl ohne Exponent
E $w.d$ [E e]	N	Gleitkommazahl mit Exponent
EN $w.d$ [E e][90]	N	Gleitkommazahl („Ingenieur–Notation")
ES $w.d$ [E e][90]	N	Gleitkommazahl („Wissenschaftl. Notation")
G $w.d$ [E e]	N	Gleitkommazahl mit oder ohne Exponent
L w	L	Logischer Wert
A [w]	Ch	Zeichenkette [mit vereinbarter Länge]
D $w.d$	N	doppelt genaue Gleitkommazahl mit Exponent

Tabelle 9.1: Daten–Formatelemente

numerischer, CHARACTER- und logischer Datentyp, und w, m, d und e sind Literalkonstante vom Typ DEFAULT INTEGER. w gibt grundsätzlich die Weite des Datenfeldes innerhalb des gerade in Bearbeitung befindlichen Datensatzes an: bei der E/A betreffend ein mit w spezifiziertes Formatelement werden genau w Zeichen gelesen bzw. geschrieben. d spezifiziert die

Anzahl der Dezimalstellen, und e gibt für die Ausgabe die Anzahl der Zeichen für den Exponenten an. Bei der Wahl der Werte für d, m und e ist zu beachten, daß diese nicht zu einem Widerspruch bezüglich der Gesamtlänge w des Datenfeldes führen.

Beim Lesen müssen die auf der Datei befindlichen Zeichen vom Typ DEFAULT CHARACTER sein, wenn das entsprechende Eingabeobjekt einen numerischen, logischen oder DEFAULT CHARACTER–Typ aufweist. Das entsprechende Datenfeld muß dann und nur dann Zeichen vom Typ NICHT DEFAULT CHARACTER beinhalten, wenn das Eingabeobjekt einem solchen Typ angehört.

Numerische Formatelemente

Die numerischen Formatelemente I, B[90], O[90], Z[90], F, E, EN[90], ES[90], D und G dienen zur E/A von ganzzahligen, reellen und komplexen Daten. Folgende allgemeine Regeln sind dabei zu berücksichtigen:

(a) Bei der Eingabe sind führende Leerzeichen nicht signifikant. Die Interpretation nicht führender Leerzeichen ist einerseits von der Spezifikation BLANK= (Kapitel 8.2.1) und andererseits von der bezüglich der betreffenden E/A–Einheit gültigen Kontrolle aufgrund der Formatelemente BN und BZ abhängig (Kapitel 9.1.6). Ein positives Vorzeichen („+") kann weggelassen werden. Ein Datenfeld, welches ausschließlich Leerzeichen beinhaltet, wird als Wert null interpretiert.

(b) Bei der Eingabe mittels der Formatelemente F, E, EN, ES, D und G überschreibt ein allenfalls vorhandener Dezimalpunkt jene Spezifikation im Formatelement, welche die Position des Dezimalpunktes festlegt. Ein Eingabedatenfeld darf mehr Dezimalstellen beinhalten, als der Compiler zur Darstellung des entsprechenden Wertes benötigt.

(c) Bei der Ausgabe mit den Formatelementen I, F, E, EN, ES, D und G kann die Darstellung des positiven Vorzeichens sowie der Zahl null sowohl mittels der Kontroll–Formatelemente S, SP und SS als auch in einer vom Compiler abhängigen Weise beeinflußt werden.

(d) Bei der Ausgabe erfolgt die Darstellung der Zahlenwerte grundsätzlich rechtsbündig im vorgesehenen Datenfeld, wobei erforderlichenfalls führende Leerzeichen eingefügt werden.

(e) Wenn bei einer Ausgabe (durch den auszugebenden Wert bedingt) entweder das Datenfeld zu klein ist oder die für den Exponenten mittels e festgelegte Anzahl von Zeichen nicht ausreicht, wird das gesamte Datenfeld mit w Sternen („***...") beschrieben. Dies darf allerdings nur dann geschehen, wenn die Datenfeldweite auch nach dem Weglassen optional auszugebender Zeichen zu klein ist.

Formatelemente I, B, O und Z

Diese Formatelemente sind ausschließlich für Daten vom Typ INTEGER verwendbar. (*In FORTRAN 77 gibt es die Formatelemente B, O und Z nicht!*) Es soll betont werden, daß das später zu besprechende G–Formatelement ebenfalls für ganzzahlige Daten eingesetzt werden kann.

Die möglichen Formen dieser Formatelemente sind der Tabelle 9.1 auf Seite 189 zu entnehmen. Die Angabe von m ist nur bei der Ausgabe relevant und bedeutet, daß — vom Vorzeichen abgesehen — mindestens m Ziffern zur Darstellung der Zahl zu verwenden sind (erforderlichenfalls werden Nullen vorangestellt). Es ist hervorzuheben, daß jedenfalls $w \leq m$ gelten muß; ist jedoch $w = m$, so ist einer Darstellung negativer Zahlen nicht möglich. Eine Spezifikation $m = 0$ bewirkt, daß bei der Ausgabe eines Datenwertes null das Datenfeld nur Leerzeichen beinhaltet.

Bei den *in FORTRAN 77 nicht vorhandenen* Formatelementen B, O und Z ist bei der Eingabe zu beachten, daß das entsprechende Datenfeld nur jene Zeichen beinhalten darf, welche für binäre, oktale oder hexadezimale Daten zugelassen sind. Bei letzteren sind auch die Kleinbuchstaben a..f erlaubt, soferne der Compiler Kleinbuchstaben unterstützt.

Beispiele bezüglich der Formatelemente für ganzzahlige Daten (das Zeichen „ᴜ" symbolisiert ein Leerzeichen):

Aktion	Formatelement	interner Wert	Datenfeld
Eingabe	I8.4	-234 (-23400)	ᴜᴜ-234ᴜᴜ
Ausgabe	I8.4	-234	ᴜᴜᴜ-0234
Eingabe	B8.7	29 (58)	ᴜ011101ᴜ
Ausgabe	B8.7	29	ᴜ0011101
Eingabe	O6	6589	ᴜ14675
Ausgabe	Z7	-23231	ᴜᴜ-5ABF

Die letzten vier Beispiele gelten in FORTRAN 77 nicht! Die in runden Klammern angegebenen internen Werte gelten dann, wenn nicht führende Leerzeichen im Eingabedatenfeld als Nullen interpretiert werden (siehe Punkt (a) auf Seite 190).

Formatelemente für reelle und komplexe Daten

Reelle Daten können mittels der Formatelemente F, E, EN[90], ES[90], D und G interpretiert werden. Für einen Wert vom Typ COMPLEX sind grundsätzlich zwei Formatelemente in der Formatspezifikation vorzusehen, wobei das erste dem Realteil und das zweite dem Imaginärteil zugeordnet wird. Die beiden, einem komplexen Datum zugeordneten Formatelemente müssen

nicht gleich sein, und zwischen den beiden dürfen auch Kontroll–Formatelemente auftreten.

Formatelement F

Das Formatelement F*w.d* erzeugt bei der Ausgabe (im Gegensatz zum
später beschriebenen E–Formatelement) prinzipiell keinen Exponenten; bei
der Eingabe sind beide Formatelemente äquivalent.

Ein Eingabedatenfeld kann prinzipiell aus folgenden Teilen bestehen

$$[\pm] \ [\text{ ganzzahliger Teil }] \ [.] \ [\text{ Nachkommastellen }] \ [\text{ Exponent }]$$

wobei nicht zugleich der ganzzahlige Teil und die Nachkommastellen weggelassen werden dürfen. Der Exponent kann entweder eine explizit mit Vorzeichen versehene ganze Zahl sein (dann fixiert das von rechts gesehene erste
Vorzeichen den Beginn des Exponenten) oder der Exponent wird durch einen der Buchstaben E oder D* eingeleitet, welcher von einer ganzen Zahl
(mit oder ohne Vorzeichen) gefolgt wird. Beispiele für den Datenfeldteil
„Exponent" sind: +15, −017, E−1, E03, D+01, D0.

Die Interpretation eines Datenfeldes bei dem Einlesen mittels F–Formatelement hängt davon ab, ob ein Dezimalpunkt vorhanden ist oder nicht.
Wenn ein solcher vorhanden ist, können die die Zahl definierenden Zeichen an irgendeiner Stelle innerhalb des Datenfeldes stehen und der Wert
von *d* ist bedeutungslos (es muß jedoch immer ein solcher Wert angegeben
werden). Wenn kein Dezimalpunkt vorkommt, so bestimmen die rechten
d Zeichen der Mantisse (bzw. des Datenfeldes, wenn kein Exponent vorhanden ist) die Nachkommastellen und der links davon stehende Rest den
ganzzahligen Teil der Gleitkommazahl. Es ist zu beachten, daß Leerzeichen
innerhalb des Datenfeldes (außer führende Blanks) als Nullen interpretiert
werden, wenn die Datei mittels BLANK='ZERO' geöffnet worden ist bzw.
wenn das Kontroll–Formatelement BZ aktiv ist.

Es soll hervorgehoben werden, daß bei einem Eingabedatenfeld mit feh-
lendem Exponenten ein allenfalls mittels des P–Formatelementes angegebener Skalierungsparameter *k* zum Tragen kommt, demzufolge dem Eingabeobjekt ein Wert zugewiesen wird, als ob im Eingabedatenfeld ein Exponent
10^{-k} angegeben worden wäre.

Bei der Ausgabe mittels des F–Formatelementes wird der entsprechende
Wert auf *d* Nachkommastellen gerundet ausgegeben, wobei ein allenfalls
aktiver Skalierungsparameter *k* jedenfalls zuvor berücksichtigt wird. (Das
heißt, daß ein auszugebender Wert vor der Ausgabe mit dem Faktor 10^{k}

---

* Die beiden Zeichen haben in diesem Zusammenhang dieselbe Bedeutung.

multipliziert wird, ohne selbstverständlich den internen Datenwert zu verändern.) Führende Nullen werden nicht ausgegeben, außer beim Schreiben eines Wertes kleiner als 1, wo eine Null unmittelbar vor dem Dezimalpunkt optional angegeben werden darf. Eine (führende) Null muß ausgegeben werden, wenn das Ausgabedatenfeld sonst keine Ziffern beinhaltet.

Beispiele für Eingaben mit dem F-Formatelement (soferne nicht explizit anders angegeben, wird vorausgesetzt, daß nicht führende Leerzeichen in den Eingabedatenfeldern ignoriert werden und daß für den Skalierungsparameter $k = 0$ gilt):

Eingabedatenfeld	Formatelement	interner Wert	Anmerkung
345.456ᵤ	F8.4	345.456	d wird ignoriert
ᵤᵤ.6465	F7.0	.6465	d wird ignoriert
ᵤᵤ-12345	F8.2	-123.45	kein Dezimalpunkt
ᵤ+12.3E2ᵤ	F9.4	1230.0	d wird ignoriert
-1234-2ᵤ	F8.2	12.34E-20	BLANK = 'ZERO'
+1.D+1ᵤᵤ	F8.3	10.0	d wird ignoriert
123.45	F6.4	1.2345	wenn $k = 2$
-3.14E0	F7.1	-3.14	k bedeutungslos

Beispiele für Ausgaben im F-Format (wenn nicht anders angegeben, gilt für den Skalierungsparameter $k = 0$):

interner Wert	Formatelement	Ausgabedatenfeld	Anmerkung
123.456	F9.2	ᵤᵤᵤ123.46	gerundet auf $d = 2$
-27.3608	F6.0	ᵤᵤ-27.	keine Kommastellen
31.31	F6.3	31.310	
-31.31	F6.3	******	nicht darstellbar
3.14159	F6.2	ᵤᵤ3.14	wenn $k = 0$
3.14159	F6.2	314.16	wenn $k = 2$
3.14159	F6.2	ᵤᵤᵤ.31	wenn $k = -1$

Formatelemente E und D

Die Formatelemente E$w.d$, D$w.d$ und E$w.d$Ee haben bei der Eingabe dieselbe Funktion wie das F-Formatelement; bei der Ausgabe werden d Ziffern nach dem Dezimalpunkt ausgegeben (soferne kein Skalierungsparameter größer als 1 aktiv ist) und e bestimmt gegebenenfalls die Anzahl der für den Wert des Exponenten vorgesehenen Zeichen (die beiden führenden Zeichen des Exponenten „E±" werden nicht eingerechnet). Die Angabe von Ee hat bei der Eingabe keine Bedeutung und der Wert für d ist bei der Eingabe nicht relevant, wenn das Eingabedatenfeld einen Dezimalpunkt beinhaltet (wie beim F-Format).

Die Form des Ausgabedatenfeldes ist bei einem Skalierungsparameter $k = 0$ durch

$$[\ \pm\ ]\ [\ 0\ ]\ .\ a_1 a_2 \ldots a_d\ \text{Exponent}$$

gegeben, wobei $a_1 \ldots a_d$ die d höchsten signifikanten Ziffern des Datenwertes nach dem Runden bedeuten. Die möglichen Formen für die Darstellung des Exponenten sind der Tabelle 9.2 zu entnehmen, bei der z jeweils für eine Ziffer steht. Das Vorzeichen im Exponenten wird jedenfalls erzeugt, wobei

Formatelement	Wert des Exponenten	Form des Exponenten
$Ew.d$	$|\mathrm{Exp}| \leq 99$	$E\pm z_1 z_2$ oder $\pm 0 z_1 z_2$
	$99 < |\mathrm{Exp}| \leq 999$	$\pm z_1 z_2 z_3$
$Ew.dEe$	$|\mathrm{Exp}| \leq 10^e - 1$	$E\pm z_1 z_2 \ldots z_e$

Tabelle 9.2: Exponentendarstellung beim E–Format

im Falle eines Exponentenwertes null ein Pluszeichen ausgegeben wird. Die beiden Formen $Ew.d$ und $Dw.d$ sind nur gestattet, wenn der Absolutwert des Exponenten kleiner als 1000 ist; andernfalls muß das Formatelement $Ew.dEe$ verwendet werden.

Der einzige Unterschied zwischen den Formatelementen E und D liegt darin, daß bei einer Ausgabe mittels des D-Formatelementes der Buchstabe D anstelle von E beim Exponenten geschrieben werden kann (aber nicht muß; dies bleibt dem Compiler überlassen), weshalb das Formatelement D eigentlich als redundant zu betrachten ist.*

Bei der Ausgabe beeinflußt ein Skalierungsparameter $k \neq 0$ nur die Normalisierung, das heißt, daß gegebenenfalls der Dezimalpunkt verschoben und in gleichem Maße der Exponent korrigiert wird — der ausgegebene Wert ist dabei (im Gegensatz zum F-Format) jedenfalls dem internen Wert äquivalent, wenn man von Rundungsfehlern absieht.

Wenn die Beziehung $-d < k \leq 0$ gilt, dann beinhaltet das Ausgabedatenfeld nach dem Dezimalpunkt genau $|k|$ führende Nullen und anschließend $d - |k|$ signifikante Ziffern. Bei Erfüllung der Bedingung $0 < k < d + 2$ weist das Ausgabedatenfeld k signifikante Ziffern vor dem Dezimalpunkt und $d - k + 1$ Stellen rechts von diesem auf. Andere Werte für den Skalierungsparameter k, das heißt solche, welche keine der beiden Bedingungen erfüllen, sind bei gegebenem d nicht erlaubt.

Wenn der Exponent höchstens zweistellig ist, wird in FORTRAN 77 zur Kennzeichnung des Exponenten bei der Ausgabe mittels des E-Formatelementes der Buchstabe E und beim D-Formatelement der Buchstabe D verwendet.

Es ist zu beachten, daß die Weite des Ausgabedatenfeldes hinreichend groß sein muß, um neben den Ziffern noch den Dezimalpunkt, den gesamten Exponenten und erforderlichenfalls das Vorzeichen aufnehmen zu können. Um negative Zahlen bei $k = 0$ gerade noch ausgeben zu können, müssen die Bedingungen $w \geq d + 6$ bzw. $w \geq d + e + 4$ eingehalten werden (andernfalls wird das Ausgabedatenfeld mit Sternen ausgefüllt).

Die folgenden Beispiele sollen die Ausgabe mittels des E–Formates näher beleuchten (bezüglich der Eingabe sei auf das Formatelement F verwiesen). Wenn nicht anders vereinbart, gilt für den Skalierungsparameter $k = 0$:

interner Wert	Formatelement	Ausgabedatenfeld	Anmerkung
-126.457	E12.4	⊔⊔-.1265E+03	wenn $k = 0$
-126.457	E12.4	⊔-1.2646E+02	wenn $k = 1$
-126.457	E12.4	⊔-12.646E+01	wenn $k = 2$
-126.457	E12.4	⊔⊔-.0126E+04	wenn $k = -1$
1.E-120	E9.2	⊔⊔.10-119	wenn $k = 0$
1.E999	E9.2	*********	
23.5	D9.2	⊔⊔.24D+02	oder ⊔⊔.24E+02
-1.264E-13	E12.4E3	⊔-.1264E-012	
-1.264E-13	E12.4E1	***********	
10.0	E12.4E1	⊔⊔⊔⊔.1000E+2	

Wie die Tabelle 9.2 auf Seite 194 zeigt, bleibt es dem Compiler überlassen, ob bei den Formatelementen E$w.d$ bzw. D$w.d$ das Zeichen E (oder D) beim Exponenten angegeben wird oder nicht [90]; der gesamte Exponent nimmt dabei aber immer vier Zeichen ein. Bei der Form E$w.d$Ee hingegen tritt der Buchstabe E, gefolgt vom Exponentenvorzeichen, jedenfalls auf.

Das folgende Beispiel zeigt einen Programmausschnitt, welcher eine komplexe Zahl ausgibt, wobei für dessen Realteil ein F–Format und für dessen Imaginärteil ein E–Format verwendet wird:

```
      COMPLEX C
          ⋮
      C = CMPLX(12.346,-34.64)
      WRITE (4,110) C
  110 FORMAT (' X',F10.2,'Y',E10.3,'Z')
Ausgabe: ⊔X⊔⊔⊔⊔⊔12.35Y⊔-.346E+02Z
```

Auf die Erzeugung von Zeichenketten (wie z.B. ' X') wird noch im Kapitel 9.1.6 eingegangen.

Formatelement EN

Dieses *in FORTRAN 77 nicht vorhandene* Formatelement mit den zwei Formen EN$w.d$ und EN$w.d$Ee (e hat dieselbe Bedeutung wie beim E–Format) dient zur Ausgabe reeller Daten in sogenannter „Ingenieurs–Notation". Bei der Eingabe erfolgt die Interpretation des Datenfeldes in derselben Weise wie beim F–Formatelement.

Die Ausgabe erfolgt in der Art, daß der Wert des Exponenten durch drei teilbar ist und der Absolutwert der Mantisse größer oder gleich 1 und kleiner als 1000 ist. Der Skalierungsparameter hat dabei keine Wirkung. Ein Ausgabedatenfeld hat folgende Gestalt

$$[\,\pm\,]\, y\, [\, y\, [\, y\,]]\, .\, x_1 x_2 \ldots x_d\ \text{Exponent}$$

wobei die Darstellung des Exponenten denselben Regeln unterliegt wie beim Formatelement E (siehe Tabelle 9.2 auf Seite 194).

Beispiele zur Ausgabe mit dem EN–Formatelement:

interner Wert	Formatelement	Ausgabedatenfeld
7.634	EN12.3	⊔⊔⊔7.634E+00
76.34	EN12.3	⊔⊔76.340E+00
-.3	EN12.3	-300.000E-03
.0534	EN12.3E3	⊔53.400E-003
6723.8	EN12.3E1	⊔⊔⊔⊔6.724E+3

Das Formatelement EN gibt es in FORTRAN 77 nicht!

Formatelement ES

Mittels des Formatelementes ES [90] mit den beiden Formen ES$w.d$ und ES$w.d$Ee (e hat dieselbe Bedeutung wie beim E–Format) können reelle Daten in sogenannter „wissenschaftlicher Notation" ausgegeben werden. Bei der Eingabe hat ein ES–Formatelement dieselbe Funktionsweise wie ein F–Formatelement.

Die Ausgabe erfolgt so, daß genau eine Ziffer größer als null vor dem Dezimalpunkt zu stehen kommt (Ausnahme: wenn der Wert null auszugeben ist), wobei ein Skalierungsfaktor ohne Wirkung bleibt:

$$[\,\pm\,]\, y\, .\, x_1 x_2 \ldots x_d\ \text{Exponent}$$

Bezüglich der Darstellungsformen des Exponenten gilt dasselbe wie für das E–Formatelement (Tabelle 9.2 auf Seite 194).

Unter Zugrundelegung derselben internen Werte wie bei den Beispielen zum EN–Format ergeben sich beim ES–Format folgende Ausgabedatenfelder:

interner Wert	Formatelement	Ausgabedatenfeld
7.634	ES10.3	⊔7.634E+00
76.34	ES10.3	⊔7.634E+01
-.3	ES10.3	-3.000E-01
.0534	ES10.3E3	5.340E-002
6723.8	ES10.3E1	⊔⊔6.724E+3

In FORTRAN 77 gibt es das Formatelement ES nicht, doch bewirkt [77] das Formatelement E bei einem Skalierungsparameter $k = 1$ dieselbe Form der Ausgabe. (Dabei ist jedoch zu beachten, daß ein Skalierungsparameter auch andere Formatelemente beeinflussen kann.) [77]

Logisches Formatelement L

Das Formatelement Lw dient zur E/A logischer Daten (das Formatelement G kann dazu ebenfalls verwendet werden).

Ein diesbezügliches Eingabedatenfeld hat folgende Form (Beschreibung von links nach rechts): optionale Leerzeichen, ein optionaler Punkt, einer der beiden Buchstaben T oder F (für die logischen Werte „wahr" und „falsch"), welchem beliebige Zeichen folgen können (somit sind die Angaben .TRUE. und .FALSE. ebenfalls erlaubt).

Ein Ausgabedatenfeld des L–Formates besteht aus $w - 1$ Leerzeichen und aus einem der beiden Zeichen T und F.

Zeichenketten–Formatelement A

Mittels des Formatelementes A, welches die beiden Formen A und Aw annehmen kann, können Daten vom Typ CHARACTER transferiert werden (das G–Formatelement ist dazu ebenfalls geeignet). Alle Zeichen, welche mittels eines A–Formatelementes bearbeitet werden sollen, müssen dieselbe Typkennzahl[90] aufweisen wie das entsprechende Objekt in der E/A–Liste.

Bei der Angabe von Aw besteht das korrespondierende Datenfeld aus genau w Zeichen, während ohne Spezifikation der Datenfeldweite (Formatelement A) diese vom entsprechenden E/A–Objekt übernommen wird.

Für die folgenden Betrachtungen wird angenommen, daß das nächste effektive E/A–Objekt vom Typ CHARACTER eine Länge l aufweist. Wenn bei der Eingabe w größer oder gleich l ist, werden die rechten l Zeichen des Datenfeldes dem Objekt zugewiesen, andernfalls besteht die interne Datendarstellung aus den w Zeichen des Eingabedatenfeldes, welche von $l - w$ Auffüllzeichen gefolgt werden (das Auffüllzeichen ist für den Datentyp DEFAULT CHARACTER das Leerzeichen; sonst ist dieses vom Compiler abhängig).

Bei der Ausgabe mit dem Formatelement Aw besteht das zugehörige Datenfeld aus $w - l$ Auffüllzeichen und den l Zeichen des Ausgabeobjektes, soferne $w > l$ ist. Wenn das auszugebende Objekt jedoch länger ist als das Datenfeld, beinhaltet dieses nach der Ausgabe die ersten w Zeichen des Ausgabeobjektes (die Zeichenkette wird hinten abgeschnitten). Das folgende Beispiel soll dies veranschaulichen:

```
         CHARACTER*10 STR
         STR = 'Text1'     (wird mit 5 Leerzeichen aufgefüllt)
         WRITE (3,100) STR, STR
   100   FORMAT (' X',A13,'Y' / ' X',A4,'Y')
Ausgabe: uXuuuText1uuuuuY
         uXTextY
```

Während im Format A13 dem aus 10 Zeichen bestehenden Ausgabeobjekt 3 Leerzeichen vorangestellt werden, wird der Wert von STR beim Format A4 nach dem vierten Zeichen abgeschnitten. Auf die Formatelemente zur Erzeugung von Zeichenketten (z.B. ' X') und zur Kennzeichnung eines Datensatzendes („/") wird noch im Kapitel 9.1.6 eingegangen.

Formatelement G

Das Formatelement G („*generalized*") mit den beiden Formen G$w.d$ und G$w.d$Ee kann für alle intrinsischen Datentypen verwendet werden.

Bei der E/A von Daten der Typen INTEGER, LOGICAL und CHARACTER hat das G–Formatelement dieselbe Wirkungsweise wie die Formatelemente Iw, Lw und Aw, wobei der Wert für d (und gegebenenfalls auch der Wert für e) wirkungslos ist. (Es soll betont werden, daß die Form des Formatelementes A ohne Spezifikation von w <u>nicht</u> mittels des G–Formatelementes realisierbar ist.)

Bei der Eingabe von reellen (und komplexen) Daten weist das Formatelement G dieselbe Funktion auf wie das Formatelement F.

Bei der Ausgabe reeller Daten hängt die Wirkungsweise des Formatelementes G vom Absolutwert R des auszugebenden Datenwertes ab: Ist eine der Bedingungen $0 < R < 0.1 - 0.5 \cdot 10^{-d-1}$ oder $R \geq 10^d - 0.5$ erfüllt, so entspricht das Format G$w.d$[Ee] dem Format kPE$w.d$[Ee], wobei k den gerade aktiven Skalierungsparameter bezeichnet. Ist keine der beiden angegebenen Bedingungen erfüllt, so erfolgt die Ausgabe durch ein F–Format, dessen Spezifikation in Abhängigkeit von w und d in der Tabelle 9.3 angegeben ist. Das Ausgabedatenfeld beinhaltet rechtsbündig n Leerzeichen, wobei n entweder 4 (bei der Form G$w.d$) oder durch $e + 2$ gegeben ist (bei der Form G$w.d$Ee). Ein allenfalls aktiver Skalierungsparameter $k \neq 0$ hat

Betrag des internen Wertes	Äquivalente Darstellung
$R = 0$	$F(w-n).(d-1), n('\sqcup')$
$0.1 - 0.5 \cdot 10^{-d-1} \leq R < 1 - 0.5 \cdot 10^{-d}$	$F(w-n).d, n('\sqcup')$
$1 - 0.5 \cdot 10^{-d} \leq R < 10 - 0.5 \cdot 10^{-d+1}$	$F(w-n).(d-1), n('\sqcup')$
$\vdots$	$\vdots$
$10^{d-2} - 0.5 \cdot 10^{-2} \leq R < 10^{d-1} - 0.5 \cdot 10^{-1}$	$F(w-n).1, n('\sqcup')$
$10^{d-1} - 0.5 \cdot 10^{-1} \leq R < 10^{d} - 0.5$	$F(w-n).0, n('\sqcup')$

Tabelle 9.3: Konversion des G–Formates in ein F–Format

für den Fall, daß ein G–Format wie ein Formatelement F interpretiert wird,
keine Bedeutung.

Das G–Formatelement verbindet bei der Ausgabe reeller Daten sozusagen die Vorteile der beiden Formatelemente E und F, indem es in geeigneter
Weise zwischen diesen beiden Darstellungen „umschaltet": Während das F–
Format (soferne es aufgrund der Größe des auszugebenden Wertes anwendbar ist) im allgemeinen eine lesbarere Darstellung ergibt, ist das E–Format
für den gesamten Zahlendarstellungsbereich eines Computers geeignet. Es
soll betont werden, daß sich ein Skalierungsparameters k nur dann auf die
Darstellung auswirkt, wenn das G–Formatelement als E–Format interpretiert wird (wodurch sich nur die Darstellung aber nicht der ausgegebene
Wert ändert).

9.1.6 KONTROLL–FORMATELEMENTE

Im Gegensatz zu den Daten–Formatelementen nehmen diese in Tabelle 9.4
zusammengefaßten Formatelemente keinen direkten Bezug auf bestimmte
Objekte der E/A–Liste; in gewissen Fällen beeinflussen sie die Interpretation anschließend übertragener Daten.

Formatelemente X, T, TL und TR

Die Formatelemente nX, Tn, TLn und TRn dienen zur Festlegung der Position des nächsten zu übertragenden Zeichens innerhalb des Datensatzes
(das heißt, daß diese Formatelemente selbst keinerlei Datentransfer initi-
ieren). n bedeutet dabei eine positive ganzzahlige Literalkonstante. Wenn
eines dieser Formatelemente ein Überspringen von Zeichen des Typs NICHT
DEFAULT CHARACTER[90] bewirkt, ist die daraus resultierende Positionsänderung vom jeweiligen Compiler abhängig.

Form	Typ	Bedeutung
nX	Positions-	Setzt um n Positionen vor
Tn	steuerung	Setzt auf Position n
TLn		Setzt um n Positionen zurück
TRn		Setzt um n Positionen vor
:	Format-	Beendet die Formatabarbeitung
	kontrolle	bei leerer E/A–Liste
/	Datensatzende	Betrifft den aktuellen E/A–Datensatz
S	Steuerung	Ausgabe ist vom Compiler abhängig
SP	optionaler	Ausgabe erzwungen
SS	Pluszeichen	Ausgabe unterdrückt
kP	Skalierungs-	Spezifiziert Skalierungsfaktor
	parameter	für numerische Ein-/Ausgaben
BN	Leerzeichen-	Blanks werden bei num. Eingabe ignoriert
BZ	interpretation	werden bei num. Eingabe als Nullen aufgefaßt

Tabelle 9.4: Kontroll–Formatelemente

Die Formatelemente nX und TRn — sie haben völlig identische Bedeutung — bewirken eine Verschiebung der aktuellen Position um n Zeichen nach rechts. Bewirkt bei der Ausgabe eine Verwendung dieser Formatelemente ein Schreiben von Zeichen an Positionen, welche rechts von nicht definierten Positionen liegen, so werden die übersprungenen, noch nicht definierten Positionen mit Leerzeichen aufgefüllt.

Die beiden Formatelemente T und TL nehmen Bezug auf den sogenannten linken Tabulatorrand, welcher vor dem ersten Datentransfer mit der Zeichenposition innerhalb des aktuellen Datensatzes festgelegt wird. Das Formatelement TLn bewirkt eine Verschiebung der aktuellen Position um n Zeichen nach links, höchstens aber bis zum linken Tabulatorrand. Das Formatelement Tn legt die Position relativ zum linken Tabulatorrand fest, indem die aktuelle Position n Zeichen rechts von diesem definiert wird.

Mittels der Formatelemente zur Positionierung kann erreicht werden, daß Teile des Datensatzes bei der Eingabe mehrmals gelesen bzw. bei der Ausgabe bereits geschriebene Zeichen überschrieben werden.

Formatelement „/"

Der Schrägstrich kennzeichnet als Formatelement das Ende der Datenübertragung bezüglich des aktuellen Datensatzes.

Bei der Eingabe von einer für sequentiellen Zugriff zugeordneten Datei wird dadurch der Rest des Datensatzes übersprungen und die Datei an den Beginn des nächsten Datensatzes positioniert (dieser wird dadurch zum aktuellen Datensatz). Bei der Ausgabe auf eine sequentiell organisierte Datei wird durch das Formatelement „/“ ein neuer leerer Datensatz erzeugt und die Datei an den Beginn des nunmehr aktuellen Datensatzes positioniert.

Bei einer für direkten Zugriff zugeordnete Datei wird die Datensatznummer um eins erhöht und die Datei an den Beginn des entsprechenden Datensatzes positioniert (soferne ein Datensatz mit dieser Nummer existiert).

Es ist zu beachten, daß das Formatelement „/“ — wie eben beschrieben — einen leeren Datensatz erzeugen kann; wenn es sich bei der Datei um eine interne Datei oder um eine Datei mit direktem Zugriff handelt, wird ein erzeugter Datensatz mit Leerzeichen aufgefüllt.

Das Formatelement „/“ ist das einzige wiederholbare Kontroll-Formatelement[90], das heißt, daß beispielsweise die Bezeichnungen „////“ und „4/“ äquivalent sind.

In FORTRAN 77 ist dieses Formatelement selbst nicht wiederholbar, doch ist auch dort eine Wiederholung nach dem Setzen von runden Klammern erlaubt, wie z.B.: „4(/)“. 77

Formatelement „:“

Das Formatelement Doppelpunkt beendet die Formatabarbeitung, soferne zum Zeitpunkt des Antreffens keine effektiven Objekte in der E/A-Liste mehr vorhanden sind; andernfalls hat dieses Formatelement keine Wirkung.

Die Verwendung dieses Formatelementes ist vor allem dann von Bedeutung, wenn man ein- und dasselbe Format für verschieden lange E/A-Listen verwenden will <u>und</u> zwischen den datenbezogenen Formatelementen auch Kontroll-Formatelemente oder Formatelemente zur Erzeugung von Zeichenketten stehen. Das folgende Beispiel soll dies näher erläutern:

```
          DIMENSION A(5)
          DATA A /1.,2.,3.,4.,5./
          :
          WRITE (6,140) (I,A(I),I=1,5)
     140  FORMAT (100(1X,3('A(',I1,') = ',1PE7.1,2X,:)/))
Ausgabe:  ␣A(1)␣=␣1.0E+00␣␣A(2)␣=␣2.0E+00␣␣A(3)␣=␣3.0E+00
          ␣A(4)␣=␣4.0E+00␣␣A(5)␣=␣5.0E+00
```

Ohne Angabe des Doppelpunktes würde in der zweiten ausgegebenen Zeile noch „␣␣A(“ stehen, da das Format bis zum nächsten, einem (in diesem

Fall nicht mehr vorhandenen) Ausgabeobjekt zuordenbaren Formatelement abgearbeitet würde.

Der Wiederholungsfaktor 100 ist eigentlich ohne Bedeutung, da eine Wiederaufnahme der Abarbeitung des Formates bei nicht erschöpfter Ausgabeliste genau an dieser Stelle (erste innere Klammerstufe in der Formatspezifikation) erfolgen würde.

Formatelemente S, SP und SS

Diese Formatelemente steuern die Ausgabe optionaler Pluszeichen („*sign*") innerhalb numerischer Datenfelder. Zu Beginn jeder formatierten Ausgabeanweisung ist es dem Compiler überlassen, ob das Vorzeichen „+" ausgegeben wird oder nicht. (Es soll erwähnt werden, daß dies keineswegs das Vorzeichen eines Exponenten betrifft, da ein solches jedenfalls ausgegeben werden muß.)

Das Formatelement SP gibt an, daß im Zuge der laufenden Formatabarbeitung optionale Pluszeichen jedenfalls auszugeben sind, während das Formatelement SS erzwingt, daß optionale Pluszeichen nicht geschrieben werden dürfen (also bei ausreichender Datenfeldweite durch ein Leerzeichen zu ersetzen sind). Das Formatelement S stellt den ursprünglichen (also vom Compiler abhängigen) Zustand betreffend der Ausgabe des positiven Vorzeichens wieder her.

Die Wirkung eines der Formatelemente S, SP und SS gilt ab dem Zeitpunkt des Auftretens bis zum Ende der Formatabarbeitung bzw. bis zum erneuten Auftreten eines dieser Formatelemente.

Bei der Eingabe haben die Formatelemente zur Pluszeichensteuerung keine Wirkung.

Formatelement P

Das Formatelement kP spezifiziert in Form einer ganzzahligen Literalkonstante den sogenannten Skalierungsparameter k, der zu Beginn jeder Ausführung einer formatierten E/A-Anweisung gleich null ist. Ein Skalierungsparameter k impliziert einen Skalierungsfaktor 10^k und wird auf alle folgenden Datenübertragungen mittels der Formatelemente F, E, EN [90], ES [90], D und G so lange angewendet, bis entweder die E/A-Anweisung abgeschlossen ist oder abermals ein P-Formatelement angetroffen wird, welches neuerlich einen Skalierungsparameter definiert. Es ist zu beachten, daß eine Wiederaufnahme der Abarbeitung eines Formates keine automatische Rücksetzung des Skalierungsparameters (und damit des Skalierungsfaktors) nach sich zieht.

Der Skalierungsparameter beeinflußt den Datentransfer folgendermaßen:

(a) Bei der Eingabe mit den Formatelementen F, E, EN, ES, D und G (soferne das Eingabedatenfeld keinen Exponenten beinhaltet) sowie bei der Ausgabe mit dem F–Formatelement bewirkt der Skalierungsparameter, daß ein extern dargestellter Wert gleich ist dem internen, mit dem Skalierungsfaktor 10^k multiplizierten Wert.

(b) Wenn ein Eingabedatenfeld einen Exponenten beinhaltet, hat ein Skalierungsparameter bei allen Formatelementen keine Bedeutung.

(c) Bei der Ausgabe mit den Formatelementen D und E wird die Mantisse des normalisierten Wertes (= die erste signifikante Stelle steht unmittelbar rechts neben dem Dezimalpunkt) mit dem Skalierungsfaktor 10^k multipliziert und der Exponent um k reduziert (sodaß der dargestellte Wert durch die Skalierung <u>nicht</u> verändert wird).

(d) Bei der Ausgabe im G–Format ist die Wirkung des Skalierungsparameters aufgehoben, solange der darzustellende Wert in jenem Bereich liegt, wo das G–Format in ein F–Format konvertiert wird. Wenn das G–Format als E–Format interpretiert wird, verhält sich der Skalierungsparameter wie beim E–Formatelement.

(e) Bei der Ausgabe mittels der Formatelemente EN und ES hat der Skalierungsparameter keine Bedeutung.

Beispiel zum Formatelement P (im fixen Quelltext–Format):

```
      A = -3.141593
      WRITE (3,120) A,A,A,A,A
 120  FORMAT (' U',1P,F6.2,'V',-1P2E10.3,'W',F5.2,
     ,          'X',0P,E10.3,'Y')
```
Ausgabe: ␣U-31.41V␣-.031E+02␣-.031E+02W␣-.31X␣-.314E+01Y

Die Wirkungsweise des Formatelementes kP ist unabhängig davon, ob es von einem unmittelbar folgenden Formatelement F, E, EN, ES, D oder G durch einen Beistrich getrennt wird oder nicht. Bezüglich weiterer Beispiele sei auf die Formatelemente F (Seite 192) und E (Seite 193) verwiesen.

Formatelemente BN und BZ

Diese Formatelemente dienen zur Steuerung der Interpretation von nicht führenden Leerzeichen bei numerischen Eingabedatenfeldern. Am Beginn der Ausführung einer formatierten READ–Anweisung hängt die Interpretation solcher Leerzeichen von einer allenfalls beim Öffnen der Datei angegebenen Spezifikation BLANK= ab (siehe Kapitel 8.2.1). Eine interne

Datei (welche ja nicht explizit zu öffnen ist) wird so behandelt, als ob für sie BLANK='NULL' angegeben worden wäre.

Mittels der Formatelemente BN und BZ ist die diesbezügliche Voreinstellung änderbar: Wenn bei der Formatabarbeitung BZ angetroffen wird, werden bei allen folgenden Eingaben mittels des Formates nicht führende Leerzeichen in numerischen Datenfeldern als Nullen interpretiert. Das Formatelement BN hingegen bewirkt, daß solche Leerzeichen ignoriert werden, das heißt, daß das entsprechende Datenfeld so behandelt wird, als ob alle eingestreuten Leerzeichen entfernt und an den Beginn des Datenfeldes gestellt worden wären. Die Angabe des Formatelementes BN entspricht der Voreinstellung für eine ohne Spezifikation BLANK= geöffnete externe Datei.

Die Formatelemente BN und BZ wirken für alle folgenden Eingaben mittels der Formatelemente I, B, O, Z, F, E, EN, ES, D und G so lange, bis entweder das andere Formatelement (also BZ oder BN) zur Steuerung der Interpretation von Nullen angetroffen oder die Formatabarbeitung beendet wird. Eine Wiederaufnahme der Formatabarbeitung bewirkt <u>keine</u> Rücksetzung auf den Anfangszustand. Bei der Ausgabe sind diese beiden Formatelemente wirkungslos.

9.1.7 FORMATELEMENTE ZUR ERZEUGUNG VON ZEICHENKETTEN

Zur Erzeugung von Zeichenketten stehen die Formatelemente „Zeichenkettenkonstante" und die sogenannte Hollerith–Konstante[V] zur Verfügung. Diese Formatelemente dürfen bei einer Eingabe grundsätzlich nicht verwendet werden.

Formatelement Zeichenkettenkonstante

Die Angabe einer CHARACTER–Konstanten als Formatelement bewirkt, daß die zwischen den Begrenzungszeichen stehende Zeichenfolge ausgegeben wird. Als Begrenzungszeichen kann entweder das Apostroph oder das Anführungszeichen[90] verwendet werden. Ein in der Zeichenkette selbst vorkommendes Begrenzungszeichen muß verdoppelt werden; es wird aber bei der Bestimmung der Länge der Konstanten nur einfach gezählt.

```
      WRITE (56, FMT=140)
 140    FORMAT (1X,'Das Apostroph '' muss im Format&
              & verdoppelt werden')
   Ausgabe: ⊔Das Apostroph ' muss im Format verdoppelt werden
```

Das Formatelement 1X stellt sicher, daß der Datensatz am Beginn ein Blank als Vorschubsteuerzeichen enthält. (Dieses Leerzeichen könnte selbstverständlich auch innerhalb der Zeichenkettenkonstanten angegeben werden: ' Das Apostroph ... '). Kleinbuchstaben dürfen nur dann angegeben werden, wenn der Compiler solche verarbeiten kann. Die verwendete Art der Zeilenfortsetzung gilt nur im freien Quelltext–Format[90].

Formatelement H

Dieses veraltete, als Hollerith–Konstante bezeichnete Formatelement hat die Form $nHc_1c_2\ldots c_n$, wobei n die Anzahl der auszugebenden Zeichen c_i bedeutet, welche <u>unmittelbar</u> an das H–Formatelement anschließen müssen. Um beispielsweise den Text „**veraltete Form**" auszugeben, müßte das H–Format „**14Hveraltete Form**" verwendet werden.

9.1.8 Beispiele zur expliziten Formatierung

Die in diesem Kapitel gezeigten Beispiele, welche das fixe Quelltext–Format verwenden (siehe Kapitel 3.2.2), sind durchwegs auch in FORTRAN 77 gültig.

```
      WRITE (3,130)          (ohne E/A–Liste!)
  130 FORMAT (' a1',2(/' X',5X,10('='),2(/),1X,8('$$')))
Ausgabe: ⊔a1
         ⊔X⊔⊔⊔⊔⊔==========
                                (Leerzeile zufolge 2(/) )
         ⊔$$$$$$$$$$$$$$$$
         ⊔X⊔⊔⊔⊔⊔==========     (Wiederholung ab (/' X',...)

         ⊔$$$$$$$$$$$$$$$$
```

Dieses Beispiel soll die Verwendung von Wiederholungsfaktoren im Zusammenhang mit geklammerten Teilen der Formspezifikation veranschaulichen. Es ist hervorzuheben, daß unmittelbar nach jedem Schrägstrich (der den Beginn einer neuen Zeile bewirkt) ein Leerzeichen als Vorschubsteuerzeichen ausgegeben wird.

Im folgenden Beispiel sollen die prinzipiellen Möglichkeiten zur Spezifikation ein- und desselben Formates aufgezeigt werden:

```
      WRITE (2,FMT=150) N,A,B
  150 FORMAT (I4,2E13.3)
```
ist gleichbedeutend mit

```
          WRITE (2,FMT='(I4,2E13.3)') N,A,B
```
ist gleichbedeutend mit
```
          CHARACTER FORM*(*)
          PARAMETER (FORM='(I4,2E13.3)')
          WRITE (2,FMT=FORM) N,A,B
```
ist gleichbedeutend mit
```
          CHARACTER FORM*11
          DATA FORM /'(I4,2E13.3)'/
          WRITE (2,FMT=FORM) N,A,B
```

Ein bestimmtes Format kann mittels Label und FORMAT–Anweisung, durch Angabe einer literalen oder symbolischen CHARACTER–Konstanten sowie mittels einer Zeichenkettenvariablen spezifiziert werden.

Vor allem die letzte Form ist von großer Bedeutung, da durch die Verwendung der Variablen FORM das Format auch <u>erst zur Laufzeit</u> des Programmes festgelegt werden kann, z.B. durch Einlesen der Formatspezifikation oder durch Erzeugung derselben, indem sie wie eine interne Datei behandelt wird.

```
          PARAMETER (N=3)
          CHARACTER FORM*50
          DIMENSION A(N)
          DATA A /1.,2.,3./
             ⋮
  C       Erzeugung eines von N abhängigen Formates:
          WRITE (FORM,160) N
  160     FORMAT ('(',I2,'('' Feldelement A('',I1,'') = '',
         ,         F6.3,:/))')
          WRITE (6,FORM) (I,A(I),I=1,N)
Ausgabe:  ␣Feldelement A(1)␣=␣␣1.000
          ␣Feldelement A(2)␣=␣␣2.000
          ␣Feldelement A(3)␣=␣␣3.000
```

In diesem einfachen Fall wurde die Formatangabe an einen Parameter angepaßt; in der Praxis wird öfter der vollkommen gleich zu behandelnde Fall vorkommen, eine Formatbeschreibung in Abhängigkeit von Größen zu erzeugen, die erst während der Programmausführung berechnet werden.

Achtung: Ein Fehler bei der Erzeugung des Wertes einer Format-Zeichenkettenvariablen zieht im allgemeinen einen <u>Laufzeitfehler</u> bei der Verwendung des Formates nach sich!

In Fortran 90 sollte man jedenfalls von der Möglichkeit Gebrauch machen, daß Zeichenkettenkonstante sowohl mittels Apostrophen als auch mittels Anführungszeichen begrenzt werden können, wodurch in der obigen FORMAT–Anweisung die recht unübersichtlichen Verdopplungen der Apostrophe entfielen.

9.2 Listengesteuerte Formatierung

Listengesteuerte Formatierung wird durch die Angabe der Formatspezifikation „*" in den Anweisungen READ, WRITE oder PRINT initiiert.

Die Datensätze zur listengesteuerten E/A bestehen aus einer Folge von mittels Trennzeichen separierten Werten. Ein Datensatzende hat dieselbe Wirkung wie ein Leerzeichen, soferne er nicht innerhalb einer Zeichenkettenkonstante auftritt. Mehrere Leerzeichen werden außerhalb von CHARACTER–Konstanten wie ein einzelnes Blank behandelt.

Ein Wert kann durch

c

$r * c$ oder

$r*$

gegeben sein, wobei c eine Literalkonstante oder eine nicht begrenzte Zeichenkette und r einen Wiederholungsfaktor bedeuten. Die Angabe von $r * c$ hat dieselbe Bedeutung wie die r-malige Angabe ein- und desselben Wertes c. Die Form $r*$ spezifiziert r sogenannte „leere Werte" (die es bei expliziter Formatierung nicht gibt).

Eine Trennung zwischen zwei Werten ist gegeben durch:

- einen Beistrich, dem optional Leerzeichen vorangehen oder folgen können.

- einen Schrägstrich, dem optional Leerzeichen vorangehen oder folgen können.

- ein (oder auch mehrere) Leerzeichen.

9.2.1 LISTENGESTEUERTE EINGABE

Der gerade einzulesende Wert muß auch bei der listengesteuerten Eingabe dem Typ des nächsten effektiven Eingabeobjektes übereinstimmen. Leerzeichen werden grundsätzlich nicht als Nullen interpretiert und eingestreute Leerzeichen sind außer innerhalb von Zeichenkettenkonstanten und vor oder nach den Begrenzungszeichen „(", „," und „)" einer komplexen Konstanten nicht erlaubt.

Bezüglich der Form von numerischen Eingaben sind alle bei den entsprechenden Formatelementen besprochenen Arten mit folgenden Einschränkungen erlaubt: Ein im F–Format ohne Dezimalpunkt angegebener Wert wird als reeller Wert ohne Nachkommastellen aufgefaßt und Werte für komplexe Daten müssen in Form komplexer Konstanten — also in der Form „(*Realteil, Imaginärteil*)" einschließlich der runden Klammern — angegeben werden.

Ein logischer Wert darf innerhalb der den Buchstaben T bzw. F optional folgenden Zeichen weder einen Beistrich noch einen Schrägstrich beinhalten.

Bei der listengesteuerten Eingabe von CHARACTER–Literalkonstanten müssen deren Typkennzahlen[90] mit jenen der Eingabeobjekte übereinstimmen. Die Zeichenkettenkonstanten dürfen sich über mehrere Datensätze erstrecken, wobei aber allenfalls vorkommende verdoppelte Begrenzungszeichen nicht „auseinandergerissen" werden dürfen.

Die Begrenzungszeichen für eine Zeichenkettenkonstante (Apostroph oder Anführungszeichen[90]) müssen nicht angegeben werden[90], wenn es sich um den Datentyp DEFAULT CHARACTER handelt und folgende Bedingungen erfüllt sind: *

- Die Zeichenkettenkonstante beinhaltet keinen der Separatoren Blank, Beistrich oder Schrägstrich.

- Sie erstreckt sich nicht über mehr als einen Datensatz.

- Das erste Zeichen ungleich dem Leerzeichen ist weder ein Apostroph noch ein Anführungszeichen.

- Die führenden Zeichen stellen keine Ziffernfolge dar, welche unmittelbar von einem Stern „*" gefolgt wird.

Wenn keine Begrenzungszeichen verwendet werden, sind natürlich innerhalb der Zeichenkette auftretenden Apostrophe oder Anführungszeichen nicht zu verdoppeln.

Wenn die Länge der CHARACTER–Konstanten nicht mit der Länge des Eingabeobjektes übereinstimmt, gelten dieselben Regeln wie bei der Zuweisungsanweisung (siehe Kapitel 6.5.1), das heißt, daß eine zu lange Konstante am Ende abgeschnitten wird (dies entspricht <u>nicht</u> der Konvertierung aufgrund eines A–Formatelementes!), während eine zu kurze Konstante rechts ein Auffüllen mit Leerzeichen bewirkt.

Sogenannte **leere Werte** können entweder mittels der Form $r*$ oder durch die aufeinanderfolgende Angabe von Separatoren (ohne dazwischenliegenden Wert) spezifiziert werden. Ein solcher „nicht vorhandener" Wert

---

* *In FORTRAN 77* muß jedenfalls das Begrenzungszeichen Apostroph verwendet werden.

bewirkt, daß der Definitionsstatus des entsprechenden effektiven Eingabeobjektes nicht verändert wird (es bleibt entweder der ursprüngliche Wert
erhalten oder es ist nach wie vor undefiniert). Ein leerer Wert darf nicht für
den Real- oder den Imaginärteil eines komplexen Wertes angegeben werden
(wohl aber für einen komplexen Wert selbst).

Wenn während einer listengesteuerten Eingabe ein Schrägstrich („/")
als Separator angetroffen wird, bedeutet dies, daß die READ–Anweisung
beendet wird und gegebenenfalls die restlichen Werte des Datensatzes übersprungen werden. Soferne die Eingabeliste nicht erschöpft ist, werden den
verbleibenden effektiven Eingabeobjekten leere Werte „zugewiesen" (das
heißt, daß diese Objekte durch den Lesevorgang nicht betroffen sind).

Das folgende Beispiel soll die listengesteuerte Eingabe veranschaulichen
(*es ist zu beachten, daß der verwendete Anweisungsseparator „;" in FOR-
TRAN 77 nicht existiert*):

```
INTEGER I; REAL X(7); CHARACTER*10 CH;
COMPLEX CZ; LOGICAL LV
    ⋮
READ *, I, X, CH, CZ, LV
    ⋮
```

Eingabedatensätze:
```
1234,1234 ,,2*3.14  3*
   'HIER_GIBT''S' ,(24.4,-3), .TOTALEGAL
```

Nach dem Lesevorgang beinhalten die betroffenen Variablen folgende Werte:
I = 1234, X(1) = 1234.0, X(3) = 3.14, X(4) = 3.14, CH = „HIER_GIBT'S",
CZ = (24.4, −3.0), LV = „wahr". Den Variablen X(2), X(5), X(6), und X(7)
wurden dabei leere Werte zugeordnet, sodaß sich deren Inhalt durch die
READ–Anweisung nicht verändert hat. In Fortran 90 könnte die Angabe
der Zeichenkettenkonstanten auch ohne Begrenzungszeichen (also mittels
„HIER_GIBT'S") erfolgen, da die entsprechenden Voraussetzungen hiefür
erfüllt sind.

9.2.2 LISTENGESTEUERTE AUSGABE

Die mittels listengesteuerter Formatierung ausgegebenen Werte eignen sich
mit einer Ausnahme (betreffend die E/A von CHARACTER–Daten) zum
listengesteuerten Wiedereinlesen. Es soll hervorgehoben werden, daß eine
mittels listengesteuerter Formatierung erzeugte Datei im allgemeinen aus-
druckbar ist, da jeder Datensatz mit einem Leerzeichen, also einem durchaus sinnvollen Vorschubsteuerzeichen, beginnt (Ausnahme: wenn sich eine

begrenzte[90] Zeichenkettenkonstante über mehrere Datensätze erstreckt). Neue Datensätze werden nur zwischen zwei Konstanten begonnen (ausgenommen bei zu langen Zeichenketten bzw. bei komplexen Werten, wenn ein solcher die Datensatzlänge überschreiten würde; in diesem Fall darf ein neuer Datensatz nach dem Trennungsbeistrich zwischen Real- und Imaginärteil begonnen werden).

INTEGER–Konstante werden entsprechend dem Formatelement Iw ausgegeben. Für die logischen Werte werden die Zeichen T (für „wahr") und F (für „falsch") ausgegeben.

Reelle Konstante werden in Abhängigkeit vom jeweiligen Absolutwert entweder mittels F- oder E–Formatelement geschrieben: Wenn der Wert der auszugebenden Konstante R im Bereich $10^a \leq R < 10^b$ liegt, wird das Format 0PF$w.d$ verwendet; andernfalls das Format 1PE$w.d$Ee. a und b kennzeichnen vom jeweiligen Compiler abhängige ganze Zahlen.

Komplexe Werte werden einschließlich der begrenzenden runden Klammern ausgegeben, wobei Real- und Imaginärteil durch einen Beistrich voneinander getrennt und wie je ein reeller Wert behandelt werden.

CHARACTER–Konstante, welche entweder auf eine interne Datei oder auf eine externe Datei listengesteuert ausgegeben werden, welche ohne Parameter DELIM= oder mittels der Spezifikation DELIM='NONE' geöffnet worden ist, weisen folgende Form auf (*auch in FORTRAN 77*):

- Sie sind nicht zwischen Begrenzungszeichen eingeschlossen und ein darin vorkommendes Apostroph oder Anführungszeichen erscheint nicht doppelt.

- Sie werden durch keine Separatoren voneinander getrennt.

- Beim Umbruch auf einen neuen Datensatz wird ein Leerzeichen eingefügt.

Wenn beim Öffnen der externen Datei die Spezifikation DELIM[90] mit einem der Werte 'APOSTROPHE' oder 'QUOTE' angegeben worden ist, so wird die auszugebende Zeichenkette entsprechend begrenzt und ein allenfalls darin vorkommendes Begrenzungszeichen verdoppelt. Gegebenenfalls wird der Zeichenkette eine Typkennzahl, gefolgt von einem Unterstreichungszeichen, vorangestellt. Wenn die Ausgabe einer begrenzten Zeichenkettenkostante auf einem Datensatz fortgesetzt werden muß, so beinhaltet dieser kein Vorschubsteuerzeichen (es wird also kein Leerzeichen eingefügt).

Zwei oder mehrere aufeinanderfolgende Konstante mit ein- und demselben Wert dürfen vom Compiler in der Form $r * c$ zusammengefaßt werden. Der bei der listengesteuerten Eingabe als Separator wirkende Schrägstrich tritt bei der Ausgabe nicht auf.

In FORTRAN 77 können mittels listengesteuerter Formatierung ge-   77
schriebene Zeichenkettenkonstante grundsätzlich nicht listengesteuert
eingelesen werden, da diese immer ohne Begrenzungszeichen ausgegeben werden, aber bei der Eingabe eine Begrenzung durch Apostrophe
unbedingt erwartet wird.   77

9.3 NAMELIST–Formatierung

Eine NAMELIST–Formatierung[90] wird durch die Angabe eines NAMELIST–
Gruppennamens innerhalb einer Datentransferanweisung eingeleitet (Parameter NML=), wobei diese Anweisung dann weder eine Formatspezifikation
noch eine E/A–Liste aufweisen darf.

Jeder erste Datensatz, welcher auf eine NAMELIST–E/A Bezug nimmt,
beinhaltet zunächst das Et–Zeichen („&"), welches unmittelbar vom entsprechenden NAMELIST–Gruppenname gefolgt wird (siehe Kapitel 5.2.13).
Bei der Eingabe sind führende Leerzeichen (vor dem Et–Zeichen) erlaubt.

Nach einem oder mehreren Leerzeichen folgen Zuweisungen der Form
Name = Werte-Liste, wobei *Name* einen Objektnamen (oder die Bezeichnung eines Teilobjektes) der entsprechenden NAMELIST–Gruppe bedeutet.
Als Trennzeichen zwischen einzelnen Zuweisungen sowie zwischen einzelnen Werten einer *Werte-Liste* (wenn es sich bei dem Objekt um ein Feld
oder um eine Variable eines abgeleiteten Datentyps handelt) dienen dieselben Zeichen wie bei der listengesteuerten Formatierung (Kapitel 9.2).
Vor und nach dem Gleichheitszeichen dürfen Leerzeichen eingefügt werden.
Als mögliche Wertangaben kommen ebenfalls dieselben wie bei der listengesteuerten Formatierung in Frage: c, $r * c$ oder $r*$ (letzteres bedeutet die
Angabe von r leeren Werten).

Ein Schrägstrich („/") in einem Datensatz kennzeichnet das Ende der
NAMELIST–E/A. Eine mittels NAMELIST–Ausgabe erzeugte Datei kann wieder mittels NAMELIST–Formatierung eingelesen werden, soferne die Datei
vor dem Schreiben mit einer der Spezifikationen DELIM='APOSTROPHE'
oder DELIM='QUOTE' geöffnet worden ist.

9.3.1 NAMELIST–EINGABE

Die Reihenfolge, in welcher die einzelnen *Namen* angegeben werden, ist ohne
Bedeutung (sie muß keineswegs mit jener in der Spezifikation der NAME-
LIST–Gruppe übereinstimmen). Eine NAMELIST–Eingabe kann durchaus
nur einzelne Objekte einer NAMELIST–Gruppe bzw. auch nur einen Teil

eines solchen Objektes (beispielsweise ein Feldelement) spezifizieren. *Name* darf bei der Eingabe weder ein Feld oder Teilfeld der Größe null noch eine Zeichenkette der Länge null sein.

Ein bestimmter *Name* (bzw. ein Teilobjekt davon) darf mehrmals innerhalb einer NAMELIST–Eingabe auftreten, wobei in einem solchen Fall der zuletzt zugeordnete Wert verwendet wird.

Bezeichnet ein *Name* ein feldwertige Variable oder eine Variable abgeleiteten Datentyps, wird diese gemäß der Speicherbelegung bei Feldern bzw. aufgrund der Datentypdefinition (TYPE–Konstrukt) expandiert. Die *Werte-Liste* darf höchstens soviele Werte umfassen, wie das vor dem Gleichheitszeichen stehende Objekt aufzunehmen imstande ist. Wenn weniger Werte vorhanden sind, werden diese in der gegebenen Reihenfolge den entsprechenden Feldelementen bzw. Strukturkomponenten zugewiesen und die verbleibenden mit leeren Werten „belegt" (das heißt, daß die restlichen Elemente bzw. Komponenten ihren ursprünglichen Definitionsstatus beibehalten).

Bezüglich der erlaubten Eingabeformen für die Konstanten gilt mit Ausnahme von Zeichenketten dasselbe wie bei der listengesteuerten Eingabe. Beim NAMELIST–formatierten Lesen von CHARACTER–Konstanten ist zu beachten, daß diese grundsätzlich durch Anführungszeichen oder Apostrophe begrenzt sein müssen.

Zur Illustration der NAMELIST–Eingabe soll dasselbe Beispiel wie beim listengesteuerten Lesen (Seite 209) angegeben werden:

```
INTEGER I; REAL X(7); CHARACTER*10 CH;
COMPLEX CZ; LOGICAL LV
NAMELIST / TEST / LV, I, CH, CZ, X
    ⋮
READ (*, NML = TEST)
    ⋮
```

Eingabedatensätze:
```
    &TEST I = -27, X(3:4) = 2*3.14, X(1)=1234.0, I = 1234,
    CH="HIER_GIBT'S" , CZ=( 24.4 , -3 ), LV = TRUE_XX /
```
Andere Möglichkeit für die Eingabe von X und CH:
```
    &TEST X = 1234.0,,2*3.14 , CH='HIER_GIBT''S' /
```

Nach dem Lesevorgang beinhalten die betroffenen Variablen folgende Werte: I = 1234, X(1) = 1234.0, X(3) = 3.14, X(4) = 3.14, CH = „HIER_GIBT'S", CZ = (24.4, −3.0), LV = „wahr". Während den Feldelementen X(2), X(5), X(6) und X(7) bei den beiden ersten Datensätzen keinerlei Werte zugeordnet worden sind, erhalten diese in der angegebenen Variante leere Werte zugeteilt (und zwar für X(2) explizit und für X(5), X(6) und X(7) dadurch, daß die Werte–Liste kürzer ist, als dem expandierten Feld X entspricht). Das Objekt I wurde zweimal angegeben; der gültige Wert für I ergibt sich aus der letzten Spezifikation.

9.3.2 NAMELIST–AUSGABE

Die Ausgabe mittels NAMELIST–Formatierung[90] erfolgt im Prinzip in derselben Art, wie sie für ein Lesen erforderlich wäre (mit einer Einschränkung bezüglich CHARACTER–Konstanten).

Die Reihenfolge der Ausgabe der einzelnen Objekte wird durch deren Reihenfolge in der entsprechenden NAMELIST–Anweisung definiert. Die Art der Darstellung der Konstanten ist mit jener der listengesteuerten Ausgabe völlig identisch. Das bedeutet im speziellen bei der Ausgabe von Zeichenketten, daß diese auch hier nur dann (durch Apostrophe oder Anführungszeichen) begrenzt werden, wenn in der OPEN–Anweisung die Spezifikation DELIM= mit einem der beiden Werte 'APOSTROPHE' oder 'QUOTE' angegeben worden ist.

Wenn ein- und derselbe Wert mehrmals hintereinander auszugeben ist, so darf der Compiler diese in der Form $r * c$ zusammenfassen. Leere Werte werden grundsätzlich nicht ausgegeben.

Außer bei der Fortsetzung von begrenzten Zeichenketten enthält jeder ausgegebene Datensatz am Beginn ein Leerzeichen (als Drucker–Vorschubsteuerzeichen).

In FORTRAN 77 gibt es keine NAMELIST*–Formatierung.*

10

Programmeinheiten und Prozeduren

Zu dem Begriff Programmeinheiten zählen das Hauptprogramm, externe Prozeduren, Module[90] und BLOCK DATA-Programmeinheiten.

Die sogenannten internen Prozeduren[90] stellen selbst keine Programmeinheiten dar; sie werden als Bestandteil jener Programmeinheit (Hauptprogramm, externe Prozedur oder Modul-Prozedur[90]) aufgefaßt, in welcher sie definiert sind.

Die Klassifizierung von Prozeduren kann sowohl bezüglich der Form ihres Aufrufes (SUBROUTINE- und Funktionsprozedur) als auch aufgrund ihrer Definition erfolgen: man unterscheidet intrinsische Prozeduren (Kapitel 11), externe und Formalparameter-Prozeduren (Kapitel 10.5), Modul-Prozeduren[90] (Kapitel 10.3), interne Prozeduren[90] (Kapitel 10.1.3) und Anweisungsfunktionen[77] (Kapitel 10.5.7).

10.1 Aufbau von Programmeinheiten

Eine Programmeinheit hat prinzipiell folgendes Aussehen:

> *Programmeinheit-Spezifikationsanweisung*
>
> > [*Deklarationsteil*]
> >
> > [*Ausführbarer Teil*]
> >
> [CONTAINS[90]
> >
> > *Interne Prozeduren*[90]]
> >
> END-Anweisung

Programmeinheit-Spezifikationsanweisungen sind die PROGRAM-, MODULE-[90], BLOCK DATA-[77], SUBROUTINE- und FUNCTION-Anweisung, welche im Detail in eigenen Kapiteln besprochen werden.

Den *Deklarationsteil* bilden ausschließlich nicht ausführbare Anweisungen, mittels derer die erforderlichen Vereinbarungen (siehe Kapitel 5) getroffen werden.

Der *ausführbare Teil* einer Programmeinheit besteht aus ausführbaren Anweisungen, welche Zuweisungsanweisungen (Kapitel 6.5), Anweisungen zur Programmablaufsteuerung (Kapitel 7), Anweisungen zur dynamischen Speicherzuteilung[90] (Kapitel 5.3) sowie E/A-Anweisungen (Kapitel 8) sein können. Im ausführbaren Teil einer Programmeinheit dürfen weiters FORMAT-Anweisungen (Kapitel 9.1.1) sowie DATA-Anweisungen* (Kapitel 5.2.12) vorkommen.

Eine Programmeinheit wird physisch grundsätzlich mit einer ENDAnweisung (Kapitel 7.2.6) abgeschlossen. Wird eine END-Anweisung beim Programmablauf angetroffen, so kennzeichnet sie auch das logische Ende der Programmeinheit (sie wirkt in diesem Fall bei einem Hauptprogramm wie eine STOP- und bei Prozeduren wie eine RETURN-Anweisung).

10.1.1 Reihenfolge der Anweisungen

Die Tabelle 10.1 zeigt die Anordnungsreihenfolge von Anweisungen innerhalb einer Programmeinheit.

<table>
<tr><td colspan="4" align="center">PROGRAM-, SUBROUTINE-, FUNCTION-,
MODULE-[90] oder BLOCK DATA[77]-Anweisung</td></tr>
<tr><td colspan="4" align="center">USE-Anweisungen[90]</td></tr>
<tr><td rowspan="5" align="center">FORMAT-
und
ENTRY-[77]
Anweisungen</td><td colspan="3" align="center">IMPLICIT NONE[90]</td></tr>
<tr><td align="center">PARAMETER-
Anweisungen</td><td colspan="2" align="center">IMPLICIT-
Anweisungen</td></tr>
<tr><td align="center">PARAMETER-
und DATA-**
Anweisungen</td><td colspan="2" align="center">Definitionen abgeleiteter
Datentypen[90]
Interface-Blöcke[90]
Typdeklarationsanweisungen
Vereinbarungsanweisungen
Anweisungsfunktionen[77]</td></tr>
<tr><td align="center">DATA-
Anweisungen*</td><td colspan="2" align="center">Ausführbare Anweisungen
und Konstrukte</td></tr>
<tr><td colspan="3" align="center">CONTAINS-Anweisung[90]</td></tr>
<tr><td colspan="4" align="center">Interne[90] oder Modul-[90] Unterprogramme</td></tr>
<tr><td colspan="4" align="center">END-Anweisung</td></tr>
</table>

Tabelle 10.1: Anordnungsreihenfolge von Anweisungen

---

* Die Positionierung von DATA-Anweisungen im ausführbaren Teil gilt in Fortran 90 als redundant.

** *In FORTRAN 77 darf vor den Vereinbarungen keine DATA-Anweisung vorkommen.*

Es soll betont werden, daß für bestimmte Programmeinheiten nicht alle Anweisungen zulässig sind (so darf, zum Beispiel, eine BLOCK DATA-Programmeinheit[77] weder ausführbare Anweisungen — mit Ausnahme der END-Anweisung — noch interne Unterprogramme aufweisen).

10.1.2 BEREICHSEINHEIT

Programmeinheiten bestehen aus einer Reihe nicht überlappender Bereichseinheiten. Unter einer Bereichseinheit (*„scoping unit"*) werden folgende Begriffe verstanden:

- Die Definition eines abgeleiteten Datentyps[90].

- Ein INTERFACE-Rumpf[90], ausschließlich allenfalls darin enthaltener Definitionen abgeleiteter Datentypen sowie weiterer INTERFACE-Rümpfe.

- Eine Programmeinheit oder ein Unterprogramm, ausschließlich allenfalls darin enthaltener Definitionen abgeleiteter Datentypen, INTERFACE-Rümpfe sowie interne Unterprogramme[90].

Anweisungsmarken gelten grundsätzlich nur in jener Bereichseinheit, in welcher sie definiert sind. Der Gültigkeitsbereich von Namensbezeichnungen ist in erster Linie ebenfalls jene Bereichseinheit, wo der FORTRAN-Name definiert wird; darüberhinaus können Namen auch mittels USE- und HOST-Zuordnung verfügbar gemacht werden (siehe Kapitel 10.3.1 und 10.1.4).

Da FORTRAN 77 die Begriffe INTERFACE, abgeleiteter Datentyp [77] und internes Unterprogramm nicht kennt, ist dort eine Unterscheidung zwischen Bereichs- und Programmeinheit nicht erforderlich. [77]

Das folgende, nur in Fortran 90 gültige Beispiel soll den Begriff „Bereichseinheit" näher veranschaulichen:

```
SUBROUTINE XXX              ! Bereich 1
    TYPE ...                ! Bereich 2
      :                     ! Bereich 2
    END TYPE                ! Bereich 2
    INTERFACE               ! Bereich 3
      :                     ! Bereich 3
    END INTERFACE           ! Bereich 3
    :                       ! Bereich 1
CONTAINS                    ! Bereich 1
    FUNCTION YYY (...)      ! Bereich 4
        TYPE ...            ! Bereich 5
```

```
            ⋮            ! Bereich 5
     END TYPE            ! Bereich 5
     DIMENSION ...       ! Bereich 4
     INTERFACE           ! Bereich 6
            ⋮            ! Bereich 6
     END INTERFACE       ! Bereich 6
        ⋮                ! Bereich 4
  END FUNCTION           ! Bereich 4
END SUBROUTINE           ! Bereich 1
```

Die Programmeinheit SUBROUTINE XXX besteht in diesem Beispiel aus
sechs Bereichseinheiten, welche zwar ineinander verschachtelt sind, aber
einander keineswegs überlappen (das heißt, daß eine bestimmte Anweisung
nur genau einer Bereichseinheit angehört).

10.1.3 INTERNE PROZEDUREN

Interne Prozeduren[90] können sowohl im Hauptprogramm als auch in externen und Modul–Unterprogrammen aufscheinen (jedoch nicht innerhalb
eines internen Unterprogrammes selbst). Interne Unterprogramme haben
mit folgenden Ausnahmen dieselbe Funktionsweise wie externe Prozeduren
(siehe Kapitel 10.5):

- Der Name einer internen Prozedur ist nur lokal (das heißt nur innerhalb der Programmeinheit, wo sie definiert ist) verfügbar.

- Eine interne Prozedur darf keine ENTRY–Anweisung (siehe Kapitel
  10.5.4) haben.

- Der Name einer internen Prozedur darf nicht als aktueller Parameter
  beim Aufruf eines Unterprogrammes übergeben werden.

- Eine interne Prozedur kann auf die Objekte jener Programmeinheit,
  in welcher sie definiert ist, über die sogenannte HOST–Zuordnung zugreifen.

Interne Prozeduren werden von der zugehörigen Programmeinheit mittels
der (nicht ausführbaren) CONTAINS–Anweisung getrennt:

```
SUBROUTINE CONTAINS
     ⋮     ! Deklarationen und ausführbarer Teil von CONTAINS
CONTAINS
     SUBROUTINE INTERN_1        ! Interne Subroutine
         ⋮
     END SUBROUTINE INTERN_1
```

```
REAL FUNCTION INTERN_2 (X)  ! Interne Funktion
    ⋮
END FUNCTION INTERN_2
END SUBROUTINE CONTAINS
```

Die letzte Anweisung eines internen Unterprogrammes (wie auch einer Modul–Prozedur) muß jedenfalls eine END FUNCTION- oder END SUBROUTINE–Anweisung sein (eine END–Anweisung ohne zusätzliche Spezifikation ist hier nicht erlaubt).

In FORTRAN 77 gibt es keine internen Prozeduren!

10.1.4   Host–Zuordnung

Jene Programmeinheit oder Modul–Prozedur[90], in welcher ein internes Unterprogramm[90] enthalten ist, wird als Host der internen Prozedur bezeichnet. Diese kann auf die Objekte des Hostes zugreifen, wobei Namen und Attribute dieselben sind wie in der Programmeinheit. Solche Objekte können Variable, Konstante, Prozeduren (einschließlich deren Schnittstellen), abgeleitete Datentypen, Typkennzahlen, Komponenten abgeleiteter Datentypen und Namelist–Gruppen sein.

Wenn ein mittels USE–Zuordnung (siehe Kapitel 10.3) verfügbar gemachtes Objekt denselben (nicht generischen) Namen wie ein Host–Objekt aufweist, so ist letzteres im internen Unterprogramm nicht mehr ansprechbar. Weiters ist ein in einer EXTERNAL–Anweisung aufscheinender Name global, sodaß auf ein Host–Objekt mit demselben Namen nicht mehr zugegriffen werden kann. Dies gilt ebenso für folgende, innerhalb der internen Prozedur definierte Namen:

(a) Ein Name eines abgeleiteten Datentyps.

(b) Ein Funktionsname innerhalb einer FUNCTION–Anweisung, einer Deklaration einer Anweisungsfunktion oder innerhalb einer Typvereinbarungsanweisung.

(c) Der Name eines Subroutine–Unterprogrammes innerhalb einer SUBROUTINE–Anweisung.

(d) Ein Objektname innerhalb von Typdeklarationsanweisungen sowie in den Anweisungen POINTER, SAVE oder TARGET.

(e) Ein Entry–Name in einer ENTRY–Anweisung.

(f) Eine benannte Konstante innerhalb einer PARAMETER–Anweisung.

(g) Ein Feldname innerhalb einer ALLOCATABLE- oder DIMENSION–Anweisung.

(h) Ein Variablenname innerhalb einer COMMON–Anweisung.

(i) Der Name einer Variablen, die ganz oder zum Teil mittels einer DA-TA–Anweisung initialisiert wird.

(j) Der Name einer Variablen, welche ganz oder teilweise in einer EQUI-VALENCE–Anweisung einem anderen Objekt gleichgesetzt wird.

(k) Ein Name eines Formalparameters innerhalb der Anweisungen SUB-ROUTINE, FUNCTION, ENTRY oder in einer Deklaration einer Anweisungsfunktion.

(l) Ein RESULT–Name in einer FUNCTION- oder ENTRY–Anweisung.

(m) Ein Name einer intrinsischen Prozedur in einer INTRINSIC–Anweisung.

(n) Ein NAMELIST–Gruppenname in einer NAMELIST–Anweisung.

(o) Ein generischer Name in einer INTERFACE–Anweisung.

Alle solchermaßen **lokal** definierten Objekte sind im zugehörigen HOST nicht verfügbar.

Es ist zu beachten, daß ein INTERFACE–Rumpf auf die darin enthaltenen Objekte nicht mittels HOST–Zuordnung zugreifen kann; er hat aber Zugriff auf Objekte, welche zuvor mittels USE–Zuordnung (siehe Kapitel 10.3) verfügbar gemacht worden sind.

Bezüglich eines Beispieles, welches sowohl die HOST- als auch die USE–Zuordnung veranschaulicht, sei auf das Kapitel 10.3.1 verwiesen.

Da es in FORTRAN 77 keine internen Prozeduren gibt, ist die HOST–*Zuordnung bedeutungslos.*

10.2 Hauptprogramm

Ein FORTRAN–Hauptprogramm ist durch die PROGRAM–Anweisung (als erste Anweisung der Programmeinheit) gekennzeichnet.

PROGRAM *Programm-Name*

!

END [PROGRAM [*Programm-Name*]]

Wenn innerhalb der END PROGRAM–Anweisung[90] ein *Programm-Name* angegeben ist, so muß dies derselbe Name wie in der PROGRAM–Anweisung sein.

In FORTRAN 77 gibt es die END PROGRAM–Anweisung nicht; [77] dort ist sie durch die END–Anweisung (ohne zuzügliche Spezifikation) zu ersetzen, welche keine Namensbezeichnung zuläßt.   77

Es gelten die beiden Einschränkungen, daß

- im ausführbaren Teil eines Hauptprogrammes weder eine RETURN-noch eine ENTRY–Anweisung und

- im Deklarationsteil kein automatisches Objekt (siehe Seite 46) auftreten darf.

Ein Hauptprogramm kann — wie im Kapitel 10.1 beschrieben — interne Prozeduren beinhalten.

Der *Programm-Name* gilt **global** für das gesamte ausführbare Programm und darf nicht mit einem Namen einer anderen Programmeinheit, einer externen Prozedur, einem COMMONBLOCK–Namen oder mit einem lokalen Namen innerhalb des Hauptprogrammes übereinstimmen.

Der Vereinbarungsteil in der Bereichseinheit eines Hauptprogrammes darf die Anweisungen OPTIONAL, INTENT, PUBLIC und PRIVATE nicht beinhalten bzw. es dürfen die entsprechenden Attribute (siehe Kapitel 5.1.2) nicht vergeben werden. Eine SAVE–Anweisung (Kapitel 5.2.9) hat innerhalb eines Hauptprogrammes keine Wirkung (alle lokalen Variablen sowie alle Variablen der im Hauptprogramm definierten COMMONBLÖCKE weisen automatisch das SAVE–Attribut auf).

Ein Hauptprogramm darf keinesfalls rekursiv verwendet werden, das heißt, daß jeglicher Verweis auf den *Programm-Namen* prinzipiell verboten ist.

Die Ausführung eines FORTRAN–Programmes wird ordnungsgemäß (also ohne Abbruch infolge eines Fehlers zur Laufzeit) beendet, wenn entweder die END–Anweisung im Hauptprogramm oder eine STOP–Anweisung (siehe Kapitel 7.2.5) in irgendeiner Programmeinheit ausgeführt wird.

10.3 Module

Ein Modul[90] beinhaltet Spezifikationen und Definitionen, auf die andere Programmeinheiten gegebenenfalls zugreifen können. Somit ist es mittels Modulen möglich, globale Daten zu vereinbaren, weshalb sich in Fortran 90 die Verwendung von COMMONBLÖCKEN erübrigt (soferne nicht Prozeduren eingebunden werden, welche über COMMONBLÖCKE miteinander kommunizieren). Es ist jedoch hervorzuheben, daß Module sehr wohl COMMONBLÖCKE beinhalten dürfen.

Ein Modul bietet unter anderem eine ähnliche Funktionalität wie das Sprachelement INCLUDE[90] (siehe Kapitel 3.2.3), wenn dieses beispielsweise zur Einbettung von Spezifikationen verwendet wird. Es bestehen allerdings zwei prinzipielle Unterschiede: Während ein Modul (wie jede

Programmeinheit) übersetzt werden muß, um schließlich in das ablauf-
fähige Programm eingebunden werden zu können, wird mittels INCLUDE
im Verlauf der Übersetzung zusätzlicher Quelltext eingebettet. Weiters ist
die Interpretation der in einer INCLUDE–Zeile[90] anzugebende Zeichenkettenkonstante von der jeweiligen FORTRAN–Implementierung abhängig,
während ein Modul in seiner Gesamtheit im Standard 90 spezifiziert ist.

Der Aufbau eines Moduls unterscheidet sich geringfügig vom Aufbau
anderer Programmeinheiten (Kapitel 10.1):

MODULE *Modul-Name*

  [*Deklarationsteil*]

[CONTAINS

  Modul-Unterprogramme]

END [MODULE [*Modul-Name*]]

Es gelten dabei folgende Einschränkungen:

- Wenn die END MODULE–Anweisung einen *Modul-Namen* beinhaltet, muß dies derselbe sein wie in der MODULE–Anweisung.

- Der *Deklarationsteil* darf keine Deklaration einer Anweisungsfunktion
  sowie keine FORMAT- oder ENTRY–Anweisung enthalten (dies gilt
  selbstverständlich nicht für allenfalls vorhandene Modul–Unterprogramme).

- Im *Deklarationsteil* darf weiters kein automatisches Objekt (siehe
  Seite 46) aufscheinen.

Ein *Modul-Name* gilt innerhalb des ausführbaren Programmes global und
darf daher weder mit anderen globalen Namen noch mit lokalen Bezeichnungen (innerhalb des Moduls) kollidieren (siehe Kapitel 10.2).

Es ist hervorzuheben, daß ein Modul bezüglich der darin enthaltenen
Modul–Prozeduren den HOST darstellt, sodaß diese auf die im *Deklarationsteil* spezifizierten Objekte mittels HOST–Zuordnung (siehe Kapitel 10.1.4)
zugreifen können.

Modul–Unterprogramme können entweder SUBROUTINE- oder Funktionsprozeduren sein (siehe Kapitel 10.5), welche selbst interne Unterprogramme (Kapitel 10.1.3) beinhalten dürfen.

Im Gegensatz zu externen Prozeduren muß die letzte Anweisung eines
Modul–Unterprogrammes eine END FUNCTION- oder END SUBROU-
TINE–Anweisung sein (wie auch bei internen Prozeduren); die END–An-
weisung ohne zusätzliche Spezifikation ist hier nicht erlaubt.

In FORTRAN 77 gibt es die Programmeinheit Modul nicht.

10.3.1   USE–ANWEISUNG UND USE–ZUORDNUNG

Mittels der USE–Anweisung[90] werden die öffentlichen (das heißt mit dem PUBLIC-Attribut versehenen) Teile eines Moduls in der entsprechenden Bereichseinheit verfügbar gemacht. Ein Modul darf keinen direkten oder indirekten Verweis auf sich selbst beinhalten.

Die Möglichkeiten des Zugriffs auf die Spezifikationen eines Moduls können sowohl innerhalb des Moduls selbst mittels der Zugriffsanweisungen PRIVATE und PUBLIC (Kapitel 5.2.8) bzw. durch entsprechende Attributvergabe in Typdeklarationsanweisungen als auch in der Bereichseinheit, welche auf das Modul verweist, geregelt werden. Letzteres erfolgt mittels der Option ONLY in der USE–Anweisung und bedeutet nur eine weitere Einschränkung des Zugriffs (das heißt, daß auf ein innerhalb eines Moduls mit dem PRIVATE-Attribut versehenes Objekt keinesfalls von außen zugegriffen werden kann).

Mittels einer USE–Anweisung können folgende Begriffe verfügbar gemacht werden: benannte Datenobjekte, abgeleitete Datentypen, INTERFACE-Blöcke, Prozeduren und generische Bezeichnungen (definierte Operatoren und definierte Zuweisungen). Die solchermaßen in der jeweiligen Bereichseinheit zur Verfügung stehenden Objekte sind durch die sogenannte USE–Zuordnung (zu den entsprechenden Objekten des Moduls) charakterisiert und haben dieselben Attribute wie im Modul selbst.

USE–Anweisungen müssen in einer Bereichseinheit als erste Vereinbarungsanweisungen angegeben werden (siehe Tabelle 10.1 auf Seite 215).

Eine USE–Anweisung hat eine der beiden Formen:

USE *Modul-Name* [, *Umbenennungs-Liste*]

USE *Modul-Name*, ONLY : [*Only-Liste*]

   Umbenennung: lokaler-Name => Use-Name

   Only: [lokaler-Name =>] Use-Name

Jeder *Use-Name* muß dabei ein mit dem PUBLIC-Attribut versehenes Objekt des Moduls sein.

Bei der Form der USE–Anweisung ohne Schlüsselwort ONLY wird auf alle öffentlichen Begriffe des Moduls zugegriffen, während im anderen Fall nur jene Objekte verfügbar gemacht werden, welche in der *Only-Liste* angegeben sind. Eine allenfalls vorgenommene *Umbenennung* bedeutet, daß das entsprechende Objekt nicht mit dem im Modul vereinbarten Namen (*Use-Name*) sondern mit dem *lokalen-Namen* angesprochen werden kann.

Es dürfen mehrere USE–Anweisungen bezüglich eines Moduls innerhalb einer Bereichseinheit angegeben werden. Ist darin eine USE–Anweisung ohne Schlüsselwort ONLY enthalten, so ist der Zugriff auf alle öffentlichen

Objekte des Moduls gegeben und alle übrigen USE–Anweisungen werden nur betreffend allenfalls darin vorgenommener *Umbenennungen* berücksichtigt. Handelt es sich ausnahmslos um USE–Anweisungen mit dem Schlüsselwort ONLY, werden sie wie eine einzige USE–Anweisung mit entsprechend erweiterter *Only-Liste* interpretiert.

Wenn in einer Bereichseinheit Zugriff auf zwei oder mehrere generische Prozedur–Schnittstellen mit demselben Namen, demselben Operator. oder in Form definierter Zuweisungen besteht, so werden sie wie eine einzelne generisches Schnittstelle (siehe Kapitel 10.5.3) interpretiert. Wenn auf zwei oder mehr unterschiedliche Objekte mit demselben Namen, welche keine generischen Schnittstellen sind, Zugriff besteht, so darf auf <u>keines</u> dieser Objekte zugegriffen werden. Dies bedeutet, daß sich zur sinnvollen Verwendung von Modulen lokale Namen grundsätzlich von den Namen jener Objekte unterscheiden müssen, welche mittels USE–Zuordnung verfügbar gemacht werden. Es ist allerdings zu beachten, daß auf ein- und dasselbe Objekt unter Umständen mittels verschiedener lokaler Namen zugegriffen werden kann.

Die Attribute eines mittels USE–Zuordnung verfügbar gemachten Objektes dürfen nicht modifiziert werden.* Dies bedeutet unter anderem, daß die *lokalen-Namen* solcher Objekte nicht in den Anweisungen COMMON oder EQUIVALENCE aber sehr wohl in NAMELIST–Anweisungen vorkommen dürfen.

Gültige USE–Anweisungen sind beispielsweise:

```
USE STATISTIK_LIB
USE MATH_LIB, DSUMME => SUM, QPRODUKT => PROD
USE STATISTIK_LIB, ONLY : A, B, X => C
```

Die beiden ersten Beispiele machen alle öffentlichen Objekte verfügbar, wobei in der zweiten USE–Anweisung zwei Objekte umbenannt werden (alle übrigen Begriffe des Moduls MATH_LIB mit dem PUBLIC-Attribut sind über den Originalnamen ansprechbar). Im dritten Beispiel werden nur drei Objekte des Moduls STATISTIK_LIB verfügbar gemacht, wobei das dritte unter dem lokalen Namen X verwendbar ist.

Die USE–Anweisung existiert in FORTRAN 77 nicht.

---

* Ausnahme: Solche Objekte dürfen innerhalb der Bereichseinheit eines Moduls das PRIVATE-Attribut erhalten.

Beispiel zur USE- und HOST–Zuordnung

Wie das folgende, *in FORTRAN 77 nicht gültige* Beispiel zeigt, können eine interne Prozedur und dessen HOST sowohl dieselben als auch unterschiedliche, mittels USE–Zuordnung verfügbar gemachte Objekte beinhalten.

```
MODULE B; REAL XB, QB; INTEGER IB, JB; END MODULE
MODULE C; REAL XC; END MODULE
MODULE D; REAL XD, YD, ZD; END MODULE
MODULE E; REAL XE, YE, ZE; END MODULE
MODULE F; REAL XF; END MODULE
MODULE G; USE F; REAL XG; END MODULE
PROGRAM A
USE B; USE C; USE D
   ⋮
CONTAINS
   SUBROUTINE INTERN (QB)
   USE C              ! überflüssig (HOST–Zuordnung)
   USE B, ONLY: XB    ! verfügbar sind XB, IB und JB; die beiden
                      ! letzten nur dann, wenn in INTERN
                      ! kein Zugriff auf andere IB, JB besteht.
                      ! QB ist als Formalparameter jedenfalls lokal.
   USE D, X => XD     ! Zugriff besteht auf XD, YD, ZD.
                      ! X ist lokaler Name in INTERN für XD.
                      ! X und XD bezeichnen dasselbe Objekt,
                      ! soferne es kein anderes lokales XD gibt.
   USE E, ONLY: XE    ! auf XE kann nur in INTERN zugegriffen
                      ! werden; YE und ZE sind weder hier noch
                      ! im Programm A verfügbar.
   USE G              ! XF und XG sind in INTERN verfügbar.
   ⋮
   END SUBROUTINE INTERN
END PROGRAM A
```

Da das Programm A die Anweisung USE B enthält, sind im internen Unterprogramm über HOST–Zuordnung all jene Objekte des Moduls B verfügbar, deren Namen nicht mit lokalen Größen übereinstimmen (wie beispielsweise QB). Daran ändert auch die Anweisung USE B, ONLY: XB nichts; diese bewirkt nur, daß XB jedenfalls unter diesem lokalen Namen ansprechbar ist (ein anderes Objekt mit der Bezeichnung XB darf es in der Prozedur INTERN nicht geben).

10.3.2 VERWENDUNG VON MODULEN

Die folgenden, nur in Fortran 90 gültigen Beispiele sollen die wichtigsten
Möglichkeiten für den Einsatz von Modulen[90] aufzeigen.

Identische COMMONBLÖCKE

Die wohl „sicherste" Art der Verwendung eines COMMONBLOCKS erfolgt
dadurch, daß dieser in allen Programmeinheiten, wo er verwendet werden
soll, identisch spezifiziert wird (Kapitel 5.3.2). Dies gelingt am einfachsten,
indem ein COMMONBLOCK einschließlich allenfalls erforderlicher zusätzlicher Vereinbarungsanweisungen in ein Modul gestellt wird:

```
MODULE MOD_COMMON_A
    COMMON / COMMON_A / X, Y, Z, L1, L2, I, J, C1, C2
    COMPLEX C1, C2(-5:10)
    LOGICAL L1(5,10), L2
    DIMENSION X(100), Z(-1:3,5), I(100)
END MODULE MOD_COMMON_A
```

In jeder Programmeinheit, wo der COMMONBLOCK COMMON_A benötigt
wird, kann er mittels der Anweisung

```
USE MOD_COMMON_A
```

verfügbar gemacht werden. (Selbstverständlich könnte das Modul auch mehrere COMMONBLÖCKE beinhalten.) Da — wie das nächste Anwendungsbeispiel zeigen wird — die Verwendung von COMMONBLÖCKEN in Fortran 90
redundant ist, kommt diese Einsatzmöglichkeit vor allem dann in Frage,
wenn bestehende FORTRAN 77–Prozeduren in ein Programm des Standards 90 eingebunden werden sollen.

Globale Daten

Das folgende Modul beinhaltet dieselben Datenobjekte wie im vorhergehenden Beispiel, doch anstelle der COMMON- tritt eine SAVE Anweisung:

```
MODULE GLOBALE_DATEN
    SAVE
    COMPLEX C1, C2(-5:10)
    LOGICAL L1(5,10), L2
    DIMENSION X(100), Z(-1:3,5), I(100)
END MODULE GLOBALE_DATEN
```

Das Modul GLOBALE_DATEN stellt für alle Bereichseinheiten, welche mittels USE–Zuordnung darauf zugreifen, die darin spezifizierten Daten global zur Verfügung, wobei — im Gegensatz zu einem COMMONBLOCK — ein Zugriff auch nur für einzelne Objekte hergestellt werden kann:

```
USE GLOBALE_DATEN, ONLY: Z, Y => X
```

Es soll betont werden, daß in einem Modul Objekte beliebiger Datentypen zusammenfaßbar sind.

Abgeleitete Datentypen

In einem Modul kann ein abgeleiteter Datentyp definiert werden, auf den andere Bereichseinheiten mittels USE–Zuordnung zugreifen können.

```
MODULE ABGEL_TYP
   TYPE PUNKT
      PRIVATE
      REAL X, Y
   END TYPE PUNKT
   TYPE LINIE
      TYPE (PUNKT), DIMENSION(2) :: LINIE_A
      CHARACTER (LEN=20)         :: NAME
   END TYPE LINIE
END MODULE ABGEL_TYP
```

Die beiden abgeleiteten Datentypen PUNKT und LINIE sind in jeder Bereichseinheit definiert, welche die Anweisung

```
USE ABGEL_TYP
```

beinhaltet. Allerdings kann auf die Komponenten X und Y des Datentyps PUNKT nicht zugegriffen werden, da diese das PRIVATE–Attribut aufweisen.

Global zuteilbare Felder

Viele Programme benötigen große, global verfügbare Hilfsfelder, deren tatsächliche Größe erst zur Laufzeit bestimmt werden kann.

```
PROGRAM TEST
   CALL DIMENSIONIERE_HILFSFELDER
   CALL AUSFUEHRUNG
END PROGRAM TEST
MODULE HILFSFELDER
```

```
    INTEGER M
    REAL, ALLOCATABLE, SAVE :: X(:), Y(:,:), Z(:,:,:)
END MODULE HILFSFELDER
SUBROUTINE DIMENSIONIERE_HILFSFELDER
    USE HILFSFELDER
    READ *, M
    ALLOCATE ( X(M), Y(M,M), Z(M,M,M) )
END SUBROUTINE DIMENSIONIERE_HILFSFELDER
SUBROUTINE AUSFUEHRUNG
    USE HILFSFELDER
    ...    ! Berechnung unter Verwendung von X, Y, Z
END SUBROUTINE AUSFUEHRUNG
```

In jeder Prozedur, welche die Hilfsfelder X, Y und Z benötigt, muß das
Modul HILFSFELDER mittels einer USE–Anweisung verfügbar gemacht
werden. Es ist selbstverständlich auch möglich, die Formspezifikationen der
Felder während der Programmausführung neuerdings zu ändern.

Prozedurbibliotheken

Wenn man INTERFACE–Blöcke (siehe Kapitel 10.5.3) externer Prozeduren
in ein Modul zusammenfaßt, so können einerseits aktuelle Argumente in
Form von Schlüsselwortparametern übergeben und optionale Argumente
weggelassen werden und andererseits wird es dem Compiler ermöglicht,
den jeweiligen Prozeduraufruf bezüglich der angegebenen Parameter zu
überprüfen.

```
MODULE BIBLIOTHEK_1
    INTERFACE
        SUBROUTINE XAB ( X, A, B, VERSION )
            REAL X (:, :)  ! angenommene Formspezifikation
            REAL, DIMENSION (SIZE(X, 2)) :: A, B
!           A, B sind automatische Felder
            INTEGER VERSION
        END SUBROUTINE XAB
            :
    END INTERFACE
        :
END MODULE BIBLIOTHEK_1
```

Dieses Modul gestattet einer Bereichseinheit die Referenz der Prozedur
XAB in folgender Weise:

```
USE BIBLIOTHEK_1
   :
CALL XAB ( X = Y, A = AC, B = B, VERSION = IV )
```

Definierte Operatoren

Es ist durchaus zweckmäßig, einen INTERFACE–Block, welcher beispielsweise einen erweiterten intrinsischen Operator definiert (siehe Kapitel 6.3),
in ein Modul einzubetten, um so die Operatordefinition auf einfache Weise
beliebigen Bereichseinheiten verfügbar zu machen. Ein Modul kann selbstverständlich auch mehrere solcher INTERFACE–Blöcke aufweisen. Die den
jeweiligen Operator spezifizierende Prozedur würde in diesem Fall eine externe Funktion sein, welche in FORTRAN oder aber auch in einer anderen
Programmiersprache gehalten sein kann.

Darüberhinaus ist es auch möglich, einen abgeleiteten Datentyp einschließlich der darauf basierenden Operationen (durch die Angabe entsprechender INTERFACE–Blöcke und Modul–Prozeduren) innerhalb eines Moduls zu plazieren. Das folgende Beispiel soll dies skizzieren:

```
MODULE DATENTYP_UND_OPERATIONEN
  ! allenfalls erforderliche Spezifikationen
    TYPE EIN_DATENTYP
  !      Definition des Datentyps EIN_DATENTYP
    END TYPE EIN_DATENTYP
  ! Es folgen Operatordefinitionen:
    INTERFACE OPERATOR (.DURCHSCHNITT.)
       MODULE PROCEDURE DURCHSCHN
    END INTERFACE
    INTERFACE OPERATOR (<=) ! erweiterter intrin. Operator
       MODULE PROCEDURE TEILMENGE
    END INTERFACE
    :    ! Weitere Operatordefinitionen
CONTAINS      ! Beginn der Modul-Prozeduren
    LOGICAL FUNCTION DURCHSCHN ( ... )
       :
    END FUNCTION DURCHSCHN
    FUNCTION TEILMENGE ( ... )
       :
    END FUNCTION TEILMENGE
    :     ! Weitere Modul-Prozeduren
END MODULE DATENTYP_UND_OPERATIONEN
```

Umbenennung globaler Objekte

Um Namenskonflikte zu vermeiden, kann es erforderlich sein, mittels USE–
Zuordnung verfügbar gemachte Objekte umzubenennen. Dabei ist allerdings Vorsicht geboten, wenn ein referenziertes Modul selbst eine USE–
Anweisung beinhaltet:

```
MODULE A; REAL AX, AY, AZ; END MODULE A
MODULE B
    USE A, ONLY: BX => AX, BY => AY
    REAL BZ, AZ
    ! BX, BY, BZ und AZ sind lokale Namen des Moduls B
END MODULE B
```

Werden nun in einer Bereichseinheit beide Module durch die Angabe von

```
USE A; USE B
```

verfügbar gemacht, so darf der Name AZ nicht verwendet werden, da dieser
sowohl ein Objekt des Moduls A als auch ein Objekt des Moduls B bezeichnet. Für die Objekte AX und AY des Moduls A können dagegen sowohl die
Namen AX und AY als auch BX und BY verwendet werden.

10.4 BLOCK DATA–Programmeinheiten

Eine BLOCK DATA–Programmeinheit[77] wird benötigt, um Variable in benannten COMMONBLÖCKEN (siehe Kapitel 5.3.2) zu initialisieren.

> BLOCK DATA [*Block-Data-Name*]
>
>   [*Deklarationsteil*]
>
> END [BLOCK DATA [*Block-Data-Name*]]

Dabei gelten folgende Einschränkungen:

- Die END BLOCK DATA–Anweisung[90] darf nur einen *Block-Data-Namen* beinhalten, wenn die zugehörige BLOCK DATA–Anweisung auch benannt ist; die beiden Namen müssen dabei übereinstimmen.

- Der *Deklarationsteil* einer BLOCK DATA–Programmeinheit darf nur die Anweisungen USE[90], IMPLICIT, PARAMETER, COMMON, DATA, DIMENSION, EQUIVALENCE, INTRINSIC, SAVE, POINTER[90] und TARGET[90] sowie Typvereinbarungsanweisungen und Definitionen abgeleiteter Datentypen[90] beinhalten.

- Eine Typdeklarationsanweisung im *Deklarationsteil* einer BLOCK DA-
  TA–Programmeinheit darf die Attributspezifikationen[90] ALLOCATA-
  BLE, EXTERNAL, INTENT, OPTIONAL, PRIVATE und PUBLIC nicht
  enthalten.

Wenn ein Objekt eines benannten COMMONBLOCKS initialisiert wird, müssen alle darin enthaltenen Objekte spezifiziert werden (also auch jene, welchen kein Initialwert mittels DATA–Anweisung zugewiesen werden soll).

Innerhalb einer BLOCK DATA–Programmeinheit können durchaus Objekte mehrerer benannter COMMONBLÖCKE mit Werten vorbelegt werden;
es besteht somit kein zwingender Grund, in Verbindung mit <u>einem</u> ausführbaren Programm <u>mehrere</u> BLOCK DATA–Programmeinheiten zu verwenden.

Objekte eines benannten COMMONBLOCKS mit dem POINTER–Attribut
dürfen nicht in einer BLOCK DATA–Programmeinheit initialisiert werden.
Es ist zu beachten, daß Objekte, welchem einem Objekt eines COMMON-
BLOCKS zugeordnet sind, selbst als dem COMMONBLOCK zugehörig aufgefaßt werden.

Ein benannter COMMONBLOCK darf nur in <u>einer</u> BLOCK DATA–Programmeinheit vorkommen. Innerhalb eines ausführbaren Programmes darf
nur eine unbenannte BLOCK DATA–Programmeinheit auftreten (aber zusätzlich andere benannte).

Es soll hervorgehoben werden, daß der BLANK COMMON nicht in einer
BLOCK DATA–Programmeinheit angegeben werden darf, da dessen Objekte
grundsätzlich nicht initialisierbar sind.

In FORTRAN 77 gibt es die END BLOCK DATA–Anweisung nicht; [77]
es ist dort nur die END–Anweisung (ohne zusätzliche Spezifikation)
vorhanden, bei der auch kein *Block-Data-Name* angebbar ist.   [77]

Beispiel für eine BLOCK DATA–Programmeinheit:

```
BLOCK DATA BLKDAT
COMMON /HILFE/ X, Y, C(10,5), L(5), Z(100)
COMPLEX C
LOGICAL L
DATA X, Y /1.,2./, L / 4*.TRUE.,.FALSE. /
DATA C(1,1), C(2,1) / (3.1,-1.5), (-1.41,0.) /
DATA (Z(I), I=1,20) / 5* 0.0, 10* 1.0, 5* -1.0 /
END
```

10.5   Prozeduren

Wie schon am Beginn dieses Abschnittes erwähnt worden ist, werden in
FORTRAN eine Reihe von Unterprogrammarten unterschieden: es gibt intrinsische, das heißt im Sprachumfang enthaltene Prozeduren (Kapitel 11),
externe Prozeduren, welche eigene Programmeinheiten darstellen, Modul-
Unterprogramme[90] (Kapitel 10.3), interne[90] Unterprogramme (Kapitel
10.1.3), welche im Hauptprogramm, in externen Unterprogrammen und in
Modul–Prozeduren definiert werden können, Anweisungsfunktionen[77] (Kapitel 10.5.7) sowie Formalparameter–Prozeduren. Letztere stellen physisch
keine eigenen Unterprogramme dar, sondern dienen als Bezeichnung von
Prozeduren, deren Namen in Parameterlisten von Prozeduraufrufen vorkommen (siehe Kapitel 10.5.5).

Dieses Kapitel ist für alle angegebenen Prozeduren von Bedeutung;
bezüglich der intrinsischen, internen[90] und Modul–Prozeduren[90] sei zusätzlich auf die oben angegebenen Kapitel verwiesen.

Mit Ausnahme der Anweisungsfunktion können Prozeduren entweder
Funktions- oder SUBROUTINE–Unterprogramme sein. Während letztere mittels einer eigenen Anweisung (CALL–Anweisung) referenziert werden, können Funktionsprozeduren — mit bestimmten, noch später zu besprechen-
den Einschränkungen — so wie Variable in einem Ausdruck (in Analogie
zu Funktionen im mathematischen Sinn) verwendet werden. Dabei wird die
Funktion unter Verwendung der aktuellen Parameter ausgewertet, wonach
sie einen ihrem Datentyp entsprechenden Wert repräsentiert.

Es soll an dieser Stelle bemerkt werden, daß bezüglich der Verwendungsmöglichkeiten — insbesondere was die Prozedurparameter betrifft
— keinerlei Unterschied zwischen Funktions- und SUBROUTINE–Unterprogramm besteht. So kann (theoretisch) jede Funktion in eine SUBROUTINE
umgewandelt werden, indem für den Funktionsnamen ein zuzüglicher Formalparameter in der Prozedurdefinition angegeben wird und umgekehrt
kann jede SUBROUTINE in eine Funktion verwandelt werden, indem man
deren Ergebnisvariable (das ist bei nicht rekursiven Funktionen der Funktionsname selbst) entweder einen beliebigen Wert zuweist (womit der Definition einer Funktion formal Genüge getan ist) oder den Funktionsnamen
anstelle eines Formalparameters benutzt.

Trotz der prinzipiellen „Austauschbarkeit" von Funktions- und SUB-
ROUTINE–Prozeduren sollte man aber eine Funktion genau dann dekla-
rieren, wenn sie tatsächlich vordergründig dasselbe leistet wie eine Funktion im mathematischen Sinn: eine solche liefert ein von verschiedenen Argumenten abhängiges Ergebnis, <u>ohne</u> deren Werte zu <u>verändern</u>. Streng

genommen sollte eine Funktion auch keine globalen Variablen verändern, da dies dem ursprünglichen Verständnis einer Funktion widerspricht, wo das Funktionsergebnis das einzige „Resultat" eines Funktionsaufrufes sein soll. (Übrigens ist ein solcher Nebeneffekt verboten, wenn der Funktionsaufruf einen anderen Teil des Ausdruckes, in dem er verwendet wird, beeinflußt.) Ebenso sollte eine Funktion im allgemeinen keine E/A–Operationen bewirken, da sie dadurch in ihrer Anwendungsmöglichkeit eingeschränkt wird: eine solche Funktion darf in keiner Ausgabeliste einer Datentransferanweisung vorkommen.

Die eben geschilderten Einschränkungen in der Verwendung von Funktionen stellen jedoch keineswegs eine Empfehlung dar, Funktionsprozeduren grundsätzlich zu meiden, da diese in ihrer Verwendung eine viel höhere Flexibilität zulassen. Es ist beispielsweise sicherlich nichts gegen die Definition einer Funktion einzuwenden, wenn diese — durchaus sinnvollerweise — einen Ausgangsparameter hat, welcher über den Zustand der Ausführung der Funktion Aufschluß gibt, sodaß nach dem Funktionsaufruf gegebenenfalls eine Fehlerbehandlung ermöglicht wird.

10.5.1   Funktions–Unterprogramme

Eine Funktion ist durch die FUNCTION–Anweisung (als erste Anweisung) charakterisiert. Der Aufbau einer Funktionsprozedur entspricht dabei dem allgemeinen Aussehen einer Programmeinheit (siehe Kapitel 10.1).

[*Prefix*] FUNCTION *Funktions-Name* ([*Formalparameter-Liste*])
[RESULT (*Result-Name*)][90]

$\vdots$

END [FUNCTION[90] [*Funktions-Name*[90]]]

Prefix: $\left\{ \begin{array}{l} \text{\textit{Typ-Spez} [RECURSIVE[90]]} \\ \text{RECURSIVE[90] [\textit{Typ-Spez}]} \end{array} \right\}$

Dabei gelten folgende Einschränkungen:

- Wenn RESULT angegeben ist, so darf der *Funktions-Name* in keiner Vereinbarungsanweisung innerhalb der Bereichseinheit der Funktion auftreten und der *Result-Name* muß sich vom *Funktions-Namen* unterscheiden.

- Wenn in der END FUNCTION-Anweisung[90] der *Funktions-Name* angegeben ist, muß dies derselbe wie in der FUNCTION–Anweisung sein.

Bemerkenswert ist, daß eine interne Funktionsprozedur[90] keine ENTRY–Anweisung und keine eigenen internen Unterprogramme beinhalten darf.

Sowohl bei internen[90] als auch Modul–Funktionen[90] muß die letzte Anweisung eine END FUNCTION-Anweisung sein (siehe Kapitel 10.1.3 und 10.3).

In FORTRAN 77 gibt es weder die RESULT–Klausel noch das *Prefix* RECURSIVE; des weiteren muß die letzte Anweisung eine END-Anweisung (ohne zusätzliche Spezifikation) sein. [77]

Es soll hervorgehoben werden, daß sowohl bei der Definition als auch bei einem Aufruf einer Funktion — im Gegensatz zum SUBROUTINE-Unterprogramm — die runden Klammern auch dann angegeben werden müssen, wenn die Parameterliste leer ist.

Der Typ sowie gegebenenfalls die Typkennzahl[90] einer Funktion kann entweder mittels *Typ-Spez* in der FUNCTION–Anweisung oder durch die Angabe des *Funktions-Namens* in einer Typdeklarationsanweisung festgelegt werden (beide Spezifikationsarten sind gleichzeitig nicht erlaubt). Wenn keine Typspezifikation für den *Funktions-Namen* angegeben wird, gelten die Regeln der impliziten Typvereinbarung (zufolge IMPLICIT–Anweisung, Kapitel 5.1.7, oder FORTRAN–Typkonvention, Kapitel 4.1.1). Es ist zu beachten, daß eine externe Funktion auch in jeder Bereichseinheit, wo sie verwendet wird, typisiert werden muß, soferne der Funktionsname nicht implizit dem tatsächlichen Datentyp zugeordnet ist.

Wenn das Funktionsergebnis feldwertig[90] oder ein Pointer[90] ist, so muß dies innerhalb des Deklarationsteiles der Funktion jedenfalls spezifiziert werden. Die Gesamtheit aller Attribute des Funktionsergebnisses sowie der Formalparameter definieren zusammen mit der Information in der FUNCTION–Anweisung die sogenannte Schnittstelle der Funktion (siehe Kapitel 10.5.3). *FORTRAN 77 kennt keine feldwertigen Funktionen.*

Das Schlüsselwort RECURSIVE[90] kennzeichnet eine sogenannte rekursive Funktion, welche sich selbst (direkt oder indirekt über andere Prozeduraufrufe) oder eine mittels einer ENTRY–Anweisung im selben Unterprogramm definierte Funktion aufrufen kann. (*In FORTRAN 77 gibt es keine rekursiven Funktionen.*) Das Schlüsselwort RECURSIVE muß umgekehrt auch dann im *Prefix* angegeben werden, wenn eine mittels ENTRY–Anweisung definierte Funktion eine andere Funktion im selben Unterprogramm (direkt oder indirekt) referenziert. Als einfaches Beispiel für einen indirekten rekursiven Aufruf seien zwei Funktionen A und B genannt, welche einander gegenseitig aufrufen: ein Verweis auf A zieht eine Referenzierung von B nach sich, wodurch abermals A aufgerufen wird, und so fort.

Wenn die Klausel RESULT[90] angegeben ist, übernimmt die Variable mit der Bezeichnung *Result-Name* die Bedeutung des Funktionsergebnisses (diese ist gegebenenfalls auch zu typisieren), während jedes Auftreten des *Funktions-Namens* innerhalb des ausführbaren Teiles des Funktions–Unterprogrammes einen (direkten) rekursiven Aufruf bedeutet. Ohne die Angabe der RESULT–Klausel kann sich eine Funktion (trotz Angabe von RECURSIVE) grundsätzlich nicht selbst aufrufen.

Der Ergebnisvariablen — das ist entweder der *Funktions-Name* bei fehlender RESULT–Klausel oder andernfalls *Result-Name* — muß innerhalb der Funktionsprozedur jedenfalls ein Wert zugewiesen werden, soferne sie nicht das POINTER–Attribut [90] aufweist; darüberhinaus darf sie wie eine lokale Variable verwendet werden. Wenn das Funktionsergebnis als Pointer deklariert ist, so muß die Funktion bewirken, daß der Ergebnisvariablen entweder ein Ziel zugeordnet oder aber deren Zuordnungsstatus als „nicht zugeordnet" definiert wird.

Das folgende, *in FORTRAN 77 nicht gültige* Beispiel zeigt eine rekursive, sich selbst aufrufende Funktion:

```
RECURSIVE FUNCTION FAKTORIELLE(N) RESULT(RESULTAT)
    INTEGER N, RESULTAT
    IF (N .EQ. 1) THEN
        RESULTAT = 1
    ELSE
        RESULTAT = N * FAKTORIELLE(N-1)
    END IF
END FUNCTION FAKTORIELLE
```

In FORTRAN 77 ist keine rekursive Verwendung von Funktionen möglich.

Eine nicht rekursive, externe Funktion, deren Ergebnis skalar und vom Typ CHARACTER ist und nicht das POINTER–Attribut [90] aufweist, darf mittels angenommener Länge spezifiziert werden (<u>redundant!</u>):

```
FUNCTION AUSGAB(SATZ)
    CHARACTER*(*) AUSGAB, SATZ
    AUSGAB = SATZ
END
```

In jeder Bereichseinheit, welche eine derartige Funktion aufruft, muß für diese explizit eine Länge vereinbart werden (oder es muß über USE- oder HOST–Zuordnung [90] Zugriff auf eine derartige Spezifikation bestehen):

```
PROGRAM HAUPT
    CHARACTER*15 TEXT
    PRINT *, AUSGAB('Text wird bei Ausgabe abgeschnitten')
END
```

Eine derartige Funktion darf jedoch keinesfalls zur Spezifikation eines definierten Operators[90] (siehe Kapitel 6.3) verwendet werden.

Die Möglichkeit der Verwendung von CHARACTER–Funktionen mit angenommener Länge gilt in Fortran 90 als redundant und ist dort nur aus Gründen der Kompatibilität zu FORTRAN 77 erlaubt: Eine solche Funktion widerspricht dem im Standard 90 vorherrschenden Grundsatz, daß die Eigenschaften eines Funktionsergebnisses ausschließlich von den beim Aufruf angegebenen Aktualparametern sowie von jenen Daten abhängen soll, auf welche die Funktion während ihres Ablaufes zugreifen kann. (Eine derartige Funktion kann, wie im Kapitel 10.5 beschrieben, auf einfache Weise in ein SUBROUTINE–Unterprogramm umgewandelt werden.)

10.5.2   SUBROUTINE–UNTERPROGRAMME

Ein SUBROUTINE–Unterprogramm wird mittels der SUBROUTINE–Anweisung eingeleitet; der weitere Aufbau entspricht jenem von Programmeinheiten (siehe Kapitel 10.1).

[RECURSIVE[90]] SUBROUTINE *SR-Name* [([*FP-Liste*])]

$\vdots$

END [SUBROUTINE[90] [*SR-Name*[90]]]

Wenn die END SUBROUTINE–Anweisung[90] einen SUBROUTINE–Namen (*SR-Name*) enthält, so muß dies derselbe sein wie in in der SUBROUTINE–Anweisung.

Ein Formalparameter der *FP-Liste* kann sowohl ein Formalparametername als auch ein Stern („*“)[V] sein; letzteres setzt voraus, daß das entsprechende aktuelle Argument beim Aufruf eine Anweisungsmarke in der Form „*Label“ spezifiziert, bei welcher im Fall der Ausführung einer alternativen RETURN–Anweisung[V] (siehe Kapitel 10.5.6) die Programmausführung fortgesetzt wird.

In FORTRAN 77 gibt es in der SUBROUTINE–Anweisung das Präfix RECURSIVE nicht; des weiteren muß die letzte Anweisung eine END–Anweisung (ohne zusätzliche Spezifikation) sein.

Es soll erwähnt werden, daß eine interne SUBROUTINE–Prozedur[90] weder eine ENTRY–Anweisung noch selbst ein internes Unterprogramm beinhalten darf. Die letzte Anweisung einer internen oder Modul–SUBROUTINE[90] muß eine END SUBROUTINE–Anweisung sein.

Das Schlüsselwort RECURSIVE[90] muß angegeben werden, wenn die Prozedur (direkt oder indirekt) einen Verweis auf sich selbst oder auf ein,

in demselben Unterprogramm mittels ENTRY–Anweisung definiertes SUB-
ROUTINE–Unterprogramm enthält. Dies gilt auch dann, wenn eine mittels
ENTRY–Anweisung definierte Prozedur sich selbst oder eine andere SUB-
ROUTINE innerhalb desselben Unterprogrammes aufruft.

10.5.3   PROZEDUR–SCHNITTSTELLEN

Die möglichen Arten für die Referenz einer bestimmten Prozedur werden
durch deren Schnittstelle bestimmt. Diese definiert den Namen und die
Eigenschaften der Prozedur, die Namen und Attribute der Formalparameter und gegebenenfalls die generische Bezeichnung des Unterprogrammes. Während die Eigenschaften einer Prozedur prinzipiell starr festgelegt sind, können alle übrigen Teile der Beschreibung einer Schnittstelle für
ein- und dasselbe Unterprogramm in verschiedenen Bereichseinheiten unterschiedlich sein (beispielsweise müssen die Namen der Formalparameter
nicht gleich sein).

Explizite und implizite Schnittstellen

Innerhalb einer Bereichseinheit kann die Schnittstelle zu einer Prozedur
explizit oder implizit sein:

- Die Schnittstelle einer internen Prozedur[90], eines Modul–Unterprogrammes[90] oder einer intrinsischen Prozedur ist immer explizit.

- Die Schnittstelle eines rekursiven[90] SUBROUTINE–Unterprogrammes
  oder einer rekursiven[90] Funktion mit RESULT–Klausel ist innerhalb
  des definierenden Unterprogrammes ebenfalls explizit.

- Die Schnittstelle einer Anweisungsfunktion[77] ist dagegen grundsätzlich implizit.

- Die Schnittstelle einer externen Prozedur oder einer Formalparameter–Prozedur ist nur dann innerhalb einer anderen Bereichseinheit explizit, wenn Zugriff auf einen, die Prozedur betreffenden INTERFACE–
  Block[90] besteht (andernfalls ist die Schnittstelle implizit). Daraus
  geht hervor, daß die Schnittstelle zu ein- und derselben externen Prozedur in einer Bereichseinheit implizit und in einer anderen explizit
  sein kann.

In FORTRAN 77 ist eine Beschreibung von Schnittstellen außerhalb   [77]
der betreffenden Prozedur nicht möglich; Schnittstellen zu intrinsischen
Funktionen sind dabei explizit während alle übrigen grundsätzlich implizit sind.   [77]

In folgenden Fällen muß eine Prozedur eine explizite Schnittstelle aufweisen (diese Bedingungen sind nur in Fortran 90 möglich):

(1) Wenn ein Prozeduraufruf erfolgt

    (a) mit einem Schlüsselwortparameter.

    (b) in Form einer definierten Zuweisung (nur bei SUBROUTINE–Unterprogrammen).

    (c) in Form eines definierten Operators in einem Ausdruck (nur bei Funktionsprozeduren).

    (d) durch die Verwendung des generischen Namens.

(2) Wenn die Prozedur

    (a) ein optionales Argument hat.

    (b) ein feldwertiges Ergebnis liefert (nur bei Funktionen).

    (c) einen Formalparameter aufweist, welcher entweder ein Feld angenommener Form ist oder eines der Attribute TARGET oder POINTER hat.

    (d) ein Ergebnis vom Typ CHARACTER hat, dessen Länge weder angenommen noch konstant ist (nur bei Funktionen).

    (e) ein Ergebnis mit dem POINTER–Attribut hat (nur bei Funktionen).

Die Verwendung expliziter Schnittstellen ist in Fortran 90 aber auch in allen anderen Fällen zu empfehlen, da es dadurch dem Compiler ermöglicht wird, die Korrektheit aller aktuellen Parameter beim Prozeduraufruf zu überprüfen.

Spezifikation von Schnittstellen

Die Schnittstelle einer externen, internen, Modul- oder Formalparameter-Prozedur wird durch eine FUNCTION-, SUBROUTINE- oder ENTRY-Anweisung zusammen mit darauffolgenden Vereinbarungsanweisungen für die Formalparameter und gegebenenfalls für das Funktionsergebnis definiert. Diese Anweisungen können sowohl in der Prozedurdefinition als auch in einem INTERFACE–Block[90] (auch in beiden) aufscheinen. Es ist jedoch darauf hinzuweisen, daß weder eine ENTRY–Anweisung noch eine interne Prozedur Bestandteil eines INTERFACE–Blocks sein darf.

Ein INTERFACE–Block[90] hat folgende Form:

INTERFACE [*generische Spezifikation*]

    [*Interface-Rumpf*]

[MODULE PROCEDURE *Prozedurnamens-Liste*]

END INTERFACE

Dabei hat der *Interface-Rumpf* folgendes Aussehen:

FUNCTION- oder SUBROUTINE–Anweisung

   [*Deklarationsteil*]

END FUNCTION- oder END SUBROUTINE–Anweisung

Die *generische Spezifikation* kann eine der drei Formen annehmen:

generischer Name

OPERATOR (*definierter Operator*)

OPERATOR (=)

Es gelten folgende Einschränkungen:

- Ein *Interface-Rumpf* darf keine der Anweisungen ENTRY, DATA oder FORMAT oder eine Deklaration einer Anweisungsfunktion beinhalten.

- Die Spezifikation MODULE PROCEDURE ist nur dann möglich, wenn der INTERFACE–Block eine *generische Spezifikation* aufweist und dessen HOST entweder selbst ein Modul ist oder dieser ein Modul mittels USE–Zuordnung zur Verfügung stellt; jeder angegebene *Prozedurname* muß dabei eine Modul–Prozedur bezeichnen, auf die der HOST zugreifen kann.

- Ein INTERFACE–Block darf nicht in einer BLOCK DATA–Programmeinheit angegeben werden.

- Ein in einem Unterprogramm angegebener INTERFACE–Block darf keinen *Interface-Rumpf* einer Prozedur beinhalten, welche im selben Unterprogramm definiert wird.

Durch die Definition einer externen oder Modul–Prozedur (mittels FUNCTION- oder SUBROUTINE–Anweisung einschließlich des Deklarationsteiles bezüglich Formalparameter) wird eine sogenannte spezifische Schnittstelle zu dieser Prozedur festgelegt, welche für Modul–Prozeduren explizit und für externe Prozeduren implizit ist. Ein INTERFACE–Rumpf innerhalb eines INTERFACE–Blocks spezifiziert eine explizite Schnittstelle für eine externe Prozedur oder eine Formalparameter–Prozedur (letzteres genau dann, wenn der INTERFACE–Rumpf eine Prozedur beschreibt, deren Name zugleich als Formalparameter auftritt).

Die Angabe einer *generischen Spezifikation* bewirkt die Definition einer sogenannten *generischen* Schnittstelle, wobei in dem betreffenden INTERFACE–Block mehrere Funktions- oder SUBROUTINE–Unterprogramme (aber nicht gemischt!) zusammengefaßt werden können, wonach sie entweder mittels eines *generischen Namens*, eines *definierten Operators* (siehe Kapitel 6.3) oder einer definierten Zuweisung (siehe Kapitel 6.5.3) referenzierbar sind. Dabei ist zu beachten, daß die mit einer generischen Bezeichnung aufrufbaren Prozeduren (beispielsweise auch zwei definierte Zuweisungen in unterschiedlichen verfügbaren INTERFACE–Blöcken) zumindest aufgrund eines nicht optionalen Formalparameters eindeutig unterscheidbar sein müssen.* Es ist noch hervorzuheben, daß eine generische Prozedur sehr wohl auch über ihre spezifische Schnittstelle angesprochen werden kann.

Die Beschreibung einer Schnittstelle in einem INTERFACE–Rumpf muß mit der entsprechenden Prozedurdefinition konsistent sein, was aber keineswegs voraussetzt, daß die Namen der Formalparameter übereinstimmen müssen.

Ein INTERFACE–Block darf zwar keine ENTRY–Anweisung beinhalten, doch kann eine mittels ENTRY definierte Prozedur wie ein eigenständiges Unterprogramm innerhalb eines INTERFACE–Blocks charakterisiert werden.

In FORTRAN 77 sind ist eine Spezifikation von Schnittstellen außerhalb der Definition der jeweiligen Prozedur nicht möglich.

Beispiele zu Schnittstellenspezifikationen

Im folgenden soll die Verwendung von INTERFACE–Blöcken[90] ohne *generische Spezifikation* und mit einer in Form eines *generischen Namens* angegebenen *generischen Spezifikation* illustriert werden. Betreffend die *generischen Spezifikationen* mittels des Schlüsselwortes OPERATOR sei auf die beiden Kapitel 6.3 („Definierte Operationen") und 6.5.3 („Definierte Zuweisungen") verwiesen.

```
INTERFACE
   SUBROUTINE EXTERN_1 (A, B, C)
      REAL, DIMENSION(50,50) :: A, B, C
   END SUBROUTINE EXTERN_1
   SUBROUTINE EXTERN_2 (X, CY)
      REAL X(100)
      COMPLEX (KIND=KIND(0.D0)) CY(20,30)
   END SUBROUTINE EXTERN_2
   FUNCTION EXTERN_3 (IR, LS)
      LOGICAL EXTERN_3, LS(40); INTEGER IR(400)
```

---

* Beispielsweise durch unterschiedlichen Datentyp, andere Typkennzahl oder verschiedenem Rang.

```
      END FUNCTION EXTERN_3
   END INTERFACE
```

Dieser INTERFACE–Block spezifiziert drei externe Prozeduren, deren aktuelle Parameter beim Aufruf mittels Schlüsselwörter angebbar sind (siehe Kapitel 10.5.5):

```
   CALL EXTERN_1 (AXY, C = A27, B = EXTERN_4(AZ) )
```

Im folgenden Beispiel wird eine generische Schnittstelle definiert, welche es erlaubt, mit einem generischen Namen in Abhängigkeit vom Typ der aktuellen Parameter genau eine von drei Prozeduren aufzurufen:

```
INTERFACE TEST
   SUBROUTINE INTEGER_TEST (I, J)
      INTEGER, INTENT(INOUT) :: I, J
   END SUBROUTINE INTEGER_TEST
   SUBROUTINE REAL_TEST (X, Y)
      REAL, INTENT(INOUT) :: X, Y
   END SUBROUTINE REAL_TEST
   SUBROUTINE COMPLEX_TEST (C1, C2)
      COMPLEX, INTENT(INOUT) :: C1, C2
   END SUBROUTINE COMPLEX_TEST
END INTERFACE
```

Zufolge des angegebenen INTERFACE–Blocks würde die Anweisung

```
   CALL TEST (CAB, C10)
```

einen Verweis auf die Prozedur COMPLEX_TEST bewirken, wenn die aktuellen Parameter CAB und C10 dem Datentyp COMPLEX angehören.

10.5.4   ENTRY–ANWEISUNG

Mittels der ENTRY–Anweisung[77] ist es möglich, den Ablauf einer externen oder Modul–Prozedur an einer beliebigen Stelle* nach allenfalls vorhandenen USE–Anweisungen beginnen zu lassen. Jede ENTRY–Anweisung definiert eine _eigene_ Prozedur mit einer spezifischen Formalparameterliste, ohne aber einen eigenen Deklarationsteil zu besitzen.

Eine ENTRY–Anweisung spezifiziert keineswegs einen Teilbereich des entsprechenden Unterprogrammes, sodaß es durchaus erlaubt (allerdings

---

* Die Regeln betreffend Blockstrukturen müssen natürlich beachtet werden.

nicht gerade einem guten Programmierstil entsprechend) ist, in einen Programmteil zu verzweigen, der vor der ENTRY–Anweisung liegt. Wenn unterschiedliche Parameterlisten verwendet werden, ist dabei besondere Vorsicht geboten, da Formalparameter anderer Einsprungstellen nur dann verwendet werden dürfen, wenn sie auch in jener ENTRY–Anweisung enthalten sind, über die das Unterprogramm aufgerufen worden ist.

ENTRY *Entry-Name* [([*Formalparameter-Liste*])]
[RESULT (*Result-Name*)] [90]

Je nachdem, ob die ENTRY–Anweisung in einer Funktions- oder SUB-ROUTINE–Prozedur auftritt, gelten die dafür spezifischen Einschränkungen (siehe Kapitel 10.5.1 bzw. 10.5.2). Es soll hervorgehoben werden, daß die ENTRY–Anweisung prinzipiell das Präfix RECURSIVE [90] nicht beinhaltet; dieses ist gegebenenfalls in der zugehörigen FUNCTION- oder SUBROUTINE–Anweisung anzugeben.

Bei ENTRY–Anweisungen innerhalb von Funktionen sind folgende Einschränkungen bezüglich Datentypen und Attribute der Funktionsergebnisse zu beachten: Wenn alle Funktionsergebnisse demselben Datentyp angehören und dieselben Eigenschaften aufweisen, belegen sie physisch dieselbe Variable (die bei vorhandenen RESULT–Klauseln [90] unter unterschiedlichen Namen ansprechbar ist) und unterliegen keinen speziellen Einschränkungen. Andernfalls sind die Funktionsergebnisse speichermäßig zugeordnet und müssen Skalare ohne POINTER–Attribut [90] sein und alle einem DEFAULT DATENTYP angehören. Wenn ein Funktionsergebnis vom Typ DEFAULT CHARACTER ist, müssen auch alle anderen diesem Datentyp angehören und <u>dieselbe</u> Länge aufweisen, wobei es sich dabei auch um eine angenommene Länge handeln darf.

Die Formalparameterlisten von ENTRY- und FUNCTION- bzw. SUBROUTINE–Anweisungen dürfen prinzipiell voneinander abweichen (sie können sowohl unterschiedlich lang sein als auch verschiedene Namen spezifizieren). Es ist jedoch zu beachten, daß ein in mehreren Formalparameterlisten aufscheinende Name dieselbe Variable (mit eindeutigen Attributen) spezifiziert. Allenfalls erforderliche Deklarationen für Formalparameter der ENTRY–Anweisungen müssen im (einzigen) Deklarationsteil des Unterprogrammes durchgeführt werden.

Da jede ENTRY–Anweisung eine eigene Prozedur namens *Entry-Name* definiert, kann auch deren Schnittstelle in Bereichseinheiten anderer Unterprogramme explizit gemacht werden[90], indem dort innerhalb eines INTERFACE–Blocks [90] der *Entry-Name* samt zugehöriger Spezifikationen vereinbart wird. Es ist zu betonen, daß es für einen Prozedurverweis (siehe Kapitel 10.5.5) völlig unerheblich ist, ob die jeweilige Prozedur mittels einer

ENTRY- oder einer FUNCTION- bzw. SUBROUTINE–Anweisung definiert worden ist.

Unter dem Aspekt, daß die ENTRY–Anweisung nur ein zusätzliches Mittel zur Definition von Prozeduren darstellt, ist sie an sich überflüssig; die Redundanz wird in Fortran 90 noch verstärkt, da es dort durch Verwendung von Modulen[90] auf einfache Weise möglich ist, die häufigsten Anwendungen der ENTRY–Anweisungen zu ersetzen: Werden ENTRY–Anweisungen benützt, um an sich voneinander unabhängige Prozeduren zusammenzufassen (was zwar sicher nicht dem eigentlichen Zweck entspricht aber oftmals recht praktisch ist), so ist dies in übersichtlicher Form mittels Modul–Prozeduren zu erreichen. Wird hingegen eine ENTRY–Anweisung tatsächlich als zusätzlicher Einsprung in eine Prozedur (im allgemeinen mit derselben oder einer sehr ähnlichen Parameterliste, wie sie die „Hauptprozedur" aufweist) verwendet, so läßt sich dies ohne großen Mehraufwand dadurch lösen, indem der gemeinsame Teil als eigene Programmeinheit oder in Form einer Modul–Prozedur definiert wird.

Das folgende Beispiel skizziert die Verwendung der ENTRY–Anweisung im zuletzt besprochenen Sinn:

```
SUBROUTINE DEFAB (A, B, X, Y, N)
DIMENSION A(N), B(N)
!   Hier erfolgt die Belegung des Feldes A
ENTRY DEFB (B, X, Y, N)
!   Hier werden die Feldelemente von B definiert
END
```

Beim Aufruf von DEFAB werden beide Felder definiert, während ein Verweis auf das mittels ENTRY–Anweisung spezifizierte SUBROUTINE-Unterprogramm DEFB nur das Feld B belegt. Es ist hervorzuheben, daß bei einem Einsprung über DEFB die Variable A grundsätzlich nicht verwendbar ist und daß der Formalparameter N auch in der ENTRY–Anweisung (zwecks angepaßter Dimensionierung) unbedingt angegeben werden muß.

10.5.5 Prozeduraufruf und Parameterübergabe

Der Verweis auf eine Funktion erfolgt mittels

Funktions-Name ([*Aktualparameter-Liste*])

wobei zu beachten ist, daß die runden Klammern auch angegeben werden müssen, wenn die Liste der aktuellen Parametern leer ist (das Funktions-Unterprogramm kommuniziert dann ausschließlich über globale Variablen, welche in Modulen[90] oder COMMONBLÖCKEN[77] definiert sind).

Eine SUBROUTINE–Prozedur wird mittels der CALL–Anweisung referenziert:

CALL *Subroutine-Name* [([*Aktualparameter-Liste*])]

Es ist zu bemerken, daß ein Aufruf einer Funktionsprozedur auch durch die Verwendung eines definierten Operators (Kapitel 6.3) und ein Aufruf eines SUBROUTINE–Unterprogrammes mittels einer definierten Zuweisung (Kapitel 6.5.3) erfolgen kann.

Aktualparameter–Liste

Mittels der Aktualparameter-Liste wird die Zuordnung von aktuellen zu den Formalparametern, also die Parameterübergabe, festgelegt. Ein aktueller Parameter hat die Form

[*Schlüsselwort* =]$^{\textcircled{90}}$ *aktuelles Argument*

wobei unter einem aktuellen Argument ein Ausdruck, eine Variable, ein Prozedurname oder eine alternative RETURN–Spezifikation $^{\textcircled{V}}$ der Form „**Label*" (nur beim Aufruf von SUBROUTINE–Unterprogrammen) zu verstehen ist und *Schlüsselwort* einen Formalparameternamen bezeichnet. *In FORTRAN 77 gibt es beim Prozeduraufruf keine Schlüsselwortparameter.*

Es gelten folgende Einschränkungen:

- Ein Schlüsselwortparameter$^{\textcircled{90}}$ darf nur dann verwendet werden, wenn die Schnittstelle der Prozedur in der den Prozedurverweis beinhaltenden Bereichseinheit explizit ist (da nur dann die Formalparameter bekannt sind).

- Ein Stellungsparameter (also ein Argument ohne Angabe eines *Schlüsselwortes*) darf nur dann verwendet werden, wenn auch alle vorhergehenden Parameter in der Aktualparameter–Liste Stellungsparameter sind (vergleiche auch Kapitel 5.1.5).

- Als Prozedurname darf kein Name einer internen Prozedur$^{\textcircled{90}}$, einer Anweisungsfunktion oder einer generischer Prozedur (weder intrinsisch noch definiert$^{\textcircled{90}}$) angegeben werden.* Darüberhinaus dürfen auch nicht alle, einen spezifischen Namen aufweisenden intrinsischen Prozeduren als Formalparameter–Prozeduren verwendet werden (siehe Kapitel 11.3).

- Die nur in einer CALL–Anweisung angebbare alternative RETURN–Spezifikation$^{\textcircled{V}}$ muß eine Anweisungsmarke innerhalb der aufrufenden Bereichseinheit bezeichnen, mit deren zugehörigen Anweisung im

---

* Wenn ein Prozedurname sowohl eine generische als auch eine spezifische Bedeutung hat, so wird bei der Übergabe nur die spezifische Prozedur dem Formalparameter zugeordnet.

Falle der Ausführung einer alternativen RETURN–Anweisung (Kapitel 10.5.6) die Programmausführung fortgesetzt wird.

Die Parameterübergabe erfolgt bei Stellungsparametern in der Art, daß der erste, zweite, ... Aktualparameter dem ersten, zweiten, ... Formalparameter entspricht. Bei Schlüsselwortparametern[90] wird das aktuelle Argument dem durch das Schlüsselwort bezeichneten Formalparameter übergeben, wobei jener Name zu verwenden ist, wie er in der zur Verfügung stehenden Beschreibung der expliziten Schnittstelle angegeben ist (dieser Name muß nicht mit dem Formalparameter in der Prozedurdefinition übereinstimmen). Jedem nicht optionalen Formalparameter muß genau ein aktuelles Argument übergeben werden und jedem optionalen[90] Formalparameter (siehe OPTIONAL–Anweisung[90], Kapitel 5.2.7) darf höchstens ein aktuelles Argument entsprechen. Wenn ein nicht übergebener optionaler Formalparameter in einem Aufruf eines Unterprogrammes angegeben wird, gilt er auch in diesem als nicht übergeben (es muß sich dabei jedenfalls auch um ein optionales Argument handeln).

Das folgende, *nicht in FORTRAN 77 gültige* Beispiel soll die Parameterübergabe bei einer expliziten Schnittstelle veranschaulichen:

```
SUBROUTINE BERECHNUNG (FUNKT, RLOES, METHODE, ART, PRINT)
   INTERFACE
      FUNCTION FUNKT (X)
         REAL FUNKT, X
      END FUNCTION FUNKT
   END INTERFACE
   REAL RLOES
   INTEGER, OPTIONAL :: METHODE, ART, PRINT
   ⋮
```

Die Prozedur kann beispielsweise mittels der Anweisung

```
CALL BERECHNUNG (FKT, XXX, PRINT = 47, METHODE = 2)
```

aufgerufen werden, wobei der optionale Parameter ART nicht übergeben wird und die Reihenfolge der Angabe der Schlüsselwortparameter nicht relevant ist (nach einem Schlüsselwortparameter dürfte allerdings kein Stellungsparameter mehr vorkommen).

In FORTRAN 77 gibt es weder optionale noch Schlüsselwortparameter und auch keine INTERFACE–Blöcke; weiters ist zu berücksichtigen, daß Namen in FORTRAN 77 aus maximal sechs Zeichen bestehen dürfen, sodaß dort das obige Beispiel folgendermaßen aussieht:

```
SUBROUTINE BERECH (FUNKT, RLOES, METH, ART, PRINT)
   REAL FUNKT, RLOES
   INTEGER METH, ART, PRINT
   :
```

Beim Aufruf müssen alle aktuellen Argumente in Form von Stellungsparametern angegeben werden:

CALL BERECH (FKT, XXX, 2, 0, 47)

Es ist zu bemerken, daß diese Art der Definition und des Aufrufes einer Prozedur natürlich auch in Fortran 90 erlaubt ist, doch ist dort die Verwendung von expliziten Schnittstellen durchaus empfehlenswert.

Besonders hervorzuheben ist, daß jeder in einer aktuellen Parameterliste auftretende Prozedurname (im obigen Beispiel FKT) in derselben Bereichseinheit mittels EXTERNAL–Anweisung als externe Prozedur deklariert werden muß (siehe Kapitel 5.2.4). Wenn es sich anstelle der externen Prozedur FKT um eine spezifische intrinsische Prozedur handelte, müßte deren Name in der rufenden Bereichseinheit in einer INTRINSIC–Anweisung (siehe Kapitel 5.2.5) angegeben sein.

Zuordnung von Daten–Objekten

Die Datentypen und Typkennzahlen[90] von aktuellen und zugehörigen formalen Parametern müssen grundsätzlich übereinstimmen. Wenn es sich bei dem Formalparameter um einen Datentyp NICHT DEFAULT CHARACTER oder um ein Feld angenommener Form[90] vom Typ DEFAULT CHARACTER handelt, muß auch die Längenspezifikationen jener des aktuellen Parameters entsprechen. An skalare Formalparameter dürfen prinzipiell nur skalare aktuelle Argumente übergeben werden.

Bei einem **skalaren** Formalparameter vom Typ DEFAULT CHARACTER muß die Länge l des Formalparameters kleiner oder höchstens gleich der Länge des Aktualparameters sein. Wenn l kleiner als die Länge des aktuellen Parameters ist, werden dessen l linken Zeichen an den Formalparameter übergeben. Handelt es sich bei dem Formalparameter um ein **Feld** vom Typ DEFAULT CHARACTER, gilt die Einschränkung bezüglich der Längen für das gesamte Feld: die Längen der Feldelemente des aktuellen Parameters dürfen dann sehr wohl größer sein als jene des Formalparameters, solange dessen Gesamtlänge (also Anzahl der Feldelemente mal Zeichenkettenlänge) kleiner ist als die Gesamtlänge des Aktualparameters. Die Zuordnung bei der Parameterübergabe erfolgt bei Feldern vom Typ DEFAULT CHARACTER zeichenweise (und nicht elementweise, wie bei allen anderen Datentypen), sodaß ein Feldelement innerhalb der Prozedur aus Speichereinheiten von verschiedenen Feldelementen des aktuellen Parameters bestehen kann.

Bei **Feldern** — ausgenommen jene vom Typ DEFAULT CHARACTER — entspricht jedes Feldelement des Formalparameters einem Feldelement des aktuellen Argumentes, wobei die Zuordnung gemäß der Speicherbelegung von Feldern (siehe Kapitel 4.4.4) erfolgt. Wenn dabei der Aktualparameter feldwertig ist, erfolgt die Zuordnung beim jeweils ersten Feldelement. Wenn jedoch der aktuelle Parameter ein Feldelement ist (das zugehörige Feld darf weder ein Feld mit angenommener Form[90] sein noch das POINTER–Attribut aufweisen), dann erfolgt die Zuordnung des aktuellen Parameters genau ab diesem Feldelement (ein später in diesem Kapitel angegebenes Beispiel wird dies näher erläutern).

Wenn ein Formalparameter als Feld mit expliziter Form („angepaßte Dimensionierung") oder angenommener Größe[77] (Spezifikation „*" in der letzten Dimension) deklariert ist, können Form und Rang bezüglich des aktuellen Argumentes durchaus unterschiedlich sein, doch darf die Anzahl der Feldelemente des Formalparameters nicht größer sein als jene des aktuellen Argumentes. (Ein Feld mit angenommener Größe hat aufgrund seiner Definition genau dieselbe Größe wie der Aktualparameter.)

Ein aktuelles Argument, dessen zugehöriger Formalparameter ein Feld angenommener Form[90] ist, darf weder ein Feld mit angenommener Größe noch ein Skalar sein (einschließlich ein Feldelement sowie eine Teilzeichenkette eines CHARACTER–Feldelementes).

Wenn ein Formalparameter einen **Pointer** darstellt, muß das aktuelle Argument ebenfalls das POINTER–Attribut und denselben Rang aufweisen. Beim Aufruf erhält der Formalparameter denselben Zuordnungsstatus, der sich allerdings während der Prozedurausführung verändern kann. Nach deren Beendigung ist der Zuordnungsstatus „undefiniert", wenn der Formalparameter einem anderen, das TARGET–Attribut aufweisenden Formalparameter zugeordnet ist, oder wenn er einem undefinierten Ziel zugeordnet ist.

Wenn ein Aktualparameter das TARGET–Attribut hat, werden die ihm zugeordneten Pointer dem entsprechenden Formalparameter beim Prozeduraufruf nicht zugeordnet (die Zuordnung des aktuellen Parameters zu seinen Pointern bleibt aber nach wie vor bestehen). Wenn einem Formalparameter das TARGET–Attribut zugeordnet ist, erhält jeder ihm zugeordneter Pointer nach Beendigung der Prozedur den Zuordnungsstatus „undefiniert".

Einem Formalparameter, welcher eines der INTENT–Attribute[90] INTENT(OUT) oder INTENT(INOUT) (siehe Kapitel 5.2.6) aufweist, muß ein definierbares aktuelles Argument zugeordnet sein (dieses darf daher in diesem Fall keinesfalls ein Ausdruck oder eine Konstante sein). Wenn ein Formalparameter das Attribut INTENT(OUT) aufweist, wird der zugehörige aktuelle Parameter beim Prozeduraufruf undefiniert. Ein Formalparameter mit dem Attribut INTENT(IN) darf innerhalb der Prozedur keinesfalls neu definiert werden; dies gilt auch für Formalparameter, deren zugehöriges aktuelles Argument eine Konstante oder ein Ausdruck ist (*auch in FORTRAN 77*).

Wenn ein aktuelles Argument ein mittels Indexvektor spezifiziertes Teilfeld [90] ist, darf der entsprechende Formalparameter keines der Attribute INTENT(OUT) oder INTENT(INOUT) aufweisen.

In FORTRAN 77 ist zu beachten, daß als aktuelles Argument ein Zeichenkettenausdruck, welcher eine Verkettung mit einer Zeichenkette mit angenommener Länge beinhaltet, nicht zulässig ist. [77]

Das folgende Beispiel, *welches auch in FORTRAN 77 Gültigkeit besitzt*, soll die Übergabe feldwertiger Parameter veranschaulichen:

```
PROGRAM XYZ
    DIMENSION X(10), Y(5,2), Z(30)
    CHARACTER STR*60, STR1(4,20)*10
    ⋮
    CALL SUB (X, Y, Z(11), STR, 10, STR1)
    ⋮
END
SUBROUTINE SUB (A, B, C, S, N, S1)
    DIMENSION A(N), B(10), C(*)
    CHARACTER S*(*), S1(4,*)*(*)
    ⋮
END
```

Die beiden Felder A und B des Unterprogrammes SUB werden mit expliziter Formspezifikation deklariert (A mittels „angepaßter" Dimensionierung); dabei ist anzumerken, daß die zugehörigen aktuellen Parameter X und Y Felder mit mindestens derselben Größe sein müssen. Die beiden Felder C und S1 werden mittels angenommener Größe [77] dimensioniert, wodurch sie genau so viele Elemente aufweisen wie die zugehörigen Aktualparameter (S1 hat nach dem Aufruf demzufolge 80 Feldelemente).

Da dem aktuellen Parameter Z(11) ein Feld als Formalparameter entspricht, wird das Feld Z ab dem Feldelement Z(11) übergeben. Dies entspricht einem Feld der Größe 20, weshalb auch der Formalparameter C genau diese Dimensionierung aufweist: es entspricht daher Z(11) dem Element C(1), Z(12) dem Element C(2),... und Z(30) dem Feldelement C(20).

Die CHARACTER–Variablen S und S1 sind in der SUBROUTINE SUB mittels angenommener Länge deklariert. Anstelle STR1 könnte mit derselben Auswirkung in der obigen Aktualparameterliste auch das entsprechende erste Feldelement STR1(1) angegeben werden (dies gilt ebenso für die beiden aktuellen Argumente X und Y).

Es soll hervorgehoben werden, daß die angegebene Form des Aufrufes des Unterprogrammes SUB voraussetzt, daß N innerhalb der Prozedur nicht verändert werden darf, da diesem Formalparameter ein konstanter Wert als aktuelles Argument entspricht (und nicht wegen der angepaßten Dimensionierung von A).

Einschränkungen bezüglich aktueller Argumente

Für aktuelle Parameter muß grundsätzlich die Voraussetzung gelten, daß diese sich sowohl untereinander unterscheiden als auch bezüglich der in der jeweiligen Prozedur verfügbaren Objekte unterschiedlich sind. Diese Bedingung soll dem Compiler gewisse Optimierungen ermöglichen, sodaß es ihm beispielsweise vorbehalten bleibt, aktuelle Argumente beim Prozeduraufruf auf lokale Größen zu kopieren und diese bei der Beendigung der Prozedur wieder den Aktualparametern zuzuweisen (selbstverständlich unter Einhaltung allenfalls angegebener INTENT–Attribute).

Es ergeben sich daher für die Zeit, während der ein aktuelles Argument einem Formalparameter zugeordnet ist, folgende Einschränkungen:

(a) Der Wert und die Verfügbarkeit eines Aktualparameters darf ausschließlich über den zugehörigen Formalparameter beeinflußt werden.

(b) Wenn irgendein Teil eines aktuellen Argumentes über den entsprechenden Formalparameter definiert wird, darf das aktuelle Argument ausnahmslos über den Formalparameter angesprochen werden.

Das folgende, *nicht in FORTRAN 77 gültige* Beispiel soll die Regel (a) veranschaulichen:

```
SUBROUTINE AUSSEN
   REAL, POINTER :: X(:)
   :
   ALLOCATE (X(1:N))
   CALL INNEN (X)
   :
CONTAINS
```

```
SUBROUTINE INNEN (Y)
   REAL :: Y(:)
   ⋮
END SUBROUTINE INNEN
SUBROUTINE DEFIN (R1, R2)
   REAL, INTENT (OUT) :: R1
   REAL, INTENT (IN)  :: R2
   R1 = R2
END SUBROUTINE DEFIN
END SUBROUTINE AUSSEN
```

In diesem Fall wäre eine Zuweisung der Form X(1) = 5.0 innerhalb von
INNEN nicht erlaubt, da dies X unter Umgehung des Formalparameters
Y verändern würde. Andererseits sind Anweisungen wie Y(1) = 3.14 oder
CALL DEFIN (Y(1), 1.0) in der Prozedur INNEN durchaus möglich.

Ebenfalls nicht erlaubt wäre innerhalb der SUBROUTINE INNEN die
Anweisung DEALLOCATE (X) (wegen Umgehung des Formalparameters Y);
allerdings würde auch DEALLOCATE (Y) nur dann gestattet sein, wenn Y
ebenfalls mit dem POINTER–Attribut deklariert worden wäre.

Ein weiteres, *auch in FORTRAN 77 gültiges* Beispiel zum Punkt (a)
zeigt die Referenz

```
CALL BEISP ( CH(1:7), CH(4:13) )
```

welche voraussetzt, daß die Teilzeichenkette CH(4:7) in der SUBROUTINE
BEISP durch keinen der beiden Parameter geändert wird. Allerdings darf
CH(1:3) über den ersten und CH(8:13) über den zweiten Formalparameter
verändert werden. (In Fortran 90 würde dies auch gelten, wenn CH ein Feld
und CH(1:7) sowie CH(4:13) somit Teilfelder[90] darstellten.)

Dieselbe Einschränkung ist auch auf Pointerziele[90] anzuwenden. So
darf, zum Beispiel, in

```
REAL, DIMENSION(15), TARGET :: U
REAL, DIMENSION (:), POINTER :: V, W
V => U(1:8)
W => U(5:14)
CALL SUBR (V, W)
```

weder V(5:8) noch W(1:4) innerhalb von SUBR verändert werden, da diese
Teile dem jeweils anderen Argument ebenfalls zugeordnet sind. U(1:4) (dies
entspricht V(1:4)) ist jedoch über den ersten und U(9:14) (was W(5:10)
entspricht) über den zweiten Formalparameter in SUBR definierbar.

Ein *vor allem in FORTRAN 77* häufig auftretendes Beispiel zur Einschränkung (a) betrifft die Aufteilung eines (Hilfs-)Feldes in mehrere kleinere Felder durch einen Prozeduraufruf:

```
CALL PARTIT ( X, X(N+1), X(2*N+1), X(3*N+1), N )
```

In diesem Fall muß das Unterprogramm PARTIT (zumindest für die drei ersten Felder) eine angepaßte Dimensionierung vornehmen, damit keine Überlappungen in den aktuellen Argumenten auftritt:

```
SUBROUTINE PARTIT (A, B, C, D, M)
REAL A(M), B(M), C(M), D(*)
```

Das vierte Feld D darf mit angenommener Größenspezifikation[77] dimensioniert werden, wodurch es alle verbleibenden Feldelemente von X (ab dem Feldelement X(3*N+1)) beinhaltet. (Auf diese Art der Dimensionierung sollte aber grundsätzlich verzichtet werden, da einerseits dadurch im Unterprogramm eine Überprüfung der Einhaltung der Indexgrenzen ausgeschaltet wird und in Fortran 90 die Verwendung solcher Felder gewissen Einschränkungen unterliegt, siehe Kapitel 4.4.1.)

Zur Illustration der in (b) angegebenen Einschränkung sei ein Aufruf einer Prozedur angenommen, in der ein Formalparameter ein Objekt bezeichnet, welches auch global zur Verfügung steht.

```
PROGRAM HAUPT
   COMMON / DATEN / A, B, C, D
   ⋮
   CALL LESEN (C)
   ⋮
END
SUBROUTINE LESEN (U)
   COMMON / DATEN / A, B, C, D
   ⋮
   READ (7,*) U
   ⋮
END
```

Innerhalb des Unterprogrammes LESEN darf grundsätzlich kein Zugriff auf C erfolgen (auch nicht vor der READ–Anweisung), da dasselbe Objekt über den Formalparamter U definiert wird. Auf die anderen globalen Variablen A, B und D darf hingegen in jeder Form zugegriffen werden. Dieselben Voraussetzungen wären gegeben, wenn die Variablen A, B, C und D in einem

Modul[90] definiert wären, welches mittels USE–Zuordnung im Hauptprogramm HAUPT und im Unterprogramm LESEN zur Verfügung gestellt wird.

Aufruf elementarer intrinsischer Prozeduren

Ein Aufruf einer elementaren intrinsischen Prozedur (siehe Kapitel 11) erfolgt dann elementar[90], wenn eines oder mehrere aktuelle Argumente Felder sind und alle Argumente dieselbe Form aufweisen (ein Skalar ist zu jedem beliebigen Feld konform!). Das Ergebnis eines elementaren Aufrufes einer Funktion* hat dieselbe Form wie die feldwertigen Argumente und wird so erhalten, als ob die entsprechende Funktion für jedes korrespondierende Feldelement einzeln aufgerufen worden wäre.

Im folgenden Beispiel wird vorausgesetzt, daß X und Y die Form (m,n) aufweisen. Dann bedeutet

```
MAX ( X, 0.0, Y )
```

einen feldwertigen Ausdruck der Form (m,n), dessen Elemente durch die Werte

$$\text{MAX } (X(i,j), 0.0, Y(i,j)), i = 1, 2 \ldots m, j = 1, 2, \ldots n$$

gegeben sind.

In FORTRAN 77 gibt es den elementaren Aufruf intrinsischer Funktionen nicht.

10.5.6   RETURN–ANWEISUNG

Durch die Ausführung einer RETURN-Anweisung wird der Ablauf eines Unterprogrammes beendet. Im Fall einer Funktionsprozedur kehrt die Kontrolle an die Stelle zurück, wo der Funktionsverweis aufgetreten ist, und bei einem SUBROUTINE-Unterprogramm wird entweder die der entsprechenden CALL–Anweisung folgende nächste ausführbare Anweisung ausgeführt oder — bei einem alternativen Rücksprung[V] — zum korrespondierenden Label verzweigt.

RETURN [*skalarer gAusdruck*[V]]

Die optionale Angabe des *skalaren ganzzahligen Ausdruckes* ist nur innerhalb von SUBROUTINE-Unterprogrammen erlaubt; dieser muß einen Wert zwischen 1 und der Anzahl der mittels „*" bezeichneten Formalparameter

---

* Es gibt in Fortran 90 nur ein elementares intrinsisches SUBROUTINE–Unterprogramm (aber eine Vielzahl elementarer intrinsischer Funktionen).

liefern (jedem Formalparameter „*" muß beim Aufruf der SUBROUTINE ein aktuelles Argument der Form „*Label" entsprechen).

Das folgende Beispiel soll den alternativen Rücksprung demonstrieren:

```
      PROGRAM ALTRET
      :
      CALL TEST (X, Y, Z, *3, *7, *87)
      :
   3  ...
      :
   7  ...
      :
  87  ...
      :
      END
      SUBROUTINE ALTERN (A, B, C, *, *, *)
      :
      RETURN i    (i muß hier 1, 2 oder 3 sein)
      :
      END
```

Je nachdem, ob der Wert von i in der RETURN-Anweisung gleich 1, 2 oder 3 ist, wird nach der Ausführung dieser Anweisung im Hauptprogramm ALTRET auf die Anweisungsmarken 3, 7 oder 87 verzweigt. (Eine RETURN-Anweisung ohne alternativen Rücksprung ist selbstverständlich innerhalb von ALTERN auch erlaubt.) Es soll bemerkt werden, daß die Parameter „*" bzw. „*Label" nicht zusammenhängend spezifiziert werden müssen, aber eine solche Vorgehensweise durchaus im Sinne der Übersichtlichkeit ist.

Der alternative Rücksprung gilt in Fortran 90 als veraltet und ist im Standard 77 redundant: Er ist auf einfache Weise ersetzbar, indem der Formalparameterliste eine INTEGER-Variable hinzugefügt wird, der in der Prozedur ein entsprechender Wert zugewiesen wird. Im rufenden Programm kann dann nach der CALL-Anweisung ein COMPUTED GO TO unter Verwendung derselben INTEGER-Variablen eingeführt werden. In Fortran 90 bietet sich zu demselben Zweck ein CASE-Konstrukt an.

Wenn beim Ablauf eines Unterprogrammes die zugehörige END-Anweisung ausgeführt wird, hat dies dieselbe Wirkung wie die Ausführung einer RETURN-Anweisung.

10.5.7 ANWEISUNGSFUNKTIONEN

Eine Anweisungsfunktion[77] (auch „Formelfunktion" genannt) ist eine Funktion, welche durch eine einzelne Anweisung definiert wird; sie gilt nur in jener Bereichseinheit, wo sie spezifiziert wird und kann in ihrer Wirkungsweise einem einfachen internen Funktions–Unterprogramm gleichgesetzt werden, sodaß sie in Fortran 90 als redundant zu betrachten ist.

Eine Anweisungsfunktion wird folgendermaßen definiert:

Funktions-Name ([*Formalparameter-Liste*]) = *skalarer-Ausdruck*

Es gelten dabei folgende Einschränkungen:

- Der *skalare-Ausdruck* darf nur beinhalten: Konstante, skalare Variable und Feldelemente, Verweise zu Funktionen (externe, intrinsische und Formalparameter- und Anweisungsfunktionen derselben Bereichseinheit) sowie intrinsische Operatoren. Eine referenzierte Anweisungsfunktion muß in der Bereichseinheit zuvor definiert sein.

- Symbolische Konstante sowie die den Feldelementen im *skalaren-Ausdruck* zugehörigen Felder müssen entweder zuvor in der Bereichseinheit definiert oder mittels USE–Zuordnung[90] verfügbar gemacht sein.

- Der *Funktions-Name* sowie jeder *Formalparameter* muß ein skalares Objekt sein.

- Ein *Formalparameter* darf nur einmal in der *Formalparameter-Liste* aufscheinen.

- Jede skalare Variable innerhalb des *skalaren-Ausdrucks* kann entweder ein Verweis zu einem *Formalparameter* der Anweisungsfunktion oder zu einer lokalen Variablen innerhalb derselben Bereichseinheit sein, der die Anweisungsfunktion angehört.

Jedem Formalparameter einer Anweisungsfunktion ist ein bestimmter Datentyp (einschließlich Typkennzahl[90]) zugeordnet, der sich aufgrund der Typdeklarationen innerhalb der Bereichseinheit (bzw. aufgrund der Typkonvention) ergibt.

Die Verwendung einer Anweisungsfunktion erfolgt in derselben Weise wie bei anderen (externen oder intrinsischen) Funktionen, indem sie wie eine Variable unter Angabe einer aktuellen Parameterliste in Ausdrücken vorkommen kann. Es ist zu beachten, daß eine im *skalaren-Ausdruck* vorkommende Funktion den Wert eines Formalparameters nicht beeinflussen darf. Der Name einer Anweisungsfunktion (also ohne Parameterliste) darf nicht als aktueller Parameter an ein Unterprogramm übergeben werden. Umgekehrt kann auch ein Funktionsname (ohne Parameterliste) kein aktuelles Argument einer Anweisungsfunktion darstellen.

Weder eine Anweisungsfunktion selbst noch einer ihrer Parameter darf vom Typ CHARACTER mit einer Längenspezifikation „*" sein (siehe Kapitel 5.1.4).

Wenn ein Formalparameter einer Anweisungsfunktion vom Datentyp CHARACTER ist, so darf im *skalaren-Ausdruck* keine Teilzeichenkette dieses Parameters verwendet werden. [77]

Beispiel für die Verwendung einer Anweisungsfunktion (die Art der Kommentareinleitung gilt nur in Fortran 90):

```
SUBROUTINE ANWEIS (X, Y)
   :                               ! Deklarationen
ANWF(A, B) = X**2 + A/Z * SIN(B)   ! Anweisungsfunktion
   :

Z = ...
U = ANWF(Y, X1)      ! entspricht: X**2 + Y/Z*SIN(X1)
V = ANWF(2*X, U)     ! entspricht: X**2 + 2*X/Z*SIN(U)
W = ANWF(Z1, Z2/2)   ! entspricht: X**2 + Z1/Z*SIN(Z2/2)
   :

END
```

11

Intrinsische Prozeduren

Einer der wesentlichsten Vorzüge der Programmiersprache FORTRAN liegt
in der Verfügbarkeit einer Vielzahl intrinsischer (vom Standard vordefinierter) Prozeduren. Während in FORTRAN 77 vorwiegend nur mathematische, Typkonversions- und Zeichenmanipulationsfunktionen (27 mit generischer und 79 mit spezifischer Bezeichnung) definiert sind, umfaßt der
Standard 90 nunmehr 113 generische Prozeduren, welche nicht nur eine
Verdichtung bezüglich der eben genannten Anwendungen bedeuten sondern
auch ein wesentlich breiteres Anwendungsspektrum bieten (wie beispielsweise Abfragefunktionen, Prozeduren zur Bit- und Feldmanipulation).

11.1   Klassifizierung intrinsischer Prozeduren

Alle intrinsischen Funktionen haben in Fortran 90 einen **generischen** Namen (*in FORTRAN 77 gibt es intrinsische Funktionen, welche nur einen
spezifischen Namen aufweisen*), welche in den meisten Fällen für deren Argumente mehrere Datentypen zulassen: der Datentyp der Funktion wird
dann durch den Typ der aktuellen Parameter bestimmt.

Die schon im Standard 77 vorhandenen **spezifischen** Funktionsbezeich-
nungen [77] sind aus Kompatibilitätsgründen nach wie vor verfügbar. Es
soll darauf hingewiesen werden, daß grundsätzlich nur spezifische Prozeduren — wobei bezüglich der intrinsischen Funktionen noch zusätzliche
Einschränkungen bestehen — als Formalparameterprozeduren (siehe Kapitel 10.5) verwendet werden können.*

Zu den im Standard 90 neu eingeführten intrinsischen Prozeduren zählen
auch fünf SUBROUTINE-Unterprogramme (*FORTRAN 77 kennt nur intrinsische Funktionen*); diese dürfen nicht als Formalparameterprozeduren verwendet werden.

---

* Die Tatsache, daß keine der im Standard 90 eingeführten intrinsischen Funktionen eine
spezifische Bezeichnung hat, läßt darauf schließen, daß die Verwendung spezifischer intrinsischer Funktionen in Fortran 90 redundant ist. Um dennoch beispielsweise eine Sinusfunktion
als Argument an eine Prozedur zu übergeben, kann die generische Funktion SIN in eine externe (aber spezifische) Funktion eingebettet und diese als aktueller Parameter verwendet
werden.

Die intrinsischen **Funktionen** werden in drei Klassen eingeteilt: Abfragefunktionen, elementare Funktionen und Transformationsfunktionen.

Elementare Funktionen sind zwar für skalare Argumente spezifiziert, können aber auch mit feldwertigen Parametern aufgerufen werden[90] (siehe Kapitel 10.5.5, Seite 251), wodurch sie selbst dieselbe Form wie die feldwertigen Argumente erhalten. (Wenn eine elementare Funktion mit ihrem spezifischen Namen — soferne sie einen solchen besitzt — als Aktualparameter an ein Unterprogramm übergeben wird, darf sie in diesem nur mit skalaren Argumenten verwendet werden.)

Abfragefunktionen (fast ausschließlich[90]) liefern ein die Eigenschaften des jeweiligen Hauptargumentes kennzeichnendes Ergebnis, dessen Datentyp im allgemeinen nicht mit jenem des abzufragenden Parameters übereinstimmt (so kann beispielsweise in manchen Fällen ein aktueller Parameter sogar undefiniert sein).

Transformationsfunktionen[90] weisen zumeist ein oder mehrere feldwertige Argumente auf oder liefern ein feldwertiges Ergebnis.

Die Schnittstelle (siehe Kapitel 10.5.3) zu intrinsischen Prozeduren ist prinzipiell explizit. Dadurch ist es möglich, die Parameterübergabe auch in der Form *„Schlüsselwort = aktuelles Argument"* vorzunehmen[90] sowie optionale Parameter beim Aufruf wegzulassen.

In FORTRAN 77 gibt es keine Transformationsfunktionen und nur [77] eine Abfragefunktion („LEN"). Die vorhandenen elementaren Funktionen dürfen nur mit skalaren Argumenten aufgerufen werden. Es sind weiters keine Schlüsselwortparameter zulässig und keine optionalen Argumente (ausgenommen bei der Funktion CMPLX und den Maximum- und Minimumfunktionen) vorhanden. [77]

11.2 Generische intrinsische Prozedurnamen

Im folgenden werden alle generischen Prozedurnamen in alphabetischer Reihenfolge aufgelistet.

Die auch in FORTRAN 77 existierenden generischen Funktions- [77] namen sind dabei unterstrichen (z.B. ABS). Wenn ein Funktionsname mit einem Stern (z.B. INDEX*) gekennzeichnet ist, so gibt es im Standard 77 zwar keine generische aber eine spezifische Funktion mit demselben Namen. [77]

Die folgenden Erläuterungen sind auch für die detaillierte Beschreibung der Spezifikationen der intrinsischen Prozeduren (Kapitel 11.4) von Bedeutung.

Optionale Argumente sind in eckige Klammern gesetzt, *wobei in FOR-TRAN 77 das optionale Argument KIND nicht vorhanden ist.*

Die Namen der Argumente können in Fortran 90 bei der Parameterübergabe als Schlüsselwörter verwendet werden, wobei die angegebenen Indizes <u>nicht</u> Bestandteil des Namens sind, sondern den erforderlichen Datentyp des Parameters spezifizieren: I: INTEGER, R: REAL, C: COMPLEX, L: LOGICAL, Ch: CHARACTER, N: numerischer Datentyp (INTEGER oder REAL oder COMPLEX), B: beliebiger Datentyp. Eine Kombination zweier dieser Abkürzungen (z.B. RC) bedeutet, daß beide entsprechenden Datentypen (hier: REAL oder COMPLEX) zugelassen sind. Eine allenfalls zusätzlich angegebene Bezeichnung V bedeutet, daß es sich bei dem Argument um einen Vektor (das heißt, um ein eindimensionales Feld) handelt. Wenn bei einem Argumentnamen kein Index aufscheint, so bedeutet dies, daß dessen Datentyp von einem anderen Argument abhängt.

Die eben beschriebene Nomenklatur für die Bezeichnung der Datentypen wird gegebenenfalls auch bei der kurzen Angabe der Bedeutung der Prozedur angewandt, wobei dies nur für jene Funktionen, welche einem bestimmten Datentyp zuordenbar sind, zutrifft. Als weitere Bezeichnung kommt hier noch D für DOUBLE PRECISION REAL hinzu.

Bei bestimmten Argumentnamen geht deren Datentyp bzw. deren Form (Skalar, Vektor oder Feld vom Rang ≥ 2) schon aus der Namensbezeichnung (welche vom Standard vorgegeben ist) hervor: I, DIM und KIND gehören dem Typ INTEGER an, wobei KIND eine Typkennzahl und DIM eine bestimmte Dimension spezifiziert, MASK ist vom Typ LOGICAL, STRING ist vom Typ CHARACTER, C kennzeichnet ein Zeichen (CHARACTER der Länge 1), Z ist vom Typ COMPLEX und X gehört einem numerischen Typ an, der aber im konkreten Fall noch eingeschränkt sein kann. Darüberhinaus bezeichnet VECTOR ein Feld vom Rang 1, MATRIX ist ein Feld vom Rang 2 und ARRAY kennzeichnet ein Feld (ohne bestimmten Rang).

Die vorletzte Spalte in der folgenden Aufstellung gibt die Kategorie der jeweiligen Prozedur an: E ist eine elementare Funktion, A bedeutet eine Abfragefunktion, T eine Transformationsfunktion und [E]SR kennzeichnet ein [elementares] SUBROUTINE–Unterprogramm.

Generischer Name	Bedeutung	Kat.	Seite
<u>ABS</u>(A_N)	Absolutbetrag	E	265
ACHAR(I_I)	Zeichen gemäß ASCII–Reihenfolge	E	271
<u>ACOS</u>(X_R)	Arcus Cosinus (R)	E	269
ADJUSTL(STRING$_{Ch}$)	Zeichenkette links ausrichten (Ch)	E	274

Generischer Name	Bedeutung	Kat.	Seite
ADJUSTR(STRING$_{Ch}$)	Zeichenkette rechts ausrichten (Ch)	E	274
AIMAG*(Z$_C$)	Imaginärteil einer komplexen Z. (R)	E	265
<u>AINT</u>(A$_R$[,KIND$_I$])	Abschneiden auf ganze Zahl (R)	E	265
ALL(MASK$_L$[,DIM$_I$])	wahr wenn alle Werte wahr (L)	T	287
ALLOCATED(ARRAY$_B$)	Feldzuteilungsstatus (L)	A	291
<u>ANINT</u>(A$_R$[,KIND$_I$])	nächste ganze Zahl (R)	E	266
ANY(MASK$_L$[,DIM$_I$])	wahr wenn irgendein Wert wahr (L)	T	288
<u>ASIN</u>(X$_R$)	Arcus Sinus (R)	E	269
ASSOCIATED(POINTER [,TARGET])	Zuordnungsstatus oder Vergleich der Zuordnungen (L)	A	276
<u>ATAN</u>(X$_R$)	Arcus Tangens (R)	E	269
<u>ATAN2</u>(Y$_R$,X$_R$)	Arcus Tangens (in vier Quadranten)	E	270
BIT_SIZE(I$_I$)	Bitanzahl*** (I)	A	282
BTEST(I$_I$,POS$_I$)	Test eines Bits*** (L)	E	282
CEILING(A$_R$)	kleinste ganze Zahl $\geq$ A (I)	E	266
CHAR*(I$_I$[,KIND$_I$])	Zeichen gemäß FORTRAN–Sequenz	E	272
<u>CMPLX</u>(X$_N$[,Y$_{IR}$] [,KIND$_I$])	Konversion nach C	E	266
CONJG*(Z$_C$)	konjugiert komplexe Zahl (C)	E	268
<u>COS</u>(X$_{RC}$)	Cosinus	E	270
<u>COSH</u>(X$_R$)	Cosinus Hyperbolicus (R)	E	270
COUNT(MASK$_L$[,DIM$_I$])	Anzahl wahrer Werte in MASK (I)	T	288
CSHIFT(ARRAY$_B$, SHIFT$_I$[,DIM$_I$])	zirkulare Verschiebung von Feldelementen	T	292
DATE_AND_TIME ([DATE$_{Ch}$][,TIME$_{Ch}$] [,ZONE$_{Ch}$][,VALUES$_{IV}$])	Datum und Uhrzeit	SR	296
<u>DBLE</u>(A$_N$)	Konversion nach D	E	266
DIGITS(X$_{IR}$)	signifikante Stellen des Modells** (I)	A	278
<u>DIM</u>(X$_{IR}$,Y$_{IR}$)	positive Differenz	E	268
DOT_PRODUCT (VECTOR_A$_{NL}$, VECTOR_B$_{NL}$)	inneres Produkt zweier Vektoren	T	286

Generischer Name	Bedeutung	Kat.	Seite
DPROD*(X_R,Y_R)	doppelt genaues Produkt (D)	E	267
EOSHIFT(ARRAY$_B$, SHIFT$_I$[,BOUNDARY] [,DIM$_I$])	nicht zirkulare Elementverschiebung (freiwerdende Plätze werden belegt)	T	293
EPSILON(X_R)	Zahl (R), welche gegenüber 1.0 des Modells** fast vernachlässigbar ist	A	278
<u>EXP</u>(X_{RC})	Exponentiation	E	270
EXPONENT(X_R)	Exponent von X gemäß Modell** (I)	E	280
FLOOR(A_R)	größte ganze Zahl $\leq$ A (I)	E	267
FRACTION(X_R)	Dezimalteil von X gemäß Modell**	E	280
HUGE(X_{IR})	größte, im Modell** darstellbare Z.	A	278
IACHAR(C_{Ch})	Position von C gemäß ASCII (I)	E	272
IAND(I_I,J_I)	logisches UND (bitweise)*** (I)	E	283
IBCLR(I_I,POS$_I$)	setze ein Bit auf 0*** (I)	E	283
IBITS(I_I,POS$_I$,LEN$_I$)	extrahiere Bitfolge*** (I)	E	283
IBSET(I_I,POS$_I$)	setze ein Bit auf 1*** (I)	E	283
ICHAR*(C_{Ch})	Position von C gemäß interner Zeichenreihenfolge (I)	E	272
IEOR(I_I,J_I)	exklusives ODER (bitweise)*** (I)	E	283
INDEX*(STRING$_{Ch}$, SUBSTRING$_{Ch}$ [,BACK$_L$])	Position einer Teilzeichenkette innerhalb von STRING (I)	E	274
<u>INT</u>(A_N[,KIND$_I$])	Konversion nach I	E	267
IOR(I_I,J_I)	inklusives ODER (bitweise)*** (I)	E	284
ISHFT(I_I,SHIFT$_I$)	Bitverschiebung*** (I)	E	284
ISHFTC(I_I,SHIFT$_I$ [,SIZE$_I$])	zirkulare Bitverschiebung*** (I)	E	284
KIND(X_B)	Typkennzahl von X (I)	A	277
LBOUND(ARRAY$_B$ [,DIM$_I$])	untere Feldgrenzen (I)	A	291
LEN*(STRING$_{Ch}$)	Länge einer Zeichenkette (I)	A	274
LEN_TRIM(STRING$_{Ch}$)	Länge von STRING unter Weglassung angehängter Blanks (I)	E	275

Generischer Name	Bedeutung	Kat.	Seite
LGE*(STRING_A_{Ch}, STRING_B_{Ch})	lexikalisch $\geq$ gemäß ASCII (L)	E	273
LGT*(STRING_A_{Ch}, STRING_B_{Ch})	lexikalisch $>$ gemäß ASCII (L)	E	273
LLE*(STRING_A_{Ch}, STRING_B_{Ch})	lexikalisch $\leq$ gemäß ASCII (L)	E	273
LLT*(STRING_A_{Ch}, STRING_B_{Ch})	lexikalisch $<$ gemäß ASCII (L)	E	273
LOG(X_{RC})	natürlicher Logarithmus	E	270
LOG10(X_R)	Logarithmus zur Basis 10 (R)	E	270
LOGICAL(L_L[,$KIND_I$])	Konversion innerhalb vom Typ L	E	273
MATMUL(MATRIX_A_{NL}, MATRIX_B_{NL})	Produkt zweier Matrizen oder einer Matrix mit einem Vektor	T	286
MAX($A1_{IR}$,$A2_{IR}$[,...])	Maximalwert	E	268
MAXEXPONENT(X_R)	größter Exponent des Modells** (I)	A	279
MAXLOC(ARRAY$_{IR}$ [,$MASK_L$])	Position des Maximalwertes innerhalb eines Feldes (I)	T	288
MAXVAL(ARRAY$_{IR}$ [,DIM_I][,$MASK_L$])	Maximalwert innerhalb eines Feldes	T	289
MERGE(TSOURCE$_B$, FSOURCE,MASK$_L$)	Auswahl aus zwei Argumenten unter Verwendung von MASK	E	293
MIN($A1_{IR}$,$A2_{IR}$[,...])	Minimalwert	E	268
MINEXPONENT(X_R)	kleinster Exponent des Modells** (I)	A	279
MINLOC(ARRAY$_{IR}$ [,$MASK_L$])	Position des Minimalwertes innerhalb eines Feldes (I)	T	289
MINVAL(ARRAY$_{IR}$ [,DIM_I][,$MASK_L$])	Minimalwert innerhalb eines Feldes	T	289
MOD(A_{IR},P_{IR})	Restfunktion	E	268
MODULO(A_{IR},P_{IR})	Modulofunktion	E	269
MVBITS(FROM$_I$, FROMPOS$_I$,LEN$_I$, TO$_I$,TOPOS$_I$)	kopiere Bitfolge	ESR	285
NEAREST(X_R,S_R)	nächste darstellbare Zahl** in vorgegebener Richtung (R)	E	280

Generischer Name	Bedeutung	Kat.	Seite
$\underline{\text{NINT}}(A_R[,\text{KIND}_I])$	nächste ganze Zahl (I)	E	267
$\text{NOT}(I_I)$	logisches Komplement*** (I)	E	284
$\text{PACK}(\text{ARRAY}_B,\text{MASK}_L$ $[,\text{VECTOR}])$	Umformung eines Feldes in einen Vektor mittels MASK	T	294
$\text{PRECISION}(X_{RC})$	signifikante Dezimalstellen** (I)	A	279
$\text{PRESENT}(A_B)$	Vorhandensein eines Argumentes (L)	A	276
$\text{PRODUCT}(\text{ARRAY}_N$ $[,\text{DIM}_I][,\text{MASK}_L])$	Produkt aller durch DIM und MASK definierten Feldelemente	T	290
$\text{RADIX}(X_{IR})$	Basis des Zahlenmodells** (I)	A	279
RANDOM_NUMBER (HARVEST_R)	Pseudozufallszahl	SR	298
$\text{RANDOM\_SEED}([\text{SIZE}_I]$ $[,\text{PUT}_{IV}][,\text{GET}_{IV}])$	Initialisierung des Zufallszahlengenerators	SR	298
$\text{RANGE}(X_N)$	dezimaler Exponentenbereich** (I)	A	279
$\underline{\text{REAL}}(A_N[,\text{KIND}_I])$	Typkonversion nach R	E	267
$\text{REPEAT}(\text{STRING}_{Ch},$ $\text{NCOPIES}_I)$	wiederholte Verkettung ein- und derselben Zeichenkette (Ch)	T	275
$\text{RESHAPE}(\text{SOURCE}_B,$ $\text{SHAPE}_{IV}[,\text{PAD}_{Ch}]$ $[,\text{ORDER}_I])$	Feld in eine andere Form bringen (Dimensionierung ändern)	T	294
$\text{RRSPACING}(X_R)$	Reziprokwert der relativen Schrittweite** nächst X (R)	E	280
$\text{SCALE}(X_R,I_I)$	ergibt $X \cdot b^{\text{I}}$ ** (R)	E	280
$\text{SCAN}(\text{STRING}_{Ch},\text{SET}_{Ch})$	überprüfen, ob ein Zeichen von SET in STRING enthalten ist (I)	E	275
SELECTED_INT_KIND (R_I)	Typkennzahl für ganze Zahl mit Wertebereich $\pm 10^{\text{R}}$ (I)	T	281
$\text{SELECTED\_REAL\_KIND}$ $([P_I][,R_I])$	Typkennzahl für reelle Zahl mit P signifikanten Stellen und Wertebereich $\approx \pm 10^{\pm \text{R}}$ (I)	T	281
$\text{SET\_EXPONENT}(X_R,I_I)$	setzt Exponent einer Zahl** (R)	E	280
$\text{SHAPE}(\text{SOURCE}_B)$	Form eines Feldes oder Skalars (I)	A	291
$\underline{\text{SIGN}}(A_{IR},B_{IR})$	$|A| \cdot \text{signum}(B)$	E	269
$\underline{\text{SIN}}(X_{RC})$	Sinus	E	271

Generischer Name	Bedeutung	Kat.	Seite
$\underline{\text{SINH}}(X_R)$	Sinus Hyperbolicus (R)	E	271
SIZE(ARRAY_B[,DIM_I])	Ausdehnungen von ARRAY (I)	A	291
SPACING(X_R)	Schrittweite** nächst X (R)	E	281
SPREAD(SOURCE_B, DIM_I,NCOPIES_I)	Einfügen einer Dimension	T	295
$\underline{\text{SQRT}}(X_{RC})$	Quadratwurzel	E	271
SUM(ARRAY_N[,DIM_I] [,MASK_L])	Summe aller durch DIM und MASK definierten Feldelemente	T	290
SYSTEM_CLOCK ([COUNT_I] [,COUNT_RATE_I] [,COUNT_MAX_I])	Daten der Echtzeituhr	SR	297
$\underline{\text{TAN}}(X_R)$	Tangens (R)	E	271
$\underline{\text{TANH}}(X_R)$	Tangens Hyperbolicus (R)	E	271
TINY(X_R)	kleinste positive darstellb. Z.** (R)	A	279
TRANSFER(SOURCE_B, MOLD_B[,SIZE_I])	Datentransformation (behandelt erstes Argument als ob es den Typ des zweiten Argumentes hätte)	T	285
TRANSPOSE(MATRIX_B)	transponierte Matrix	T	296
TRIM(STRING_{Ch})	entfernt angehängte Leerzeichen	T	275
UBOUND(ARRAY_B [,DIM_I])	obere Feldgrenzen (I)	A	292
UNPACK(VECTOR_B ,MASK_L,FIELD)	Expansion eines Vektors aufgrund gegebener Maske	T	295
VERIFY(STRING_{Ch}, SET_{Ch}[,BACK_L])	Test ob STRING alle Zeichen von SET enthält (I)	E	276

---

*   *In FORTRAN 77* existiert dieser generische Name nicht, doch es gibt auch dort die adäquate spezifische Funktion.

**   Gemäß des im Kapitel 11.4.5 besprochenen Zahlenmodells.

*** Gemäß des im Kapitel 11.4.6 beschriebenen Bitmodells.

11.3 Spezifische intrinsische Funktionen

Die folgende Übersicht beinhaltet in alphabetischer Reihenfolge alle generischen Funktionen, welche auch mittels spezifischer Funktionsnamen verwendbar sind. Spezifische Funktionen gehören einem eindeutigen Datentyp an (Spalte „Typ") und erfordern auch die Einhaltung der angegebenen Argumenttypen. Dabei bedeuten I, R, D, C, L, Ch die intrinsischen Datentypen DEFAULT INTEGER, DEFAULT REAL, DOUBLE PRECISION REAL, DEFAULT LOGICAL und DEFAULT CHARACTER.

Mit Ausnahme der mittels „•" vor dem jeweiligen Typ gekennzeichneten spezifischen Funktionen dürfen alle (im Gegensatz zu den generischen) als aktuelles Argument an ein Unterprogramm übergeben werden (siehe Kapitel 10.5.5).

Bei sämtlichen Minimum- und Maximumfunktionen können mehr als zwei Argumente angegeben werden (*auch in FORTRAN 77*), wobei die maximal zulässige Anzahl der Argumente implementierungsabhängig ist.

In FORTRAN 77 sind alle angeführten spezifischen intrinsischen [77] Funktionsnamen vorhanden; unter Hinzunahme der beiden generischen Funktionen CMPLX und DBLE (welche keinen spezifischen Namen zugeordnet haben) ist die folgende Zusammenfassung auch bezüglich der vorhandenen generischen Funktionen vollständig. [77]

gen. Name	spezif. Name	Typ	gen. Name	spezif. Name	Typ
ABS	IABS(I)	I	LLT[90]	LLT(Ch,Ch)	• L
	ABS(R)	R	LOG	ALOG(R)	R
	DABS(D)	D		DLOG(D)	D
	CABS(C)	C		CLOG(C)	C
ACOS	ACOS(R)	R	LOG10	ALOG10(R)	R
	DACOS(D)	D		DLOG10(D)	D
AIMAG[90]	AIMAG(C)	R	MAX	MAX0(I,I[,...])	• I
AINT	AINT(R)	R		AMAX1(R,R[,...])	• R
	DINT(D)	D		DMAX1(D,D[,...])	• D
ANINT	ANINT(R)	R	siehe *)	AMAX0(I,I[,...])	• R
	DNINT(D)	D	siehe **)	MAX1(R,R[,...])	• I
ASIN	ASIN(R)	R	MIN	MIN0(I,I[,...])	• I
	DASIN(D)	D		AMIN1(R,R[,...])	• R
ATAN	ATAN(R)	R		DMIN1(D,D[,...])	• D
	DATAN(D)	D	siehe *)	AMIN0(I,I[,...])	• R
ATAN2	ATAN2(R,R)	R	siehe **)	MIN1(R,R[,...])	• I

gen. Name	spezif. Name	Typ	gen. Name	spezif. Name	Typ
	DATAN2(D,D)	D	MOD	MOD(I,I)	I
CHAR[90]	CHAR(I)	• Ch		AMOD(R,R)	R
CONJG[90]	CONJG(C)	C		DMOD(D,D)	D
COS	COS(R)	R	NINT	NINT(R)	I
	DCOS(D)	D		IDNINT(D)	I
	CCOS(C)	C	REAL	REAL(I)	• R
COSH	COSH(R)	R		FLOAT(I)	• R
	DCOSH(D)	D		SNGL(D)	• R
DIM	IDIM(I,I)	I	SIGN	ISIGN(I,I)	I
	DIM(R,R)	R		SIGN(R,R)	R
	DDIM(D,D)	D		DSIGN(D,D)	D
DPROD[90]	DPROD(R,R)	D	SIN	SIN(R)	R
EXP	EXP(R)	R		DSIN(D)	D
	DEXP(D)	D		CSIN(C)	C
	CEXP(C)	C	SINH	SINH(R)	R
ICHAR[90]	ICHAR(Ch)	• I		DSINH(D)	D
INDEX[90]	INDEX(Ch,Ch)	I	SQRT	SQRT(R)	R
INT	INT(R)	• I		DSQRT(D)	D
	IFIX(R)	• I		CSQRT(C)	C
	IDINT(D)	• I	TAN	TAN(R)	R
LEN[90]	LEN(Ch)	I		DTAN(D)	D
LGE[90]	LGE(Ch,Ch)	• L	TANH	TANH(R)	R
LGT[90]	LGT(Ch,Ch)	• L		DTANH(D)	D
LLE[90]	LLE(Ch,Ch)	• L			

11.4   Spezifikationen intrinsischer Prozeduren

Bei der in diesem Kapitel durchgeführten Beschreibung aller intrinsischen
Prozeduren werden diese thematisch zusammengefaßt. Bezüglich einer al-
phabetischen Auflistung sei auf das Kapitel 11.2 verwiesen. Es werden im
Detail nur die generischen Prozeduren behandelt, da die Eigenschaften der
spezifischen Funktionen (die bestehenden Einschränkungen bezüglich deren

---

* Die generischen Aufrufe REAL(MAX(...)) und REAL(MIN(...)) entsprechen den spezifischen Funktionen AMAX0 und AMIN0.

** Die generischen Aufrufe INT(MAX(...)) und INT(MIN(...)) entsprechen den spezifischen Funktionen MAX1 und MIN1.

Argumente sowie die Datentypen der Funktionsergebnisse) im Kapitel 11.3 zusammengestellt sind.

Die bei den Prozedur- und Formalparameternamen angegebenen Indizes sind <u>nicht</u> Bestandteil des Namens sondern kennzeichnen die Kategorie der Prozedur bzw. die Datentypen der Argumente (die betreffenden Abkürzungen wurden bereits im Kapitel 11.2 beschrieben).

Bei Argumenten vom Typ REAL ist darauf hinzuweisen, daß dabei auch der Typ DOUBLE PRECISION REAL eingeschlossen ist, da dieser als Datentyp REAL mit der Typkennzahl KIND(0.D0) aufgefaßt wird (siehe Kapitel 4.1.3).

Bei den in FORTRAN 77 gültigen Funktionen ist für ein Argument [77] vom Typ REAL auch der Datentyp DOUBLE PRECISION verwendbar. Der im Standard 90 bei einigen Funktionen vorhandene optionale Parameter KIND darf nicht angegeben werden. [77]

11.4.1 ELEMENTARE NUMERISCHE FUNKTIONEN

Funktionen, welche eine Typkonversion vornehmen können

Bei dem optionalen Argument KIND, welches eine Typkennzahl spezifiziert, muß es sich um einen skalaren ganzzahligen Initialisierungsausdruck handeln (siehe Kapitel 6.4.1 auf Seite 115). *In FORTRAN 77 ist der Parameter KIND nicht angebbar.*

$\mathbf{ABS}_E$ ($\mathbf{A}_N$) ergibt den Absolutwert des Argumentes A, das jedem numerischen Datentyp angehören kann.

Ergebnistyp: INTEGER, wenn A vom Typ INTEGER ist und REAL, wenn A einem der Typen REAL oder COMPLEX angehört; die Typkennzahl wird von A übernommen.

Spezifische Namen: IABS, ABS, DABS, CABS.

Beispiele: $ABS((3.0, -4.0)) \doteq 5.0$; $ABS(-3) = 3$

$\mathbf{AIMAG}_E$ ($\mathbf{Z}_C$) liefert den Imaginärteil der komplexen Zahl Z.

Ergebnistyp: REAL mit Typkennzahl von Z.

Spezifischer Name: AIMAG.

Beispiel: $AIMAG((30.0, 17.5)) = 17.5$

In FORTRAN 77 ist AIMAG nur eine spezifische Funktion.

$\mathbf{AINT}_E$ ($\mathbf{A}_R$ [,$\mathbf{KIND}_I$]) schneidet die Dezimalstellen einer Zahl vom Typ REAL ab, sodaß sich eine ganze Zahl ergibt.

Ergebnistyp: REAL mit Typkennzahl KIND bzw. jener von A, wenn KIND nicht angegeben ist.

Spezifische Namen: AINT, DINT.

Beispiele: AINT(2.783) = 2.0; AINT(−2.783) = −2.0

ANINT$_E$ (A_R [,KIND$_I$]) liefert die nächstliegende ganze Zahl bezüglich des Argumentes A vom Typ REAL (Runden).

Ergebnistyp: REAL mit Typkennzahl KIND bzw. jener von A, wenn KIND nicht angegeben ist.

Ergebniswert: wenn A > 0: ANINT(A) = AINT(A+0.5); wenn A ≤ 0: ANINT(A) = AINT(A − 0.5)

Spezifische Namen: ANINT, DNINT.

Beispiele: ANINT(2.783) = 3.0; ANINT(−2.783) = −3.0

CEILING$_E$ (A_R)[90] ergibt die nächste ganze Zahl, welche größer oder gleich dem Argument A vom Typ REAL ist.

Ergebnistyp: DEFAULT INTEGER.

Beispiele: CEILING(2.783) = 3; CEILING(−2.783) = −2

CMPLX$_E$ (X_N, [,Y_{IR}] [,KIND$_I$]) wandelt auf den Datentyp COMPLEX um. X kann jedem der numerischen Datentypen angehören. Wenn X nicht komplex ist, wird es als Realteil der zu erzeugenden komplexen Zahl aufgefaßt. Y darf nur angegeben werden, wenn X nicht komplex ist und kann entweder vom Typ INTEGER oder REAL sein. Y stellt den Imaginärteil der zu erzeugenden komplexen Zahl dar. Wenn weder Y angegeben noch X komplex ist, wird der Imaginärteil mit 0 angenommen.

In FORTRAN 77 gilt die zusätzliche Bedingung, daß die beiden Argumente X und Y demselben Datentyp angehören müssen.

Ergebnistyp: COMPLEX mit Typkennzahl KIND; wenn KIND nicht angegeben ist, mit der Typkennzahl des Typs DEFAULT REAL.

Beispiele: CMPLX(−3.0) = (−3.0, 0.0); CMPLX(1, 2) = (1.0, 2.0); CMPLX(1, 3, 2) = (1.0_2, 3.0_2)[90] (die Konstante 1.0_2 ist vom Typ REAL mit der Typkennzahl 2).

DBLE$_E$ (A_N) konvertiert das Argument A (beliebiger numerischer Datentyp) auf den Datentyp DOUBLE PRECISION REAL. Das Ergebnis beinhaltet so viele signifikante Stellen, wie es diesem Datentyp entspricht. Wenn A komplex ist, wird nur der Realteil von A zur Umwandlung herangezogen. (In Fortran 90 ist die Funktion DBLE durch REAL mit Angabe von KIND ersetzbar.)

Ergebnistyp: DOUBLE PRECISION REAL.

Beispiele: DBLE(−5) = −5.0D0; DBLE(31.7) = 31.7D0

DPROD$_E$ **(X**$_R$**, Y**$_R$**)** führt eine Multiplikation der beiden Argumente X und Y vom Typ DEFAULT REAL in „doppelter Genauigkeit" aus.
Ergebnistyp: DOUBLE PRECISION REAL.
Spezifischer Name: DPROD.
Beispiel: DPROD(−4.0, 2.0) = −8.0D0
In FORTRAN 77 ist DPROD nur eine spezifische Funktion.

FLOOR$_E$ **(A**$_R$**)** [90] liefert die größte ganze Zahl, welche kleiner oder gleich dem Argument A vom Typ REAL ist. Das Ergebnis ist undefiniert, wenn die entsprechende Zahl mit dem Datentyp DEFAULT INTEGER nicht darstellbar ist.
Ergebnistyp: DEFAULT INTEGER.
Beispiele: FLOOR(3.783) = 3; FLOOR(−3.783) = −4

INT$_E$ **(A**$_N$ **[,KIND**$_I$**])** konvertiert das Argument A (beliebiger numerischer Datentyp) auf den Datentyp INTEGER durch Abschneiden der Dezimalstellen. Wenn A komplex ist, wird nur der Realteil in Betracht gezogen.
Ergebnistyp: INTEGER mit der durch KIND spezifizierten Typkennzahl; DEFAULT INTEGER, wenn KIND nicht angegeben ist. Das Ergebnis ist undefiniert, wenn die Zahl mit der zu verwendenden Typkennzahl nicht darstellbar ist.
Spezifische Namen: INT, IFIX, IDINT.
Beispiele: INT(3.783) = 3; INT(−3.783) = −3; INT((2.2, 4)) = 2

NINT$_E$ **(A**$_R$ **[,KIND**$_I$**])** liefert die nächste ganze Zahl bezüglich des Argumentes A vom Typ REAL.
Ergebnistyp: INTEGER mit der durch KIND spezifizierten Typkennzahl; DEFAULT INTEGER, wenn KIND nicht angegeben ist.
Spezifische Namen: NINT, IDNINT.
Ergebniswert: wenn A > 0: NINT(A) = INT(A + 0.5); wenn A ≤ 0: NINT(A) = INT(A − 0.5). Das Ergebnis ist undefiniert, wenn es mit der zu verwendenden Typkennzahl nicht darstellbar ist.
Beispiele: NINT(2.783) = 3; NINT(−2.783) = −3

REAL$_E$ **(A**$_N$ **[,KIND**$_I$**])** konvertiert das einem beliebigen numerischen Datentyp angehörende Argument A auf den Typ REAL. Wenn A komplex ist, wird nur dessen Realteil zur Umwandlung herangezogen.
Ergebnistyp: REAL mit der durch KIND angegebenen Typkennzahl; wenn KIND nicht spezifiziert und A vom Typ INTEGER oder REAL ist: DEFAULT REAL; wenn KIND nicht spezifiziert und A komplex ist, wird die Typkennzahl von A übernommen.

Spezifische Namen: REAL, FLOAT, SNGL.

Beispiele: $REAL(-7) = -7.0$; $REAL((1.0, -3.0)) = 1.0$

Numerische Funktionen, welche keine Typkonversion vornehmen

Bei den folgenden elementaren Funktionen werden der Datentyp und die Typkennzahl [90] für das Ergebnis vom ersten (bzw. einzigen) Argument übernommen. Wenn mehrere Parameter spezifizierbar sind, müssen diese demselben Datentyp mit derselben Typkennzahl angehören.

$\mathbf{CONJG}_E$ ($\mathbf{Z}_C$) liefert die konjugiert komplexe Zahl von Z, welche vom Typ COMPLEX sein muß.

Beispiel: $CONJG((2.0, 4.0)) = (2.0, -4.0)$

In FORTRAN 77 ist CONJG nur eine spezifische Funktion.

$\mathbf{DIM}_E$ ($\mathbf{X}_{IR}$, $\mathbf{Y}_{IR}$) ergibt die Differenz X−Y, wenn diese positiv ist; andernfalls den Wert null. X kann von einem der beiden Typen INTEGER oder REAL sein; Y muß demselben Typ (einschließlich Typkennzahl) wie X angehören.

Spezifische Namen: IDIM, DIM, DDIM.

Beispiele: $DIM(-4.0, 3.0) = 0.0$; $DIM(7, 3) = 4$

$\mathbf{MAX}_E$ ($\mathbf{A1}_{IR}$, $\mathbf{A2}_{IR}$ [,$\mathbf{A3}_{IR}$,...]) ergibt den Wert des größten Argumentes. Die Argumente können von einem der beiden Typen INTEGER oder REAL sein; sie müssen jedoch alle demselben Datentyp (einschließlich Typkennzahl) angehören.

Spezifische Namen: MAX0, AMAX1, DMAX1.

Beispiele: $MAX(4, 2, 3) = 4$; $MAX(-7.0, -2.0) = -2.0$

$\mathbf{MIN}_E$ ($\mathbf{A1}_{IR}$, $\mathbf{A2}_{IR}$ [,$\mathbf{A3}_{IR}$,...]) ergibt den Wert des kleinsten Argumentes. Die Argumente können von einem der beiden Typen INTEGER oder REAL sein; sie müssen jedoch alle demselben Datentyp (einschließlich Typkennzahl) angehören.

Spezifische Namen: MIN0, AMIN1, DMIN1.

Beispiele: $MIN(4, 2, 3) = 2$; $MIN(-7.0, -2.0) = -7.0$

$\mathbf{MOD}_E$ ($\mathbf{A}_{IR}$, $\mathbf{P}_{IR}$) stellt die Restfunktion dar, deren Argument A entweder vom Typ INTEGER oder REAL sein kann und P demselben Datentyp (einschließlich Typkennzahl) angehören muß wie das Argument A. Für $P \neq 0$ ist das Ergebnis $A - INT(A/P) * P$; für $P = 0$ ist das Ergebnis implementierungsabhängig.

Spezifische Namen: MOD, AMOD, DMOD.

Beispiele: MOD(3.0, 2.0) $\doteq$ 1.0; MOD(8, 5) = 3; MOD(−8, 5) = −3; MOD(8, −5) = 3; MOD(−8, −5) = −3

MODULO$_E$ **(A**$_{IR}$**, P**$_{IR}$**)**[90] repräsentiert die Modulofunktion. Beide Argumente müssen entweder vom Typ INTEGER oder REAL (mit derselben Typkennzahl) sein. Das Ergebnis ist für P $\neq$ 0 im letzteren Fall durch A − FLOOR(A/P) $*$ P und bei Argumenten vom Typ INTEGER durch A − FLOOR(REAL(A)/REAL(P)) $*$ P gegeben; für P = 0 ist das Ergebnis von der Implementierung abhängig.
Beispiele: MODULO(8.0, 5.0) $\doteq$ 3.0; MODULO(−8, 5) = 2; MODULO(8, −5) = −2; MODULO(−8, −5) = −3

SIGN$_E$ **(A**$_{IR}$**, B**$_{IR}$**)** überträgt das Vorzeichen von B auf den Absolutwert von A. Es müssen beide Argumente entweder vom Typ REAL oder vom Typ INTEGER sein und dieselbe Typkennzahl aufweisen. Für B $\geq$ 0 ist das Ergebnis $|A|$; für B < 0 ergibt sich $-|A|$.
Spezifische Namen: ISIGN, SIGN, DSIGN.
Beispiele: SIGN(−3.4, 1.) = 3.4; SIGN(−3, 0) = 3; SIGN(5, −1) = −5

11.4.2 ELEMENTARE MATHEMATISCHE FUNKTIONEN

Bei den im folgenden beschriebenen elementaren Funktionen werden der Datentyp und die Typkennzahl[90] des Ergebnisses vom ersten Argument (welches mit Ausnahme der Funktion ATAN2 auch das einzige Argument ist) bestimmt.

ACOS$_E$ **(X**$_R$**)** stellt die Funktion Arcus Cosinus dar. Das Argument X muß vom Typ REAL sein und die Ungleichung $|X| \leq 1$ erfüllen. Das Ergebnis wird in der Einheit Radiant angegeben und liegt im Intervall $0 \leq ACOS(X) \leq \pi$.
Spezifische Namen: ACOS, DACOS.
Beispiel: ACOS(0.54030231) $\doteq$ 1.0

ASIN$_E$ **(X**$_R$**)** stellt die Funktion Arcus Sinus dar. Das Argument X muß vom Typ REAL sein und die Ungleichung $|X| \leq 1$ erfüllen. Das Ergebnis wird in der Einheit Radiant angegeben und liegt im Intervall $-\pi/2 \leq ASIN(X) \leq \pi/2$.
Spezifische Namen: ASIN, DASIN.
Beispiel: ASIN(0.84147098) $\doteq$ 1.0

ATAN$_E$ **(X**$_R$**)** stellt die Funktion Arcus Tangens dar. Das Argument X muß vom Typ REAL sein. Das Ergebnis wird in der Einheit Radiant angegeben und liegt im Intervall $-\pi/2 \leq ATAN(X) \leq \pi/2$.

Spezifische Namen: ATAN, DATAN.

Beispiel: ATAN(1.5574077) $\doteq$ 1.0

ATAN2$_E$ (Y$_R$, X$_R$) liefert den Hauptwert der Funktion Arcus Tangens mit dem komplexen Argument (X,Y). Die beiden Argumente müssen dem Typ REAL angehören und dürfen nicht zugleich null sein. Das Ergebnis wird in der Einheit Radiant angegeben; es liegt im Intervall $-\pi \leq \mathrm{ATAN2}(Y, X) \leq \pi$ und ist für X $\neq$ 0 durch arctan(Y/X) gegeben. Das Ergebnis ist für Y > 0 positiv und für Y < 0 negativ. Wenn Y = 0 gilt, so ist das Ergebnis für X > 0 gleich null und für X < 0 gleich $-\pi$. Für X = 0 liefert die Funktion den Wert $\pi/2$.

Spezifische Namen: ATAN2, DATAN2.

Beispiele: ATAN2(1.557, 1.0) $\doteq$ 1.0; ATAN2(-1.557, 1.0) $\doteq$ -1.0

COS$_E$ (X$_{RC}$) liefert den Cosinus des in Radiant angegebenen Argumentes X vom Typ REAL oder COMPLEX.

Spezifische Namen: COS, DCOS, CCOS.

Beispiel: COS(1.0) $\doteq$ 0.54030231

COSH$_E$ (X$_R$) liefert den Cosinus Hyperbolicus des in Radiant angegebenen Argumentes X vom Typ REAL.

Spezifische Namen: COSH, DCOSH.

Beispiel: COSH(1.0) $\doteq$ 1.5430806

EXP$_E$ (X$_{RC}$) stellt die Exponentialfunktion dar. Das Argument muß vom Typ REAL oder COMPLEX sein. In letzterem Fall wird für den Imaginärteil die Einheit Radiant angenommen.

Spezifische Namen: EXP, DEXP, CEXP.

Beispiel: EXP(1.0) $\doteq$ 2.7182818

LOG$_E$ (X$_{RC}$) repräsentiert den natürlichen Logarithmus, wobei das Argument den Typ REAL oder COMPLEX aufweisen kann. Wenn X vom Typ REAL ist, muß X > 0 gelten und wenn X komplex ist, muß X $\neq$ 0 sein. Bei einem komplexen Argument liefert die Funktion den Hauptwert, dessen Imaginärteil im Intervall $[-\pi, \pi]$ liegt.

Spezifische Namen: ALOG, DLOG, CLOG.

Beispiel: LOG(2.7182818) $\doteq$ 1.0

LOG10$_E$ (X$_R$) stellt den Logarithmus zur Basis 10 dar. X muß vom Typ REAL und größer als null sein.

Spezifische Namen: ALOG10, DLOG10.

Beispiel: LOG10(10.0) $\doteq$ 1.0

SIN$_E$ (X$_{RC}$) liefert den Sinus des in Radiant angegebenen Argumentes X vom Typ REAL oder COMPLEX.

Spezifische Namen: SIN, DSIN, CSIN.

Beispiel: SIN(1.0) $\doteq$ 0.84147098

SINH$_E$ (X$_R$) liefert den Sinus Hyperbolicus des in Radiant angegebenen Argumentes X vom Typ REAL.

Spezifische Namen: SINH, DSINH.

Beispiel: SINH(1.0) $\doteq$ 1.1752012

SQRT$_E$ (X$_{RC}$) ergibt die Quadratwurzel des Argumentes X vom Typ REAL oder COMPLEX. Wenn X dem Typ REAL angehört, muß X $\geq$ 0 gelten. Wenn X komplex ist, liefert die Funktion den Hauptwert mit einem Realteil $\geq$ 0.

Spezifische Namen: SQRT, DSQRT, CSQRT.

Beispiel: SQRT(9.0) $\doteq$ 3.0

TAN$_E$ (X$_R$) liefert den Tangens des in Radiant angegebenen Argumentes X vom Typ REAL.

Spezifische Namen: TAN, DTAN.

Beispiel: TAN(1.0) $\doteq$ 1.5574077

TANH$_E$ (X$_R$) liefert den Tangens Hyperbolicus des in Radiant angegebenen Argumentes X vom Typ REAL.

Spezifische Namen: TANH, DTANH.

Beispiel: TANH(1.0) $\doteq$ 0.76159416

11.4.3 ZEICHENKETTEN- UND LOGISCHE FUNKTIONEN

Funktionen zur Zuordnung von Zeichen zu ganzen Zahlen

Die folgenden elementaren Funktionen dienen der eindeutigen Zuordnung einer ganzen Zahl zu einem bestimmten Zeichen (und umgekehrt).

ACHAR$_E$ (I$_I$) [90] liefert das Zeichen der Position I (vom Typ INTEGER) gemäß ASCII–Sortierreihenfolge (inverse Funktion zu IACHAR). Wenn I nicht im Intervall [0, 127] liegt oder das entsprechende Zeichen vom Compiler nicht dargestellt werden kann, ist das Ergebnis implementierungsabhängig. (Wenn I einen Kleinbuchstaben spezifiziert und der Compiler Kleinbuchstaben nicht unterstützt, beinhaltet das Ergebnis den korrespondierenden Großbuchstaben.)

Ergebnistyp: DEFAULT CHARACTER mit der Länge 1.

Beispiel: ACHAR(88) ='X'

CHAR$_E$ (I$_I$ [,KIND$_I$]) liefert das Zeichen der Position I (vom Typ INTEGER) gemäß FORTRAN–Sortierreihenfolge (inverse Funktion zu ICHAR). Für I muß die Bedingung $0 \leq I \leq n$ gelten, wobei n die Zeichenanzahl in der durch die Typkennzahl KIND gegebenen Sortierreihenfolge bedeutet (n ist implementierungsabhängig). Wenn KIND nicht angegeben ist (*in FORTRAN 77 nicht vorhanden!*), handelt es sich um die Sortierreihenfolge des Datentyps DEFAULT CHARACTER (siehe Kapitel 4.1.5 auf Seite 31).
Ergebnistyp: CHARACTER mit der Länge 1.
Spezifischer Name: CHAR.
Beispiel: CHAR(88) ='X', wenn der Compiler dem Datentyp DEFAULT CHARACTER die ASCII–Sortierreihenfolge zugrundelegt.
In FORTRAN 77 gibt es CHAR nur als spezifische Funktion.

IACHAR$_E$ (C$_{Ch}$)[90] beinhaltet die Position des Zeichens C (vom Typ DEFAULT CHARACTER mit der Länge 1) innerhalb der Sortierreihenfolge ASCII. Wenn das Zeichen darin nicht vorkommt, ist das Ergebnis von der Implementierung des FORTRAN–Übersetzers abhängig.
Ergebnistyp: DEFAULT INTEGER.
Beispiel: IACHAR('X') = 88

ICHAR$_E$ (C$_{Ch}$) liefert die Position des Zeichens C (vom Typ CHARACTER mit der Länge 1) innerhalb der durch die Typkennzahl[90] bestimmten Sortierreihenfolge von FORTRAN. Das Argument C muß ein vom Compiler unterstütztes Zeichen beinhalten.
Ergebnistyp: DEFAULT INTEGER.
Spezifischer Name: ICHAR.
Beispiel: ICHAR('X') = 88, wenn der Compiler dem Datentyp DEFAULT CHARACTER die ASCII–Sortierreihenfolge zugrundelegt.
In FORTRAN 77 ist ICHAR nur eine spezifische Funktion.

Lexikalische Vergleichsfunktionen

Die folgenden elementaren Funktionen erfordern zwei Argumente vom Typ DEFAULT CHARACTER, führen einen lexikalischen Vergleich (siehe Kapitel 6.2.3) unter Zugrundelegung der Sortierreihenfolge ASCII durch und liefern ein Ergebnis vom Typ DEFAULT LOGICAL. Sind die beiden Zeichenketten nicht gleich lang, wird die kürzere Zeichenkette so behandelt, als ob sie rechts mit Leerzeichen bis zur Länge der anderen Zeichenkette aufgefüllt wäre. Wenn beide Argumente Zeichenketten der Länge null[90] sind, liefern die Funktionen das Ergebnis „wahr". *In FORTRAN 77 gibt es die vier lexikalischen Vergleichsfunktionen nur mit spezifischer Bedeutung.*

LGE$_E$ (STRING_A$_{Ch}$, STRING_B$_{Ch}$) liefert den Wert „wahr", wenn STRING_A gemäß ASCII–Reihenfolge nach STRING_B kommt oder die beiden Argumente (vom Typ DEFAULT CHARACTER) gleich sind; andernfalls ergibt die Funktion den Wert „falsch".

Ergebnistyp: DEFAULT LOGICAL.

Spezifischer Name: LGE.

Beispiel: LGE('AB','AX') = „falsch"; LGE('AB','AB') = „wahr"

LGT$_E$ (STRING_A$_{Ch}$, STRING_B$_{Ch}$) liefert den Wert „wahr", wenn STRING_A gemäß ASCII–Reihenfolge nach STRING_B kommt; andernfalls ergibt die Funktion den Wert „falsch".

Ergebnistyp: DEFAULT LOGICAL.

Spezifischer Name: LGT.

Beispiel: LGT('AB','AX') = „falsch"; LGT('AB','AB') = „falsch"

LLE$_E$ (STRING_A$_{Ch}$, STRING_B$_{Ch}$) liefert den Wert „wahr", wenn STRING_A gemäß ASCII–Reihenfolge vor STRING_B kommt oder die beiden Argumente (vom Typ DEFAULT CHARACTER) gleich sind; andernfalls ergibt die Funktion den Wert „falsch".

Ergebnistyp: DEFAULT LOGICAL.

Spezifischer Name: LLE.

Beispiel: LLE('AB','AX') = „wahr"; LLE('AB','AB') = „wahr"

LLT$_E$ (STRING_A$_{Ch}$, STRING_B$_{Ch}$) liefert den Wert „wahr", wenn STRING_A gemäß ASCII–Reihenfolge vor STRING_B kommt; andernfalls ergibt die Funktion den Wert „falsch".

Ergebnistyp: DEFAULT LOGICAL.

Spezifischer Name: LLT.

Beispiel: LLT('AB','AX') = „wahr"; LLT('AB','AB') = „falsch"

Elementare Funktion zur logischen Typkonversion

LOGICAL$_E$ (L$_L$ [,KIND$_I$]) [90] liefert als Ergebnis denselben Wert wie das Argument L vom Typ LOGICAL.

Ergebnistyp: LOGICAL mit der Typkennzahl KIND, wenn KIND spezifiziert ist; andernfalls DEFAULT LOGICAL.

Beispiel: LOGICAL(L .OR. .NOT. L) ergibt den Wert „wahr" vom Typ DEFAULT LOGICAL (unabhängig davon, welche Typkennzahl L zugeordnet ist).

Funktionen zur Bearbeitung von Zeichenketten

Die meisten der in der Folge beschriebenen Funktionen sind elementar, wobei diesbezügliche Ausnahmen die Funktionen LEN (Abfragefunktion), REPEAT[90] und TRIM[90] (Transformationsfunktionen) sind.

ADJUSTL$_E$ (STRING$_{Ch}$)[90] liefert eine Zeichenkette, welche aus dem Argument STRING (Typ CHARACTER) entsteht, wenn führende Leerzeichen entfernt und am Ende wieder angehängt werden.

Ergebnistyp: CHARACTER mit derselben Länge und Typkennzahl wie STRING.

Beispiel: ADJUSTL('⊔⊔EIN⊔WORT') = 'EIN⊔WORT⊔⊔'

ADJUSTR$_E$ (STRING$_{Ch}$)[90] liefert eine Zeichenkette, welche aus dem Argument STRING (Typ CHARACTER) entsteht, wenn angehängte Leerzeichen entfernt und am Beginn wieder eingefügt werden.

Ergebnistyp: CHARACTER mit derselben Länge und Typkennzahl wie STRING.

Beispiel: ADJUSTR('EIN⊔WORT⊔⊔') = '⊔⊔EIN⊔WORT'

INDEX$_E$ (STRING$_{Ch}$, SUBSTRING$_{Ch}$ [,BACK$_L$]) liefert die Position innerhalb von STRING, an der die Teilzeichenkette SUBSTRING beginnt. Diese beiden Argumente müssen vom Typ CHARACTER sein und dieselbe Typkennzahl[90] aufweisen. Wenn SUBSTRING innerhalb von STRING nicht auftritt, ergibt die Funktion den Wert 0. Wenn BACK[90] (vom Typ LOGICAL) nicht angegeben ist oder den Wert „falsch" darstellt, wird die Position des <u>ersten</u> Vorkommens von SUBSTRING innerhalb von STRING bestimmt (wenn SUBSTRING die Länge null[90] hat, ergibt die Funktion den Wert 1); wenn für BACK der Wert „wahr" übergeben wird (*in FORTRAN 77 ist dies nicht möglich!*), beinhaltet die Funktion die Position des <u>letzten</u> Auftretens von SUBSTRING innerhalb von STRING (wenn dabei SUBSTRING die Länge null aufweist, liefert die Funktion INDEX den Wert LEN(STRING)+1).

Ergebnistyp: DEFAULT INTEGER.

Spezifischer Name: INDEX.

Beispiele: INDEX('XFX','X') = 1; INDEX('XFX','X',.TRUE.) = 3

In FORTRAN 77 ist INDEX nur eine spezifische Funktion, bei der darüberhinaus das Argument BACK nicht angebbar ist.

LEN$_A$ (STRING$_{Ch}$) liefert die Länge der Zeichenkette STRING, welche ein Skalar oder ein Feld vom Typ CHARACTER sein muß. Das Argument muß beim Aufruf nicht definiert sein (es wird aber durch einen

Aufruf von LEN auch nicht definiert).

Ergebnistyp: DEFAULT INTEGER (Skalar).

Spezifischer Name: LEN.

Beispiele: LEN('EINE⊔ZEICHENKETTE') = 17; LEN(CH) = 10, wenn CH mit der Länge 10 spezifiziert worden ist.

In FORTRAN 77 ist LEN nur eine spezifische Funktion.

LEN_TRIM$_E$ (STRING$_{Ch}$) [90] liefert die Länge von STRING (Typ CHARACTER), wobei angehängte Leerzeichen unberücksichtigt bleiben. Wenn das Argument kein Zeichen ungleich Blank beinhaltet, ergibt die Funktion den Wert null.

Ergebnistyp: DEFAULT INTEGER.

Beispiele: LEN_TRIM('⊔A⊔B⊔⊔') = 4; LEN_TRIM('⊔⊔⊔') = 0

REPEAT$_T$ (STRING$_{Ch}$, NCOPIES$_I$) [90] erzeugt eine Zeichenkette, welche durch NCOPIES–malige Verkettung von STRING entsteht. Dabei muß STRING ein Skalar vom Typ CHARACTER und NCOPIES ein Skalar vom Typ INTEGER $\geq$ 0 sein.

Ergebnistyp: CHARACTER (Skalar) mit derselben Typkennzahl wie STRING und der Länge NCOPIES*LEN(STRING).

Beispiele: REPEAT('A1',3) = 'A1A1A1'; REPEAT('ABC',0) = Zeichenkette der Länge null

SCAN$_E$ (STRING$_{Ch}$, SET$_{Ch}$, [,BACK$_L$]) [90] liefert die Position eines Zeichens innerhalb von STRING, welches auch in SET enthalten ist, oder den Wert 0, wenn entweder kein Zeichen von STRING in der Zeichenkette SET enthalten ist oder eines der beiden Argumente die Länge null hat. STRING und SET sind dabei vom Typ CHARACTER mit derselben Typkennzahl.

Wenn das Argument BACK (Typ LOGICAL) nicht angegeben ist oder den Wert „falsch" darstellt, wird die Suche am Beginn von STRING begonnen und mit steigender Positionszahl fortgesetzt. Wenn BACK den Wert „wahr" aufweist, erfolgt die Suche „rückwärts", indem mit der letzten Position von STRING begonnen wird. Die Position des ersten Zeichens, welches auch innerhalb von SET (an irgendeiner Stelle) auftritt, bestimmt den Wert der Funktion.

Ergebnistyp: DEFAULT INTEGER.

Beispiele: SCAN('FOR','RO') = 2; SCAN('FOR','RO',.TRUE.) = 3

TRIM$_T$ (STRING$_{Ch}$) [90] erzeugt eine Zeichenkette, welche aus dem Argument STRING (Skalar vom Typ CHARACTER) durch Weglassung der angehängten Leerzeichen entsteht. Wenn das Argument kein Zeichen ungleich Blank beinhaltet, ist das Ergebnis eine Zeichenkette der Länge null.

Ergebnistyp: CHARACTER mit derselben Typkennzahl wie STRING aber mit gegebenenfalls gekürzter Länge.

Beispiel: TRIM('FORTRANⱶⱶⱶ') = 'FORTRAN'

VERIFY$_E$ (STRING$_{Ch}$, SET$_{Ch}$, [,BACK$_L$]) [90] liefert die Position eines Zeichens innerhalb von STRING, welches nicht in SET enthalten ist, oder den Wert 0, wenn entweder alle Zeichen von STRING in der Zeichenkette SET enthalten sind oder STRING die Länge null hat. STRING und SET sind dabei vom Typ CHARACTER mit derselben Typkennzahl.

Wenn das Argument BACK (Typ LOGICAL) nicht angegeben ist oder den Wert „falsch" darstellt, wird die Suche am Beginn von STRING begonnen und mit steigender Positionszahl fortgesetzt. Wenn BACK den Wert „wahr" aufweist, erfolgt die Suche „rückwärts", indem mit der letzten Position von STRING begonnen wird. Die Position des ersten Zeichens, welches innerhalb von SET nicht vorkommt, bestimmt den Wert der Funktion.

Ergebnistyp: DEFAULT INTEGER.

Beispiele: VERIFY('IJJI','I') = 2; VERIFY('IJJI','I',.TRUE.) = 3; VERIFY('IJJI','JI') = 0

11.4.4 ABFRAGEFUNKTIONEN FÜR BELIEBIGE DATENTYPEN

ASSOCIATED$_A$ (POINTER, [,TARGET]) [90] liefert als Ergebnis den Zuordnungsstatus für POINTER oder — falls TARGET angegeben ist — gibt an, ob POINTER dem Ziel TARGET zugeordnet ist. POINTER muß das POINTER-Attribut aufweisen und sein Zuordnungsstatus darf nicht undefiniert sein. TARGET muß entweder das TARGET- oder das POINTER-Attribut besitzen, wobei in letzterem Fall der Zuordnungsstatus ebenfalls definiert sein muß und das Ergebnis nur dann „wahr" ist, wenn sowohl POINTER als auch TARGET zugeordnet sind.

Ergebnistyp: DEFAULT LOGICAL (Skalar).

Beispiele: ASSOCIATED(AKTUELL,TITEL) = „wahr", wenn der Pointer AKTUELL dem Ziel TITEL zugeordnet ist.

PRESENT$_A$ **(A**$_B$**)** [90] gibt an, ob der optionale Formalparameter A eines Unterprogrammes beim Aufruf angegeben worden ist.

Ergebnistyp: DEFAULT LOGICAL (Skalar).

Beispiel: PRESENT(X) = „falsch", wenn dem optionalen Formalparameter X beim Aufruf des gerade ablaufenden Unterprogrammes kein aktuelles Argument übergeben worden ist.

KIND$_A$ **(X**$_B$**)** [90] liefert die Typkennzahl des Argumentes X, welches einem beliebigen <u>intrinsischen</u> Datentyp angehören kann.

Ergebnistyp: DEFAULT INTEGER (Skalar).

Beispiel: KIND(0.0) und KIND(0.0D0) liefern die Typkennzahlen der Datentypen DEFAULT REAL und DOUBLE PRECISION REAL.

11.4.5   NUMERISCHE FUNKTIONEN ZUR ABFRAGE UND ZUR DATENMANIPULATION

Diese Funktionen, *welche alle in FORTRAN 77 nicht vorhanden sind*, nehmen auf die Modelle der Datentypen INTEGER und REAL Bezug, wobei für jeden, vom Compiler unterstützten Datentyp mit einer bestimmten Typkennzahl[90] ein eigenes Modell existiert.

Für den Datentyp INTEGER gilt der Modellsatz

$$i = s \cdot \sum_{k=1}^{q} w_k \cdot r^{k-1} \, ,$$

in dem alle Variablen ganzzahlig sind und folgende Bedingungen erfüllen: $s = \pm 1$, $q > 0$, $r > 1$ (üblicherweise 2), $0 \leq w_k < r$. Die Parameter r und q sind für einen bestimmten Datentyp INTEGER eindeutig festgelegt, wodurch sich alle, diesem Datentyp zugehörigen ganzen Zahlen durch das Modell beschreiben lassen.

Für den Datentyp REAL gilt der Modellsatz

$$x = 0 \quad \text{oder} \quad x = s \cdot b^e \cdot \sum_{k=1}^{p} f_k \cdot b^{-k} \, ,$$

wobei auch hier alle Parameter ganzzahlig sind und die Bedingungen $s = \pm 1$, $b > 1$, $p > 1$, $e_{\min} \leq e \leq e_{\max}$, $0 \leq f_k < b$ und $f_1 \neq 0$ erfüllen. Für $x = 0$ werden der Exponent e sowie alle Ziffern f_k null gesetzt. Die Parameter b, p, $e_{\min}$ und $e_{\max}$ definieren für einen bestimmten Datentyp REAL das zugehörige Modell, aus dem sich alle, dem Datentyp zugehörigen Gleitkommazahlen ableiten lassen.

Für die bei den einzelnen Funktionen angegebenen Beispiele wird angenommen, daß die FORTRAN-Implementierung einen Typ INTEGER mit dem zugehörigen Modell

$$i = s \cdot \sum_{k=1}^{31} w_k \cdot 2^{k-1}$$

sowie einen Datentyp REAL mit dem zugehörigen Modell

$$x = 0 \quad \text{oder} \quad s \cdot 2^e \cdot \left(\tfrac{1}{2} + \sum_{k=2}^{24} f_k \cdot 2^{-k} \right), \quad -126 \leq e \leq 127$$

unterstützt. (Diese beiden Datentypen dienen ausschließlich als Grundlage für die Beispiele und müssen daher keineswegs in einer konkreten Implementierung von FORTRAN vorhanden sein.)

Numerische Abfragefunktionen

Die folgenden Abfragefunktionen liefern Werte von Parametern des Modells, dem das Argument (aufgrund des Datentyps und der Typkennzahl) zugeordnet ist. Jedes Argument darf undefiniert sein und kann sowohl einen Skalar oder ein Feld darstellen. Das Ergebnis ist jedenfalls ein Skalar.

DIGITS$_A$ (X$_{IR}$)[90] liefert die Anzahl signifikanter Stellen des Modells (p oder q), dem das Argument vom Datentyp INTEGER oder REAL angehört.

Ergebnistyp: Skalar vom Typ DEFAULT INTEGER.

Beispiele: DIGITS(I) = 31 und DIGITS(X) = 24, wenn I und X den zuvor definierten Datentypen INTEGER und REAL angehören.

EPSILON$_A$ (X$_R$)[90] liefert die positive, bezüglich der Zahl 1.0 gerade noch nicht vernachlässigbare Zahl des Modells (b^{1-p}), dem das Argument vom Datentyp REAL angehört.

Ergebnistyp: Skalar vom Typ des Argumentes X.

Beispiel: EPSILON(X) = 2^{-23}, wenn X dem zuvor definierten Datentyp REAL angehört.

HUGE$_A$ (X$_{IR}$)[90] liefert die größte positive Zahl des Modells, dem das Argument X vom Typ INTEGER oder REAL angehört. Der Wert ist für X vom Typ INTEGER $r^q - 1$ und für X vom Typ REAL $(1 - b^{-p}) \cdot b^{e_{max}}$.

Ergebnistyp: Skalar vom Typ des Argumentes X.

Beispiele: HUGE(I) = $2^{31} - 1$; HUGE(X) = $(1 - 2^{-24}) \cdot 2^{127}$, wenn die Argumente I und X den zuvor definierten Datentypen INTEGER und REAL angehören.

MAXEXPONENT$_A$ **(X**$_R$**)**[90] liefert den größten Exponenten des Modells (e_{max}), dem das Argument X vom Typ REAL angehört.

Ergebnistyp: Skalar vom Typ DEFAULT INTEGER.

Beispiel: MAXEXPONENT(X) = 127, wenn X dem zuvor definierten Datentyp REAL angehört.

MINEXPONENT$_A$ **(X**$_R$**)**[90] liefert den kleinsten Exponenten des Modells (e_{min}), dem das Argument X vom Typ REAL angehört.

Ergebnistyp: Skalar vom Typ DEFAULT INTEGER.

Beispiel: MINEXPONENT(X) = −126, wenn X dem zuvor definierten Datentyp REAL angehört.

PRECISION$_A$ **(X**$_{RC}$**)**[90] liefert die dezimale Darstellungsgenauigkeit des Modells, dem das Argument X vom Typ REAL oder COMPLEX angehört. Das Ergebnis ist $INT((p-1)*LOG10(b))+k$, wobei für k gilt: $k = 1$, wenn b eine Potenz von 10 ist, und andernfalls $k = 0$.

Ergebnistyp: Skalar vom Typ DEFAULT INTEGER.

Beispiel: PRECISION(X) = INT(23*LOG10(2.)) = 6, wenn X dem zuvor definierten Datentyp REAL angehört.

RADIX$_A$ **(X**$_{IR}$**)**[90] liefert die Basis r oder b des Modells, dem das Argument X vom Typ INTEGER oder REAL angehört.

Ergebnistyp: Skalar vom Typ DEFAULT INTEGER.

Beispiele: RADIX(I) = 2 und RADIX(X) = 2, wenn I und X den zuvor definierten Datentypen INTEGER und REAL angehören.

RANGE$_A$ **(X**$_N$**)**[90] liefert den dezimalen Exponentenbereich des Modells, dem das Argument X (beliebiger numerischer Datentyp) angehört. Das Ergebnis ist INT(LOG10(HUGE(X))) für den Typ INTEGER und INT(MIN(LOG10(HUGE(X),−LOG10(TINY(X))))) für die Datentypen REAL und COMPLEX.

Ergebnistyp: Skalar vom Typ DEFAULT INTEGER.

Beispiele: RANGE(I) = 9 und RANGE(X) = 38, wenn I und X den zuvor definierten Datentypen INTEGER und REAL angehören.

TINY$_A$ **(X**$_R$**)**[90] liefert die kleinste positive Zahl des Modells ($b^{e_{min}-1}$), dem das Argument X vom Typ REAL angehört.

Ergebnistyp: Skalar vom Typ des Argumentes X.

Beispiel: TINY(X) = 2^{-127}, wenn X dem zuvor definierten Datentyp REAL angehört.

Elementare Funktionen zur Manipulation reeller Zahlen

Die folgenden Funktionen, deren erstes (oder einziges) Argument vom Typ REAL ist, nehmen auf die Parameter jenes Modells Bezug, dem das jeweilige Argument zugeordnet ist.

EXPONENT$_E$ (X$_R$) [90] liefert den Exponenten e, der sich ergibt, wenn das Argument X vom Typ REAL als Zahl des zugehörigen Modells dargestellt wird. Für X=0 ist das Funktionsergebnis 0.

Ergebnistyp: DEFAULT INTEGER.

Beispiele: EXPONENT(1.0) = 1 und EXPONENT(4.1) = 3, wenn die Argumente dem auf Seite 278 definierten Datentyp REAL angehören.

FRACTION$_E$ (X$_R$) [90] liefert den gebrochenen Teil des Argumentes X vom Typ REAL, der sich ergibt, wenn X als Zahl des zugehörigen Modells dargestellt wird. Das Ergebnis hat den Wert $X \cdot b^{-e}$.

Ergebnistyp: Typ des Argumentes X.

Beispiel: FRACTION(3.0) = 0.75, wenn das Argument dem auf Seite 278 definierten Datentyp REAL angehört.

NEAREST$_E$ (X$_R$, S$_R$) [90] liefert die nächstgrößere (S>0) bzw. nächstkleinere (S<0) darstellbare Zahl bezüglich des Argumentes X vom Typ REAL. S ist vom Typ REAL und darf nicht null sein.

Ergebnistyp: Typ des Argumentes X.

Beispiel: NEAREST$(3.0, 2.0) = 3 + 2^{-22}$, wenn das erste Argument dem auf Seite 278 definierten Datentyp REAL angehört.

RRSPACING$_E$ (X$_R$) [90] liefert den Reziprokwert der relativen Schrittweite der Zahlen des Modells nächst dem Argument X vom Typ REAL. Das Ergebnis der Funktion ist $|X \cdot b^{-e}| \cdot b^p$.

Ergebnistyp: Typ des Argumentes X.

Beispiel: RRSPACING$(-3.0) = 0.75 \cdot 2^{24}$, wenn das Argument dem auf Seite 278 definierten Datentyp REAL angehört.

SCALE$_E$ (X$_R$, I$_I$) [90] liefert den Wert $X \cdot b^I$, wobei b die Basis des Modells für das Argument X vom Typ REAL ist. Das Argument I muß vom Typ INTEGER sein.

Ergebnistyp: Typ des Argumentes X.

Beispiel: SCALE$(3.0, 2) = 12.0$, wenn das erste Argument dem auf Seite 278 definierten Datentyp REAL angehört.

SET_EXPONENT$_E$ (X$_R$, I$_I$) [90] liefert jene Zahl des dem Argument X vom Typ REAL zugehörigen Modells, deren Exponent durch I (vom

Typ INTEGER) gegeben ist und deren gebrochener Teil jener von X ist, wenn dieses als Modellzahl dargestellt wird. Das Resultat der Funktion ist $X \cdot b^{I-e}$.

Ergebnistyp: Typ des Argumentes X.

Beispiel: SET_EXPONENT$(3.0, 1) = 1.5$, wenn das erste Argument dem auf Seite 278 definierten Datentyp REAL angehört.

SPACING$_E$ (X$_R$) [90] liefert die absolute Schrittweite der Zahlen des Modells nächst dem Argument X vom Typ REAL. Das Ergebnis der Funktion ist b^{e-p}; wenn dieser Wert nicht darstellbar ist, liefert die Funktion TINY(X).

Ergebnistyp: Typ des Argumentes X.

Beispiel: SPACING$(3.0) = 2^{-22}$, wenn das Argument dem auf Seite 278 definierten Datentyp REAL angehört.

Transformationsfunktionen für Typkennzahlen

Die beiden folgenden (*in FORTRAN 77 nicht vorhandenen*) Funktionen dienen zur Bestimmung von Typkennzahlen (welche implementierungsabhängig sind), deren zugehörige numerische Datentypen Mindestanforderungen bezüglich Bereich und gegebenenfalls Genauigkeit der Darstellung erfüllen.

SELECTED_INT_KIND$_T$ (R$_I$) [90] liefert jene Typkennzahl, deren zugehöriger Datentyp INTEGER alle ganzen Zahlen n zumindest im Bereich $-10^R < n < 10^R$ darzustellen vermag (das Argument R muß ein Skalar vom Typ INTEGER sein). Wenn ein solcher Datentyp nicht unterstützt wird, liefert die Funktion den Wert -1. Wenn mehrere Datentypen diese Bedingung erfüllen, wird jene Typkennzahl zurückgegeben, welche den kleinsten dezimalen Exponentenbereich repräsentiert, und wenn auch dieser gleich ist, liefert die Funktion die kleinste der in Frage kommenden Typkennzahlen.

Ergebnistyp: Skalar vom Typ DEFAULT INTEGER.

Beispiel: SELECTED_INT_KIND$(6) =$ KIND(0), wenn die gegebene FORTRAN–Implementierung für den Datentyp DEFAULT INTEGER die Modellparameter $r = 2$ und $q = 31$ verwendet (siehe Kapitel 11.4.5).

SELECTED_REAL_KIND$_T$ ([P$_I$] [,R$_I$]) [90] liefert jene Typkennzahl, deren zugehöriger Datentyp REAL jene dezimale Darstellungsgenauigkeit hat, wie sie die Funktion PRECISION liefern würde (also mindestens P Dezimalstellen) und jenen Exponentenbereich aufweist, wie er durch die Funktion RANGE gegeben wäre (zumindest R). P und R müssen vom Typ INTEGER sein, und es muß zumindest ein Argument angegeben werden. Wenn ein solcher Datentyp nicht unterstützt wird, liefert die Funktion den Wert -1, wenn nur die Genauigkeit nicht erreichbar ist; -2, wenn nur der Exponentenbereich nicht unterstützt wird und -3, wenn beide Kriterien nicht erfüllbar sind. Wenn mehrere Datentypen die geforderten Bedingungen erfüllen, wird jene Typkennzahl zurückgegeben, welche dem Datentyp mit der geringsten Darstellungsgenauigkeit entspricht, und wenn auch diese gleich ist, liefert die Funktion die kleinste der in Frage kommenden Typkennzahlen.

Ergebnistyp: Skalar vom Typ DEFAULT INTEGER.

Beispiel: SELECTED_REAL_KIND(6, 70) = KIND(0.0), wenn die vorhandene FORTRAN–Implementierung für den Datentyp DEFAULT REAL die Modellparameter $b = 16$, $p = 6$, $e_{min} = -64$ und $e_{max} = 63$ verwendet (siehe Kapitel 11.4.5).

11.4.6 PROZEDUREN ZUR BITMANIPULATION

Diese, *in FORTRAN 77 nicht vorhandenen* Prozeduren stellen neben einer Abfragefunktion (BIT_SIZE) und einem elementaren SUBROUTINE–Unterprogramm (MVBITS) ausschließlich elementare Funktionen dar (MVBITS ist die einzige <u>elementare</u> intrinsische SUBROUTINE–Prozedur).

Den Prozeduren zur Bitmanipulation liegt ein Modell (im folgenden „Bitmodell" genannt) zugrunde, demzufolge eine Zahl vom Typ INTEGER durch eine Aneinanderreihung von s Bits (von rechts nach links) namens w_k $(k = 0, 1, \ldots s - 1)$ mit dem nicht negativen Wert

$$\sum_{k=1}^{s-1} w_k \cdot 2^k$$

gegeben ist. (Dieses Modell stimmt nur dann mit dem im Kapitel 11.4.5 beschriebenen Zahlenmodell überein, wenn r eine Potenz von 2 und w_{s-1} gleich null ist.)

BIT_SIZE$_A$ (I$_I$) [90] liefert die dem Bitmodell entsprechende Anzahl von Bits für das Argument I vom Typ INTEGER.

Ergebnistyp: Skalar vom Typ des Argumentes I.

Beispiel: BIT_SIZE(I) = 32, wenn der Parameter s des Bitmodells 32 ist.

BTEST$_E$ (I$_I$, POS$_I$) [90] gibt an, ob ein bestimmtes Bit des Argumentes I vom Typ INTEGER unter Zugrundelegung des Bitmodells gesetzt ist oder nicht (1 oder 0 beinhaltet). POS ist vom Typ INTEGER und muß die Bedingung $0 \leq \text{POS} < \text{BIT\_SIZE(I)}$ erfüllen.

Ergebnistyp: DEFAULT LOGICAL.

Beispiele: BTEST(8,3) = „wahr"; für $A = \begin{bmatrix} 1 & 2 \\ 3 & 4 \end{bmatrix}$ gilt:

$$\text{BTEST(A,2)} = \begin{bmatrix} \text{falsch} & \text{falsch} \\ \text{falsch} & \text{wahr} \end{bmatrix} \text{ und BTEST(2,A)} = \begin{bmatrix} \text{wahr} & \text{falsch} \\ \text{falsch} & \text{falsch} \end{bmatrix}$$

IAND$_E$ (I$_I$, J$_I$) [90] liefert eine ganze Zahl, welche durch bitweise logische UND–Verknüpfung der beiden Argumente vom Typ INTEGER entsteht. J muß dieselbe Typkennzahl wie I aufweisen. Bezüglich der Wahrheitstabelle sei auf jene der Konjunktion („.AND." in Tabelle 6.8 auf Seite 111) verwiesen, wo „wahr" dem Wert 1 und „falsch" dem Wert 0 zuzuordnen ist.

Ergebnistyp: Typ vom Argument I.

Beispiel: IAND$(1, 3) = 1$

IBCLR$_E$ (I$_I$, POS$_I$) [90] liefert eine ganze Zahl, welche mittels Änderung des durch POS bestimmten Bits des Argumentes I auf den Wert 0 entsteht. I und POS müssen vom Typ INTEGER sein und für POS muß die Bedingung $0 \leq \text{POS} < \text{BIT\_SIZE(I)}$ erfüllt sein.

Ergebnistyp: Typ vom Argument I.

Beispiele: IBCLR$(14, 1) = 12$;

für $V = [1, 2, 3, 4]$ ergibt sich IBCLR(POS=V,I=31) zu $[29, 27, 23, 15]$

IBITS$_E$ (I$_I$, POS$_I$, LEN$_I$) [90] extrahiert eine Bitfolge (beginnend mit der Position POS und der Länge LEN) aus dem Bitmodell des Argumentes I vom Typ INTEGER. POS und LEN sind ebenfalls vom Typ INTEGER, sie müssen beide ≥ 0 sein und die Bedingung $\text{POS+LEN} \leq \text{BIT\_SIZE(I)}$ erfüllen. Das Resultat beinhaltet rechtsbündig die extrahierte Bitfolge und wird links mit Nullbits aufgefüllt.

Ergebnistyp: Typ vom Argument I.

Beispiel: IBITS$(14, 1, 3) = 7$

IBSET$_E$ (I$_I$, POS$_I$) [90] liefert eine ganze Zahl, welche mittels Änderung des durch POS bestimmten Bits des Argumentes I auf den Wert 1 entsteht. I und POS müssen vom Typ INTEGER sein und für POS muß die Bedingung $0 \leq \text{POS} < \text{BIT\_SIZE(I)}$ erfüllt sein.

Ergebnistyp: Typ vom Argument I.

Beispiele: IBSET$(12, 1) = 14$;

für $V = [1, 2, 3, 4]$ ergibt sich IBSET(POS=V,I=0) zu $[2, 4, 8, 16]$

IEOR$_E$ (I$_I$, J$_I$) [90] liefert eine ganze Zahl, welche durch eine bitweise exklusive ODER–Verknüpfung der beiden Argumente vom Typ INTEGER entsteht. J muß dieselbe Typkennzahl wie I aufweisen. Bezüglich der Wahrheitstabelle sei auf jene der Antivalenz („.NEQV." in Tabelle 6.8 auf Seite 111) verwiesen, wo „wahr" dem Wert 1 und „falsch" dem Wert 0 zuzuordnen ist.

Ergebnistyp: Typ vom Argument I.

Beispiel: $IEOR(1,3) = 2$

IOR_E (I_I, J_I) [90] liefert eine ganze Zahl, welche durch bitweise ODER–Verknüpfung der beiden Argumente vom Typ INTEGER entsteht. J muß dieselbe Typkennzahl wie I aufweisen. Bezüglich der Wahrheitstabelle sei auf jene der Disjunktion („.OR." in Tabelle 6.8 auf Seite 111) verwiesen, wo „wahr" dem Wert 1 und „falsch" dem Wert 0 zuzuordnen ist.

Ergebnistyp: Typ vom Argument I.

Beispiel: $IOR(1,3) = 3$

$ISHFT_E$ $(I_I, SHIFT_I)$ [90] liefert eine ganze Zahl, welche durch Verschiebung aller Bits des Argumentes I vom Typ INTEGER um SHIFT Positionen entsteht. SHIFT ist vom Typ INTEGER und muß die Bedingung $|SHIFT| \leq BIT\_SIZE(I)$ erfüllen. Für $SHIFT > 0$ erfolgt die Verschiebung nach links, andernfalls nach rechts. Die freiwerdenden Positionen werden mit Nullbits aufgefüllt.

Ergebnistyp: Typ vom Argument I.

Beispiel: $ISHFT(3,1) = 6$

$ISHFTC_E$ $(I_I, SHIFT_I\,[,SIZE_I])$ [90] liefert eine ganze Zahl, die durch <u>zirkulare</u> Verschiebung der rechten SIZE Bits des Argumentes I vom Typ INTEGER um SHIFT Positionen entsteht. SHIFT und SIZE sind vom Typ INTEGER und müssen die Bedingungen $|SHIFT| \leq SIZE$ und $0 < SIZE \leq BIT\_SIZE(I)$ erfüllen. Bei fehlendem Argument SIZE wird so verfahren, als ob es den Wert BIT_SIZE(I) hätte. Für $SHIFT > 0$ erfolgt die Verschiebung nach links, andernfalls nach rechts. Die links von dem durch SIZE bestimmten Bitblock stehenden Bits bleiben unverändert und jene, über das eine Ende des Bitblocks „hinausgeschobenen" Bits werden am anderen Ende wieder eingefügt, sodaß insgesamt kein Bit verloren geht.

Ergebnistyp: Typ vom Argument I.

Beispiel: $ISHFTC(3,2,3) = 5$

NOT_E (I_I) [90] liefert eine ganze Zahl, welche durch bitweise Komplementbildung des Argumentes I vom Typ INTEGER entsteht (ein Bit mit dem Wert 1 wird auf 0 gesetzt, und umgekehrt).

Ergebnistyp: Typ vom Argument I.

Beispiel: NOT(I) hat den binären Wert 10101010, wenn I durch die Bitfolge 01010101 gegeben ist.

MVBITS$_{ESR}$ (FROM$_I$, FROMPOS$_I$, LEN$_I$, TO$_I$, TOPOS$_I$) [90]
kopiert eine in FROM (vom Typ INTEGER) enthaltene Bitfolge (ab der Position FROMPOS und mit der Länge LEN) auf das Argument TO (vom selben Typ wie FROM) ab der Position TOPOS, wobei alle übrigen Positionen von TO unverändert bleiben. Alle Argumente außer TO haben das Attribut INTENT(IN); das Argument TO weist das Attribut INTENT(INOUT) auf. Für FROM und TO darf beim Aufruf der SUBROUTINE ein- und dieselbe Variable verwendet werden.

Die Argumente FROMPOS, LEN und LENPOS sind vom Typ INTEGER; sie müssen alle größer als null sein und die Bedingungen FROMPOS + LEN $\leq$ BIT_SIZE(FROM) und TOPOS + LEN $\leq$ BIT_SIZE(TO) erfüllen.

Beispiel: Wenn TO als ursprünglichen Wert 6 aufweist, ergibt sich nach Ausführung der Anweisung CALL MVBITS(7, 2, 2,TO,0) der Wert für TO zu 5.

11.4.7 FUNKTION ZUR DATENUMWANDLUNG

Mittels der Funktion TRANSFER [90] können Daten eines Typs in einen anderen Datentyp umgewandelt werden, ohne deren physische Darstellung zu verändern (im Gegensatz zur Typkonversion). Ein Anwendungsbeispiel wäre ein Archivierungssystem, welches sich dadurch auf _einen_ Datentyp (z.B. DEFAULT INTEGER) beschränken könnte, indem alle anderen Datentypen mittels der TRANSFER–Funktion umgewandelt werden.

TRANSFER$_T$ (SOURCE$_A$, MOLD$_A$ [,SIZE$_I$]) [90] liefert ein Ergebnis mit der physischen Darstellung von SOURCE, welches aber gemäß dem Datentyp und der Typkennzahl von MOLD interpretiert wird. Die Argumente SOURCE und MOLD können jedem Datentyp angehören und sowohl Skalare als auch Felder sein. Der optionale Parameter SIZE ist ein Skalar vom Typ INTEGER, wobei das entsprechende aktuelle Argument kein optionaler Formalparameter sein darf.

Ergebnistyp: Typ vom Argument MOLD. Wenn MOLD ein Skalar und SIZE nicht vorhanden ist, ist das Ergebnis ein Skalar. Wenn MOLD ein Feld und SIZE nicht angegeben ist, ist das Ergebnis ein Feld vom Rang 1, dessen Größe so klein wie möglich aber nicht kleiner als die Größe von SOURCE ist. Wenn SIZE angegeben ist, ist das Ergebnis ein Feld vom Rang 1 mit der durch SIZE bestimmten Größe.

Ergebniswert: Wenn die physikalische Darstellung des Ergebnisses gleich groß oder größer als jene von SOURCE ist, so beinhaltet der führende Teil des Ergebnisses SOURCE und der allenfalls vorhandene Rest ist undefiniert; andernfalls beinhaltet das Ergebnis den führenden Teil von SOURCE und der Rest wird abgeschnitten.

Beispiele: TRANSFER(1082130432, 0.0) = 4.0, wenn die gegebene FORTRAN–Implementierung die beiden Werte 4.0 und 1082130432 mit der Bitfolge „0100 0000 1000 0000 0000 0000 0000 0000" darstellt.

TRANSFER((/ 1.1, 2.2, 3.3 /), (/ (0.0, 0.0) /)) ist ein komplexes Feld vom Rang 1 mit der Länge 2, dessen erstes Element (1.1, 2.2) ist und dessen zweites Element einen Realteil 3.3 aufweist. Der Imaginärteil des zweiten Elementes ist undefiniert.

TRANSFER((/ 1.1, 2.2, 3.3 /), (/ (0.0, 0.0) /), 1) = (1.1, 2.2)

11.4.8 FUNKTIONEN ZUR FELDMANIPULATION

Alle in diesem Kapitel beschriebenen Funktionen sind in FORTRAN 77 nicht vorhanden.

Funktionen für die Multiplikation von Vektoren und Matrizen

Die beiden folgenden Funktionen haben je zwei feldwertige Argumente, welche beide entweder einem numerischen Datentyp angehören oder beide vom Typ LOGICAL sein müssen. Das Ergebnis weist jenen Typ (einschließlich Typkennzahl) auf, der sich durch Multiplikation bzw. logischer Konjunktion der beiden Argumente ergeben würde (siehe Kapitel 6.2).

DOT_PRODUCT$_T$ (VECTOR_A$_{NL}$, VECTOR_B$_{NL}$)[90] liefert das innere Produkt zweier Vektoren derselben Länge (Felder vom Rang 1 mit derselben Größe).

Ergebnis: SUM(VECTOR_A∗VECTOR_B), wenn VECTOR_A vom Typ INTEGER oder REAL ist; SUM(CONJG(VECTOR_A)∗VECTOR_B), wenn VECTOR_A vom Typ COMPLEX ist; ANY(VECTOR_A .AND. VECTOR_B), wenn die Argumente vom Typ LOGICAL sind. Wenn die Argumente Felder der Größe null sind, ergibt sich für numerische Argumente der Wert null und für logische Argumente der Wert „falsch".

Beispiel: DOT_PRODUCT((/ 1, 2, 3 /), (/ 2, 3, 4 /)) = 20

MATMUL$_T$ (MATRIX_A$_{NL}$, MATRIX_B$_{NL}$)[90] führt eine Multiplikation zweier Matrizen bzw. einer Matrix mit einem Vektor aus. Bezüglich des Ergebnisses sind drei Fälle zu unterscheiden:

(a) Wenn MATRIX_A die Form (n, m) und MATRIX_B die Form (m, k) aufweist, hat das Ergebnis die Form (n, k) und dessen Elemente (i, j) sind: SUM(MATRIX_A$(i,:)$*MATRIX_B$(:,j)$).

(b) Wenn MATRIX_A die Form (m) und MATRIX_B die Form (m, k) aufweist, hat das Ergebnis die Form (k) und dessen Elemente (j) sind: SUM(MATRIX_A$(:)$*MATRIX_B$(:,j)$).

(c) Wenn MATRIX_A die Form (n, m) und MATRIX_B die Form (m) aufweist, hat das Ergebnis die Form (n) und dessen Elemente (i) sind: SUM(MATRIX_A$(i,:)$*MATRIX_B$(:)$).

Für logische Argumente bleibt die Form des Ergebnisses gleich; zur Bestimmung der Werte der Feldelemente sind in obigen Ausdrücken „SUM" und „*" durch „ANY" und „.AND." zu ersetzen.

Beispiele: A und B seien die Matrizen $\begin{bmatrix} 1 & 2 & 3 \\ 2 & 3 & 4 \end{bmatrix}$ und $\begin{bmatrix} 1 & 2 \\ 2 & 3 \\ 3 & 4 \end{bmatrix}$ sowie X und Y die Vektoren $[1, 2]$ und $[1, 2, 3]$. Dann gilt: MATMUL(A,B) $= \begin{bmatrix} 40 & 20 \\ 20 & 29 \end{bmatrix}$; MATMUL(X,A) $= [5, 8, 11]$; MATMUL(A,Y) $= [14, 20]$

Transformationsfunktionen mit Feldreduktion

Bei diesen Funktionen treten Argumente namens DIM und MASK auf, welche im folgenden erläutert werden sollen. DIM ist ein optionales skalares Argument vom Typ INTEGER, welches für die bestimmte Operation genau eine Dimension des Hauptargumentes selektiert. Wenn dessen Rang n die Bedingung $n \geq 2$ erfüllt, ergibt das Ergebnis ein Feld mit dem Rang $n - 1$: Wenn X beispielsweise ein reelles Feld der Form (3,5,7) darstellt, ist SUM(A,DIM=2) ein reelles Feld der Form (3,7), dessen Elemente (i, j) die Werte SUM(A$(i,:,j)$) aufweisen. Wenn DIM nicht angegeben wird oder der Rang des ersten Argumentes eins ist, wird die entsprechende Funktion auf alle Elemente des ersten Argumentes angewandt und das Ergebnis ist ein Skalar. Der Wert für DIM muß grundsätzlich im Bereich $1 \leq$ DIM $\leq n$ liegen. Für DIM darf als aktuelles Argument kein optionaler Formalparameter übergeben werden.

MASK ist eine Variable vom Typ LOGICAL und muß als optionales Argument zum ersten (feldwertigen) Parameter konform sein; MASK kann daher als optionales Argument auch ein Skalar sein, während es als Hauptargument jedenfalls feldwertig sein muß. MASK als optionales Argument gibt an, auf welche Elemente des ersten Argumentes die betreffende Funktion angewendet werden soll (vergleiche „maskierte Feldzuweisung", Kapitel 6.5.4).

ALL$_T$ **(MASK**$_L$ **[,DIM**$_I$**])** [90] gibt an, ob alle Werte des Feldes MASK vom Typ LOGICAL innerhalb der Dimension DIM wahr sind oder nicht. Wenn MASK ein Feld der Größe null ist, liefert die Funktion den Wert „falsch".

Ergebnistyp: Typ vom Argument MASK (Form siehe Seite 287).

Beispiele: ALL((/ .TRUE., .FALSE., .TRUE. /)) = „falsch";

für B $= \begin{bmatrix} 1 & 3 & 5 \\ 2 & 4 & 6 \end{bmatrix}$ und C $= \begin{bmatrix} 0 & 3 & 5 \\ 7 & 4 & 8 \end{bmatrix}$ gilt: ALL(B .NE. C, DIM=1) = [wahr, falsch, falsch]; ALL(B .NE. C, DIM=2) = [falsch, falsch]

ANY$_T$ **(MASK**$_L$ **[,DIM**$_I$**])** [90] bestimmt, ob zumindest ein Wert des Feldes MASK vom Typ LOGICAL innerhalb der Dimension DIM wahr ist. Wenn MASK ein Feld der Größe null ist, liefert die Funktion den Wert „falsch".

Ergebnistyp: Typ vom Argument MASK (Form siehe Seite 287).

Beispiele: ANY((/ .TRUE., .FALSE., .TRUE. /)) = „wahr";

für B $= \begin{bmatrix} 1 & 3 & 5 \\ 2 & 4 & 6 \end{bmatrix}$ und C $= \begin{bmatrix} 0 & 3 & 5 \\ 7 & 4 & 8 \end{bmatrix}$ gilt: ANY(B .NE. C, DIM=1) = [wahr, falsch, wahr]; ANY(B .NE. C, DIM=2) = [wahr, wahr]

COUNT$_T$ **(MASK**$_L$ **[,DIM**$_I$**])** [90] bestimmt die Anzahl der Werte „wahr" des Feldes MASK vom Typ LOGICAL innerhalb der Dimension DIM. Wenn MASK ein Feld der Größe null ist, liefert die Funktion den Wert null.

Ergebnistyp: DEFAULT INTEGER (Form siehe Seite 287).

Beispiele: COUNT((/ .TRUE., .FALSE., .TRUE. /)) = 2;

für B $= \begin{bmatrix} 1 & 3 & 5 \\ 2 & 4 & 6 \end{bmatrix}$ und C $= \begin{bmatrix} 0 & 3 & 5 \\ 7 & 4 & 8 \end{bmatrix}$ gilt: COUNT(B .NE. C, DIM=1) = [2, 0, 1]; COUNT(B .NE. C, DIM=2) = [1, 2]

MAXLOC$_T$ **(ARRAY**$_{IR}$ **[,MASK**$_L$**])** [90] liefert die Position des ersten Auftretens des größten Wertes innerhalb des Feldes ARRAY vom Typ INTEGER oder REAL unter Berücksichtigung von MASK. Das Ergebnis ist ein eindimensionales Feld, dessen Größe dem Rang von ARRAY entspricht und dessen Feldelemente die Positionen des gesuchten Wertes innerhalb der einzelnen Dimensionen von ARRAY beinhalten (diese Positionen stimmen nur dann mit den Indizes überein, wenn alle Dimensionen die untere Grenze eins aufweisen). Wenn ARRAY ein Feld der Größe null ist oder MASK nur Werte „falsch" beinhaltet, ist das Ergebnis implementierungsabhängig.

Ergebnistyp: Feld vom Typ DEFAULT INTEGER.

Beispiele: MAXLOC((/ 2, 6, 4, 6 /)) = 2;

für A $= \begin{bmatrix} 0 & -5 & 8 & -3 \\ 3 & 4 & -1 & 2 \\ 1 & 5 & 6 & -4 \end{bmatrix}$ gilt: MAXLOC(A, MASK = A.LT.6) =

[3, 2] (dieses Ergebnis gilt auch dann, wenn die unteren Indexgrenzen von A ungleich 1 sind).

MAXVAL$_T$ (ARRAY$_{IR}$ [,DIM$_I$] [,MASK$_L$]) [90] ergibt den größten Wert des Feldes ARRAY vom Typ INTEGER oder REAL innerhalb der Dimension DIM gemäß den wahren Feldelementen von MASK. Wenn ARRAY ein Feld der Größe null ist oder MASK nur Werte „falsch" beinhaltet, liefert die Funktion die kleinste (negative betragsgrößte) Zahl, welche mittels des Datentyps von ARRAY darstellbar ist.

Ergebnistyp: Typ vom Argument ARRAY (Form siehe Seite 287).

Beispiele: MAXVAL((/ 1, 2, 3 /)) = 3; MAXVAL(C, MASK = C.LT. 0.0) liefert den größten Wert aller negativen Elemente von C;

für B $= \begin{bmatrix} 1 & 3 & 5 \\ 2 & 4 & 6 \end{bmatrix}$ gilt: MAXVAL(B, DIM=1) = [2, 4, 6];

MAXVAL(B, DIM=2) = [5, 6]

MINLOC$_T$ (ARRAY$_{IR}$ [,MASK$_L$]) [90] liefert die Position des ersten Auftretens des kleinsten Wertes innerhalb des Feldes ARRAY vom Typ INTEGER oder REAL unter Berücksichtigung von MASK. Das Ergebnis ist ein eindimensionales Feld, dessen Größe dem Rang von ARRAY entspricht und dessen Feldelemente die Positionen des gesuchten Wertes innerhalb der einzelnen Dimensionen von ARRAY beinhalten (diese Positionen stimmen nur dann mit den Indizes überein, wenn alle Dimensionen die untere Grenze eins aufweisen). Wenn ARRAY ein Feld der Größe null ist oder MASK nur Werte „falsch" beinhaltet, ist das Ergebnis implementierunsabhängig.

Ergebnistyp: Feld vom Typ DEFAULT INTEGER.

Beispiele: MINLOC((/ 2, 6, 1, 6 /)) = 3;

für A $= \begin{bmatrix} 0 & -5 & 8 & -3 \\ 3 & 4 & -1 & 2 \\ 1 & 5 & 6 & -4 \end{bmatrix}$ gilt: MINLOC(A, MASK = A.GT.−4) =

[1, 4] (dieses Ergebnis gilt auch dann, wenn die unteren Indexgrenzen von A ungleich 1 sind).

MINVAL$_T$ (ARRAY$_{IR}$ [,DIM$_I$] [,MASK$_L$]) [90] ergibt den kleinsten Wert des Feldes ARRAY vom Typ INTEGER oder REAL innerhalb der Dimension DIM gemäß den wahren Feldelementen von MASK. Wenn ARRAY ein Feld der Größe null ist oder MASK nur Werte

„falsch" beinhaltet, liefert die Funktion die größte Zahl, welche mittels des Datentyps von ARRAY darstellbar ist.

Ergebnistyp: Typ vom Argument ARRAY (Form siehe Seite 287).

Beispiele: MINVAL((/ 1, 2, 3 /)) = 1; MINVAL(C, MASK = C.GT. 0.0) liefert den kleinsten Wert aller positiven Elemente von C;

für B $= \begin{bmatrix} 1 & 3 & 5 \\ 2 & 4 & 6 \end{bmatrix}$ gilt: MINVAL(B, DIM=1) = [1, 3, 5];

MINVAL(B, DIM=2) = [1, 2]

PRODUCT$_T$ (ARRAY$_N$ [,DIM$_I$] [,MASK$_L$]) [90] liefert das Produkt aller Elemente von ARRAY (beliebiger numerischer Datentyp) innerhalb der Dimension DIM gemäß den wahren Feldelementen von MASK. Wenn ARRAY ein Feld der Größe null ist oder MASK nur Werte „falsch" beinhaltet, liefert die Funktion den Wert 1.

Ergebnistyp: Typ vom Argument ARRAY (Form siehe Seite 287).

Beispiele: PRODUCT((/ 1, 2, 3 /)) = 6; PRODUCT(C, MASK = C.GT.0.0) liefert das Produkt aller positiven Elemente von C;

für B $= \begin{bmatrix} 1 & 3 & 5 \\ 2 & 4 & 6 \end{bmatrix}$ gilt: PRODUCT(B, DIM=1) = [2, 12, 30];

PRODUCT(B, DIM=2) = [15, 48]

SUM$_T$ (ARRAY$_N$ [,DIM$_I$] [,MASK$_L$]) [90] liefert die Summe aller Elemente von ARRAY (beliebiger numerischer Datentyp) innerhalb der Dimension DIM gemäß den wahren Feldelementen von MASK. Wenn ARRAY ein Feld der Größe null ist oder MASK nur Werte „falsch" beinhaltet, liefert die Funktion den Wert 0.

Ergebnistyp: Typ vom Argument ARRAY (Form siehe Seite 287).

Beispiele: SUM((/ 1, 2, 3 /)) = 6; SUM(C, MASK = C.GT.0.0) liefert die Summe aller positiven Elemente von C;

für B $= \begin{bmatrix} 1 & 3 & 5 \\ 2 & 4 & 6 \end{bmatrix}$ gilt: SUM(B, DIM=1) = [3, 7, 11];

SUM(B, DIM=2) = [9, 12]

Abfragefunktionen für Felder

Der bei den Funktionen LBOUND, SIZE und UBOUND vorhandene optionale Parameter DIM muß vom Typ INTEGER sein und die Bedingung $1 \leq$ DIM $\leq n$ erfüllen, wobei n den Rang des Argumentes ARRAY darstellt. Das dem Parameter DIM entsprechende aktuelle Argument darf kein optionaler Formalparameter sein.

ALLOCATED$_A$ (ARRAY$_B$) [90] liefert den Wert „wahr", wenn das Feld ARRAY (dieses muß das ALLOCATABLE–Attribut aufweisen) zugeteilt ist; andernfalls den Wert „falsch". Das Ergebnis der Funktion ist undefiniert, wenn der Zuteilungsstatus von ARRAY undefiniert ist.

Ergebnistyp: Skalar vom Typ DEFAULT LOGICAL.

Beispiel: ALLOCATED(X) = „wahr", wenn dem zuteilbaren Feld X augenblicklich ein Speicherbereich zugeteilt ist.

LBOUND$_A$ (ARRAY$_B$ [,DIM$_I$]) [90] liefert alle unteren Grenzen des Feldes ARRAY oder die untere Grenze der mittels des Argumentes DIM (Typ INTEGER) festgelegten Dimension. ARRAY kann einem beliebigen Datentyp angehören, doch es darf weder ein nicht zugeordneter Pointer noch ein nicht zugeteiltes zuteilbares Feld sein. Wenn DIM nicht angegeben ist, stellt die Funktion ein eindimensionales Feld mit der Größe n dar, dessen Feldelemente alle unteren Grenzen von AR-RAY beinhalten; andernfalls ist das Ergebnis ein Skalar und beinhaltet die untere Grenze der mittels DIM spezifizierten Dimension oder den Wert 1, wenn die Ausdehnung dieser Dimension null ist. Wenn ARRAY ein Teilfeld oder einen feldwertigen Ausdruck darstellt, liefert LBOUND ebenfalls den Wert 1.

Ergebnistyp: DEFAULT INTEGER.

Beispiele: Wenn A mittels der Anweisung REAL A(2:3, 7:10) spezifiziert worden ist, gilt: LBOUND(A) = [2, 7]; LBOUND(A, 2) = 7

SHAPE$_A$ (SOURCE$_B$) [90] liefert die Form des Argumentes SOURCE. Dieses kann einem beliebigen Datentyp angehören, doch es darf kein nicht zugeordneter Pointer, kein nicht zugeteiltes zuteilbares Feld und kein Feld mit angenommener Größe sein.

Ergebnistyp: Eindimensionales Feld vom Typ DEFAULT INTEGER, dessen Größe dem Rang von SOURCE entspricht und dessen Feldelemente die Ausdehnungen von SOURCE in den einzelnen Dimensionen beinhalten. Wenn SOURCE ein Skalar ist, ist das Ergebnis ein Feld vom Rang 1 mit der Größe null.

Beispiele: SHAPE(A(2:5, −1:1)) = [4, 3]; SHAPE(3) ist ein eindimensionales Feld der Größe null.

SIZE$_A$ (ARRAY$_B$ [,DIM$_I$]) [90] ergibt die Ausdehnung des Feldes AR-RAY bezüglich einer durch DIM festgelegten Dimension oder die Gesamtanzahl aller Elemente, wenn DIM nicht angegeben ist. ARRAY kann einem beliebigen Datentyp angehören, doch es darf weder ein nicht zugeordneter Pointer noch ein nicht zugeteiltes zuteilbares Feld sein. Wenn ARRAY ein Feld mit angenommener Größe ist, so muß DIM angegeben sein und die Bedingung $1 \leq \text{DIM} < n$ erfüllen.

Ergebnistyp: Skalar vom Typ DEFAULT INTEGER.

Beispiele: SIZE(A(2:5, −1:1)) = 12; SIZE(A(2:5, −1:1),DIM=2) = 3

UBOUND$_A$ (ARRAY$_B$ [,DIM$_I$]) [90] liefert alle oberen Grenzen des Feldes ARRAY oder die obere Grenze der mittels des Argumentes DIM (Typ INTEGER) festgelegten Dimension. ARRAY kann einem beliebigen Datentyp angehören, doch es darf weder ein nicht zugeordneter Pointer noch ein nicht zugeteiltes zuteilbares Feld sein. Wenn DIM nicht angegeben ist, stellt die Funktion ein eindimensionales Feld mit der Größe n dar, dessen Feldelemente alle oberen Grenzen von ARRAY beinhalten; andernfalls ist das Ergebnis ein Skalar und beinhaltet die obere Grenze der mittels DIM spezifizierten Dimension oder den Wert 0, wenn die Ausdehnung dieser Dimension null ist. Wenn ARRAY ein Teilfeld oder einen feldwertigen Ausdruck darstellt, liefert UBOUND die Anzahl der Elemente in der entsprechenden Dimension.

Ergebnistyp: DEFAULT INTEGER.

Beispiele: Wenn A mittels der Anweisung `REAL A(2:3, 7:10)` spezifiziert worden ist, gilt: UBOUND(A) = [3, 10]; UBOUND(A, 2) = 10

Funktionen zur Umformung von Feldern

Diese *in FORTRAN 77 nicht vorhandenen* Funktionen sind für Felder jedes Datentyps anwendbar.

CSHIFT$_T$ (ARRAY$_B$, SHIFT$_I$ [,DIM$_I$]) [90] ergibt ein Feld, welches aus dem Feld ARRAY mit dem Rang n durch zirkulare Elementverschiebung entsteht. Wenn $n = 1$ gilt, muß SHIFT (vom Typ INTEGER) ein Skalar sein; andernfalls kann SHIFT ein Skalar oder ein Feld vom Rang $n - 1$ mit der Form $(d_1, d_2, \ldots d_{\text{DIM}-1}, d_{\text{DIM}+1}, \ldots d_n)$ sein, wobei $(d_1, d_2, \ldots d_n)$ die Form von ARRAY ist. DIM muß ein Skalar vom Typ INTEGER sein, dessen Wert im Bereich $1 \leq \text{DIM} \leq n$ liegt. Wenn DIM nicht angegeben ist, erfolgt die Interpretation so, als ob es mit dem Wert 1 übergeben worden wäre.

Ergebnistyp: Typ und Form des Argumentes ARRAY. Wenn ARRAY den Rang 1 aufweist, erfolgt eine Verschiebung der Werte der Feldelemente um |SHIFT| Positionen nach vorne (wenn SHIFT>0) bzw. nach hinten (wenn SHIFT<0), wobei über das eine Ende des Feldes „hinausgeschobene" Werte am anderen Ende wieder „eintreten". Wenn ARRAY ein Feld vom Rang ≥ 2 ist, erfolgt eine derartige Elementverschiebung für alle möglichen Teilfelder entlang der mittels DIM bestimmten Dimension. Ein Teilfeld $(s_1, s_2, \ldots s_{\text{DIM}-1}, :, s_{\text{DIM}+1}, \ldots s_n)$ des Ergebnisses beinhaltet die Werte gemäß CSHIFT(ARRAY$(s_1, s_2, \ldots s_{\text{DIM}-1}, :, s_{\text{DIM}+1}, \ldots s_n)$, sh, 1), wobei sh entweder SHIFT darstellt (wenn SHIFT ein Skalar ist) oder durch SHIFT$(s_1, s_2, \ldots s_{\text{DIM}-1}, s_{\text{DIM}+1}, \ldots s_n)$ gegeben ist.

Beispiele: $A = \begin{bmatrix} 1 & 2 & 3 \\ 4 & 5 & 6 \\ 7 & 8 & 9 \end{bmatrix}$; dann ist CSHIFT$(A, -1, 2) = \begin{bmatrix} 3 & 1 & 2 \\ 6 & 4 & 5 \\ 9 & 7 & 8 \end{bmatrix}$

und CSHIFT(A, SHIFT=$(/-1, 1, 0/)$, DIM=2) $= \begin{bmatrix} 3 & 1 & 2 \\ 5 & 6 & 4 \\ 7 & 8 & 9 \end{bmatrix}$

EOSHIFT$_T$ (ARRAY$_B$, SHIFT$_I$ [,BOUNDARY] [,DIM$_I$]) [90] beinhaltet als Resultat ein Feld, welches aus dem Feld ARRAY mit dem Rang n durch <u>nicht</u> zirkulare Elementverschiebung entsteht. Bezüglich der Bedeutung der Argumente ARRAY, SHIFT und DIM sei auf die Funktion CSHIFT verwiesen. Im Gegensatz zu dieser gehen bei der Funktion EOSHIFT über ein Ende „hinausgeschobene" Werte von Feldelementen verloren; die dabei entstehenden Lücken werden entweder mittels des Argumentes BOUNDARY oder — wenn dieses nicht angegeben ist — mit Defaultwerten belegt, welche vom Typ des Argumentes ARRAY abhängig sind: INTEGER: 0, REAL: 0.0, COMPLEX: (0.0,0.0), LOGICAL: „falsch", CHARACTER*len: len Leerzeichen.

Das optionale Argument BOUNDARY muß demselben Datentyp wie ARRAY angehören; bezüglich dessen Form gelten dieselben Bedingungen wie für das Argument SHIFT (siehe Funktion CSHIFT).

Ergebnistyp: Typ und Form des Argumentes ARRAY.

Beispiele: $A = [1, 2, 3, 4, 5, 6]$; dann ist EOSHIFT(A,3) $=$ $[4, 5, 6, 0, 0, 0]$ und EOSHIFT(A,-2,8) $= [8, 8, 1, 2, 3, 4]$.

$B = \begin{bmatrix} A & B & C \\ D & E & F \\ G & H & I \end{bmatrix}$; dann ist EOSHIFT(B,$-1$,'*',2) $= \begin{bmatrix} * & A & B \\ * & D & E \\ * & G & H \end{bmatrix}$ und

EOSHIFT(B, $(/-1, 1, 0/)$, $(/'*', '!', '?'/)$, 2) $= \begin{bmatrix} * & A & B \\ E & F & ! \\ G & H & I \end{bmatrix}$

MERGE$_E$ (TSOURCE$_B$, FSOURCE, MASK$_L$) [90] selektiert als Ergebnis entweder den Wert von TSOURCE (wenn MASK „wahr" ist) oder den Wert von FSOURCE (wenn MASK „falsch" ist). FSOURCE muß demselben Datentyp (einschließlich Typkennzahl) angehören wie TSOURCE.

Ergebnistyp: Typ vom Argument TSOURCE.

Beispiele: MERGE(1.0,0.0,K>0) ist 1.0 für K = 5 und 0.0 für K = -2

$$T = \begin{bmatrix} 1 & 6 & 5 \\ 2 & 4 & 6 \end{bmatrix}, \quad F = \begin{bmatrix} 0 & 3 & 2 \\ 7 & 4 & 8 \end{bmatrix} \quad \text{und} \quad M = \begin{bmatrix} w & f & w \\ f & f & w \end{bmatrix}. \quad \text{Dann ist}$$

$$\text{MERGE(T,F,M)} = \begin{bmatrix} 1 & 3 & 5 \\ 7 & 4 & 6 \end{bmatrix} \quad (\text{„w"} = \text{„wahr"} \text{ und } \text{„f"} = \text{„falsch"}).$$

PACK$_T$ **(ARRAY**$_B$**, MASK**$_L$ **[,VECTOR])**[90] komprimiert ein Feld unter der Kontrolle von MASK auf einen Vektor. MASK muß zum Argument ARRAY konform sein und VECTOR muß demselben Typ wie ARRAY angehören und ein Feld vom Rang 1 sein, dessen Größe mindestens der Anzahl wahrer Werte in MASK entspricht (wenn MASK ein Skalar mit dem Wert „wahr" ist, muß VECTOR mindestens soviele Elemente aufweisen wie ARRAY).

Ergebnistyp: Feld vom Rang 1 und demselben Typ wie ARRAY. Wenn VECTOR angegeben ist, hat das Ergebnis dessen Größe und beinhaltet am Beginn alle w Werte von ARRAY, dessen Feldelemente einem Wert „wahr" von MASK entsprechen. Die restlichen Elemente werden für das Ergebnis von VECTOR übernommen. Wenn VECTOR nicht vorhanden ist, hat das Ergebnis die Größe w und besteht ausschließlich aus den eben besprochenen Werten von ARRAY. Wenn MASK ein Skalar mit dem Wert „wahr" ist, beinhaltet das Ergebnis alle Elemente von ARRAY (unabhängig vom Vorhandensein von VECTOR).

Beispiel: $A = \begin{bmatrix} 0 & 9 & 0 \\ 0 & 0 & 7 \end{bmatrix}$; dann ist PACK(A,MASK=A.NE.0) = $[9, 7]$ und PACK(A,A.NE.0,VECTOR=(/1, 2, 3, 4, 5, 6/)) = $[9, 7, 3, 4, 5, 6]$

RESHAPE$_T$ **(SOURCE**$_B$**, SHAPE**$_I$ **[,PAD] [,ORDER**$_I$**])**[90] erzeugt ein Feld mit der durch das Argument SHAPE definierten Form unter Verwendung der Feldelemente von SOURCE. SHAPE muß ein eindimensionales INTEGER–Feld konstanter Größe mit maximal 7 Feldelementen sein, welche die Ausdehnungen der einzelnen Dimensionen des Ergebnisfeldes darstellen (und daher keinen negativen Wert beinhalten dürfen). SOURCE muß ein Feld sein, welches zumindest die Größe PRODUCT(SHAPE) aufweisen muß, soferne PAD nicht angegeben oder ein Feld der Größe null ist. Wenn PAD angegeben ist, muß es ein Feld vom selben Datentyp sein wie SOURCE. Wenn das Argument ORDER (vom Typ INTEGER) angegeben ist, muß es zu SHAPE konform sein und eine Permutation der Werte $(1, 2, \ldots n)$ beinhalten, wobei n die Größe von SHAPE darstellt. Ein Fehlen von ORDER wird so interpretiert, als ob es mit den Werten $(1, 2, \ldots n)$ angegeben worden wäre.

Ergebnistyp: Feld mit der durch SHAPE spezifizierten Form vom selben Datentyp wie SOURCE. Die Feldelemente des Ergebnisses werden entsprechend der permutierten Indexreihenfolge (ORDER(1), ORDER(2),...) zunächst mit den Werten von SOURCE (in der Reihenfolge der Speicherbelegung) und anschließend erforderlichenfalls mit den Werten von PAD belegt, wobei die Belegung mit diesen Werten so oft wiederholt wird, bis alle Elemente des Ergebnisses definiert sind.

Beispiele: RESHAPE $((/1,2,3,4,5,6/),(/2,3/)) = \begin{bmatrix} 1 & 3 & 5 \\ 2 & 4 & 6 \end{bmatrix}$

RESHAPE $((/1,2,3,4,5,6/),(/2,4/),(/0,0/),(/2,1/)) = \begin{bmatrix} 1 & 2 & 3 & 4 \\ 5 & 6 & 0 & 0 \end{bmatrix}$

UNPACK$_T$ (VECTOR$_B$, MASK$_L$, FIELD) [90] expandiert einen Vektor auf ein Feld unter der Kontrolle von MASK. Die Größe von VECTOR (Feld vom Rang 1) muß mindestens der Anzahl wahrer Werte in MASK entsprechen. FIELD muß demselben Datentyp wie VECTOR angehören und zu MASK konform sein.

Ergebnistyp: Feld vom Typ des Argumentes VECTOR und der Form von MASK. In der Reihenfolge der Speicherbelegung wird MASK nach wahren Werten durchsucht und wenn ein solcher angetroffen wird, erhält das korrespondierende Feldelement des Ergebnisses den Wert VECTOR(i), wobei i den i-ten wahren Wert innerhalb von MASK darstellt. Alle übrigen Feldelemente des Ergebnisses werden unter Beibehaltung der entsprechenden Position von FIELD übernommen; wenn FIELD ein Skalar ist, sind alle übrigen Elemente gleich dem Wert von FIELD.

Beispiel: V $= [1, 2, 3]$; M $= \begin{bmatrix} f & w & f \\ w & f & w \end{bmatrix}$; F $= \begin{bmatrix} 4 & 5 & 6 \\ 7 & 8 & 9 \end{bmatrix}$. Dann ist

UNPACK(V,M,F) $- \begin{bmatrix} 4 & 2 & 6 \\ 1 & 8 & 3 \end{bmatrix}$ und

UNPACK(V,M,FIELD=0) $= \begin{bmatrix} 0 & 2 & 0 \\ 1 & 0 & 3 \end{bmatrix}$

SPREAD$_T$ (SOURCE$_B$, DIM$_I$, NCOPIES$_I$) [90] repliziert die Variable SOURCE, indem eine Dimension an der Stelle DIM mit der Ausdehnung MAX(NCOPIES,0) eingefügt wird und alle Feldelemente von SOURCE entsprechend oft kopiert werden. SOURCE kann ein Skalar oder ein Feld mit dem Rang $n < 7$ sein. DIM muß der Bedingung $1 \leq$ DIM $\leq n + 1$ genügen und NCOPIES ist ein Skalar.

Ergebnistyp: Feld vom Datentyp des Argumentes SOURCE und dem Rang $n+1$. Wenn SOURCE ein Skalar ist, ist die Form des Ergebnisses (MAX(NCOPIES,0)). Wenn SOURCE ein Feld der Form $(d_1, d_2, \ldots d_n)$ darstellt, hat das Ergebnis die Form $(d_1, d_2, \ldots d_{\text{DIM}-1},$ MAX(NCOPIES, 0), $d_{\text{DIM}}, \ldots d_n)$.

Beispiele: Für S $= [2, 3, 4]$ ist SPREAD$(S, 1, \text{NC}) = \begin{bmatrix} 2 & 3 & 4 \\ 2 & 3 & 4 \\ 2 & 3 & 4 \end{bmatrix}$, wenn NC $= 3$ ist; für den Fall NC $= 0$ ist das Ergebnis ein Feld der Größe null.

TRANSPOSE$_T$ **(MATRIX**$_B$**)**[90] liefert die Transponierte vom Argument MATRIX, welches ein Feld vom Rang 2 sein muß. Die Werte der Feldelemente (i, j) des Ergebnisses sind die Werte MATRIX(j, i). Ergebnistyp: Feld vom Typ des Argumentes MATRIX, dessen Form durch (n, m) gegeben ist, wenn MATRIX die Form (m, n) hat.

Beispiel: A $= \begin{bmatrix} 1 & 2 & 3 \\ 4 & 5 & 6 \\ 7 & 8 & 9 \end{bmatrix}$; dann gilt TRANSPOSE(A) $= \begin{bmatrix} 1 & 4 & 7 \\ 2 & 5 & 8 \\ 3 & 6 & 9 \end{bmatrix}$

11.4.9 NICHT ELEMENTARE SUBROUTINE–PROZEDUREN

Die folgenden intrinsischen Prozeduren, *welche in FORTRAN 77 nicht existieren*, sind in Form von SUBROUTINE–Unterprogrammen realisiert, da dabei der Informationsaustausch nicht über eine einzige Variable (Funktionsergebnis) erfolgen kann sondern im allgemeinen über mehrere Argumente durchgeführt werden muß.

Prozeduren betreffend die Echtzeituhr

DATE_AND_TIME$_{SR}$ **([DATE**$_{Ch}$**] [,TIME**$_{Ch}$**] [,ZONE**$_{Ch}$**]** **[,VALUES**$_I$**])** [90] liefert Daten der Echtzeituhr sowie das aktuelle Datum in einer dem Standard ISO 8601:1988 entsprechenden Darstellung. Alle vier Argumente sind optional und weisen das Attribut INTENT(OUT) auf. Die drei ersten Parameter sind Skalare vom Typ DEFAULT CHARACTER, wobei die im folgenden angegebenen Mindestlängen sinnvollerweise nicht unterschritten werden sollen, um die gesamte Information des betreffenden Argumentes zu erhalten. Wenn die betriebssystemspezifische Implementierung die jeweilige Information nicht zur Verfügung stellen kann, werden die entsprechenden Argumente mit Leerzeichen belegt.

Das Argument DATE soll eine Mindestlänge von 8 Zeichen aufweisen, die nach dem Aufruf das aktuelle Datum in der Form $JJJJMMTT$ beinhalten, wobei $JJJJ$ die Jahreszahl, MM die Monatszahl und TT den Tag bedeuten.

Der Parameter TIME soll eine Mindestlänge von 10 Zeichen haben, welche die Uhrzeit in der Form $hhmmss.sss$ beinhalten; dabei bedeuten hh die Stunden, mm die Minuten und $ss.sss$ die Sekunden und Millisekunden.

Das Argument ZONE soll eine Mindestlänge von 5 Zeichen aufweisen und enthält nach dem Aufruf einen Wert der Form $\pm hhmm$, welcher die Differenz bezüglich der mittleren Zeit von Greenwich (westeuropäische Zeit) in Stunden und Minuten angibt.

Das Argument VALUES muß ein eindimensionales Feld vom Typ DEFAULT INTEGER und einer Mindestgröße 8 sein. Wenn die einem Feldelement entsprechende Information nicht zur Verfügung steht, beinhaltet es nach dem Aufruf den Wert $-$HUGE(0). Die einzelnen Feldelemente haben folgende Bedeutung: VALUES(1) beinhaltet das Jahr (z.B. 1992), VALUES(2) bedeutet das Monat, VALUES(3) ist der Tag, VALUES(4) entspricht der Zeitdifferenz (siehe Argument ZONE), VALUES(5) ist die aktuelle Stunde (0..23), VALUES(6) beinhaltet die Minuten (0..59), VALUES(7) entspricht den Sekunden (0..59) und VALUES(8) den Millisekunden (0..999).

Beispiel: Wenn eine Programmeinheit die Anweisungen

```
INTEGER DATUM(8)
CHARACTER (LEN=10) UHR(3)
CALL DATE_AND_TIME (UHR(1),UHR(2),UHR(3),DATUM)
```

enthält und sie in Wien am 21. Februar 1993 zur Tageszeit 15:27:35.5 ausgeführt wird, beinhalten die einzelnen Argumente nach dem Aufruf folgende Werte: UHR(1) = '19930221', UHR(2) = '152735.500', UHR(3)(1:5) = '+0100', DATUM = [1993, 2, 21, 60, 15, 27, 35, 500].

SYSTEM_CLOCK$_{SR}$ **([COUNT**$_I$**] [,COUNT_RATE**$_I$**] [,COUNT_MAX**$_I$**])** [90] liefert ganzzahlige Daten der Echtzeituhr. Alle drei Argumente müssen Skalare vom Typ DEFAULT INTEGER sein und weisen das Attribut INTENT(OUT) auf.

Das Argument COUNT wird auf den aktuellen Wert der Systemuhr im Bereich $0 \leq$ COUNT $\leq$ COUNT_MAX gesetzt. Der Wert der Systemuhr wird mit dem systeminternen Takt um eins inkrementiert und — sobald der Wert CLOCK_MAX erreicht wird — wieder auf null zurückgesetzt. Wenn auf die Systemuhr kein Zugriff besteht, beinhaltet COUNT den Wert $-$HUGE(0).

Der Parameter COUNT_RATE beinhaltet die Anzahl der Takte der Systemuhr je Sekunde (bzw. 0, wenn kein Zugriff auf die Systemuhr besteht).

Das Argument COUNT_MAX stellt den Maximalwert dar, den die Systemuhr an das Argument COUNT übergeben kann. Wenn kein Zugriff auf die Systemuhr besteht, erhält COUNT_MAX den Wert 0. Beispiel: Unter der Annahme, daß es sich bei der Systemuhr um eine 24–Stunden–Uhr handelt, welche die Zeit in Intervallen von einer Sekunde registriert, liefert die Ausführung der Anweisung

```
CALL SYSTEM_CLOCK (C, R, M)
```

um 11 Uhr 30 folgende Argumentwerte: $C = 11 \cdot 3600 + 30 \cdot 60 = 41400$, $R = 1$ und $M = 24 \cdot 3600 - 1 = 86399$.

Prozeduren zur Erzeugung von Zufallszahlen

RANDOM_NUMBER$_{SR}$ (HARVEST$_R$) [90] übergibt an das Argument HARVEST (Skalar oder Feld vom Typ REAL) eine Pseudozufallszahl oder ein Feld von Pseudozufallszahlen mit einer Normalverteilung im Bereich $0 \leq x < 1$. HARVEST weist das Attribut INTENT(OUT) auf.

```
Beispiel: REAL X, Y(10)
          CALL RANDOM_NUMBER (HARVEST = X)
          CALL RANDOM_NUMBER (Y)
```

Nach diesen Aufrufen beinhalten X und Y normalverteilte Pseudozufallszahlen.

RANDOM_SEED$_{SR}$ ([SIZE$_I$] [,PUT$_I$] [,GET$_I$]) [90] dient der Initialisierung sowie zur Abfrage des Basisfeldes des Pseudozufallszahlengenerators, welcher von der Prozedur RANDOM_NUMBER verwendet wird. Es darf höchstens _eines_ der Argumente angegeben werden. Ohne Angabe eines Argumentes bewirkt die Prozedur eine Initialisierung des Zufallszahlengenerators, wobei implementierungsabhängige Werte für das Basisfeld verwendet werden.

Das skalare Argument SIZE mit dem Attribut INTENT(OUT) beinhaltet nach dem Aufruf die Anzahl der Elemente des Basisfeldes (n), welches vom Pseudozufallszahlengenerator verwendet wird.

PUT ist ein Feld vom Rang 1 mit einer Größe $\geq n$, dessen Werte der ersten n Feldelemente vom Zahlengenerator in das Basisfeld übernommen werden (PUT weist das INTENT(IN)–Attribut auf).

Mittels des Argumentes GET, welches ein eindimensionales Feld mit einer Größe $\geq n$ darstellt und das Attribut INTENT(OUT) aufweist, erhält man die aktuellen Werte des Basisfeldes.

```
Beispiele:  ! Initialisierung:
            CALL RANDOM_SEED
            ! Erfragen der Basisfeldgröße:
            CALL RANDOM_SEED (SIZE = K)
            ! Setzen der Elemente des Basisfeldes:
            CALL RANDOM_SEED (PUT = BASIS_NEU(1:K))
            ! Lesen der aktuellen Basisfeldelemente:
            CALL RANDOM_SEED (GET = BASIS_ALT(1:K))
```

Anhang A

Darstellung von Gleitkommazahlen

Die Art der Darstellung von Gleitkommazahlen liegt nicht im Bereich des Standards einer Programmiersprache, da die Zahlendarstellung untrennbar mit der Hardware des jeweiligen Rechnersystems verbunden ist. Aus diesem Grund weisen Rechenanlagen verschiedener Hersteller zumeist auch unterschiedliche Zahlendarstellungen auf, wodurch sich (zum Teil gravierende) Unterschiede in den Bereichen und Genauigkeiten der Zahlendarstellungen ergeben.

In der jüngsten Vergangenheit findet die Darstellung von Gleitkommazahlen gemäß dem Standard IEEE 754 [3] mehr und mehr Verbreitung, was vom Standpunkt der Portabilität aus in höchstem Maße zu begrüßen ist. Zu den Rechnersystemen bzw. -komponenten, welche dieses Darstellungsformat verwenden, zählen beispielsweise DEC[1] Alpha [10], HP[2] 9000-700, IBM[3] RS6000 und Intel[4] i486[4] [16] (diese Liste erhebt keinerlei Anspruch auch auf nur annähernde Vollständigkeit).

Im folgenden werden die IEEE–Darstellungsformate sowie die Zahlendarstellungsarten dreier exemplarisch herausgegriffener Rechnerfamilien beschrieben. Abschließend werden deren wichtigsten Eigenschaften in Form einer Tabelle zusammengefaßt.

Darstellung gemäß IEEE–Standard 754

Der Standard ANSI/IEEE 754 [3] legt die Darstellung von Gleitkommazahlen für 32 Bit („einfache" Genauigkeit), für 64 Bit („doppelte" Genauigkeit) und für 80 Bit („erweiterte" Genauigkeit) fest, wobei letztere in der Praxis ausschließlich innerhalb des numerischen Prozessors verwendet wird und nicht auf Benutzerebene zur Verfügung steht (das heißt, daß die 80 Bit–Darstellung nur zur Berechnung aber nicht für die Ein-/Ausgabe dient).

---

[1] DEC ist ein eingetragenes Warenzeichen der Fa. Digital Equipment Corporation.

[2] HP ist ein eingetragenes Warenzeichen der Fa. Hewlett Packard Corporation.

[3] IBM ist ein eingetragenes Warenzeichen der Fa. International Business Machines Corporation.

[4] Intel und i486 sind eingetragene Warenzeichen der Fa. Intel Corporation.

Interne Darstellung

Bei der internen (binären) Darstellung unterscheidet man drei Bereiche: ein Bit (das höchstwertige Bit) wird bei allen drei Formaten für das Vorzeichen benötigt und anschließend folgen der Exponenten- und der Mantissenbereich. Die Numerierung der Bitpositionen erfolgt (mit 0 beginnend) von rechts nach links. Jedes Bit kann nur entweder die Ziffer 0 oder die Ziffer 1 beinhalten.

Einfache Genauigkeit (32 Bit):

Vz $_{31}$	$_{30}$ Exp $_{23}$	$_{22}$ Mantisse $_{0}$
1 Bit	8 Bit	23 Bit

Doppelte Genauigkeit (64 Bit):

Vz $_{63}$	$_{62}$ Exp $_{52}$	$_{51}$ Mantisse $_{0}$
1 Bit	11 Bit	52 Bit

Erweiterte Genauigkeit (80 Bit):

Vz $_{79}$	$_{78}$ Exp $_{64}$	$_{63}$ Mantisse $_{0}$
1 Bit	15 Bit	64 Bit

Die folgende Tabelle gibt einen Überblick über die Parameter der IEEE–Gleitkommazahlendarstellungen:

Parameter der Zahlendarstellung	Darstellungsformat		
	einfach	doppelt	erweitert
Formatweite in Bit	32	64	80
Bitanzahl der Mantisse	24	53	64
Exponentenweite in Bit	8	11	15
Maximaler Exponent	$+127$	$+1023$	$+16383$
Minimaler Exponent	-126	-1022	-16382
Offset	$+127$	$+1023$	$+16383$

Tabelle A.1: Parameter der IEEE–Formate

Dezimaler Wert

Der dezimale Wert der binär dargestellten Gleitkommazahl ergibt sich aus der Formel

$$(-1)^{Vz} \cdot 2^{Exponent} \cdot (b_0.b_1b_2b_3..b_{s-1}) \, ,$$

wobei für *Exponent* die Beziehung *Exp − Offset* gilt und die b_i die s Werte der Bits der Mantisse darstellen. *Offset* repräsentiert eine vom jeweiligen

Darstellungsformat abhängige ganze Zahl (siehe Tabelle A.1). Die numerischen Eigenschaften der drei IEEE–Formate zur Darstellung von Gleitkommazahlen sind in der Tabelle A.2 auf Seite 306 zusammengefaßt.

Darstellung bei der Rechnerfamilie VAX[5]

Unter VAX FORTRAN[5], der FORTRAN 77–Umgebung der Rechnerfamilie VAX[5] unter dem Betriebssystem VMS[5] der Fa. Digital Equipment Corporation, existieren Darstellungen von Gleitkommazahlen für 32 Bit („REAL*4“ oder „F_floating“), 64 Bit („REAL*8“) und 128 Bit („REAL*16“ oder „H_floating“). Bei der 64 Bit–Darstellung sind noch zwei verschiedene Darstellungsarten („D_floating“ und „G_floating“, welche unterschiedliche Speicherplatzaufteilung zwischen Mantisse und Exponent aufweisen) zu unterscheiden, sodaß insgesamt vier Darstellungen für reelle Zahlen vorhanden sind.[6]

Zur Darstellung komplexer Zahlen werden zwei unmittelbar aufeinanderfolgende Speicherbereiche verwendet, welche den Real- und Imaginärteil in derselben Darstellungsart beinhalten. Den Formaten „REAL*4“ und „REAL*8“ entsprechen die komplexen Datentypen „COMPLEX*8“ und „COMPLEX*16“; zur Darstellung „REAL*16“ gibt es kein komplexes Analogon.

Im Gegensatz zum IEEE–Format wird der Trennpunkt zwischen ganzzahligem und gebrochenen Anteil der Mantisse links vom höchstwertigen Bit angenommen. Die Mantisse wird grundsätzlich normalisiert angenommen, sodaß das höchstwertige Bit nicht abgespeichert werden muß („*hidden bit normalization*“ [9]), da dafür immer der Wert 1 angenommen werden kann (ausgenommen dann, wenn der Exponent 0 ist).

Darstellung REAL*4 (F_floating)

Das Darstellungsformat REAL*4, welches dem FORTRAN–Datentyp REAL entspricht, belegt vier aufeinanderfolgende Bytes, wobei für den Exponenten 8 Bit und für die Mantisse (physisch) 23 Bit zur Verfügung stehen:

31 Mantisse 2 16	Vz 15	14 Exp 7	6 Mant.1 0
16 Bit	1 Bit	8 Bit	7 Bit

---

[6] Die neue Rechnergeneration der Fa. DEC („Alpha–Technologie“) unterstützt sowohl die Darstellungsformate der VAX–Rechnersysteme als auch die IEEE–Formate.

Die gesamte Mantisse setzt sich in der Reihenfolge der Wertigkeit folgendermaßen zusammen: aus dem höchstwertigen (nicht abgespeicherten) Bit, den Bits 6..0 und den Bits 31..16 (die reale Mantisse umfaßt somit 24 Bit).

Das Exponentenfeld wird für binäre Werte im Bereich 1..255 zur Bildung binärer Exponenten im Bereich $-127..127$ herangezogen. (Der Wert 0 im Exponentenfeld dient einerseits zur Darstellung der Zahl 0.0 sowie zur Identifikation reservierter Operanden.)

Der dezimale Wert einer im Format REAL*4 dargestellten Gleitkommazahl ergibt sich demnach aus der Formel

$$(-1)^{\text{Vz}} \cdot 2^{\text{Exponent}} \cdot (0.1\, b_6 b_5 .. b_0 b_{31} b_{30} .. b_{16}) \ .$$

Darstellung REAL*8 (D_floating)

Die Darstellungsart „D_floating" — sie entspricht dem FORTRAN–Datentyp DOUBLE PRECISION — verwendet acht aufeinanderfolgende Bytes, wobei der gegenüber dem Format „F_floating" zusätzliche Speicherplatz ausschließlich der Mantisse in Form niederwertiger Bits zugeordnet wird:

63 Mantisse 2 16	Vz 15	14 Exp 7	6 Mant.1 0
48 Bit	1 Bit	8 Bit	7 Bit

Dadurch ergibt sich gegenüber dem Format REAL*4 eine Erhöhung der Darstellungsgenauigkeit (siehe Tabelle A.2 auf Seite 306), während der Exponentenbereich identisch ist.

Darstellung REAL*8 (G_floating)

Das Format „G_floating" belegt zwar ebenfalls acht Bytes, doch verwendet es für das Exponentenfeld drei Bit mehr als die Darstellung „D_floating":

63 Mantisse 2 16	Vz 15	14 Exp 4	3 Mant.1 0
48 Bit	1 Bit	11 Bit	4 Bit

Vom 11 Bit umfassenden Exponentenfeld werden die Werte 1..2048 zur Bildung binärer Exponenten im Bereich $-1023..1023$ verwendet. Die Darstellungsgenauigkeit ist gegenüber dem Format „D_floating" etwa um eine Dezimalstelle geringer. Der dezimale Wert einer im Format „G_floating" dargestellten Zahl ergibt sich unter Berücksichtigung der unterschiedlichen Bitanzahlen auf dieselbe Art wie beim Format REAL*4.

Darstellung REAL*16 (H_floating)

Das Darstellungsformat REAL*16 („QUAD PRECISION") benötigt 16 aufeinanderfolgende Bytes (128 Bit), wobei 15 Bit für den Exponenten und 112 Bit für die Mantisse verwendet werden:

127	Mantisse	16	Vz 15	14	Exp	0
	112 Bit		1 Bit		15 Bit	

Das Exponentenfeld umfaßt in binärer Form die Werte 1..32767, welche als binäre Exponenten im Bereich $-16383..16383$ interpretiert werden.

Darstellung bei den Rechnerfamilien IBM[7] 360/370 und SIEMENS 7.500

Die FORTRAN 77–Compiler der Rechnersysteme IBM[7] 360, IBM[7] 370 und SIEMENS der Serie 7.500 (Betriebssystem BS2000[8]) unterstützen drei Darstellungsarten für reelle Gleitkommazahlen unter Verwendung von 4, 8 oder 16 aufeinanderfolgenden Bytes. Die zugehörigen „erweiterten" FORTRAN-Typvereinbarungsanweisungen lauten REAL*4, REAL*8 und REAL*16, wobei die beiden ersten den standardgemäßen Deklarationen für die Datentypen REAL und DOUBLE PRECISION äquivalent sind.

Besonders hervorzuheben ist, daß alle drei Darstellungen auch in Verbindung mit komplexen Zahlen existieren („COMPLEX*8", „COMPLEX*16" und „COMPLEX*32"), wobei beispielsweise ein Datenelement des Typs „COMPLEX*32" zwei aufeinanderfolgende Speicherbereiche des Darstellungsformates „REAL*16" für den Real- und Imaginärteil belegt.

Darstellungen mit den Längen 4 und 8 Byte

Bei der Darstellung mit 32 Bit (4 Byte–Format) repräsentiert das höchstwertige Bit das Vorzeichen, die folgenden 7 Bit bestimmen das Exponentenfeld und die restlichen 24 Bit stellen das Mantissenfeld dar:

Vz 31	30 Exp 24	23 Mantisse	0
1 Bit	7 Bit	24 Bit	

Beim 8 Byte–Format (64 Bit) werden die zuzüglichen 32 Bit ausschließlich dem Mantissenfeld zugeordnet, wodurch sich gegenüber dem 4 Byte–Format eine Erhöhung der Darstellungsgenauigkeit unter Beibehaltung des Wertebereiches ergibt:

Vz 63	62 Exp 56	55 Mantisse	0
1 Bit	7 Bit	56 Bit	

---

[7] IBM ist ein eingetragenes Warenzeichen der Fa. International Business Machines Corporation.

[8] BS2000 ist ein eingetragenes Warenzeichen der Fa. Siemens Nixdorf Informationssysteme AG.

Der dezimale Wert der beiden Darstellungsarten wird durch die Formel

$$(-1)^{Vz} \cdot 16^{Exponent} \cdot (0.b_{s-1}b_{s-2}..b_0)$$

beschrieben, wobei für *Exponent* die Beziehung *Exp* − 64 gilt und die b_i die
s Werte der Bits der Mantisse darstellen (beim 4 Byte–Format ist $s = 24$
und beim 8 Byte–Format gilt $s = 56$). Aufgrund des sieben Bit langen
Exponentenfeldes liegt der Wert für *Exp* im Bereich 0..127, sodaß *Exponent*
den Wertebereich −64..63 aufweist. (Es soll hervorgehoben werden, daß
dieser Exponentenbereich für die Basis 16 gilt; der der Basis 2 entsprechende
Bereich ist daher durch −256..252 gegeben.)

Darstellung mit der Länge 16 Byte

Das 16 Byte–Format (128 Bit) setzt sich aus zwei aufeinanderfolgenden
8 Byte–Darstellungen zusammen, wobei aber vom niederwertigeren Speicherbereich nur das Mantissenfeld zur Zahlendarstellung (das heißt zur
Erhöhung der Darstellungsgenauigkeit) verwendet wird:

Vz$_1$ 127	126 Exp$_1$ 120	119 Mantisse$_1$ 64	Vz$_2$ 63	62 Exp$_2$ 56	55 Mantisse$_2$ 0
1 Bit	7 Bit	56 Bit	1 Bit	7 Bit	56 Bit

Obwohl Vz_2 und Exp_2 zur Zahlendarstellung selbst nichts beitragen, beinhalten die entsprechenden Bits sehr wohl definierte Werte: $Vz_2 = Vz_1$ und
$Exp_2 = (Exp_1 + 114) \bmod (128)$.

Die gesamte Mantisse (in der Reihenfolge fallender Wertigkeit) ergibt
sich durch Zusammenfügung von Mantisse$_1$ und Mantisse$_2$: $b_{119}..b_{64}b_{55}..b_0$.

Der Darstellungsbereich für Gleitkommazahlen im 16 Byte–Format ist
mit jenem der beiden anderen Darstellungen ident.

Numerische Eigenschaften

In der Tabelle A.2 werden die numerischen Eigenschaften der besprochenen
Darstellungsformen von Gleitkommazahlen zusammengefaßt (unter der Bezeichnung IBM/SIEMENS ist die im vorigen Kapitel beschriebene Zahlendarstellung der Rechnersysteme IBM 360/370 und SIEMENS Serie 7.500 zu
verstehen). Dabei bedeuten X_{min} und X_{max} die kleinste positive bzw. größte
darstellbare Zahl, ε ist jene kleinste positive Zahl, welche gegenüber 1 gerade noch nicht vernachlässigbar ist und D bezeichnet die typische Anzahl
signifikanter Dezimalstellen.

Beim Vergleich der Darstellungen mit 32 Bit („einfach", „F_floating"
und „4 Byte") sowie jener mit 64 Bit („doppelt", „D_floating", „G_floating"
und „8 Byte") fällt auf, daß die Darstellungsgenauigkeiten nur geringfügig
voneinander abweichen.

Darstellungsformat		$X_{\min}$	$X_{\max}$	ε	D
IEEE 754	einfach	$1.176 \cdot 10^{-38}$	$3.402 \cdot 10^{38}$	$1.192 \cdot 10^{-7}$	7
	doppelt	$2.225 \cdot 10^{-308}$	$1.797 \cdot 10^{308}$	$2.220 \cdot 10^{-16}$	15
	erweitert	$3.362 \cdot 10^{-4932}$	$1.189 \cdot 10^{4932}$	$1.084 \cdot 10^{-19}$	19
VAX	F_floating	$2.939 \cdot 10^{-39}$	$1.701 \cdot 10^{38}$	$5.960 \cdot 10^{-8}$	7
	D_floating	$2.939 \cdot 10^{-39}$	$1.701 \cdot 10^{38}$	$1.388 \cdot 10^{-17}$	16
	G_floating	$5.563 \cdot 10^{-309}$	$8.988 \cdot 10^{307}$	$1.110 \cdot 10^{-16}$	15
	H_floating	$8.405 \cdot 10^{-4933}$	$5.948 \cdot 10^{4931}$	$9.630 \cdot 10^{-35}$	33
IBM SIEMENS	4 Byte	$5.398 \cdot 10^{-79}$	$7.237 \cdot 10^{75}$	$9.537 \cdot 10^{-7}$	7
	8 Byte	$5.398 \cdot 10^{-79}$	$7.237 \cdot 10^{75}$	$2.220 \cdot 10^{-16}$	16
	16 Byte	$5.398 \cdot 10^{-79}$	$7.237 \cdot 10^{75}$	$3.081 \cdot 10^{-33}$	32

Tabelle A.2: Numerische Eigenschaften von Gleitkommazahlendarstellungen

Anders verhält es sich jedoch bei den Darstellungsbereichen: Der Wertebereich bei den Darstellungen IBM/SIEMENS ist bei allen Formaten derselbe, wodurch er zwar beim Vergleich der 32 Bit–Darstellungen sehr gut abschneidet, jedoch beim Format mit 64 Bit wesentlich kleiner ist, als der im IEEE–Standard spezifizierte Bereich. Es ist allerdings zu bemerken, daß der Wertebereich $10^{-78}..10^{75}$ auch für anspruchsvolle technisch-wissenschaftliche Probleme ausreichend ist, was für den Darstellungsbereich $\approx 10^{\pm 38}$ nicht unbedingt gilt.

Obwohl die Darstellungsarten „einfach" und „F_floating" sowie „doppelt" und „G_floating" jeweils genau dieselben Aufteilungen zwischen Exponenten- und Mantissenfeld vornehmen, stimmen die korrespondierenden Wertebereiche und Darstellungsgenauigkeiten nur näherungsweise überein — dieser scheinbare Widerspruch ist auf die unterschiedliche Interpretation des Mantissenfeldes zurückzuführen.

Da das erweiterte IEEE–Format als einziges der beschriebenen Darstellungsarten auf einer Wortlänge von 80 Bit basiert, kann es mit den anderen Formaten nicht unmittelbar verglichen werden. Auffallend ist jedoch, daß dessen Wertebereich jenem der Darstellung „H_floating" sehr nahekommt.

Die Darstellungen „H_floating" der Rechnerfamilie VAX und „16 Byte" der Systeme IBM 360/370 und SIEMENS 7.500 verwenden jeweils 128 Bit. Während die Genauigkeiten durchaus vergleichbar sind, weist das Format „H_floating" einen drastisch größeren Darstellungsbereich auf; dies ist dadurch zu begründen, daß beim Format „16 Byte" acht Bit nicht für die Darstellung selbst verwendet werden (diese Bitanzahl entspricht genau dem Unterschied zwischen den Längen der beiden Exponentenfelder).

Literaturverzeichnis

[1] AMERICAN NATIONAL STANDARD INSTITUTE: *FORTRAN – ANSI Standard X3.9-1978*, 1978.

[2] AMERICAN NATIONAL STANDARD INSTITUTE: *Fortran 90 – ANSI Standard X3.198-1991*, 1991.

[3] AMERICAN NATIONAL STANDARD INSTITUTE / INSTITUTE OF ELECTRICAL AND ELECTRONICS ENGINEERS: *IEEE Standard for Binary Floating-Point Arithmetic – ANSI/IEEE Standard 754-1985*, 1985.

[4] APPLEBY, D.: FORTRAN. *BYTE* (September 1991), 147–150.

[5] BACKUS, J.: Specifications for the IBM Mathematical FORmula TRANslating System, FORTRAN. Preliminary report, International Business Machines Corporation, November 1954.

[6] CANN, D.: Retire FORTRAN? A Debate Rekindled. *Communications of the ACM 35*, 8 (August 1992), 81–89.

[7] CONTROL DATA CORPORATION: *NOS/VE System Usage*, 1988.

[8] DIGITAL EQUIPMENT CORPORATION: *DEC Fortran Language Reference*, 1991.

[9] DIGITAL EQUIPMENT CORPORATION: *Programming in VAX FORTRAN*, 1991.

[10] DIGITAL EQUIPMENT CORPORATION: *Alpha Architecture Handbook*, 1992.

[11] FADEN, M.: FORTRAN 90 Emerges As Standard. *UNIX Today*, 75 (Juli 1991).

[12] FORUM HIGH PERFORMANCE FORTRAN: High Performance Fortran, Draft for Language Specification. Rice University, Houston, Texas, November 1992.

[13] HEWLETT PACKARD CORPORATION: *FORTRAN/9000 Reference – HP 9000 Series 700 Computers*, 1991.

[14] HIRANANDANI, S., KENNEDY, K., TSENG, C.: Compiling FORTRAN D for MIMD Distributed-Memory Machines. *Communications of the ACM 35*, 8 (August 1992), 66–80.

[15] HUNTER, G.: The Fate of Fortran-8x. *Communications of the ACM 33*, 4 (April 1990), 389–391.

[16] INTEL CORPORATION: *i486 Microprocessor Programmer's Reference Manual*, 1990.

[17] INTERNATIONAL BUSINESS MACHINES CORPORATION: *AIX XL FORTRAN Compiler/6000, Language Reference*, 1991.

[18] KERNIGHAN, B., RITCHIE, D.: *Programmieren in C*. C. Hanser Verlag München Wien, 1983.

[19] METCALF, M., REID, J.: *Fortran 8x - Der neue Standard*. C. Hanser Verlag München Wien, 1988.

[20] METCALF, M., REID, J.: *Fortran 90 Explained*. Oxford Science Publications, 1990.

[21] MICROSOFT CORPORATION: *Microsoft FORTRAN, Reference Manual*, 1992.

[22] PÖPPE, C.: Fortentwicklung eines lebenden Fossils: Die Programmiersprache Fortran 90. *Spektrum der Wissenschaft* (Jänner 1992), 23–26.

[23] REGIONALES RECHENZENTRUM FÜR NIEDERSACHSEN: *FORTRAN 77 Sprachumfang, unter dem Betriebssystem NOS/VE*, Universität Hannover, Juli 1987.

[24] RYAN-MCFARLAND CORPORATION: *RM/FORTRAN, Language Reference Manual*, 1992.

[25] SIEMENS NIXDORF INFORMATIONSSYSTEME AG.: *FOR1 (BS2000) FORTRAN-Compiler, Beschreibung*, 1992.

[26] WEXELBLAT, R. (Editor): *History of Programming Languages*. ACM Monograph Series. Academic Press, 1981.

[27] WIRTH, N.: The programming language PASCAL. *Acta Informatica 1* (1971), 35–63.

B. Bumbarov, P. Mitterstöger
Computergestützte Entscheidungsprozesse

1991. 10 Abbildungen. VI, 108 Seiten.
Brosch. DM 62,–, öS 435,–
ISBN 3-211-82263-1

M. Koch, H. Reiterer, A. M. Tjoa
Software-Ergonomie.
Gestaltung von EDV-Systemen – Kriterien,
Methoden und Werkzeuge

1991. 59 Abbildungen. VI, 207 Seiten.
Brosch. DM 69,–, öS 485,–
ISBN 3-211-82288-7

N. E. Fuchs
Kurs in Logischer Programmierung

1990. XI, 224 Seiten.
Brosch. DM 53,–, öS 370,–
ISBN 3-211-82235-6

Preisänderungen vorbehalten

Springer-Verlag Wien New York